火灾自动报警技术与工程实例

中国建筑科学研究院　　李宏文　　主编

中国建筑工业出版社

图书在版编目（CIP）数据

火灾自动报警技术与工程实例/李宏文主编. —北京：中国
建筑工业出版社，2016.2
ISBN 978-7-112-18932-8

Ⅰ.①火… Ⅱ.①李… Ⅲ.①火灾自动报警 Ⅳ.①TU998.1

中国版本图书馆 CIP 数据核字（2015）第 320006 号

本书根据近十多年来火灾自动报警系统工程设计、技术咨询、工程管理的实践经验、研究成果以及查阅国内外相关文献、标准，经过分析、总结和整理后编著成此书。内容包括火灾探测、火灾自动报警、火灾自动报警系统的工程设计、火灾探测性能化设计与仿真计算、高大空间建筑火灾探测、火灾自动报警系统在古建筑的应用、地铁火灾监控。

本书适合消防相关专业，电气专业设计人员及相关专业的大中专院校师生学习参考。

*   *   *

责任编辑：张　磊　岳建光
责任设计：董建平
责任校对：陈晶晶　党　蕾

火灾自动报警技术与工程实例

中国建筑科学研究院　李宏文　主编

*

中国建筑工业出版社出版、发行（北京西郊百万庄）
各地新华书店、建筑书店经销
北京红光制版公司制版
北京画中画印刷有限公司印刷

*

开本：787×1092 毫米　1/16　印张：20　字数：498 千字
2016 年 1 月第一版　2016 年 1 月第一次印刷
定价：**48.00** 元
ISBN 978-7-112-18932-8
(27767)

前　言

近年来，随着经济飞速发展，火灾发生的频度和扑救的难度，造成的损失都在增加。火灾自动报警系统是建筑物防火系统的重要组成部分。火灾自动报警系统通过对火灾产生的烟雾、温度、火焰和燃烧气体等火灾参量做出有效反应，在建筑物发生火灾的初期及时探测到火灾并发出报警信号，为人员安全疏散争取时间，有利于早期控制火情，减少火灾损失。

编者根据近十多年来火灾自动报警系统工程设计、技术咨询、工程管理的实践经验、研究成果以及查阅国内外相关文献、标准，经过分析、总结和整理后编著成此书。内容既涵盖了火灾自动报警系统的基础知识和一般工程设计方法，又囊括了高大空间建筑、古建筑、地铁等场所的火灾自动报警系统工程设计。计算机仿真计算在解决特殊复杂建筑的烟气控制、人员疏散等问题已经是较为常用的技术手段，但在火灾自动报警领域的应用还一直处于探索阶段。本书结合已经开展的工程仿真案例，对该种方法的设计、实施、应用等相关内容进行了介绍。

本书共 7 章。其中第一章第一节、第二节由申立新执笔；第一章第三、第四、第五节由魏毅宇执笔；第二章由沈景文执笔；第三章第一节、第三节、第五章第七节、第六章第三节由李宏文执笔；第三章第二节由郑斌执笔；第四章由姜云执笔；第五章第一节至第五节、第六章第一节、第二节由张昊执笔；第五章第六节、第七章第一节、第二节由张振娜执笔；第六章第三节、第四节由王燕平执笔。成燕萍、宋伟峰同志也参加了部分工作。全书由中国建筑科学研究院李宏文研究员统稿并定稿。本书在编著过程中得到了沈阳消防研究所丁宏军研究员、中国科学技术大学吴龙标教授、中国人民武装警察部队陈南教授的大力支持，在此表示衷心的感谢。本书编著过程中参照了大量文献，在此对相关人员的辛勤努力表示衷心感谢。由于篇幅和其他条件所限，书中所列的参考资料会有遗漏，特此说明。

本书得到中国建筑科学研究院的大力支持。中国建筑科学研究院建筑防火研究所的李宏文同志曾主持完成了"西藏三大古建布达拉宫、罗布林卡、萨迦寺火灾自动报警系统设计"，先后负责完成了"高大空间建筑火灾探测技术的试验研究"课题、"北京地铁火灾探测器选型及设置试验研究"课题及"地铁工程消防系统检测技术与评定方法研究"课题。此书的部分内容，即为相关的设计与研究成果。同事们在编著过程中提出了大量好的建议，在此一并表示感谢。

由于编者水平有限，书中错误和不妥之处在所难免，敬请读者批评指正。

目　　录

第一章　火　灾　探　测

火灾是指在时间和空间上失去控制的燃烧造成的灾害。物质燃烧是可燃物与氧化剂发生的一种氧化放热反应，并伴随有烟、光、热的化学和物理过程。

根据《火灾分类》（GB/T 4968—2008），火灾根据可燃物的类型和燃烧特性，分为A、B、C、D、E、F、K七类。

A类火灾：固体物质火灾。这种物质通常具有有机物质性质，一般在燃烧时能产生灼热的余烬。如木材、煤、棉、毛、麻、纸张等火灾。

B类火灾：液体或可熔化的固体物质火灾。如煤油、柴油、原油，甲醇、乙醇、沥青、石蜡等火灾。

C类火灾：气体火灾。如煤气、天然气、甲烷、乙烷、丙烷、氢气等火灾。

D类火灾：金属火灾。如钾、钠、镁、铝镁合金等火灾。

E类火灾：电气火灾。物体带电燃烧的火灾。

F类火灾：烹饪器具内的烹饪物（如动植物油脂）火灾。

K类火灾：食用油类火灾。通常食用油的平均燃烧速率大于烃类油，与其他类型的液体火灾相比，食用油火灾很难被扑灭，由于有很多不同于烃类油火灾的行为，它被单独划分为一类火灾。

火灾探测也就是对物质燃烧过程的探测，是以物质燃烧过程中产生的各种现象为依据，获取物质燃烧发生、发展过程中的各种信息，并把这种信息转化为电信号进行处理。根据火灾初起时的燃烧生成物及物理现象的不同，可以有不同的探测方法。如对烟雾、温度、火焰、一氧化碳进行探测等。根据火灾探测方法和原理，目前世界各地生产的火灾探测器，按对现场的火灾参数信息采集类型主要分为感烟式、感温式、感光式、可燃气体探测式和复合式等。火灾探测器还可以按探测器与控制器的接线方式分为总线制、多线制，其中总线制又分编码的和非编码的，而编码的又分电子编码和拨码开关编码。编码又分为二进制编码，十进制编码。火灾探测器按使用环境分为：防水型、防爆型、防雾型、低温型。火灾探测器还可以按照火灾信息处理方式的不同，分为阈值比较型（开关量）、类比判断型（模拟量）和分布智能型（参数运算智能化火灾探测）等。

另外火灾探测器按结构造型分类，可以分成点型和线型两大类。

（1）点型探测器：这是一种响应某一点周围的火灾参数的火灾探测器。大多数火灾探测器，属于点型火灾探测器。

（2）线型火灾探测器：这是一种响应某一连续线路周围的火灾参数的火灾探测器，其连续线路可以是"硬"的，也可以是"软"的。如空气管线型差温火灾探测器，是由一条细长的铜管或不锈钢管构成"硬"的连续线路。又如红外光束线型感烟火灾探测器，是由发射器和接收器二者中间的红外光束构成"软"的连续线路。

第一节 感烟火灾探测器

感烟火灾探测器能对燃烧或热解产生的固体或液化微粒予以响应,它能探测物质燃烧初期所产生的气溶胶或烟雾粒子。因而对早期逃生和初期灭火都十分有利。目前应用比较广泛的感烟火灾探测器有离子感烟火灾探测器和光电感烟火灾探测器。其中光电感烟火灾探测器:按其动作原理的不同,还可以分为散光型(应用烟雾粒子对光散射原理)和减光型(应用烟雾粒子对光路遮挡原理)两种。

一、离子感烟火灾探测器

离子感烟火灾探测器主要由电离室和电子线路构成。根据探测器内电离室的结构形式,可以分为双源离子感烟探测器和单源离子感烟探测器两种。

最初使用的离子感烟探测器是阈值比较型双源离子感烟探测器,它由两个串联的电离室和电子线路组成,电离室是敏感部件。其中一个电离室叫外电离室,又称检测电离室,烟雾可以进入其中;另外一个电离室叫内电离室,又称补偿电离室,空气可以缓慢进入,而相对于烟雾是密封的。

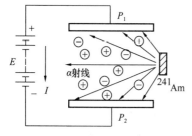

图 1-1 离子电流流动示意图

在电离室内部,有一片同位素^{241}Am放射源,放置在两个相对的电极之间。^{241}Am放射出的 α 射线使两电极间的空气分子电离,形成正离子和负离子。当在两电离室间施加一定的电压时,正离子和负离子在电场的作用下将定向移动,从而形成离子电流。离子电流的流动情况见图1-1。

当发生火灾时,烟雾进入外电离室,烟雾粒子很容易吸附被电离的正离子和负离子,因而减慢了离子在电场中的移动速度,而且增大了移动过程中正离子和负离子相互中和的几率。从图1-2所示的

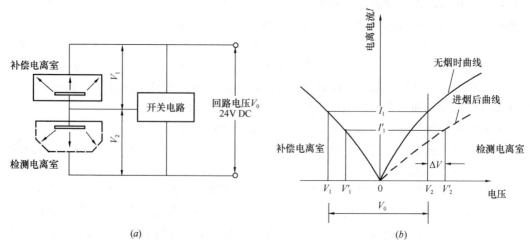

图 1-2 电离室的电流—电压特性

(a) 检测电离室和补偿电离室示意图;(b) 检测电离室和补偿电离室曲线

电离室的 I—V 特性曲线上，可以清楚地看到电压、电流的变化与燃烧生成物的关系。

由图 1-2 可见，在正常情况下，内电离室两端的电压等于外电离室两端的电压，即 $V_1 = V_2$。探测器两端的外加电压 V_0 等于内电离室电压 V_1 与外电离室电压 V_2 之和，即 $V_0 = V_1 + V_2$。当发生火灾时，烟雾进入外电离室后，电离电流从正常的 I_1 减少到 I'_1，此时外电离室两端的电压从 V_2 增加到 V'_2。

$$\Delta V = V'_2 - V_2 \tag{1-1}$$

外电离室的电压增量 ΔV 随着进入外电离室的烟雾浓度增加而增大，当 ΔV 增大到超过阈值时电路动作，输出火灾信号。

二、光电感烟火灾探测器

光电感烟探测器是利用火灾烟雾对光产生吸收和散射作用来探测火灾的一种装置。烟粒子和光相互作用时，有两种不同的过程：粒子可以以同样波长再辐射已接收的能量，再辐射可在所有方向上发生，但不同方向上的辐射强度不同，称为散射；另一方面，辐射能可以转变成其他形式的能，如热能、化学能或不同波长的二次辐射，称为吸收。为了探测烟雾的存在，可以将发射器发出的一束光打到烟雾上：如果在其光路上，通过测量烟雾对光的衰减作用来确定烟雾的方法，称为减光型探测法；如果在光路以外的地方，通过测量烟雾对光的散射作用产生的光能量来确定烟雾的方法，称为散射型探测法。光电感烟探测器主要有发光元件和受光元件两部分组成。为了消除环境光对受光元件的干扰，收、发元件安装在一个小的暗室里，这个暗室烟雾能进去，光线却不能进去，这就是点型光电感烟探测器。当收、发元件安装在大范围的开放空间里，对收发之间光路上的烟雾进行检测，便构成了红外光束感烟探测器。

火灾是在时间和空间上失去控制的燃烧过程，根据燃烧物的不同在燃烧的各个阶段会伴随着产生粒子直径在 $0.01 \sim 1\mu m$ 液体或固体颗粒。产生的液体或固体颗粒（对感烟探测器而言为烟雾）有的是肉眼看不见的，有的是颜色较浅的白色或灰色烟雾，有的是颜色很深的黑色烟雾。在可见光和近红外光谱范围内，黑色烟雾（简称黑烟），吸收光线的能力很强，对于照射在其上的光辐射以吸收为主，散射光很弱。而对于灰烟、白烟，则以散射为主。

1. 散射光式光电感烟探测器

散射光式光电感烟探测器的检测室内装有发光元件（光发射器）和受光元件（接收器），发光元件目前大多数采用发光效率高的红外发光二极管；受光元件大多采用半导体硅光电池（或光电二极管）。在正常无烟的情况下，受光元件接收不到发光元件发出的光，因此不产生光电流，在火灾发生时，当产生的烟雾进入探测器的检测室时，由于烟粒子的作用，使发光元件发射的光产生漫反射（散射），这种散射光被受光元件所接受，使受光元件阻抗发生变化，产生光电流，将烟雾信号转变成电信号。电信号经过分析处理，从而实现火灾的探测报警。

散射光式光电感烟探测器主要工作原理为：通过接收某一角度上的散射光强来探测是否有颗粒进入探测器的散射腔室，并根据接收光强的强弱做出是否发生火灾的判断。根据光电感烟探测器中接收散射光的角度大小，可分为前向散射与后向散射两种形式。

散射光式探测器光电接收器输出信号与许多因素有关，如光源辐射功率和光波长、烟粒子的浓度、烟粒径、烟的灰度、复折射率、散射角以及探测室的散射体积（由发射光束和光电接收器的"视角"相交的空间区域），还有光敏元件的受光面积及光谱响应等都会影响探测器的响应性能。因此，为了提高探测器的响应性能，在设计探测器的结构时，要考虑各种有关因素，协调他们之间互相干扰的有关参数。探测器的入射光波长要根据粒径大小情况进行合理选择，大多数烟粒子的粒径范围为 $0.01\sim1\mu m$。波长应尽可能地短到使大部分被测烟粒子都处在较强的散射性上。自从发光二极管广泛应用于火灾探测器以来，由于较短波长的发光二极管量子效应降低，目前较普遍采用的是红光和红外光波长。如果发光二极管效能允许，应尽量采用波长较短的发光元件。探测室的"迷宫"既要设计的有较强的抗环境光线干扰性，又要考虑使烟雾进入的畅通性和各个方位的均匀性。散射角是影响散射光接收的重要因素，很小粒径（比如波长的1/100）的前向散射光（与入射光束同一方向的散射）和后向散射光（与入射光束相反方向的散射）相差不大，随着粒径的逐渐增大，前向散射显著增大，后向散射减小。若光电感烟探测器采用前向散射原理，它对于产生的粒径较大的灰烟（比如标准试验火 SH1、SH2 产生的烟）反应灵敏。关于光电感烟探测器的响应性能，不同的生产企业存在差别，不论是结构上、技术上还是算法上的稍微不同都能影响探测器的响应性能。

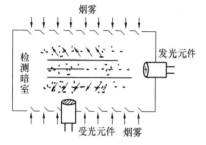

图 1-3 前向散射光电感烟火灾探测原理

（1）前向散射光电感烟探测器

前向散射光电感烟火灾探测器原理如图 1-3 所示。进入遮光暗室的烟雾粒子对发光元件（光源）发出的一定波长的光产生散射作用（按照光散射定律，烟粒子需轻度着色，且当其粒径大于光的波长时将产生散射作用），使得处于锐角位置的受光元件（光敏元件）的阻抗发生变化，产生光电流。此光电流的大小与散射光强弱有关，并且由烟粒子的浓度和粒径大小及着色与否来决定。根据受光元件的光电流大小（无烟雾粒子时光电流大小约为暗电流），当烟粒子浓度达到一定值时，散射光的能量就足以产生一定大小的激励用光电流，可以用于激励遮光暗室外部的信号处理电路发出火灾信号。显然，遮光暗室外部的信号处理电路采用的结构和数据处理方式不同，可以构成不同类型的火灾探测器，如阈值报警开关量火灾探测器、类比判断模拟量火灾探测器和参数运算智能化火灾探测器。

烟颗粒光散射模型表明，散射光随着散射角度的增大其光强急剧减小，这也是为何前向散射式光电感烟探测器首先出现的原因之一。

然而，由于火灾中一些明火燃烧生成的黑烟颗粒具有较强的光吸收能力，使得这种前向散射式感烟探测器对黑烟响应灵敏度较差；另一方面，由于前向散射光电感烟探测器对阴燃生成的灰烟响应灵敏度较好，即该类探测器对各种火灾烟颗粒响应灵敏度的不一致，造成探测器报警算法中阈值的确定较困难，有时不得不降低探测器的响应灵敏度，导致其对黑烟颗粒易形成漏报。目前光电感烟探测器采用的光波长有 850nm、940nm 和 1300nm 几种，一个优良的光电感烟探测器除了有好的电子电路和机械结构外，还要调整好光波长、散射角和烟粒子粒径之间的关系，使探测器对不同的烟谱都有较平稳的响应。

（2）后向散射光电感烟探测器

针对前向散射式光电感烟探测器对光吸收能力较强的黑烟响应灵敏度较差的状况，通过对火灾烟颗粒光散射过程的进一步深入研究发现：在颗粒光散射角度为钝角时，尽管颗粒散射光强较弱，但该角度上的散射光强对各种颜色的烟颗粒的一致性较好。基于这种原理，设计出了后向散射式光电感烟探测器，其结构原理如图1-4所示。这种感烟探测器对各种烟颗粒的响应灵敏度较一致，从而有利于感烟探测算法中阈值的选取，而较微弱的散射信号可通过探测器中信号放大倍数的调节来补偿。

图1-4 后向散射光电探测器的结构原理

（3）散射光式光电感烟探测器基本结构

散射光式光电感烟探测器由检测暗室、发光元件、受光元件和电子线路所组成。检测暗室是一个特殊设计的"迷宫"，外部光线不能到达受光元件，但烟雾粒子却能进入其中。另外，发光元件与受光元件在检测暗室中成一定角度设置，并在其间设置遮光板，使得从发光元件发出的光不能直接到达受光元件上，如图1-5所示。

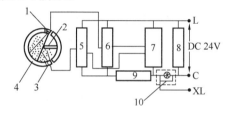

图1-5 散射光式光电感烟
探测器原理框图

1—发光元件；2—遮光板；3—受光元件；
4—检测暗室；5—接收放大回路；6—发光
回路；7—同步开关回路；8—保护回路；
9—稳压回路；10—确认灯回路

散射光式光电感烟探测器，通过检测被烟粒子散射的光而对烟雾进行探测。烟雾一旦产生，随着其浓度的增大，烟粒子数的增多，则被烟雾粒子散射的光量就增加。当该被散射的光量达到设定值时，阈值比较型探测器就把该物理量转换成电信号送给报警控制器。

散射光式光电感烟探测方式一般只适用于点型探测器结构，其遮光暗室中发光元件与受光元件的夹角在90°～135°。不难看出，散射光式光电感烟火灾探测原理，实质上是利用一套光学系统作为传感器，将火灾产生的烟雾对光的传播特性的影响，用电的形式表示出来并加以利用。由于光学器件的寿命有限，特别是发光元件，因此在电—光转换环节较多采用脉冲供电方案，通过振荡电路使得发光元件产生间歇式脉冲光，并且发光元件多采用红外发光元件——砷化镓二极管（发光峰值波长为 $0.94\mu m$）与硅光敏二极管配对。一般地，散射光式感烟火灾探测器中光源的发光波长约在 $0.94\mu m$ 左右，光脉冲宽度在 $10^{-2}\sim10$ ms，发光间歇时间在 $3\sim5$ s，对燃烧产物中颗粒粒径在 $0.9\sim10\mu m$ 的烟雾粒子能够灵敏探测，而对 $0.01\sim0.9\mu m$ 的烟雾粒子浓度随着粒径的减小灵敏度迅速减小，直到无灵敏反应。

散射光式光电探测器根据散射角的大小基本上分为前向散射、后向散射两种类型。散射角是光发射器与接收器在发射光线方向与接收的折射光线方向之间的夹角。前向散射就是采用散射角小于90°的散射方式，后向散射就是采用散射角大于90°散射方式。前向散射原理和后向散射原理各有自己的特点，可以考虑充分利用两者的探测优势，将他们组合起来实现感烟探测。其方法是在探测室内设置两个相对着的光发射器，光接收器选择合适的角度设置，构成探测结构。其中一个光发射器与光接收器构成前向散射探测结构，另一个光发射器与光接收器构成后向散射探测结构。光接收器将接收到烟粒子的两路散射光作用，加强了光散射效果，从而增大了光电接收器输出信号，达到对黑烟响应的目的。但是这种探测器探测室设计信号处理更为复杂，生产成本也随之增加。

2. 减光式光电感烟探测器

减光式光电感烟探测器的原理如图1-6所示，进入光电检测暗室内的烟雾粒子对光源发出的光产生吸收和散射作用，使通过光路上的光通量减少，从而使受光元件上产生的光电流降低。光电流相对于初始标定值的变化量大小，反映了烟雾的浓度，据此可通过电子线路对火灾信息进行处理，发出相应的火灾信号。

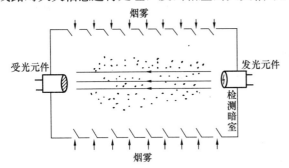

图 1-6　减光式光电感烟探测器原理示意图

减光式光电感烟探测原理可用于构成点型感烟探测器，用微小的检测暗室探测烟雾浓度大小。但是，减光式光电感烟探测原理更适合于构成线型感烟探测器，如红外光束感烟探测器。

红外光束感烟探测器是对警戒范围中某一线路周围的烟雾粒子予以响应的火灾探测器。它的特点是监视范围广，保护面积大。它的工作原理与遮光型光电感烟探测器类似，仅是光束发射器和接收器分别为两个独立的部分，不再有光敏室，作为测量区的光路暴露在被保护的空间，并加长了许多倍。在测量区内无烟时，发射器发出的红外光束被接收器接收到，这时的系统调整在正常监视状态。如果有烟雾扩散到测量区，对红外光束起到吸收和散射作用，使到达接收器的光信号减弱，接收器则对此信号进行放大、处理并输出。线型红外光束感烟探测器的光路和电路原理方框图如图1-7所示。

线型红外光束感烟探测器基本结构由下列三部分组成：

（1）发射器

发射器由间歇振荡器和红外发光管组成，通过测量区向接收器间歇发射红外光束，这类似于点型光电感烟探测器中的脉冲发射方式。

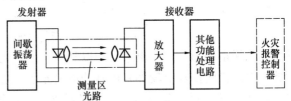

图 1-7　线型红外光束感烟探测器原理框图

（2）光学系统

光学系统采用两块口径和焦距相同的双凸透镜分别作为发射透镜和接收透镜。红外发光管和接收硅光电二极管分别置于发射与接收端的焦点上，使测量区为基本平行光线的光路，并可方便调整发射器与接收器之间的光轴重合。

（3）接收器

接收器由硅光电二极管作为探测光电转换元件，接收发射器发来的红外光信号，把光信号转换成电信号后，由后续电路放大、处理、输出报警。接收器中还设有防误报、检查及故障报警等电路，以提高整个系统的工作可靠性。

红外光束探测器的发射器、接收器和光学系统这三部分或完全分开，或完全综合，具体情况取决于所选用的系统。当发射器和接收器处于同一个单元时，棱镜板则被安设在对面的墙壁上（该处在正常情况下是接收器所在的位置），从而可把光束反射回光源。

手电筒的可见光束是一个很形象的例子。手电光束按圆锥形向外扩散，其强度随光束偏离中轴线的距离而下降，其光束可以交叉而不发生散射，这正是反射光束探测系统赖以工作的性质。之所以使用红外光束是因为它主要受烟雾颗粒和火焰热霾的影响，而且无法被人眼所看到——红外光束实际上比手电光束更不易受干扰。

反射式探测器的光束发射器和接收器处于同一个单元内，反射板位于对面的墙壁上，最远距离可达 100m。反射板呈棱形，即使安装的与传输路径不完全垂直，也仍然可以把光束直线返回。反射式探测器虽然可能对光路附近的物体很敏感，但它易于安装，布线简单，因为只有一个收发单元需要用电。

利用反射光束法探测火灾，其优点在于不需要单独的发射器和接收器，只需一个探测单元；另外，探测单元与反射镜之间无电气连线，因此减少了成本及调试时间。反射光束探测器安装简单，光束只需在一个探测单元中调整，这对于很高的现场是特别有利的。

反射式光束感烟探测器的光线要经过一次反射和两次穿过探测区域。而对射式光束感烟探测器则不同，它主要由发射和接收两个部分组成，并且两部分是分开安装的，最远距离可达 100m。接收器与控制单元相连接，目的是便于维护。发射部分安装位置相对于反射式探测器来说在探测器主体一边，接收部分在反射板的一边，因此光线只需要一次穿过探测区域就直接到接收部分。对射式相对来说不受周围物体表面和光束路径附件障碍物所造成的杂光反射的影响。对射式一般能传过狭窄"空隙"有效工作，通常更适于受限区域，或多障碍区域（如具有杂乱屋顶的空间）。在没有这类物体的空间，反射式探测器通常更方便。

无论是对射式还是反射式光束感烟探测器，都需要重点处理和解决以下几个方面存在的问题：

1）环境温度湿度、空间飘尘和长期漂移变化对判断火灾的有效信号产生影响，导致火灾识别困难。

2）阳光光线和环境的灯光对探测器的干扰，使信噪比下降，探测系统的可靠性降低。

3）由于发光器件的功率限制而不能使用很强功率的探测光线，因此有效信号强度小，淹没在噪声信号中，给信号处理带来困难。

4）系统使用红外光线，为不可见光，存在信号对准的问题。

光束探测技术的新发展使人们可在廉价简单与智能之间进行选择。传统上，调节光束功率和方向必须在安装时由人工进行，然后，还要经常维护，以补偿灰尘积聚和"建筑偏移"。在发生这种现象的地方，建筑构件会以非常小的增量缓缓移动，从而影响光束的目标和探测的效果。最近不同的产品已经问世，人们可以自行选择自动光束调节方式，这种新技术是利用探测装置内长期积累的数据自动调节光束的方向和灵敏度，以使光束精确校准，信号保持最佳电平。该技术快速可靠，便于安装，既可减少维护，又可节约时间。

遮光（减光）程度的小规模逐渐增加不是烟雾的典型表现，大多时候是因为发射表面积聚了灰尘和污物。先进光束探测器中的软件通常可以探测到这种缓慢地变化，并相应增加增益，以自动进行补偿。但是，遮光程度的突然大规模增加则无疑是因为（光束）路径中出现了实在物体，这将触发"误报"状态，应清除路径中的障碍物。

三、激光感烟火灾探测器

激光探测技术主要应用散射光探测原理，此类探测器配有一个具备收集探测散射光的装置，探测光源为激光，此光源被装在探测室内，当出现在探测室内的粒子直径大于或等于激光的光波长时，便发生散射现象，而其内部的电子接收装置即可接收到这些散射光，根据判断粒子的遮蔽率及粒子的形状来识别火灾迹象。其激光测量室如图1-8所示，激光二极管和集成的透镜，使光束在接近感光器时聚成很小的光束，光束到达吸光板而被吸收。

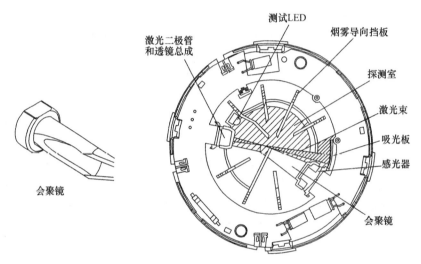

图 1-8　激光测量室原理示意图

制造厂商称，因为该设备可以辨识灰尘与烟粒子构造形状的不同，所以不会受灰尘粒子的影响而造成误报。由于此类探测器仍然是以传统光电式的探测原理为依据的，只是采用较精密的激光作为光源，能够探测出传统光电式探测器光源所无法探测出的较小粒子，为了避免误报的发生，配以较高精密度的过滤器或警报时间延迟装置。

在传统的光电检测室中，灰尘的沉聚将内壁的颜色由黑色变为灰色，因为光束宽，可能被内壁反射而进入感光器。当有烟雾时，由于烟雾使光线沿各个方向散射，所以只有一部分被散射的光线进入感光器本身。而对于激光感烟探测器，聚焦的光束不会触及内壁，而且会聚镜是带负电性的，灰尘无法沉积，静止尘埃的影响得以消除。当有烟雾时，特制的镜子将大多数的散射光线经反射聚集进感光器中，使得在同样烟雾下产生的信号成倍放大。另外，高度聚焦的光线，加上特殊的算法，使系统可以区分尘埃和烟雾粒子。有了这种区分能力，即使将探测器调至极高的灵敏度，也可排除由空气中诸如灰尘/棉絮和小昆虫等微粒引起的假信号。因此，激光感烟探测器可以在火灾阴燃阶段比离子感烟探测器及光电感烟探测器更早地探测到火灾。

四、吸气式感烟火灾探测器

早期的吸气式感烟探测器主要由气体采样管网、空气分配阀、空气过滤器、抽气泵、氙灯光电探测器和报警器等组成，其系统组成如图 1-9 所示。

气体采样管网的作用是采集被保护区域内的空气样本，气体采样管上设置采样孔，由于抽气泵的作用，管网内产生负压，形成一个稳定的气流，被保护区域内的空气样本被抽入采样孔通过采样管网传送到光电探测器。

空气分配阀是用来寻查和确定火灾发生的区域的。一台主机一般可监测 4 个区域，平时空气分配阀常开，系统从各个区域混合进行采样。如果发现空气样本中有烟，则启动空气分配阀，分别依次开通或关闭各气体采样管网，轮流对各个区域的空气样本进行采样，从而可以判断发生火灾的区域。

空气过滤器是用来滤掉气体采样管路中直径大于 $25\mu m$ 的微粒的。因为直径大于 $25\mu m$

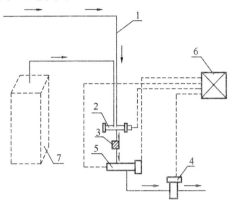

图 1-9　吸气式感烟探测报警系统组成示意图
1—气体采样管网；2—空气分配阀；3—空气过滤器；
4—抽气泵；5—氙灯光电探测器；6—报警控制器；
7—计算机柜（气体采样场所）

的微粒将会给氙灯光电探测器的正常工作造成困难，而且可燃物因过热分解或燃烧生成的烟粒子，一般都在 $0.01\sim 10\mu m$。只有某些合成物质在开始阴燃时产生的浓烟，粒径可能接近 $25\mu m$。因此，滤除气体采样管路中直径大于 $25\mu m$ 的粒子是不会造成空气样本失真的。

抽气泵是将被保护区域内的空气样本连续不断地抽入氙灯光电探测器，使探测器中的气流不断地更新和补充，并最后由抽气泵出口排出。这样，探测器可实时地检测到一系列空气样本的烟浓度数据。

当空气样本被抽气泵抽入氙灯光电探测器中，便暴露在氙灯发出的强闪烁光中，这些悬浮在气流中的粒子，会对光产生较强的散射，使光电接收器接收到的光强度随烟粒子的含量发生变化，输出相应的直流电压，经过放大、整形、A/D 转换，送入报警器进行计算和处理。

报警器由火警显示板和控制卡组成，火警显示板分为提醒、预警、火警三个等级。通过控制卡可以完成系统的故障检测、空气流量检测、系统消音、复位等功能。

氙灯是一种广谱光源，它的光十分接近太阳光的频带和光强度，其光谱包含了全部的可见光谱带（400～700nm），并延伸到紫外光区（200～400nm）和红外光区（700～1200nm）。因此，它对各种粒径的烟雾粒子都会产生较强的散射效应，具有显著的敏感性。经澳大利亚科学家的研究表明，氙灯光电探测器对空气样本中的烟雾强度（$\mu g/m^3$）能作出线性响应，与烟粒子大小无关。

氙灯光电探测器的闪光灯需在 2kV 的电压下以 20 次/min 的频率闪光，其连续工作寿命只有 2 年。同时，在长期使用后，可能有灰尘等附在测量室壁上使其内表面不再是完全黑色，开始进行反光并引起误检测。为了解决这个问题，只能依靠加装空气过滤器以滤除较大的粒子，但是这种过滤器毕竟是滤除粒子的，它也可能将烟粒子滤掉，特别是在过滤器长期使用后，情况更是如此。此外，为保证空气样本以正确的角度进入测量室，测量室内部设计得比管道稍大，这也可能导致一些外部物体沉积在其中，而引起光的散射，有时甚至不到 2 年就可能使测量系统失效。为了解决这些问题，吸气式感烟探测器后来采用了激光粒子计数技术。

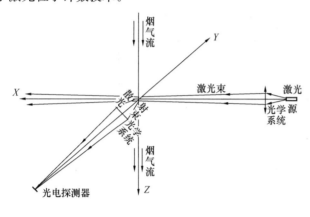

图 1-10 测量室工作原理示意

激光粒子计数方式吸气式感烟探测器测量室的核心部分工作原理如图 1-10 所示。测量光束方向、光接收器的光接收方向及气流流动方向被分别设在互相垂直的轴线方向上，以保证在空气样本中无烟雾粒子的情况下，无光信号被接收器接收，以及单个烟雾粒子产生唯一光脉冲信号。其测量光源为半导体激光器，被检测气流沿 Z 轴方向由上向下流动，在 X 轴方向的激光束，通过光学系统聚焦于原点附近空间，焦点处被照亮的烟气流，通过光电系统的物镜，成像在垂直于 Y 轴方向的光电探测芯片（焦平面）上，因此被激光照射的原点附近的烟雾粒子，其散射光被聚焦于光电探测芯片上而产生一光电脉冲输出信号，该脉冲信号被作为一个烟雾粒子计数。随着烟气流不断流过，便形成一个个脉冲信号，图 1-11 给出了典型的输出脉冲信号序列。被记录下的脉冲数，经进一步运算处理后，与预先设定的各报警级别响应阈值相比较，发现到某一报警阈值，则发出相应的报警信号。从图 1-11 可以看出，产生高幅值脉冲的大粒子（如粒径大于 10μm）和产生微小脉冲的微小粒子或干扰信号，在脉冲信号处理过程中可以被去除，这相当于起到了大粒子过滤器及抗干扰电路的作用。

采用激光探测器，由于其光源为普通固态半导体激光器（与激光唱机使用的激光器相同），故其光源的使用寿命（可达 10 年）远远高于氙闪光灯的使用寿命。另外，由于其测量室的设计特点加上其脉冲计数工作方式，使其几乎不受光源老化以及由于测量室长期工作受污染后所产生的背景干扰信号的影响，有效地提高了探测的可靠性。但是，该种探测器有粒子浓度分辨范围（如每秒钟通过测量区的烟粒子数不能超过 5000 个），当空气样本中的

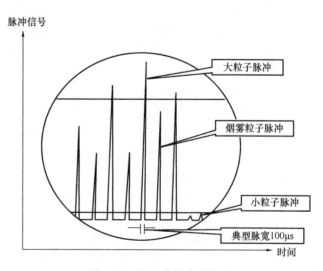

图 1-11 粒子计数脉冲信号

粒子浓度超过该范围时（这种情况在不清洁的空间极有可能发生），同一时刻出现在测量区的数个粒子所产生的散射光将复合在一起被光接收器接收，产生一个光电脉冲信号，导致不能正确进行探测。并且，数个烟粒子的复合信号可能产生的脉冲信号幅值较高，极有可能在脉冲信号处理过程中被作为大粒子信号去除，增加了漏报警的可能性。因此，激光粒子计数方式吸气式感烟探测器特别适合于保护洁净场所中的重要对象。因此，近年来吸气式感烟探测器大都采用了激光粒子混合计数技术。

激光粒子混合计数方式的吸气式感烟探测器除脉冲计数外，还增加了脉冲宽度检测电路，当通过测量区的烟粒子数在 5000 个/s 以下时，仍采用激光粒子计数方式进行检测，当通过测量区的烟粒子数超过 5000 个/s 时，反映在计数脉冲上，将是若干个脉冲复合在一起，引起脉冲宽度和高度的增加。脉冲宽度检测电路检测到计数脉冲超过一定宽度后，计数器不再计算脉冲个数，而是检测其输出光电脉冲的直流电压，即转为测量粒子总量的浓度计数方法，从而避免了因空气中粒子浓度过高，而超过激光粒子计数探测器计数范围的缺点。相关的实际数据表明，在空气中粒子浓度在 10000000 个/cm³ 以下时，该系统能有效工作，而且误报率更低，灵敏度更高，可靠性更高。

五、感烟火灾探测器的选用

1. 点型感烟探测器的选用场所

（1）下列场所宜选择点型感烟火灾探测器：
1）饭店、旅馆、教学楼、办公楼的厅堂、卧室、办公室、商场、列车载客车厢等；
2）计算机房、通讯机房、电影或电视放映室等；
3）楼梯、走道、电梯机房、车库等；
4）书库、档案库等。
（2）符合下列条件之一的场所，不宜选择点型普通离子感烟探测器
1）相对湿度经常大于 95%；
2）气流速度大于 5m/s；
3）有大量粉尘、水雾滞留；
4）可能产生腐蚀性气体；
5）在正常情况下有烟滞留；
6）产生醇类、醚类、酮类等有机物质。
（3）符合下列之一的场所，不宜选择普通点型光电感烟探测器：
1）有大量粉尘、水雾滞留；
2）可能产生蒸气和油雾；
3）高海拔地区；
4）在正常情况下有烟滞留。
（4）无遮挡的大空间或有特殊要求的房间，宜选择线型光束感烟火灾探测器。
（5）符合下列条件之一的场所，不宜选择线型光束感烟火灾探测器：
1）有大量粉尘、水雾滞留；
2）可能产生蒸汽和油雾；

3）在正常情况下有烟滞留；

4）设有固定探测器的建筑结构由于振动等原因会产生较大位移的场所。

（6）下列场所宜选择吸气式感烟火灾探测器：

1）具有高速气流的场所；

2）设置点型感烟、感温探测器不适宜的大空间、舞台上方、建筑高度超过 12m 的房间或有特殊要求的场所；

3）低温场所；

4）需要进行隐蔽探测的场所；

5）人员不宜进入的场所。

（7）灰尘比较大的场所，不应选择没有过滤网和管路自清洗功能的管路采样式吸气感烟火灾探测器。

2. 点型光电感烟探测器与红外光束感烟探测器的选用

点型光电感烟探测器和红外光束感烟探测器二者虽然都采用红外光源探测火灾，但其工作方式有所不同。

这两种探测技术分别是采用散射光反射（点型）和透射光束衰减（线型）原理，由于尺寸范围制约的结果，形成两种探测装置，点型探测器光电室内的光学距离仅为 20～25mm，这就限制了透射光光束衰减探测原理的采用。

红外光束感烟探测器通常由红外光束发射器和接收器二部分组成，安装时呈对射状。光束探测器可在一长达 100m 的距离内工作，保护一个直线区域。平时，发射器发射红外光束至接收器，使发射器与接收器之间形成一条红外光带。当有火灾发生时，烟雾进入光束区，烟雾粒子就会对光束起到遮挡、吸收和散射作用，使到达接收器的光信号减弱，当达到安装调试时设置的预定报警值，探测器就发出火警信号，达到火灾报警的目的。因此，光束感烟探测器大多适用于像仓库这样的无遮挡大空间或有特殊要求的工业场所。在这些地方，烟雾会在大的区域内散射，而点型探测器最适于应用在较小的建筑内。如有大量的灰尘、细粉末或水蒸气场所，则普通的光电（线型或点型）探测器都不宜采用，因为这些物质不易与烟雾区分开来。

通常火灾产生的烟雾将向顶棚方向上升，在此情况下，如果顶棚很高，则选择光束探测器较适合，例如：大厅、体育馆、仓库、娱乐场所、教室、音乐厅、剧院等。相反，点型探测器通常仅适用于顶棚高度低于 12m 的场所。

安装在墙壁上的单个光束探测器最大能探测 14m×100m 之内的烟雾，从而减少了点型感烟探测器的数量，提高了安装速度，降低了安装和布线成本，减少了对美观的破坏。与顶装式（安装于顶棚上的）点型感烟探测器相比，壁装式（安装于墙壁上的）更便于维护。空气流会把烟雾吹离点型探测器的传感器小室，但它对光束探测系统那又长又宽的探测区域影响很小。灰尘和污物的积聚可由自动光束信号强度补偿来解决。

高顶棚空间里，当上升的烟羽流吸入周围空气并随空气的上升而迅速冷却时，烟雾会在热空气层之下蔓延，好像被扣在自身的一个"不可见的顶棚"之下，这通常称之为烟雾分层。它会使装在顶棚下的点型感烟探测器因缺少烟雾颗粒到达而失效。通常的解决方案是在"不可见的顶棚"之下安装辅助探测装置，以探测分层后的烟雾层，或烟羽流。光束探测器是壁装式，通常比顶棚低 0.3～1.0m，因此，非常有利于探测分层后的烟雾层。

六、异常环境下使用的感烟火灾探测器

有些厂家生产防潮型感烟探测器，可以在潮湿的场所中使用。适于设置在湿度较大、易结露或易产生雾气，不能使用普通探测器的环境下。如用于电缆管道、公共沟槽、地下通道等湿度大的场所。

普通感烟探测器会因水雾渗入、结露而发生误报。防潮型感烟探测器设置箱内装有加热器，可将探测器周围的温度提高 2～3℃，这样可除去渗入的水雾，防止结露。探测器箱为防水构造，主体和线缆之间采用防水型插头连接。一般在平时无人，火灾规模易蔓延的洞道等处，可设置此种探测器以便早期发现火情。防潮型感烟探测器其结构外观示意如图 1-12 所示。

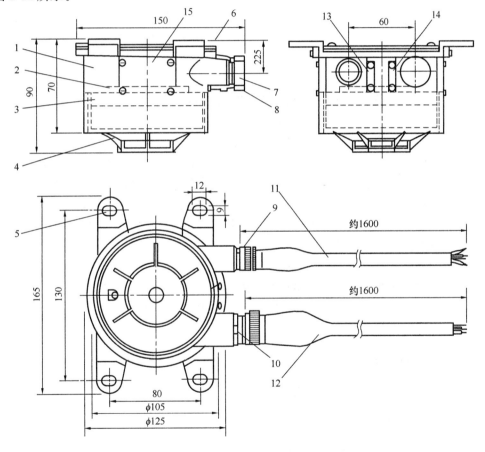

图 1-12　防潮型感烟探测器外观示意图

1—加热器箱；2—加热器；3—底座；4—探测器；5—安装孔；6—盖；7—信号插座帽；8—供电插座帽；9—信号插座；10—供电插座；11—信号导线；12—供电导线；13—信号插座标板；14—供电插座标板；15—铭牌

NOTIFIER 公司的 HARSH 智能感烟探测器，可以应用于高温、高湿（多蒸汽、多水滴）、灰尘大、空气中的纤维或其悬浮颗粒较多的环境，以及强气流、温度变化范围大的环境。探测器使用环境中甚至允许短时间存在低浓度的大气水雾而不致造成误报。典型

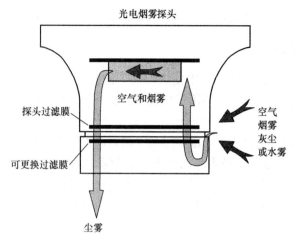

光电烟雾探头

空气和烟雾

探头过滤膜

空气
烟雾
灰尘
或水雾

可更换过滤膜

尘雾

图 1-13 HARSH 工作过程示意图

使用环境有：食品制造、面粉厂、造纸厂等工业场所。

其工作原理是：HARSH 装有一微型风扇，由微处理器控制间歇式通断以节省电源和保证烟雾响应，系统使用两只特殊过滤膜，其中一只是可拆卸的，可有效地阻止杂物进入光电检测室，而仅让烟雾粒子进入。如图 1-13 所示。

HARSH 使用一只特殊热气流感应器，周期性对过滤膜进行测试，以防堵塞。如果 HARSH 检测到过滤膜堵塞，会发给控制器一个故障预警信号，然后返回正常状况。72h 后探头则自动断接，并发出一持续故障信号。

第二节　感温火灾探测器

在火灾初起阶段，使用热敏元件来探测火灾的发生是一种有效的手段，特别是那些经常存在大量粉尘、油雾、水蒸气的场所，一般无法使用普通感烟式火灾探测器，用感温式火灾探测器比较合适。感温火灾探测器是一种响应异常温度、温升速率的火灾探测器。又可分为定温火灾探测器——温度达到或超过预定值时响应的火灾探测器；差温火灾探测器——温升速率超过预定值时响应的火灾探测器；差定温火灾探测器——兼有差温、定温两种功能的火灾探测器。在某些重要的场所，为了提高火灾探测报警及消防联动控制系统的功能和可靠性，或保证自动灭火系统的动作准确性，也要求同时使用感烟式和感温式火灾探测器。感温探测器主要由温度传感器和电子线路构成，由于采用不同的敏感元件，如热敏电阻、热电偶、双金属片、易熔金属、膜盒和半导体等，因此派生出了各种名称的感温火灾探测器。

一、定温火灾探测器

定温探测器有点型和线型两种结构形式。

1. 点型定温探测器

阈值比较型点型定温探测器一般利用双金属片、易熔合金、热电偶、热敏电阻等元件为温度传感器。图 1-14 所示为双金属片定温探测器，其主体由外壳、双金属片、触头和电极组成。探测器的温度敏感元件是一只双金属片。当发生火灾的时候，探测器周围的环境温度升高，双金属片受热会变形而发生弯曲。当温度升高到某一特定数值时，双金属片向下弯曲推动触头，于是

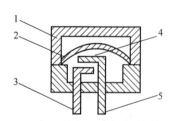

图 1-14 定温探测器主体结构示意图
1— 外壳；2—双金属片；3—电极；
4—触头；5—电极

两个电极被接通，相关的电子线路送出火警信号。

2. 缆式线型定温探测器

缆式线型定温火灾探测器由两根弹性钢丝分别包敷热敏绝缘材料，绞对成型，绕包带再加外护套而制成，如图1-15所示。在正常监视状态下，两根钢丝间阻值接近无穷大。由于有终端电阻的存在，电缆中通过细小的监视电流。当电缆周围温度上升到额定动作温度时，其钢丝间热敏绝缘材料性能被破坏，绝缘电阻发生跃变，接近短路，火灾报警控制器检测到这一变化后报出火灾信号。当线型定温火灾探测器发生断线时，监视电流变为零，控制器据此可发出故障报警信号。

此外，缆式线型定温探测器还可以实现多级报警。缆式线型多级定温探测器由两根弹性钢丝分别包敷两种不同热敏系数的热敏材料，绞对成型，线缆外绕包带再加外护套而制成，如图1-16所示。

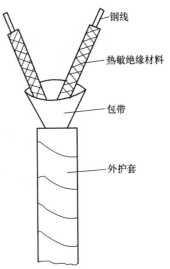

图1-15　热敏电缆结构示意图

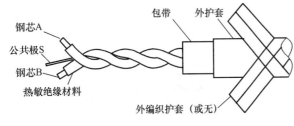

图1-16　缆式线型多级定温感温电缆结构

在正常监视状态下，两根钢丝间的阻值接近无穷大。当现场的温度上升到火灾探测器设定的低温度等级时，发出火灾预警，提醒人们注意，以便检查现场；当火灾继续发展，温度上升到高温度等级时，发出火灾报警信号，从而实现一种火灾探测器在火灾不同时期多级报警的目的。

不论是缆式线型定温探测器还是缆式线型多级定温探测器，其优点是结构简单，并能方便地接入火灾报警控制器。但因它结构和工作原理的局限存在以下缺陷，致使其在实际应用中的可靠性和实用性受到影响。

（1）破坏性报警

每个报警信号都是要在电缆发生物理性损坏的前提下形成的，意味着这种感温电缆在每次报警过后都要进行相应的修复，这对于像电缆隧道等安装环境十分不便的地方，修复起来十分困难。另外也不宜作为监测超温现象（非火灾情况）的手段。

（2）报警温度固定

普通型感温电缆由于其设计原理的限制，只能在达到一个固定的温度时产生报警信号，因而不能满足某些因现场环境温度周期性变化而相应改变电缆报警值的要求，以及要求提供精确温度报警的应用场合。

（3）故障信号不全

同样由于设计原理上的局限，这种感温电缆的报警信号与其短路信号无法区分。这个缺陷在实际应用中很容易因为意外的机械性损坏或其他原因所造成的短路故障而引发误报警信号，导致系统联动设备的误动作。

智能型可恢复线型感温探测器克服了缆式线型定温探测器及缆式线型多级定温探测器

的上述缺点，其感温电缆各线芯之间组成互相比较的监测回路，根据阻值变化响应现场设备或环境温度的变化，从而实现感温探测报警的目的。

可恢复线型感温探测器根据线芯数主要有两芯、三芯和四芯，如图 1-17～图 1-20所示。

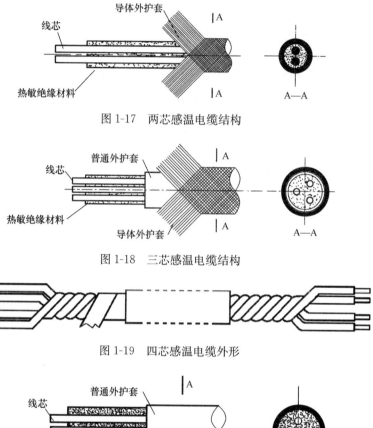

图 1-17　两芯感温电缆结构

图 1-18　三芯感温电缆结构

图 1-19　四芯感温电缆外形

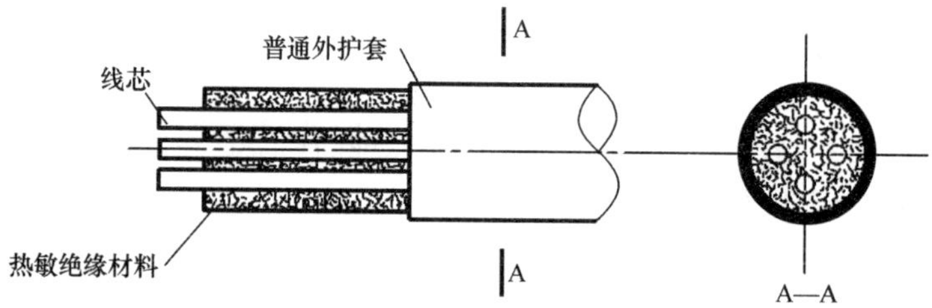

图 1-20　四芯感温电缆的结构

感温电缆各线芯之间的绝缘层为一种特殊的负温度系数材料，线芯间的 NTC（Negative Temperature Coefficient，负温度系数）电阻呈现负温度特性，NTC 正常情况下电阻很大，当感温电缆周围温度上升，线芯之间的阻值大幅下降，在不同温度下其阻值变化不一，因此可以选择某一具体温度下进行预警或火警。

在正常情况下，其阻值达千兆欧级，线芯中通过微弱电流，据此监视探测器的工作状态。当温度上升到 60～100℃左右（或 60～180℃左右），其阻值能明显下降至几百兆欧至几十兆欧，呈对数函数的比例关系，通过科学的配置信号解码器和终端处理器的各项参数，探测器能有效地把上述温度变化探测出来，通过 A/D 转换成数字量信号，经分析输出火灾预警或火警信号。

当探测器发生断线或开路时，线芯中电流为零。当探测器由于外界非预期因素，如挤压、鼠咬而短路，其电阻突然下降，变化趋势很快，根据以上两种情况可以判别短路故障。

二、差温火灾探测器

差温探测器，通常可以分为点型和线型两种。膜盒式差温探测器是点型探测器中的一种，空气管式差温探测器是线型火灾探测器。

1. 膜盒式差温探测器

膜盒式差温探测器，其结构如图1-21所示。主要由感热室、波纹膜片、气塞螺钉及触点等构成。壳体、衬板、波纹膜片和气塞螺钉共同形成一个密闭的气室，该气室只有气塞螺钉的一个很小的泄气孔与外面的大气相通。在环境温度缓慢变化时，气室内外的空气由于有泄气孔的调节作用，因而气室内外的压力仍能保持平衡。但是，当发生火灾，环境温度迅速升高时，气室内的空气由于急剧受热膨胀而来不及从泄气孔外逸，致

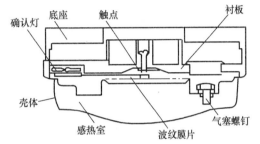

图1-21　膜盒式差温探测器结构示意图

使气室内的压力增大将波纹膜片鼓起，而被鼓起的波纹膜片与触点碰接，从而接通了电触点，于是送出火警信号到报警控制器。

膜盒式差温探测器具有工作可靠、抗干扰能力强等特点。但是，由于它是靠膜盒内气体热胀冷缩而产生盒内外压力差工作的，因此其灵敏度受到环境气压的影响。在我国东部沿海标定适用的膜盒式差温探测器，拿到西部高原地区使用，其灵敏度有所降低。

2. 空气管式差温探测器

空气管式差温火灾探测器是一种感受温升速率的探测器。它具有报警可靠，不怕环境恶劣等优点，在多粉尘、湿度大的场所也可使用。尤其适用于可能产生油类火灾且环境恶劣的场所。不易安装点型探测器的夹层、闷顶、库房、地道、古建筑等也可使用。由于敏感元件空气管本身不带电，亦可安装在防爆场所。但由于长期运行空气管线路泄漏，检查维修不方便等原因，相比其他类型的感温探测器，使用的场所较少。

空气管式线型差温探测器其敏感元件空气管为$\phi 3mm \times 0.5mm$的紫铜管，置于要保护的现场，传感元件膜盒和电路部分，可装在保护现场内或现场外，如图1-22所示。

当气温正常变化时，受热膨胀的气体能从传感元件泄气孔排出，因此不能推动膜片，动、静接点不会闭合。一旦警戒场所发生火灾，现场温度急剧上升，使空气管内的空气突然受热膨胀，泄气孔不能立即排出，膜盒内压力增加推动膜片，使之产生位移，动、静接点

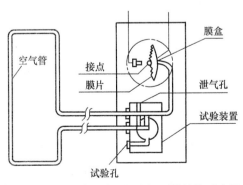

图1-22　空气管式线型差温探测器结构示意图

17

闭合，接通电路，输出火警信号。

三、差定温火灾探测器

不论是双金属片定温探测器，还是膜盒式差温探测器，它们都是开关量的探测器，很难做成模拟量探测器。通过采用一致性及线性度很好，精度很高的可作测温用的半导体热敏元件，可以用硬件电路实现定温及差温火灾探测器，也可以通过软件编程实现模拟量感温探测器。

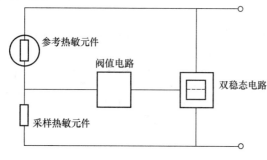

图 1-23　电子差定温探测器原理框图

差定温探测器是兼有差温探测和定温探测复合功能的探测器。若其中的某一功能失效，另一功能仍起作用，因而大大地提高了工作的可靠性。电子差定温探测器其工作原理如图 1-23 所示。

电子差定温探测器一般采用两只同型号的热敏元件，其中一只热敏元件位于监测区域的空气环境中，使其能直接感受到周围环境气流的温度，另一只热敏元件密封在探测器内部，以防止与气流直接接触。当外界温度缓慢上升时，两只热敏元件均有响应，此时探测器表现为定温特性。当外界温度急剧上升时，位于监测区域的热敏元件阻值迅速下降，而在探测器内部的热敏元件阻值变化缓慢，此时探测器表现为差温特性。

由于电子感温探测器的输出精度可以达到 1℃，因此也可以由软件编程实现定温和差温探测的任务，而且可以很容易实现模拟量报警的浮动阈值修正。

而实际使用的电子差定温探测器一般是单传感器电子差定温探测器，仅使用一支热敏元件，通过软件算法，获取温度上升速率。具有定温和差温特性，电路结构简单稳定。传感器一般采用抗潮湿性能较好的玻璃封装的感温电阻，其体积小热容低，响应速度快。与电阻分压后直接由单片机做 AD 获得温度值，定时做 AD 即可得到单位时间内温度的变化增量，在一规定时间段内增量的大小即反映了温度的上升速率，满足 R 型感温探测器要求，当上升速率较低时，当前温度值满足 S 型感温探测器要求。所谓 S 型探测器具有定温特性，即使对较高升温速率在达到最小动作温度前也不能发出火灾报警信号。所谓 R 型探测器具有差温特性，对于高升温速率，即使从低于典型应用温度以下开始升温也能满足响应时间要求。

四、光纤感温火灾探测器

在光学传播领域的最近十几年中，光纤的应用技术发展尤为迅速。光纤本身已从单纯作为光传播的媒介发展成为可作为温度、压力、变形、振动、流量、放电等种种物理量的探测器，广泛应用于现代工业的监测、控制和保护系统之中。

将光纤本身作为探测器，有以下几个主要优点：首先，由于光纤中传输的信号不受电磁干扰，所以即使这些信号是从电磁波较杂乱的区域获得（如动力电缆或变压器周边区域），也能确保其探测内容的完整性。其次，由于探测光缆中无电流，而相对而言，光纤又是不活泼的绝缘介质，所以即使是用在较恶劣、危险的工作区域，操作人员的安全仍能得到最大程度的保障。

光纤感温探测器，根据动作方式可分为：定温型、差温型、差定温型；根据探测方式分类可分为分布式、准分布式；根据功能构成可分为探测型、探测报警型。

1. 分布式光纤感温探测器

该系统工作原理，为光纤激光雷达中采用的雷达技术，激光光源沿着光纤注入光脉冲，脉冲大部分能传到光纤末端并消失，但一小部分拉曼散射光会沿着光纤反射回来，对这一后向散射光进行信号采集并在光电装置中进行分析从而提供给用户有关温度的信息。实质上输出的就是整条光纤（最长 30km）的温度分布图。光纤可分为多个 1m 长的区域，每个区域有不同的温度读数，该系统可以对温度分布图进行设定，当温度超过预定值时可发出警报。

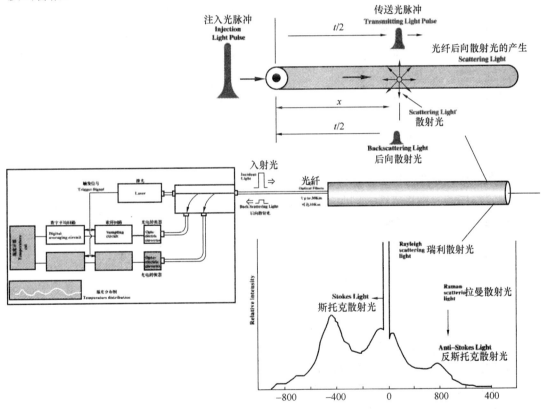

图 1-24　分布式光纤感温探测器原理示意图

分布式光纤系统所用的探测器一般为标准的传输通讯用多模光纤。该光纤本身适用的温度范围就很广（−50～300℃），而一旦在光纤外表面涂上不同材料，其工作温度环境范围就能扩大到−190～460℃。但要注意确保其外涂层不向光纤本身施加机械作用。因为这不仅对光纤使用寿命的长短带来不利影响，还会导致光纤的弯曲，如超过生产厂商规定的弯曲度，会引起更严重和明显的衰减。

分布式光纤系统是利用光缆作为探测器进行温度监测的工具，通过适宜的安装，它可以连续监测长达 30km 区域内的温度变化情况，测量精度根据用户需求最小可达到±0.5℃。由于光纤本身就是传感器，光纤放到哪里温度就测到哪里，故测量的温度数据是不间断、多点的连续分布。分布式光纤系统可以在终端上清晰显示出光纤长度内每监测点的温度变化（可最短设定 0.25m 为一个监测点），进行精确的温度数值输出与空间定位。测量方式有单端或双端两种。

普通的温度传感技术采用的探测器是相互独立的，如热电偶或铂电阻，它们只能测出一个点的温度，而人们通常只能将这个温度看作是待测区域内的平均温度。而另一类产品感温电缆虽然可以实现某种特定意义上的连续性，但不能起到分布式与线性的作用。分布式光纤系统可以利用一个探测器对几百个甚至几千个区域或点进行温度监测。

可以利用温度来对公路隧道内的火情火势进行判断，利用温度对高压电缆的运行情况进行监测，利用温度变化观测长距离天然气输送管线的安全状况，甚至可以利用温度来了解大坝上混凝土凝固情况是否稳定等等。分布式光纤系统对于大面积广范围的温度测量要求，完全可以以其独到的材料及形态上的优点取代很大一部分传统的测温系统。

在电缆隧道中，对于线路和设备的可靠性监控非常重要。监控的技术原则是对沿线电缆温度变化进行有效数据分析，以预防为主，还要确保事故发生时有快速的反应与报警，做到万无一失。就动力电缆的监测而言，分布式光纤系统是在线监测最有效的方法之一。

分布式光纤系统不仅可以根据客户要求任意设定温度报警点，并具备可恢复性。即分布式光纤系统可以在光缆探测器不受损坏的前提下，仅以模拟量的形式输出温度数值与报警信号，并不影响系统的长期工作。在温度超出预定范围并回落的时候，具备可重复使用的特性。

分布式光纤系统不仅可以严格按照预定的温度点报警，而且可以在同一监测点或监测区域设置不同的温度警戒线，同时实现预警以及火灾报警等，同时，分布式光纤系统还可以根据温升速率进行报警。

分布式光纤系统尤其适用于环境温度检测、隧道内火灾监测和对光缆沿线全长的温度测量。用户可将控制单元安置在隧道外，只将本征安全、不受电磁干扰的光缆探测器安装于隧道中。系统根据对反射光纤的分析进行工作，因此在有火情发生的状况下，只要有一个终端仍与系统相连接，所有未受影响的光缆都能继续提供温度信息并加以定位。随着火势在隧道中发展的延伸，更多的光缆将受到影响。这种实时信息即可以温度和距离跟踪信息的方式体现出来，也可以通过火情模拟演示来体现。与此同时，我们可以在一个安全的场所，通过 PC 机来观察隧道内的火情发生的位置、所有影响到的区域、火势蔓延的方向以及现场的温度状况。PC 与 PC 间的通信联络技术的使用意味着可以在远距离控制中心掌握现场信息，这种信息对于救援工作来说是至关重要的，尤其是在与中央闭路电视监视系统相连接的情况下。

隧道中应用分布式光纤系统另外一个功能就是能在同一个区域内对于温度的峰值和平均值加以描述并定位。一般情况下，温度峰值的测定用于火情监测，而温度平均值的测定则可以用于隧道整体环境监测等的其他应用上。这一功能在使用以列车运行为根据而实施通风的地铁隧道中特别适用。在交通拥挤或者是突然断电的情况下，地铁列车仍能在隧道内继续行驶一段时间。从列车冷凝器所排放出的热量将隧道内密闭空气的温度提高直至超过可接受的温度极限，从而使得排风设备开始工作，加速空气的流通。然而，隧道内的温升也有可能是由火情所引起的，此时自动打开排风装置将是非常危险的。分布式光纤系统在此时可通过相邻隧道来获得温度的峰值和平均值来区别以上两种情况，据此开关风机。

2. 光纤光栅感温探测器

（1）基本原理

光纤由芯层和包层组成，利用光纤芯层材料的光敏特性，通过紫外准分子激光器采用掩膜曝光的方法使一段光纤（约 8mm）纤芯的折射率发生永久性改变，折射率的改变呈周期性分布，形成布喇格光栅结构，如图 1-25 所示。

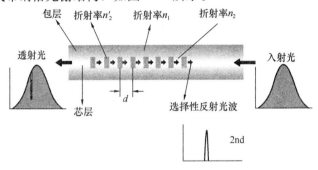

图 1-25　光纤光栅原理示意图

光纤芯层原有的折射率为 n_2，被紫外光照射过的部分的折射率变为 n_2'，折射率的分布周期 d 就是光纤光栅的栅距；当宽带光通过光纤光栅时，满足布喇格条件的波长被光栅反射回来，其余波长的光透射，反射光波长随光栅栅距 d 的改变而改变。由于光栅栅距 d 对环境温度非常敏感，因此，通过检测反射波长的变化可以计算出环境温度的改变量。

光纤光栅感温探测器基本原理如图 1-26 所示。一根光纤上串接的多个光栅（各具有不同的光栅常数），宽带光源所发射的宽带光经 Y 型分路器通过所有的光栅，每个光栅反射不同中心波长的光，反射光经 Y 型分路器的另一端口耦合进光纤光栅感温探测信号处理器，通过光纤光栅感温探测信号处理器探测反射光的波长及变化，就可以得到解调数据，再经过处理，就得到对应各个光栅处环境的实际温度。

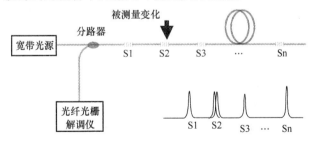

图 1-26　光纤光栅感温探测器基本原理图

光纤光栅感温探测器利用布喇格光栅的温度敏感性和光的反射原理，实时探测光纤光栅感温点温度变化情况，将被测物体物理变化量转变成便于记录及再处理的光信号。从传感器返回的信号为光信号，可以直接通过光缆进行远距离传输。感温探测信号处理器接收

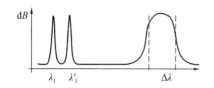

图 1-27 全同光纤光栅温度
监测系统示意图

其波长改变量的大小，并将之转换成电信号，再计算出待测点的温度大小。

目前光纤光栅感温探测器有逐点波分复用感温探测器及分区全同波分复用感温探测器。全同光纤光栅报警方法示意图如图 1-27 所示。所有探头具有相同的布喇格波长 λ_1，一旦其中一个探头监测部位发生火灾，就会产生一个新的波长 λ_1'，随着温度的升高，此波长会继续往长波方向移动。而在系统中有一个用于设定温度报警门限的宽带光纤光栅 $\Delta\lambda$，如果温度超过设定的报警门限，波长 λ_1' 移动到宽带光纤光栅 $\Delta\lambda$ 的范围内，就会产生报警动作。

（2）光纤光栅感温探测器组成

光纤光栅感温火灾探测器主要由感温光栅光纤和信号处理器组成。感温光栅光纤由光栅感温探测单元、连接光缆、传输光缆等部分组成。信号处理器由调制解调器、信号转换处理电路和报警显示电路等部分组成。

1）光栅感温探测单元

光栅感温探测单元是光纤光栅感温探测器的核心部分，由测量光栅、导热感温元件（无电元件）等部分组成，其两端由不锈钢软管同光缆连接。图 1-28 为感温探测单元结构示意图。

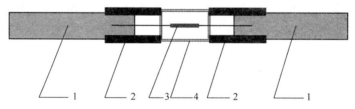

图 1-28 感温传感器探头结构示意图
1—连接光缆；2—不锈钢连接软管；3—测量光栅；4—导热感温元件

在线型光纤感温火灾探测器中，感温探测单元的数量根据用户的实际使用需要确定。一般光纤光栅感温火灾探测器每两个感温探测单元的间隔为 5m。光纤光栅感温火灾探测器使用单芯单模光纤进行信号的检测与传输，光缆外径尺寸为 $\phi7mm$，信号传输光缆外径尺寸为 $\phi10mm$。

2）信号处理器

信号处理器为光纤光栅提供稳定的宽带光源，同时对系统中光栅返回的窄带光进行调制解调。根据系统的设定情况，实时接收来自光纤光栅感温探测单元的信号。信号通过转换处理电路进行调制和处理成最终的实测温度值。信号处理器自身可进行声光报警和显示、并输出火灾报警信号和故障信号。

光纤光栅感温探测器以光纤作为信号的传输与传感媒体，利用布拉格光栅的温度敏感性和光的反射原理，能够实时探测沿光纤光栅感温点的温度变化情况。可进行分布测量，测量点可在 5km 范围内任意设置；其结构示意图见图 1-29。

由于光纤是用石英材料所造，是绝缘材料，故此不会像金属导线那样受电场或磁场

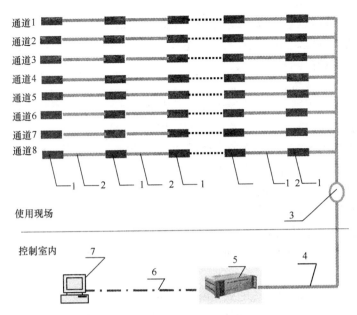

图 1-29　光纤光栅感温火灾探测器结构示意图

1—光栅感温探测单元；2—连接光缆；3—光缆连接器；4—传输光缆；

5—信号处理器；6—电缆 4mm×1.5mm；7—报警控制器或系统计算机

诱导干扰，当然也不存在高压绝缘破坏的问题。因为光纤本身就是光传播的媒体，可以同时将传感的温度信号送到光纤的端部，这就使得光纤不像热电偶那样，传感的温度信号要用别的一对金属导线来进行传输。光线传感器测温的这一既传感又传播的特点，使得整个系统变得非常简单。由于光纤非常细小，加之柔软轻量，使得安装施工非常简便。比如，要求测量物体的表面温度，则只需用胶布将光纤粘贴固定在物体表面即可。若要求测量空间温度则只需要挂在天花板上或挂在墙壁上即可。再则，由于光纤属于玻璃质，故不会受酸碱腐蚀，光纤的维护保养工作也相对容易。

五、感温火灾探测器的选用

（1）符合下列条件之一的场所，宜选择点型感温火灾探测器；且应根据使用场所的典型应用温度和最高应用温度选择适当类别的感温火灾探测器：

1）相对湿度经常大于 95％；

2）可能发生无烟火灾；

3）有大量粉尘；

4）吸烟室等在正常情况下有烟或蒸汽滞留的场所；

5）厨房、锅炉房、发电机房、烘干车间等不宜安装感烟火灾探测器的场所；

6）需要联动熄灭"安全出口"标志灯的安全出口内侧；

7）其他无人滞留且不适合安装感烟火灾探测器，但发生火灾时需要及时报警的场所。

（2）可能产生阴燃火或发生火灾不及时报警将造成重大损失的场所，不宜选择点型感温火灾探测器；温度在 0℃以下的场所，不宜选择定温探测器；温度变化较大的场所，不宜选择具有差温特性的探测器。

（3）下列场所或部位，宜选择缆式线型感温火灾探测器：

1）电缆隧道、电缆竖井、电缆夹层、电缆桥架；

2）不易安装点型探测器的夹层、闷顶；

3）各种皮带输送装置；

4）其他环境恶劣不适合点型探测器安装的场所。

（4）下列场所宜选择空气管式线型差温探测器：

1）可能产生油类火灾且环境恶劣的场所；

2）不易安装点型探测器的夹层、闷顶。

（5）下列场所或部位，宜选择线型光纤感温火灾探测器：

1）除液化石油气外的石油储罐；

2）需要设置线型感温火灾探测器的易燃易爆场所；

3）需要监测环境温度的地下空间等场所宜设置具有实时温度监测功能的线型光纤感温火灾探测器；

4）公路隧道、敷设动力电缆的铁路隧道和城市地铁隧道等。

（6）线型定温火灾探测器的选择，应保证其不动作温度高于设置场所的最高环境温度。

第三节 火焰探测器

一、火焰光谱

地球表面附近最大的紫外光源是太阳。太阳紫外辐射分为 UVA、UVB、UVC 三个波段。其中 UVC（100～280nm）波段几乎能够全被臭氧吸收而无法到达地面；UVB（280～320nm）波段对生物危害较大，臭氧在此波段有较强的吸收，能够吸收绝大部分短波辐射，在 320nm 附近吸收能力减弱；UVA（320～400nm）被臭氧吸收的较少，几乎可以自由的穿透大气层，但它对生物影响较小。由于臭氧等大气气体的强烈吸收作用和部分散射作用，波长在 280nm 以下的紫外线几乎不能到达地球表面，因此，200～280nm 波段的紫外光又称为日盲区，280～400nm 波段被定义为可见光盲区。研究发现，燃烧的碳氢化合物，能产生较强的紫外辐射。

一切温度高于绝对零度的物体都具有红外辐射的能力，这就为目标和背景的探测、识别奠定了客观基础。红外辐射有三个主要"大气窗口"吸收带，为 $1～3\mu m$ 波段，$3～5\mu m$ 波段，$8～14\mu m$ 波段。红外探测器作为一种红外辐射能的转换器，它把辐射能转换成另一种便于测量的能量形式，在多数情况下转换为电能，或是变成另一种可测量的物理量，如电压、电流或探测材料其他物理性质的变化。同时红外探测器是红外系统的核心部件，在红外技术发展中起着关键和主导的作用，从而使得红外技术在战略预警、战术报警、夜视、制导、红外成像、红外激光雷达、资源探测、光谱探测、工业探伤、大气环境监控、医学等军用和民用领域都有非常广泛的应用。采用光电导型硫化铅光敏电阻作为传感器的被动式红外火焰探测器，能够提供快速、准确和可靠的火焰探测，具有抗干扰能力强，性能可靠和性价比高等特点，适用于碳氢化合物火灾探测。

响应波长低于 400nm 辐射能通量的探测器称为紫外火焰探测器，响应波长高于 700nm 辐射能通量的探测器称为红外火焰探测器。图 1-30 为红外与紫外火焰探测器探测波段图。

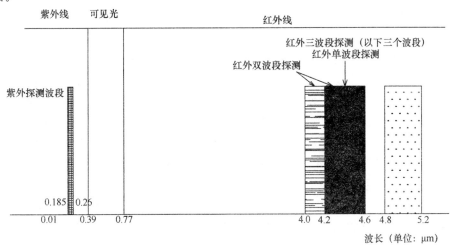

图 1-30　火焰探测器探测波段图

二、火焰探测

火焰探测器是继使用多年感温、感烟探测器后，较晚出现的一种火灾探测器，因而其效益和局限性并未广泛地被人们所认识。在 20 世纪 60 年代研制出一种宽带红外火焰探测器，该种探测器对火焰的响应，仅通过分辨火焰的闪烁频率和一个规定的延迟时间确定。尽管紫外火焰探测器已经使用多年，但直到 20 世纪 70 年代初期，它才作为一种可用的工业装置问世。紫外光敏管质量方面的改进和电子技术的进步，使得当时已广泛用于火工品监视的紫外火焰探测器现在能够安装于户外场所使用。

20 世纪 70 年代电子技术的巨大进步实际上对所有种类探测装置及其相关联的控制设备产生了显著的影响。由于航空和航天及军事目的的需要，研制成新的窄带通滤波器，从而出现新一代红外火焰探测器。与此同时，在紫外传感器技术方面也取得进展，出现了一些灵敏度有改进、选择性更适用的紫外火焰探测器。

从使用一个简单的 UV 传感器开始，火焰探测器已经经历了较长时间的发展。尽管 UV 探测方法是一种较好的快速探测器，同样，对于太阳、电弧光等非火源的其他辐射源也是一个很好的探测器。近年来，其他类型的探测器和复合型探测器被开发出来，包括了单一红外、双红外复合以及红外和紫外复合探测器。单一的探测器具有这样或那样的缺点，主要的问题是误报、低灵敏度和探测距离有限。

各类火灾都有其自身的特征，物质燃烧时，在产生烟雾和放出热量的同时，也产生可见或不可见的光辐射，尤其是在石油和天然气工厂中常见的碳氢化合物类和石油化学产品类火灾更是如此。它们发射出的红外线、可见光和紫外线光谱，在特殊的波长会有明确的峰值；同时还会显示低频闪烁（low frequency flicker），一般是 1～10Hz。火焰探测器又称感光式火灾探测器，它是用于响应火焰的光特性，即使用紫外辐射传感器、红外辐射传感器或结合使用这两种传感器识别从火源燃烧区发出的电磁辐射光谱中的紫外和红外波段，从而达到探测火灾的目的。因为电磁辐射的传播速度极快，所以这种探测器对快速发生的火灾（尤其是可燃溶液和液体火灾）能够及时响应，是对这类火灾早期通报火警的理想的探测器。

火焰探测器一般由外壳、底座、光学窗口、传感器等重要部件组成。外壳材料通常采用工程塑料、铝合金等材料制成，在有防爆要求的场所，外壳需满足隔爆、防爆的要求。传感器是火焰探测器的核心部件。紫外火焰探测器中最常用的传感器是一个密封的内置气体的光电管，称为盖革-弥勒管。红外火焰探测器所使用的传感器则随探测波长的变化而有多种。室内用红外探测器可使用工作波长为 $1\mu m$ 的硅传感器，它具有灵敏度高的优点，但抗干扰性差。对于 $2.7\mu m$ 的红外辐射，硫化铅较为常用。硒化铅已使用于 $4.7\mu m$ 波段，但其探测特性不稳定，随温度而变化。基于钽酸锂的焦热电传感器近年来也得到了应用。它使得工作波长为 $4.3\mu m$ 的红外火焰传感器具有高灵敏度、低噪声的优点，且能工作在温度变化较为剧烈的环境中。传感器一定要有一个合适的光学窗口加以保护，以避免潮湿和腐蚀性气体的侵害。这个窗口必须对探测波段是透明的，且最好对其他波长的辐射具有高吸收率。最普通的窗口材料是玻璃，它可用于 $0.185\sim2.7\mu m$ 波段，但其透过率仅仅有 20%。对于波长在 $2.7\sim4\mu m$ 的辐射，石英是较为理想的窗口材料，其透过率达到 50%。对于面积要求较小的窗口来说，蓝宝石较为理想，它很难被划伤，且在 $0.2\sim6.5\mu m$ 波段有较高的透过率。

电磁辐射由于波长和频率的不同分为，伽马射线，X 射线，紫外，可见光，红外，微波和无线电波。而通常火灾发出的辐射绝大部分是有紫外射线，红外射线和可见光组成的。

火焰探测器大部分都是光学和电子感应器，通过对太阳光谱以外的红外辐射和紫外辐射产生反应从而探测到火灾，所以大部分火焰探测器有很多相似之处。火焰探测器是直接式的探测火灾，火焰探测器的电子感应器要进行调整，使其收到的电磁辐射的频率在一个比较小的范围内，以便能接收在这一范围内的火灾的辐射；电磁辐射的能量大小与火源的尺寸成正比，与距火源的距离的平方成反比。

不管是紫外线还是红外线光谱辐射探测器，在室内和室外都是一种有效的火灾探测方法，它响应速度快，能有效地覆盖大面积的区域，同时它还不容易受风、雨和阳光的影响。这类探测器有独立式的，也有组合式的，按其工作原理可以分为对火焰中波长较短的紫外光辐射敏感的点型紫外火焰探测器、对火焰中波长较长的红外光辐射敏感的点型红外火焰探测器、同时探测火焰中波长较短的紫外线和波长较长的红外线的紫外/红外复合探测器。根据防爆类型可分为：隔爆型、本安型。

三、紫外火焰探测器

紫外火焰探测器是一种能对物质燃烧火焰的光谱特性、光照强度和火焰的闪烁频率敏感的火灾探测器，是一种响应波长低于 400nm 辐射能通量或者说是对火焰发射的紫外光谱敏感的一种探测器。紫外火焰探测器使用一种固态物质作为敏感元件，如碳化硅或硝酸铝，也可使用一种充气管作为敏感元件，如采用高性能紫外光敏管。紫外光敏管是一种外光电效应原理的光电管，具有灵敏、可靠、抗粉尘污染、抗潮湿及腐蚀性气体等优点。

从太阳发出的波长小于 $0.3\mu m$ 的紫外辐射被地球大气完全吸收，将不会使工作在

0.185～0.26μm 波段的紫外火焰探测器产生误报警。在这一波段工作的火焰探测器具有极高的反应速度（3～4μs），一般用于探测处于点火瞬间的火灾或爆炸所释放出的具有极高能量的紫外辐射。

紫外火焰探测器由紫外光敏管、透紫石英玻璃窗、紫外线试验灯、光学遮护板、反光环、电子电路及防爆外壳等组成，如图 1-31 所示。

紫外光敏管是一种气体放电管，它相当于一个光电开关，如图 1-32 所示。管外部是密封玻璃壳，管内充有一定压力的特殊气体，在阴极和阳极之间加有 300V 左右的直流高压。

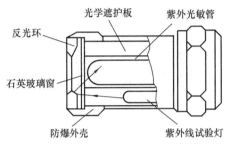

图 1-31 紫外火焰探测器结构示意图

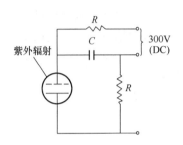

图 1-32 紫外光敏管工作原理示意图

由于火焰中含有大量的紫外辐射，当紫外火焰探测器中的紫外光敏管接收到波长为 0.185～0.245μm（1850－2450Å）的紫外辐射时，光子能量激发金属内的自由电子，使电子逸出金属表面，在极间电场的作用下，电子加速向阳极运动。电子在高速运动的途中，撞击管内气体分子，使气体分子变成离子，这些带电的离子在电场的作用下，向电极高速运动，又能撞击更多的气体分子，引起更多的气体分子电离，直至管内形成雪崩放电，使光敏管内阻变小，因而电流增加，使电子开关导通，形成输出脉冲信号前沿；由于电子开关导通，将把光敏管的工作电压降低，当此电压低于启动电压时，光敏管停止放电，使电流减少，从而使电子开关断开，形成输出脉冲信号的后沿。此后，电源电压通过 RC 电路充电，使光敏管的工作电压升高，当达到或超过启动电压时，又重复上述过程，如图 1-33 所示。这样就产生了一串电脉冲信号，脉冲的频率取决于紫外光照的强度和电路的电气参数。当电路不变，光照越强，频率越高。将这些脉冲信号通过传输导线送到报警控制器，当测得的脉冲频率高于报警设定值时，探测器发出火灾报警信号。

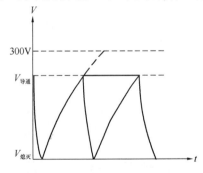

图 1-33 紫外光敏管的工作过程

在大气层内部，由于臭氧层的保护作用，太阳辐射中波长在 280nm 以下的电磁波几乎被完全吸收，而由于光敏管玻璃管透光的限制，紫外光敏管阴极材料的光谱响应波长范围都在 185～260nm。这样，使用钨等金属材料作为阴极的紫外光敏管就可以达到"日盲"的效果。

在可燃物质燃烧或爆炸刚点燃的瞬间，会以极快的速度（3～4ms）辐射出较强能量的紫外线。尽管紫外传感器是一种快速高效的火焰探测器，但是，对于其他的非火灾辐射源而言它也是一种很好的探测器，例如像透过臭氧层空洞的太阳光、闪电、电弧、和电焊弧光等，很容易引起紫外火焰探测器的误报警，这些误报降低了其报警的可信赖性。

典型的紫外火焰探测器具有 $90°～120°$ 的视角，可以探测到 25m 远处，面积为 $0.1m^2$ 的汽油火焰，但大气对辐射的衰减以及探测器窗口的污染都会使其探测能力减弱。紫外光线在烟雾中的透过率极低，因此，此种探测器不应安装于火灾隐患处的垂直上方，以避免火灾产生的烟雾挡住探测器的视线。UV 光传播的主要抑制因素为油雾或膜、浓烟、碳氢化合物蒸气、水膜或冰。当这些现象存在于火焰探测路径，由于辐射衰减能显著降低 UV 信号的强度。因此紫外火焰探测器的探测距离通常宜在 15m 左右。另外，丙酮、乙醇和甲苯等多种化学气体或蒸气也可能对火焰探测器的探测效果产生影响。

点型紫外火焰探测器不受风雨、高湿度、气压变化等影响，能在室外使用。但是，一些受污染区域由于臭氧层稀薄，部分紫外辐射可以透过大气到达地表，这就给点型紫外火焰探测器在室外环境下的运行带来了不利影响，增加了其误报警的概率。对于在这样的区域以及雷电频发、有电弧光大量产生的场所使用时，建议使用点型红外火焰探测器或点型复合式红紫外火焰探测器。

四、红外火焰探测器

响应火焰产生的光辐射中波长大于 700nm 的红外辐射进行工作的探测器称为点型红外火焰探测器，红外火焰探测器一般采用阻挡层光电阻或光敏管原理工作的。红外火焰探测器基本上包括一个过滤装置和透镜系统，用来筛除不需要的波长，而将收进来的光能聚集在对红外光敏感的光电管或光敏电阻上。点型红外火焰探测器按照红外热释电传感器数量不同可以分为点型单波段红外火焰探测器、点型双波段红外火焰探测器和多波段红外火焰探测器。

常见的明火火焰辐射的红外光谱范围中，波长在 $4.1～4.7\mu m$ 之间的辐射强度最大，这是因为烃类物质（天然气、酒精、汽油等）燃烧时产生大量受热的 CO_2 气体，受热的 CO_2 在位于 $4.35\mu m$ 附近的红外辐射强度最大。而地表由于 CO_2 和水蒸气的吸收作用，太阳光辐射的光谱中位于 $2.7\mu m$ 和 $4.35\mu m$ 附近的红外光几乎完全不存在。所以红外火焰探测器探测元件选取的探测波长可以选择在 $2.7\mu m$ 和 $4.35\mu m$ 附近，这样可以最大程度的接受火焰产生的红外辐射，提高探测效率，同时避免了阳光对探测器的影响。现在大多红外火焰探测器选取的响应波段在 $4.35\mu m$ 附近的红外辐射。在红外热释电传感器内部加装一个窄带滤光片，使其只能通过 $4.35\mu m$ 附近的红外辐射，太阳辐射则不能通过。一般选取的滤光片的透光范围可以在 $4.3～4.5\mu m$。

图 1-34 为典型的红外火焰探测器原理图。首先红外滤光片滤光，排除非红外光线，由红外光敏管将接收的红外光转变为电信号，经放大器（1）放大和滤波器滤波（滤掉电源信号干扰），再经内放大器（2）积分电路等触发开关电路，点亮发光二极管

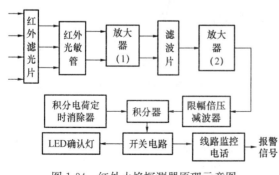

图 1-34 红外火焰探测器原理示意图

（LED）确认灯，发出报警信号。

火焰的高温以及由火焰引起的大量的高温气体都能辐射出各种频带的红外线，但是能够辐射出红外线的不仅仅是火焰，一些高温物体的表面，如炉子、烘箱、卤素白炽灯、太阳等都能辐射出与"火焰"红外线频带相吻合的红外线。因而这些并非火焰的红外源就十分容易使红外火焰探测器产生误报警。

点型双波段红外火焰探测器有两个探测元件（红外热释电传感器），其中一个和单波段红外火焰探测器的一样，用于探测火焰中的红外辐射；另外一个以红外热释电传感器作为参比通道，选取不同透射谱带的滤光片，用于排除环境中来自其他红外辐射源的干扰。在双波段红外火焰探测器工作时，当存在明火时，用于火焰探测的红外热释电传感器输出的信号大于参比的红外热释电传感器输出的信号，这时探测器报警；当有黑体辐射等强干扰时，参比的红外热释电传感器输出的信号大于火焰探测的红外热释电传感器输出的信号，探测器不报警。这样，就有效地减小甚至避免了探测器误报。目前，国内很多企业生产的双波段红外火焰探测器都能够保证用于探测火焰的红外热释电传感器的透射谱带在 $4.3\sim4.5\mu m$，进而达到"日盲"的要求。对于参比波长的选择，现在选择 $5\mu m$ 以上波段的产品居多。点型双波段红外火焰探测器一般能够抗人工光源、阳光照射、黑体热源、人体辐射等，户内、户外均可使用，工作稳定可靠，适用于普遍场所，应用较为广泛。

此外，点型多波段红外火焰探测器是将 3 个不同波长的红外探测器复合在一起，其原理与双波段红外火焰探测器类似，增加的红外热释电传感器都是为了克服 $4.3\mu m$ 附近的红外辐射之外的其他干扰。通过光谱分析能够对除火灾以外的连续的、调制的、脉冲的辐射源保证不产生误报（包含黑体和灰体辐射）。这种高灵敏的 IR3 技术以及其免于误报的特性使其具有更远的探测距离。

这种探测方法具有如下的特点：

（1）快速响应——响应时间小于 5s；

（2）较远的探测距离——达到 65s 远；

（3）对小型火灾具有较高的灵敏度；

（4）误报率低。

单波段红外探测器对黑体辐射敏感，当探测器监控范围内进入黑体射线，这些装置的敏感度将会受到影响，可能产生假报警，原因可能来自于能够产生足够热量的电力设备，在探测器监控范围内的人或其他运动也可能产生类似的情况（在接收波段范围内的黑体辐射都可能导致误报）。黑体辐射是种热能量，因辐射源与周围环境的温度差异而发射射线。由于大气对 CO_2 吸收辐射频带的吸收，地球表面的太阳光能含有很少 $4.3\mu m$ 波段的 IR 射线。但是，太阳光能可以加热物体使其辐射 $4.3\mu m$ 所谓的"黑体射线"。

双波段红外探测器具有两个传感器，分别探测两个波段的辐射，通过分析信号的闪烁、每一波段接收信号强度以及两传感器接收信号强度的比值确定火焰辐射源。距离探测器很近的人群能对探测器产生不利的影响，探测器可能会将人体的自然能量认为是红外源，将人群的运动作为闪烁的特性，总体上的结果就可能是一次假报警。接近探测器区域有人群活动时不宜选择双波段红外火焰探测器；双波段、三波段红外火焰探测器的工作原理都是对 CO_2 辐射峰值波段（$4.3\mu m$）进行响应，金属或无氧火焰燃烧产物中没有 CO_2，无法探测到火焰目标。

五、紫外、红外复合火焰探测器

为了减少误报警，有些火焰探测器装有两个吸收不同波段辐射的探头。紫外红外复合火焰探测器选用了一个紫外线探头和一个高信噪比的窄频带的红外线探头。虽然紫外探头本身就是探测火焰的一个好的探头，只是由于它特别容易受电焊光、电弧、闪电、X射线等（紫外线辐射）触发而产生误报警。因此，为了防止误报警的发生，它增加了一个 IR 红外检测通道，在许多被探测范围不大的场合，可以采用这一类型的探测器。只有当探测器同时接收到特殊波段的红外信号，同时又接收到特殊波段的紫外线信号时，才确认有火焰存在。这样在更大程度上防止了误报警。

但是，这一看来似乎很好的技术也还有其缺点。这是因为不同形式的火焰，其辐射的紫外线强度和红外线强度的比值是各不相同的。

六、火焰探测器的发展

近几年，出现了一种具有探测窗口自检功能的点型火焰探测器。窗口自检装置是在点型火焰探测器的基础上，在窗口边缘位置加装了一个反射镜，窗口内部有一个检测光线发射装置（LED 光源）和接收装置（光电传感器），一般检测光采用可见光谱。发射装置每隔几分钟发射一次检测光线，每次持续数秒，发射出的检测光线透过窗口，通过反光镜反射后，再进入窗口内部，被接收装置捕捉。如果窗口洁净、无污染，传感器接收到检测光线的强度会在一定范围内，这时探测器正常工作；如果窗口被灰尘覆盖的程度使得传感器接收到检测光线的强度低于临界值，在连续几次的采集确认后，探测器会报出窗口检测故障，进而上传至控制室的火灾报警控制器。这样，采用窗口自检功能的点型火焰探测器有效地避免了因窗口污染而造成的灵敏度下降问题，在探测器发出窗口检测故障后，工作人员可以在第一时间对其进行清理和维护。

点型火焰探测器从问世以来，经过几十年的发展与技术突破，已经在明火探测上通过无数案例证明了自身存在的价值，在保护社会财产和人身安全方面起到了重要的作用。由于各种背景红紫外辐射的干扰，会使得探测器发生误报现象，因此，在使用点型火焰探测器时一定要根据应用环境的特点选择不同种类的探测器。

七、火焰探测器的选用

点型火焰探测器较适合于在机库、工厂车间、中庭等大空间建筑以及化工厂、石油探井、海上石油钻井平台和炼油厂等露天环境中使用。由于其探测范围大、灵敏度高，适用于生产、储存和运输高度易燃物质的危险场所，适宜设置于极昂贵设备或有关键设施、对火情有特殊检测需要的地方。

（1）符合下列条件之一的场所，宜选择点型火焰探测器：

1）火灾时有强烈的火焰辐射；

2）可能发生液体燃烧等无阴燃阶段的火灾；

3）需要对火焰做出快速反应。

（2）符合下列条件之一的场所，不宜选择点型火焰探测器：

1）在火焰出现前有浓烟扩散；

2）探测器的镜头易被污染；

3）探测器的"视线"易被油雾、烟雾、水雾和冰雪遮挡；

4）探测区域内的可燃物是金属和无机物；

5）探测器易受阳光、白炽灯等光源直接或间接照射；

6）探测区域内正常情况下有高温物体的场所，不宜选择单波段红外火焰探测器；

7）正常情况下有明火作业，探测器易受 X 射线、弧光和闪电等影响的场所，不宜选择紫外火焰探测器。

第四节　图像型火灾探测器

随着国民经济的迅速发展和社会文明的不断进步，出现了越来越多的、具有高大空间特性的民用和工业建筑与场所，涉及生产生活的各个领域，如体育馆、影剧院、会展中心、火车站、候车（机）室、检修库、中庭、仓库、机库、电厂、储油罐、煤厂等。对以上场所，其空间高度、保护面积、探测距离、建筑结构、现场环境和防火要求与传统的消防领域有很大不同，从而导致了火灾的发生发展模式、探测机理和灭火机理也有所不同，传统的火灾自动报警系统和灭火系统对这类很难实施有效地保护。同时，在这些建筑和场所内往往人员密集或者设备昂贵，一旦发生火灾，将对生命财产造成巨大损失。因此，对此类场所火灾的早期探测成为非常现实且亟待解决的问题，同时也对火灾报警设备的性能、选型、设计等方面提出了更高的要求。

火灾报警后，消防值班人员首先要确认是否有火灾发生，采取的方法是等待收到进一步的报警信号或去现场查看，这往往会延误灭火的最好时机，大大增加火灾造成的损失。如果在控制室听到火灾报警的同时能看到火灾的现场情况，那么值班人员会直接判断火灾是否发生以及火势的大小，当机立断启动疏散及灭火程序，使火灾损失降低到最低程度。

图像火灾探测器就能很好地解决这个问题，它是利用图像传感器的光电转换功能，将火灾光学图像转换为相应的电信号"图像"，把电信号"图像"传送到信息处理主机，信息处理主机再结合各种火灾判据对电信号"图像"进行图像处理，最后得出有无火灾的结果，若有火灾，发出火灾报警信号。目前图像火灾探测器有图像型火焰探测器和图像型烟雾探测器两种形式。

图像型火灾探测利用摄像机监测现场环境，并通过对所得数字图像的处理和分析实现对火灾的探测。利用此项技术不但能够实现火灾的早期探测，为火灾的扑救赢得宝贵时间，并且能够在工作过程中有效避免探测距离、环境干扰等因素的影响，具有可视化、无接触等优点。

一、图像型火灾探测器原理

图像型火灾探测器采用传统 CCD 摄像机或红外摄像机获取被保护现场的视频图像，要求对被保护现场实现无盲区的覆盖，一般通过成对安装摄像机实现对盲区的补偿。摄像机输出的模拟视频信号通过图像采集卡实现视频图像的数字化，在系统主机内部利用智能复合识别算法对数字图像进行分析处理，从而实现对火灾的探测，当发现火灾后，系统采用图形界面和继电器或总线输出方式提供对外报警输出接口。图 1-35 为图像型火灾探测器系统工作原理示意图。

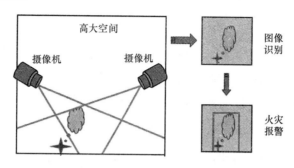

图 1-35　系统工作原理示意图

　　系统采用高性能主机对图像进行分析识别，内嵌的智能识别算法能够探测到场景中的微弱变化，并对这些微弱变化进行进一步处理，以提取其中能够与火灾（如灰度、颜色、边缘、运动模式等）相匹配的特征，并对这些特征间的相互关系进行深入分析，利用智能组合数据对特征信息进行筛选，从而保证能够迅速准确地探测到火灾。

　　其基本原理是：通过图像采集设备（一般由摄像机和图像采集卡构成）采集视频图像并输入到计算机中，对采集到的每一帧视频图像建立模型，利用该模型获得图像中的至少一个区域及其边界像素；对采集到的每一帧视频图像进行运动特性分析，获得图像中的运动前景像素；当所述区域的边界像素中包含的运动前景像素的个数达到一设定的阈值时，将所述区域标记为火灾疑似区域；对所述火灾疑似区域的闪烁特性进行评估，判断所述火灾疑似区域中是否存在火灾；当存在火灾时进行火灾报警，否则继续监测下一帧视频图像。

　　同时，为了使系统能够适应各种不同的工作场所，有的系统还提供了对场景进行分区、并对每一分区独立设置灵敏度的功能。可以将不同分区进行组合，并设置报警条件后映射到不同的继电器输出，使得系统设置能够更适合现场的工作环境。还有的系统则将视频录像功能内嵌于系统，支持对报警通道的录像检索查看功能，方便后续火灾事故的调查。

二、图像型火灾探测器组成

　　图 1-36 为图像型火灾探测系统的方框图，视频火灾探测系统由多个视频摄像机和一个进行视频摄像机信号处理与分析的处理系统组成。视频摄像机可以是安装在公路隧道中用于交通监控的摄像机，也可以是安装在办公建筑中用于日常安防监控的摄像机。只要它们可以连接到一个有人员职守的中控室，就可以通过一个共同的处理系统分别处理多个摄像机来实现对火灾的监控与报警。

　　视频处理系统中包含高级工业电脑，鼠标、键盘及显示器，电脑内置高性能影像撷取卡等硬件，显示器会显示来自各镜头中任何一个镜头的数字化视频影像，也可显示所有控制与设定的画面、已设定的侦测区域、警示状态的区域及镜头。视频图像在处理系统中被分解为像素，给各个像素和这些像素的组分配亮度值，并借助像素的亮度值与一个参考值的比较来进行是否存在火灾的判断。

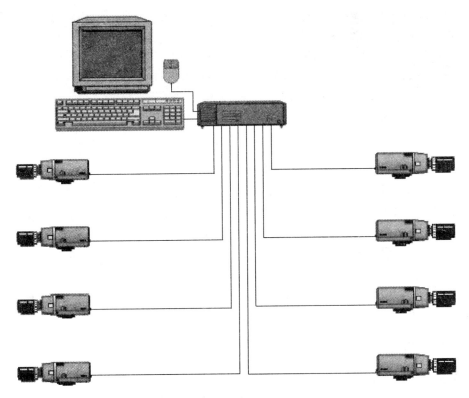

图 1-36 图像型火灾探测系统方框图

除了采用基于计算机的处理方式外，还有的系统采用基于 DSP 的处理方式，即将图像识别算法内嵌于 DSP 器，在摄像机端即完成火灾的识别。

三、视频图像火焰探测算法

现有的视频图像火焰探测算法主要基于火焰在视频图像中所表现出的空间和时间上的特征，利用这些特征通过 HMM、贝叶斯分类器等模式识别方法进行检测，目前使用的图像特征主要包括以下几个方面：

1. 颜色

计算机中图像中的每个像素由 RGB 三个值表示，分别代表红色、绿色和蓝色三个分量，如图 1-37 所示，火焰一般在图像中呈现红色，因此可以利用一定量的火焰图像，分别统计火焰区域每个像素 RGB 所处的范围 $V_{min} < V_i < V_{max}$，其中 i 代表 RGB 三个颜色通道，V_{max} 和 V_{min} 分别代表每个通道的火焰区域的最大值和最小值，利用该范围初步判断像素是否属于火焰。

2. 运动

如图 1-37 所示，火焰在图像中不是一成不变的而是不断在闪烁变化的，因此可以利用火焰的这个特点进行检测。目前，一般的运动检测方法主要有：

（1）背景减除

图 1-37　火焰在图像中呈现红色

背景减除首先建立背景模型，然后利用当前帧与背景模型相减，进而检测出前景运动区域。主要包括：背景建模、背景减除、背景更新等主要部分。

背景建模是指利用一定数量的视频帧建立所监测环境的背景模型，每一次当前帧和背景模型相比较，将运动的前景像素区分出，由于背景不是一成不变的，因此需要利用每次的比较结果对背景模型进行更新，达到动态适应场景的目的。

（2）时间差分法

时间差分是利用视频序列中相邻两帧或三帧之间做差检测运动目标，该方法也简单易行，但容易产生空洞。

3. 边缘检测

火焰会在图像中呈现出较明显的边缘，因此可以利用这点对火焰进行检测。日前主流的方法是通过计算图像的导数即梯度，寻找变化最大值，达到边缘检测的目的，常用的边缘检测算子主要包括：Roberts 算子、Prewitt 算子、Sobel 算子和 Canny 算子等。

图 1-38　Roberts 算子

Roberts 算子通过计算两对对角线上相邻的像素亮度的差分来计算梯度，如图 1-38 所示。

Prewitt 算子通过计算与中心像素连通的像素差分来计算梯度，图 1-39 所示。

Sobel 算子改变了 Prewitt 算子部分像素的权重，如图 1-40 所示。

图 1-39　Prewitt 算子　　　　图 1-40　Sobel 算子

Canny 算子首先使用高斯滤波平滑图像，然后计算梯度的幅度和方向，最后使用双阈值连接图像中的边缘。

4. 粗糙度

火焰在图像中的区域并不是光滑的，而有一定的粗糙程度，因此可以计算区域的各像素的颜色值方差，如果该区域属于火焰，那么其方差在一定的范围之内。

$$\sigma_{min} < \sigma < \sigma_{max} \tag{1-2}$$

四、视频图像烟雾探测算法

1. 数字化预处理

图像烟雾探测系统，一般是通过采样、图像扫描、光传感器、量化器、输出存储体等电子元器件来实现的。通过采样、量化后 $M \times N$ 的图像可用矩阵表示为：

$$f = \begin{cases} f(0,0) & f(0,1) \cdots f(0,n-1) \\ f(1,0) & f(1,1) \cdots f(1,n-1) \\ \cdots & \cdots \qquad \cdots \\ f(m-1,1) & f(m-1,0) \cdots f(m-1,n-1) \end{cases} \tag{1-3}$$

数字图像中的每一个像素对应于矩阵中相应的元素。把数字图像表示成矩阵的优点是在于能应用矩阵理论对图像进行分析处理。

图像也可用向量的方式来表示：

$$1 \times MN \text{ 的列向量 } f： f = [f_0, f_1 \cdots f_{m-1}]^T \tag{1-4}$$

式中，$f_i = [f(i,0), f(i,1) \cdots f(i,n-1)]^T$，$i = 0,1 \cdots, m-1$。这种表示方法的优点在于：对图像进行处理时可以直接利用向量分析的有关理论和方法。构成向量时，既可以按行的顺序，也可以按列的顺序。经过信号转化后的图像是带有灰度值的数组，对其可以应用数学工具进行分析与处理。

2. 检测烟雾出现产生的阈值变化

烟雾的出现不仅会使表示边缘信息的阈值发生变化，当烟雾越来越浓时，可监测图像的能量值是否减少；烟雾在开始阶段是透明的，向四周扩散，因此可监测背景图像的 RGB 矢量是否具有方向性；当前帧和背景的相似之处在减少时，可监测在当前帧中的运动区域的色度值对应于背景图像的 u 和 v 值的降低。另外，可监测烟雾的闪烁频率，烟雾的闪烁频率与燃烧物的性质和尺度无关，大约在 $10 \mathrm{Hz}$ 左右。在烟雾的边界，其闪烁频率范围在 $1 \sim 3 \mathrm{Hz}$。这些均是烟雾的重要特征。当监测值达到预先设定的阈值时，就可以认为有烟雾产生。有效地检测出这些阈值的变化，可以使视频烟雾探测的有效程度大大提高。

3. 图像变换手段

图像变换在视频烟雾探测中具有十分重要的意义，其目的是使有关烟的图像处理简化；提高烟图像特征的提取的效率。

图像变换中最常用的是傅立叶变换，傅立叶分析是现代工程中应用最广泛的数学方法之一，在进行视频烟雾图像处理时，利用傅立叶变换可以把信号分解成不同尺度上连续重复的成分，非常有利于图像的分析，应用广泛。

以二维离散傅立叶变换为例：

令 $f(x,y)$ 表示一副大小为 $M \times N$ 的图像，其中 $x = 0, 1, 2 \cdots, M-1$ 和 $y = 0, 1, 2 \cdots, N-1$。f 的二维离散傅立叶变换可表示为 $F(u,v)$，如下式所示：

$$F(u,v) = \sum_{x=0}^{M-1} \sum_{y=0}^{N-1} f(x,y) e^{-j2\pi\left(\frac{ux}{M}+\frac{vy}{N}\right)} \tag{1-5}$$

逆变换：

$$f(x,y) = \sum_{x=0}^{M-1} \sum_{y=0}^{N-1} F(u,v) e^{j2\pi\left(\frac{ux}{M}+\frac{vy}{N}\right)} \tag{1-6}$$

式中 u，v 是频率变量，$F(u,v)$ 的坐标系是频率域；x，y 是空间变量，$f(x,y)$ 的坐标系是空间域。在进行视频烟雾图像的处理时，一般根据空间域变量进行定位，根据频率域变量进行烟雾的特征分析。

傅立叶变换无法同时进行时间-频率局部分析，这为烟雾的视频图像处理带来很多不便。因此，现今先进的视频烟雾探测系统中往往应用 DWT 离散小波变换这个数学工具。与傅立叶变换不同，DWT 离散小波变换不仅其中使用的变换核不同，而且这些函数的基本特性和它们的应用方法也不同。因为 DWT 包含各种独特但相关的变换，用一个公式无法完全描述。每个 DWT，是通过利用变换核或定义核的一组参数来表征的。例如，在视频烟雾检测中往往会利用到小波的可分离性质：即小波核可用三个可分的二维小波来表示：

$$\psi^H = (x,y) = \psi(x)\varphi(y) \tag{1-7}$$

$$\psi^V = (x,y) = \psi(x)\varphi(y) \tag{1-8}$$

$$\psi^D = (x,y) = \psi(x)\varphi(y) \tag{1-9}$$

分解后的三幅高频分量子图像包含水平方向 $\psi^H(x,y)$、垂直方向 $\psi^V(x,y)$ 和对角方向 $\psi^D(x,y)$ 的边缘信息。在整个视频序列中，监测背景中物体边缘的小波系数的值是否减少。可以假定小波系数中的某一个系数用来对应烟雾遮住边缘，如果在连续的图像帧中，其值变为零或接近于零，则有可能是浓厚的烟雾所致。因为一组小波系数值的减少，对应着一系列视频帧的边缘值减少，这意味着场景变得模糊，则有可能存在烟雾。

4. 边缘检测

边缘就是图像中像素灰度有阶跃变化或屋顶状变化的那些像素的集合。边缘对图像识别与分析起着十分重要的作用。现今的视频烟雾探测系统中均认为烟出现在图像中会弱化原有图像的边缘。提取边缘，并检测边缘的变化，是现今视频烟雾探测的重要步骤。边缘检测的基本意图就是：找到亮度的一阶导数在幅度上比指定阈值大的地方或亮度的二阶导数有零交叉的地方。

边缘检测算子可以简单地解释为亮度的导数估计器。例如：Sobel 边缘算子、Prewitt 边缘算子、Roberts 边缘算子、Laplacian of Gaussian 边缘算子、Zerocrossings（零交叉）边缘算子、Canny 边缘算子等。以 Sobel 边缘算子为例（如图 1-41、图 1-42）：

Z_1	Z_2	Z_3
Z_4	Z_5	Z_6
Z_7	Z_8	Z_9

-1	-2	-1
0	0	0
1	2	1
-1	0	1
-2	0	2
-1	0	1

图 1-41 图像领域　　　图 1-42 Sobel

$$G_x = (Z_7 + 2Z_8 + Z_9) - (Z_1 + 2Z_2 + Z_3) \tag{1-10}$$

$$G_y = (Z_3 + 2Z_6 + Z_9) - (Z_1 + 2Z_4 + Z_7) \tag{1-11}$$

Sobel 算子是滤波算子的形式，它的实现过程是，使用左边的掩模对图像进行滤波，再使用另一个掩模对图像进行滤波，然后计算每个滤波后图像中的像素值的平方，并将两幅图像的结果相加，最后计算相加的平方根。用 Sobel 算子提取边缘，可以利用快速卷积函数，简单有效，应用非常广泛。在软件 MATLAB 中，可以实现调用 IPT 函数中的 method 一项，来调用这些边缘检测算子。

IPT 函数的基本语法为：

[g, t]=edge(f, 'method', parameters)

其中 f 为输入图像。method 一项可调用：Sobel、Prewitt、Roberts、Laplacian of Gaussian、Zerocrossings、Canny 等边缘算子。在 parameters 项中可以指定阈值 T，并指定检测边缘的首选方向 dir。若指定了 T 的值则 $t = T$。否则，若 T 未被赋值（或为空，[ ]），则函数 edge 会令 t 等于它自动确定的一个阈值，然后用于边缘检测。在输出参量中要包括 t 的一个重要原因，是为了得到一个阈值的初始值。这个边缘的初始阈值对检测烟的出现具有重要作用。烟的出现一旦弱化了边缘，这个初始阈值就会发生改变。

五、图像型火灾探测器的主要功能

图像型火灾探测器，已经开发出了许多实用的技术。以英国的 VSD 系统为例，此系统可以支持多个摄像机、可将多个系统连接，并使用一个显示屏幕。每个系统能够侦测到多个区域，包括室外临界区域。区域大小都可以调整，系统还可以自动顺序切换警示镜头，必要时可以全荧幕进行解析。当侦测区域的镜头由于某种原因发生振动时，系统可启动镜头震动补偿功能。为达到最大的敏感度，摄影机往往内置噪音补偿功能，系统可自动检查影响信号衰减、屏蔽、低亮度及低对比度、可设定敏感度及延迟时间。

图像烟雾探测系统可以做到：侦测烟雾源头，也可提供户外烟雾排放的探测。针对高反光、亮光监测对象时，系统可进行个别或分组像素瑕疵消除。在侦测区域出现运动对象时，系统可自动进行运动侦测和目标跟踪。侦测区域间可自由设定逻辑（与、或）。在信息保存方面，系统可存储日志自动储存大量影像，其上标注有时间与日期。对非操作人员可设定密码保护（工程师、管理者及使用者）。系统支持 PAL 或 NTEC 两种影像格式。

图像烟雾探测系统可在火灾起始阶段进行早期预警烟雾侦测，提高防治措施的回应速度。因为摄像机无需接触到烟雾就能发出警报，所以增加了紧急应变的反应时间。系统的监视屏幕能够观测出警示区域的即时影像资讯，目测问题的严重性，以评估该采取何种动作，提供最佳的火警误报防治，同时也无需担心因气流将烟雾从探测器那里冲散，或过度稀释的问题。视频烟雾系统可以运用已有的监视系统的摄像头，增加既有的监视系统的附加功能。警示区域可以在监视荧幕上被明显的筐选出来。在大空间内只有一组镜头的情况下，画面可分割成多个易于监视的小区域，以加速发生问题各区域的反应时间。每个侦测区域均可以个别加以设定，让该侦测画面的回应方式具有一致性。个别区域（在同一或不同镜头视野下所观测的同一区域）能够被设定成双重确认模式。当然图像型烟雾探测器尚需解决微弱照度下的烟雾图像摄取问题

六、图像火灾探测器主要特点

图像火灾探测器是通过检测火灾在视频图像中的空间和时间特征进行监测的,具有如下主要特点。

(1) 不受应用空间的限制,能够同时探测烟雾和火焰,只要是摄像机可以监测到的区域,都能够进行实时检测。

(2) 提供现场视频即可,前端摄像机不必深入现场,故能够对危险场所、爆炸性场所、有毒场所进行探测。

(3) 基于光电转换原理的视频探测方案,能够快速接收现场火灾信息,实现对火灾的早期探测,响应速度快;基于数字图像处理的算法,能够检测到场景中的微弱变化,具有更高的灵敏度。能够有效避免运动气流的影响,智能探测算法有效避免了环境光照变化和摄像机振动的影响,为存在运动气流场所(如户外)的火灾探测提供了可能。

(4) 便于火灾的确认和存储,单台主机可以并行处理多台摄像机的视频信号,火灾探测系统可以与视频存储系统相连达到保存数据的目的;提供灵活的通信接口,方便与其他消防系统的集成。

(5) 可以基于现有的监控系统中的普通监控摄像机,利用计算机视觉、图像处理和模式识别技术在视频图像中检测火灾,从而达到火灾探测报警的目的。

(6) 利用较好的数学模型和算法,解决在低画质条件下进行火灾检测的目的,使系统可以适应大部分摄像头与现有的视频监控系统达到无缝连接的目的。

(7) 随着技术的发展。还可以进一步降低系统检测的漏检率和误检率,增强系统的鲁棒性,提高系统的稳定性和安全性。

(8) 灵活的分区和灵敏度设置功能使得系统可以适应不同的应用场所。

(9) 与传统火灾探测器不同,其可以直接通过检测火灾在视觉上呈现的空间与时间特征达到火灾探测的目的,而不需要像传统火灾探测器那样检测由火灾造成的烟尘、热辐射等产物;其检测更加直观,并且值班人员可以迅速通过监视显示器确认火灾现场。

七、图像型火灾探测器的适用场所

传统点型探测器不能提供有效保护的大空间场所,如候车(船、机)大厅、购物中心、家具城、演播厅、展览馆、体育馆、礼堂、仓库、机库、高层建筑的中庭等。

大型机械设备的使用场所及可燃物的大型堆场,如核能或火力发电厂。

产生油烟的机械设备的场所,或是环境温度太高,点型探测器无法使用的场所。

为了美观,不能使用其他极早期探测方式的场所,如历史性建筑以及博物馆。

无法深入现场,只能通过观察窗进行探测的区域,如危险区、核废料存储区。

外部应用场所,如铁路站台、石油钻塔、石油存储终端、隧道和化工厂等。

公路隧道、城市地下交通隧道等。

总之,图像型火灾探测器的应用范围非常广泛,系统的应用场所还可以是:军用或商用船舶的引擎室、水泥厂、石油化工业工厂、有毒物质处理工厂、水处理单位、钢铁厂、造纸厂、纸类回收厂、纸类以及文件储存单位、列车维修站、飞机维修棚、海洋石油以及油气钻探台。

图像型火灾探测器已经达到了应用的水平，其核心技术在于计算机视觉和数字图像处理算法，一个稳定可靠的算法是该探测技术成败的关键。该探测技术与传统探测技术相比，有着较大的优势，如它不受应用场所的限制，对高大空间、隧道、厂房等场所尤其适用。对于大空间建筑来说，图像型火灾探测器具有早期反应、探测范围广、节省设备重复投资、限制条件少等优势。但其也存在着一定的局限性，如所处理的数据巨大，一帧视频图像所包含的信息是传统探测器无法比拟的；硬件的处理效率比其他火灾探测设备的要求要高，而且其本身具有难以判别嘈杂背景的缺陷，如其受光照影响较大，剧烈的光照变化可能会使火焰消失在图像中从而造成漏报甚至误报。在烟与噪音图像的特征变量、数学模型的完善方面还有待提高。但随着计算机技术的发展，在图像变换、图像消噪、图像分割、特征识别等环节上均出现了更有效的数学算法，新的稳定的计算机视觉和数字图像处理算法的引入和应用必然会使该探测技术发展更加迅速。

（1）符合下列条件之一的场所，宜选图像型火灾探测器：

1）火灾时有强烈的火焰辐射；

2）可能发生液体燃烧等无阴燃阶段的火灾；

3）需要对火焰做出快速反应；

4）具有高速气流的场所；

5）点型感烟、感温探测器不适宜的大空间；

6）非封闭场所；

7）需要进行隐蔽探测的场所；

8）人员不宜进入的场所。

（2）符合下列条件之一的场所，不宜选图像型火焰探测器：

1）在火焰出现前有浓烟扩散；

2）探测器的镜头易被污染；

3）探测器易受阳光、白炽灯等光源直接或间接照射；

4）光照变化剧烈的场所；

5）摄像机需要透过网状栅栏，百叶窗，扶手，毛玻璃或其他类似物体进行探测。

第五节　其他火灾探测器

前面几节介绍了感烟火灾探测器、感温火灾探测器、火焰探测器、图像型火灾探测器，这一节主要介绍可燃气体探测器和复合火灾探测器。除了以上提到的这些火灾探测器外，目前还有其他一些火灾探测器，如探测泄漏电流大小的剩余电流式电气火灾监控探测器，探测静电电位高低的静电感应型火灾探测器，还有在一些特殊场合使用的，要求探测极其灵敏、动作极为迅速，以至要求探测爆炸声产生的某些参数的变化（如压力的变化）信号，来抑制消灭爆炸事故发生的微差压型火灾探测器；以及利用超声原理探测火灾的超声波火灾探测器等等。

一、可燃气体探测器

可燃气体探测器是一种响应燃烧或热解产生的气体的火灾探测器。对易燃易爆场所，可以利用可燃气体探测器，对可燃气体进行探测。可燃气体探测器分为点型可燃气体探测器和线型红外可燃气体探测器。

1. 点型可燃气体探测器

点型可燃气体探测器目前主要应用于宾馆厨房或燃料气储备间、汽车库、压气机站、过滤车间、溶剂库、炼油厂、燃油电厂等存在可燃气体的场所。

点型可燃气体探测器的探测原理，按照使用气体元件或传感器的不同分为热催化型原理、热导型原理、气敏型原理和三端电化学原理等。热催化型原理是指利用可燃气体在有足够氧气和一定高温条件下，发生在铂丝催化元件表面的无焰燃烧，放出热量并引起铂丝元件电阻的变化，从而达到可燃气体浓度探测的目的。热导型原理是指利用被测气体与纯净空气导热性的差异和在金属氧化物表面燃烧的特性，将被测气体浓度转换成热丝温度或电阻的变化，达到测量气体浓度的目的。气敏型原理是指利用灵敏度较高的气敏半导体元件吸附可燃气体后电阻的变化来达到测定气体浓度的目的。三端电化学原理是指利用恒电位电解法，在电解池内安置 3 个电极并施加一定的极化电压，以透气薄膜同外界隔开，被测气体透过此薄膜达到工作电极，发生氧化还原反应，从而使传感器产生与气体浓度成正比的输出电流，达到可燃气体浓度探测的目的。

采用热催化型原理和热导型原理测量可燃气体时，不具有气体选择性。即具有可燃气体探测的广谱性，通常以体积百分浓度表示气体浓度。催化燃烧式气体传感器的优点是对可燃气体探测线性好，受温度、湿度影响小，响应快。缺点是对低浓度可燃气体灵敏度低，敏感元件受到催化剂侵害后其特性锐减，金属丝易断。热导率变化式气体传感器的特点是不用催化剂，不存在催化剂影响而使特性变坏问题，既可用于可燃性气体测量，也可用于无机气体及其浓度测量。

采用气敏型原理和三端电化学原理测量可燃气体时，具有气体选择性，适合于气体成分检测和低浓度测量。通常以 ppm（$1ppm=10^{-6}$）表示气体浓度。一般地，气敏半导体传感器廉价，灵敏度高，但可靠性、对气体的选择性、稳定性较差；电化学传感器灵敏度、可靠性、气体选择性、稳定性较好，响应速度良好，测定范围宽，但价格较高。

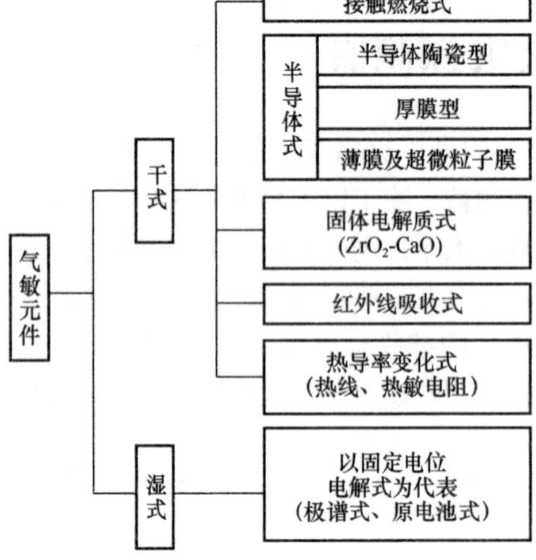

对可燃气体进行有效测量的方法随气体的种类、浓度、成分、用途而异，当前主要使用的气敏元件种类如图 1-43 所示。目前，用于实际工程中的可燃气体探测器多为点型结构形式，其传感器输出信号的处理方式多采用阈值比较方式。在工程应用中，一般多采用微功耗热催化元件实现可燃气体浓度检测，采用气敏半导体元件或三端电化学元件实现可燃气体成分和有害气体成分检测。

主要应用在燃气锅炉房及厨房等场所的点型可燃气体探测器主要是采用气敏型原理的可燃气体探测器，其气体传感器的主要成分是二

图 1-43 气敏元件种类

氧化锡烧结体。在大约 400℃的工作温度下，吸附还原性气体（例如液化气、天然气、一氧化碳等）时，因发生还原性气体的吸附与氧化反应，粒子界面存在的势垒降低，电子容易流动，从而电导率上升。当恢复到清洁空气中时，由于半导体表面吸附氧气，使粒子界面的势垒升高，阻碍电子的流动，电导率下降。传感器就是将这种电导率变化，以输出电压的方式取出，从而检测出气体的浓度。

点型可燃气体探测器存在寿命短、探测面积小等缺陷。

2. 线型红外可燃气体探测器

自从红外线发现之后，人们发现物质分子可以吸收一定光谱的红外线。这种利用观察样品物质对不同波长红外光的吸收程度，进行研究物质分子的组成和结构的方法，称为红外分子吸收光谱法，简称红外吸收光谱法或红外光谱法。

红外吸收式气体传感器原理基于 Lambert-Beer 定律，即若对两个分子以上的气体照射红外光，则分子的动能发生变化，吸收特定波长光，这种特定波长光是由分子结构决定的，由该吸收频谱判别分子种类，由吸收的强弱可测得气体浓度。信号探测部分主要由发射器、探测室和接收器组成，在正常情况下，发射器发送检测气体对应特定吸收波长的脉冲红外光束，经过气体探测室照射到接收器的光敏元件上，探测室可做成吸收式以提高传感器的灵敏度并缩短响应时间。当检测气体进入探测室，接收器接收经由检测室气体吸收衰减的红外辐射能量，从而由红外特征波长得知气体的种类，由气体吸收红外光束能量的强弱得知气体的浓度。

线型红外可燃气体探测器，就是基于可燃气体的这种本征谱带吸收特征，由发射器和接收器两部分组成，发射器发出的红外光束穿过被监测区域后，被接收器接收。当被监测区域出现可燃气体泄漏，对应可燃气体本征吸收波段的红外光将被可燃气体吸收，从而造成该波段到达接收器端的光强发生衰减，在理论上，可以证明该波段光强的变化量取决于泄漏可燃气体的体积百分比浓度（LEL）与该气体所占光路长度（m）的乘积。图 1-44 为其工作原理。

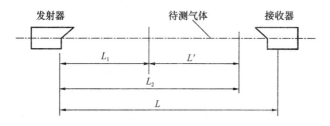

图 1-44　线型红外可燃气体探测器原理

线型红外可燃气体探测器具有探测灵敏度高、响应速度快、寿命长、探测最大距离可达 80m、保护面积大和抗环境干扰性能强等特点。

3. 可燃气体探测器的选用

（1）下列场所宜选择可燃气体探测器：

1）使用可燃气体的场所；

2）燃气站和燃气表房以及存储液化石油气罐的场所；

3）其他散发可燃气体和可燃蒸气的场所。

（2）在火灾初期产生一氧化碳的下列场所可选择点型一氧化碳火灾探测器：

1）烟不容易对流或顶棚下方有热屏障的场所；

2）在棚顶上无法安装其他点型火灾探测器的场所；

3）需要多信号复合报警的场所。

二、复合火灾探测器

复合火灾探测器：这是一种响应两种以上火灾参数的火灾探测器。主要有感温感烟火灾探测器、感光感烟火灾探测器、感光感温火灾探测器等。在过去复合探测器由于其体积庞大，造价昂贵，可靠性差等原因，一直不能得到有效地应用。然而近些年来，微电子技术的高速发展，低功耗，超强功能 CPU 芯片的使用，以及平面贴装工艺的采用，使得复合探测器的研制、应用越来越具有吸引力了。比如说，光电、离子、温度三复合探测器，它实际上是一个包含时间因素在内的四维探测器。它不是简单的三种传感器的"与"组合，而是三种燃烧曲线，某种科学算法的智能判断，它几乎可以使误报为零。当然误报原因有操作过失、环境湿度、温度变化，空气中灰尘污染，废气污染，探头变脏，以至系统故障等。这种复合探测器本身带有微处理器 CPU，它对各种传感器采集到的信号进行记录、处理，或进行模糊推理或与典型的火灾信号进行类比，作出正确的判断（也可以是初步判断）。经过软件赋址，送到探测二总线回路上去。

随着传感器技术、微处理器技术和信号处理技术的飞速发展，复合火灾探测已经成为火灾自动探测技术的发展方向。目前复合火灾探测器主要有光电感烟和感温复合、离子感烟和感温等形式。采用复合探测方法的主要目的是使探测器能够均匀探测各种类型的火灾，特别是散射光烟雾探测器通过温度补偿，克服了其对带温升的黑烟不敏感的缺点，有力地推动了光电烟雾探测器的应用。但是光电烟温复合探测器对低温升的黑色烟雾响应较差，离子感烟由于其存在放射性污染的可能性而越来越难以被市场接受，而且不论是光电还是离子感烟方法，本质上还是粒子探测，各种灰尘、水气和油雾等粒子干扰同样会对它们产生影响，尽管可以采用信号处理的方法抑制这些干扰，但很难做到完全消除，因此需要寻找能够更加有效探测火灾和减少误报的新的火灾探测方法。

有关研究人员通过研究各种火灾的 CO 浓度含量与检测方法，提出能够处理 CO 信号的复合火灾探测算法，研制成功了一氧化碳、光电感烟和感温三复合火灾探测器，它采用低功耗的金属氧化物 CO 传感器、散射光烟雾探测和半导体温度传感技术，利用微处理器对信号进行复合火灾探测算法处理。

众所周知，绝大多数火灾都要产生一氧化碳（CO）气体，在燃烧不充分的火灾早期更是这样，而且 CO 气体比空气轻，扩散性比烟雾更强，因此将 CO 传感器引入火灾探测，构成复合火灾探测器是一种比较理想的早期火灾探测方法。

第二章 火灾自动报警

第一节 火灾自动报警系统的组成

火灾自动报警系统主要由火灾触发器件、火灾报警装置、火灾警报装置，联动控制装置以及电源等组成，各装置包含具有不同功能的设备，各种设备按规范要求分别安装在防火区域现场或消防控制中心，通过敷设的数据线、电源线、信号线及网络通信线等线缆将现场分布的各种设备与消防中心的火灾报警及联动控制器等火灾监控设备连接起来，形成一套具有探测火灾、按既定程序实施疏散及灭火联动功能的系统。图 2-1 为火灾自动报警系统组成示意图。

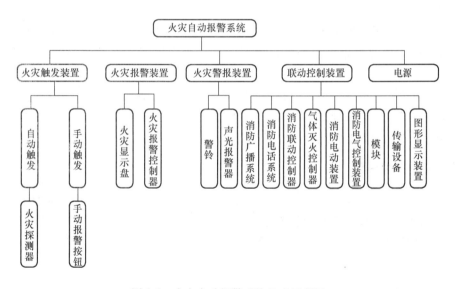

图 2-1 火灾自动报警系统组成示意图

一、火灾触发装置

在火灾自动报警系统中，自动或手动产生火灾报警信号的装置称为触发装置，火灾触发方式可分为自动触发和手动触发，火灾探测器是自动触发装置，手动报警按钮是手动触发装置。

1. 火灾探测器

火灾探测器是火灾自动报警系统的重要组成部分，又称为探头，分布在防护区域内，用来感知初期的火灾的发生，并将火灾信号传递给火灾报警控制器，实现火灾报警功能。

火灾探测器的工作原理是火灾发生时，物质燃烧产生烟雾、火焰、高温等物理现象，火灾探测器内部的传感元件对这些物理现象的特征信号产生响应，并将其转换成电流、电压或位移等物理量，通过信号放大、传输等过程，向火灾报警控制器发出火灾报警信息。

火灾探测器是火灾自动报警系统中应用量最大、应用面最广、最基本的火灾报警触发器件，目前应用最多的是感烟、感温探测器。

图 2-2 手动火灾报警按钮

2. 手动火灾报警按钮

手动火灾报警按钮是手动报警触发装置，直接（编址型）或间接（非编址型）接入火灾报警控制器总线回路中，通过电子编码、手拨码或自寻址方式确定地址，见图 2-2。手动报警按钮安装在经常有人出入的走道等公共场所，如有火灾发生，经人工确认后由人工直接手动按下按钮，通过报警信号线可将火灾报警信号发送给火灾报警控制器，同时手动报警按钮上的报警灯点亮。火灾报警控制器接收到火灾报警信号后，控制器发出报警音响并显示出报警按钮的具体位置编号，并按既定程序执行相关火灾联动。

正常情况下，手动报警按钮由人发现火灾情况后主动操作执行，因此手动报警按钮的报警信号比火灾探测器报警更快速，更可靠，一般用作消防设备联动的一个火警判断信号。

手动报警按钮一般分为编址型和非编址型，编址型自带地址编号，可直接接入火灾报警控制器信号总线，非编址型不带独立地址，其地址编号可由与之连接的编址型手动报警按钮或编址模块确定。如何选择可根据系统布线形式、工程规模及工程预算综合考虑。

二、火灾报警装置

用以接收、记录、存储、显示、传递和打印火灾报警信号，并能发出报警信号和具有其他辅助功能的火灾报警控制管理装置称为火灾报警装置。火灾报警装置一般安装在消防控制室或便于值班或救援人员观察到的地方，主要包括：火灾报警控制器、火灾显示盘等设备。

1. 火灾报警控制器分类及功能

在火灾自动报警系统中，火灾报警控制器相当于人的大脑，具有信息接收、处理、判断、指挥、存储及报警的功能，是整个火灾自动报警系统有效运行的核心。

（1）分类

根据相关规范及目前市场上产品的特点，火灾报警控制器可有如下分类：按应用方式，可分为独立型、区域型、集中型；按结构形式，可分为壁挂式、立柜式和琴台式，见图 2-3；按技术性能，可分为普通型和智能型；按布线方式，可分为多线式和总线式；按使用环境，可分为船用型和陆用型等。工程中根据项目规模、项目性质、装饰装修特点、项目预算等综合因素进行系统选型设计。

（2）功能

1）火灾报警功能

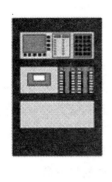  

　　　　(a)　　　　　　　　　(b)　　　　　　　　　(c)

图 2-3　火灾报警控制器结构形式示意图
(a) 壁挂式；(b) 立柜式；(c) 琴台式

　　火灾报警控制器具备直接或间接地接收来自火灾探测器、手动火灾报警按钮及其他触发器件的火灾报警信号，发出火灾报警声、光信号，指示火灾发生部位，记录火灾报警时间，并予以保持，直至手动复位。

　　2）火灾报警控制功能

　　火灾报警控制器在火灾报警状态下有火灾声或光警报器控制输出及其他控制输出。

　　3）故障报警功能

　　火灾报警控制器能够监视控制器与火灾探测器、手动火灾报警按钮及完成传输火灾报警信号功能部件间连接线的断路、短路和影响火灾报警功能的接地，探头与底座间连接断路等故障；火灾报警控制器能够监视控制器与火灾显示盘间连接线的断路、短路和影响功能的接地；火灾报警控制器能够监视控制器与其控制的火灾声或光警报器、火灾报警传输设备和消防联动设备间连接线的断路、短路和影响功能的接地。

　　4）部件、设备屏蔽功能

　　火灾报警控制器能够对控制器连接总线上的每个设备、消防联动控制设备、故障警告设备、火灾声或光警报器及火灾报警传输设备进行单独屏蔽、解除屏蔽的操作功能。

　　5）自检功能

　　火灾报警控制器能够检查本机的火灾报警功能，检查面板所有指示灯、显示器的功能，火灾报警控制器的自检功能不影响非自检区域的火灾报警功能。

　　6）信息显示与查询功能

　　火灾报警控制器能够显示查询火灾报警、故障报警、监管报警等状态信息。

　　7）主、备电转换功能

　　火灾报警控制器的电源部分包括主电源和备用电源，当主电源断电时，能自动转换到备用电源；当主电源恢复时，能自动转换到主电源。

2. 火灾显示盘分类及功能

　　火灾显示盘是用于重复显示火灾报警系统监管区域的预警、火警、故障等信息，便于火灾消防巡视及救援人员迅速准确地找到火警位置，及时实施救援的一种消防警报装置。系统内探测器等报警触发器件报警时，火灾显示盘发出声光报警信号，并指示出监视区域的报警部位编号和注释信息。

（1）分类

按监视区域的范围，火灾显示盘一般可分为全楼型火灾复示盘和区域型火灾楼层显示盘两种基本形式。全楼型火灾复示盘一般安装在首层便于观察到的公共区域，作用是与火灾报警控制器同步重复显示整个系统所监视区域范围内的预警、火警及故障信息的显示盘。而区域型火灾楼层显示盘一般按楼层或防火分区设置，安装于各楼层或防火区域便于观察处，显示着火灾楼层或着火区域的预警、火警及故障等信息的显示盘。

无论是网络型火灾复示盘还是火灾楼层显示盘均有液晶文字显示型、图形显示型两种标准形式，如图2-4所示两种类型产品的基本外观形式，工程上也有按照实际建筑平面消防报警系统的分布区域非标制作 LED 灯显示的火灾报警显示盘。

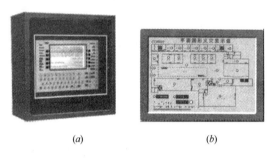

(*a*) (*b*)

图 2-4 火灾显示盘

（*a*）文字显示型图；（*b*）图形显示型

（2）功能

火灾显示盘通过数据线与火灾报警控制器相连，接收、处理并显示控制器传送过来的数据。当防护区内发生火灾后，消防控制中心的火灾报警控制器发出火灾报警，同时把报警信号传输到失火区域的火灾报警显示盘上，火灾报警显示盘将发生报警的探测器编号及相关信息显示出来同时发出声光报警信号，以通知失火区域的人员，其主要信息包括：

1）全程监控所有输入和网络完整性。

2）状态指示灯显示电源、联动、火警、预警、报警、监管、故障、信号、静音、CPU 故障、屏蔽及其他等事件。

3）可输出火警、故障、监管等联动信息。

4）时钟实时与火灾报警控制器同步。

三、火灾警报装置

在火灾自动报警系统中，火灾时用以发出区别于环境声、光或语音的火灾警报信号，以警示人们采取安全疏散、灭火救灾措施的装置称为火灾警报装置。

常用的火灾警报设备有警铃（也称声警报器）、声光报警器、火灾指示灯（也称光警报器），如图2-5、图2-6所示。

图 2-5　警铃　　　　　　　图 2-6　声光报器

警铃、声光警报器、火灾指示灯是三种基本的火灾警报装置。火灾指示灯设置在每个楼层的楼梯口、消防电梯前室、建筑内部拐角等处的明显部位。每个报警区域内应均匀设置火灾声警报器或火灾声光警报器，且每个报警区域至少应设置一个。公共场所一般应设置具有同一种火灾变调声的火灾声警报器。通过声音或光来向人们发出火灾警告信号。根据用户对声、光警报信号的需求，选择一种或几种相应的警报器。

当建筑内某区域发生火灾时，火灾报警控制器接收来自火灾探测器或/和手动报警按钮等火灾触发设备发出的火警信息，火灾信息确认后，火灾报警控制器或消防联动控制器启动警铃发出控制信号启动火灾声光或声报警电路，发出声或光警报信号，完成警报目的。

目前市场上的警报装置不再仅仅是单一的声强或单一的光强，有些厂家针对高端用户的需求，推出了具有三种光强可调的光警报器和高、低音调、间断音调或连续音调可调的声警报器，更大的满足火灾警报的需求。

四、消防联动控制系统

消防联动控制系统是火灾自动报警系统中，接收火灾报警控制器发出的火灾报警信号，按预设逻辑完成各项消防设备联动功能的控制装置。消防联动控制系统通常由消防联动控制器、气体灭火控制器、模块、消防电气控制装置、消防电动装置、传输设备、消防应急广播设备、消防电话、消防控制中心图形显示装置等全部或部分设备组成。

1. 消防联动控制器

在火灾自动报警系统中，当接收到来自火灾报警控制器的火灾报警信号，能自动或手动启动相关消防设备并显示其状态的设备，称为消防联动控制器。

需要消防联动控制器联动控制的消防设备，其联动触发信号应采用两个独立的报警触发装置报警信号的"与"逻辑组合。通常的消防设备的联动一般采用自动控制方式，而对于如消防泵、防排烟风机等重要的消防设备，除自动控制外，还需从消防控制室采用手动直线的方式控制，以保证这些设备在火灾时任何情况下均能启动。

根据各设备厂家产品的设计特点，消防联动控制器有独立型的，也有与火灾报警控制器集成在一台设备上的，统称为火灾报警控制器（联动型），通常也可称作火灾报警及联动控制器。

根据系统设计形式,消防联动控制器一般设置在消防控制中心或有人值班的场所,以便于操作管理。大型建筑设多个消防控制室的,应确定一个主消防控制室,其余为分消防控制室。主消防控制室内应能显示所有火灾报警信号和消防联动控制状态信号,并能控制重要的消防设备。

火灾时消防联动控制器能接收火灾报警控制器的火灾报警信号,显示报警区域,发出火灾报警声、光信号,并按设定的逻辑直接或间接控制其连接的各类受控消防设备。

2. 气体灭火控制器

如图 2-7 为气体灭火控制系统构成示意图,其中气体灭火控制器是气体灭火控制系统的重要组成部分,用于火灾时联动控制气体灭火保护区域的相关联动设备及控制气体灭火系统气体释放,并接收其反馈信息。气体灭火控制器与火灾报警控制器、火灾探测器及气体灭火区域设置的警铃、声光报警器、紧急启停按钮、气体释放指示灯等设备构成完整的气体灭火控制系统。

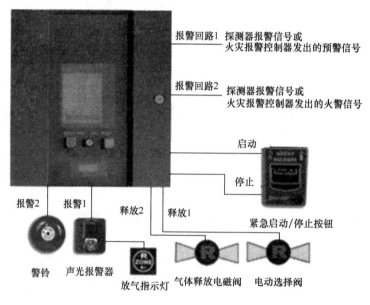

图 2-7 气体灭火控制系统构成示意图

气体灭火控制器具有如下功能:

(1) 控制和显示功能

1) 气体灭火控制器能够直接或间接控制其连接的气体灭火设备和相关设备。

2) 气体灭火控制器接收启动控制信号后,发出声、光信号,记录时间,启动其所连接的声光警报器;进入延时,显示延时时间和保护区域,关闭保护区域的防火门、窗和防火阀等,停止通风空调系统;延时结束后,发出启动喷洒控制信号,同时启动保护区域的光警报器。

3) 气体灭火控制器能向消防联动控制器发送启动控制信号、延时信号、启动喷洒控制信号、气体喷洒信号、故障信号、选择阀和瓶头阀动作信息。

（2）故障报警功能

气体灭火控制器发生下列故障时，应发出相应的故障声、光报警信号：

1）气体灭火控制器与声光警报器、驱动部件、现场启动和停止按钮等设备之间连线断路、短路、影响功能的接地等故障；

2）给备用电源充电的充电器与备用电源间连接线的断路、短路；

3）备用电源与其负载间连接线的断路、短路；

（3）自检功能

气体灭火控制器具有本机检查的功能，检查其音响器件、面板所有指示灯和显示器的功能。

（4）主电源和备用电源转换功能

当主电源断电时，能自动转换到备用电源；主电源恢复时，能自动转换到主电源。

3. 模块

模块是用于消防联动控制器与其所连接的受控设备之间信号传输、转换的一种器件，是消防联动控制器完成对受控消防设备联动控制功能所需的一种重要的中间器件。火灾自动报警系统中模块有多种，产品品牌不同，其模块的名称和类型也有所不同，但基本包括中继模块、监视模块（或称输入模块）、控制模块（或称输出模块）、监控模块（或称输入输出模块）、隔离模块和组连模块等。

（1）中继模块

中继模块是由信号整形、滤波稳压和信号放大过流保护电路等部分组成，用于对消防联动控制系统内部各种电信号进行远距离传输和放大驱动，提高消防联动控制系统的可靠性。当联动总线负载过重或线路过长时，一般在总线的适当位置设置总线中继模块，将弱信号放大到标准状态，增加总线的负载能力。

（2）监视模块（输入模块）

监视模块是由无极性转换电路、滤波整形、编码信号变换电路、主控电路、指示灯电路、信号隔离变换电路等部分组成。监视模块是总线制火灾自动报警系统与消防联动设备之间的接口设备，用于监视消防自动喷水系统的压力开关、水流指示器以及防排烟系统及空调系统的防火阀等阀门设备的动作状态，并将此动作状态信息通过报警系统总线传输给消防控制中心的消防报警联动控制器，监视模块一端与消防联动控制器总线相连，另一端与需要监视状态的消防联动设备动作状态输出端连接。接线方式见图 2-8。

（3）控制模块（输出模块）

控制模块是用于将消防联动控制器发出的控制信号传输给与其连接的消防设备的器件。控制模块通过总线接入消防联动控制器，当消防联动控制设备发出启动信号后，根据预置逻辑程序，通过总线将联动控制信号输送到控制模块，控制模块接收消防联动控制器的火灾联动信号后，输出直流 24V 或脉冲信号，启动需要联动的消防设备，如消防水泵、风机、排烟阀、送风阀、防火卷帘门、警铃等。接线方式见图 2-9。

（4）监控模块（输入和输出模块）

监控模块（输入和输出模块）是同时具有消防联动输入模块和消防联动输出模块功能的消防联动模块，用于接收消防联动控制器的火灾信号，控制启动和停止消防设备，同时

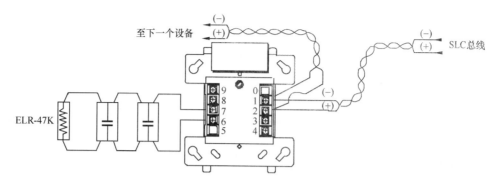

图 2-8 监视模块接线示意图

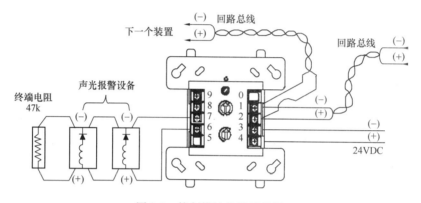

图 2-9 控制模块接线示意图

接受消防设备的启动和停止状态反馈信号。

（5）隔离模块

隔离模块是应用于总线型火灾报警系统中对总线回路导线间的短路进行自动隔离，按规范，每 32 个地址设备至少需设置一个隔离模块。隔离模块作用是当信号总线回路中出现短路故障时，隔离模块能够将故障部分设备自动隔离，不影响线路上其他设备的正常工作，起到限制受故障影响的探测器数量的作用，当短路情况排除后，隔离模块自动重新接通回路中隔离部分。

（6）组连模块

组连模块也称作非编址探测器接口模块，编址探测器可直接接入报警信号总线，而对于走廊、大厅及地下车库等大面积场所设置的非编址探测器不能直接接入报警信号总线，需要通过组连模块编址接入，一般一个组连模块最多可以连接 25 只普通非编址探测器，通常工程中一般接 10 只左右。

4. 消防电气控制装置

消防电气控制装置是对消防泵、防排烟风机等消防设施进行电气控制的装置，具有控制受控设备执行预定动作、接收受控设备的反馈信号、监视受控设备状态、与消防联动控制器通过模块进行信息通信、向使用人员发出声光提示信息等功能。通常消防设备的电气控制装置有：

（1）消防泵控制装置

火灾确认时，消防泵需要按程序设定进行启动，消防泵控制装置即消防泵控制柜按照消防联动控制器发出的动作信息控制消防泵启停，同时消防联动控制器也将通过信号模块接收消防泵电控装置发出的状态反馈信号。

（2）风机控制装置

风机控制装置用于控制排烟风机或防烟风机起停。发生火灾时，当风机电气控制装置接收到消防联动控制器的控制信号后，电气控制装置控制启动排烟风机，将火灾产生的烟排放到室外；启动送风机，将室外的新鲜空气送入室内，从而降低室内烟浓度；启动正压送风机，在楼梯间和楼梯前室形成正压，防止烟雾扩散到楼梯间和楼梯前室，便于人员疏散。火灾结束后，通过联动控制器手动停止风机。

5. 传输设备

传输设备即火灾报警传输设备或用户信息传输装置，是消防远程监控系统的前端设备，设置在联网用户端，通过传输网络将"建筑内火灾报警控制器及消防联动控制器等设备"与"建筑消防设施远程监控中心"进行信息传输。用于获取和传输各类用户报警信息和设备状态信息，实现消防远程监控管理。传输设备的主要功能如下：

（1）火灾报警信息的接收与传输功能

传输设备接收来自客户端的火灾报警控制器的火灾报警信息，发出火灾报警信号，并将火灾报警信息传送给远程监控中心。

（2）监管报警信息的接收与传输功能

传送设备接收来自客户端的火灾报警控制器的监管报警信息，发出指示监管报警的光信号，并将火灾报警控制器的监管报警信息传送给远程监控中心。

（3）故障报警信息的接收与传输功能

传输设备接收来自客户端的火灾报警控制器的故障报警信息，发出指示故障报警状态的光信号，同时将来自火灾报警控制器的故障报警信息传送给远程监控中心。

（4）屏蔽信息的接收与传送功能

传输设备接收来自客户端的火灾报警控制器的屏蔽信息，发出指示屏蔽状态的光信号，并将来自火灾报警控制器的屏蔽信息传送给远程监控中心。

（5）手动报警功能

传输设备设手动报警按钮，当手动报警按钮动作时，发出指示手动报警状态的光信号，并将手动报警信息传送给远程监控中心。

传送设备在传输火灾报警、监管、故障、屏蔽或自检信息期间，优先进行手动报警操作和手动报警信息传送。

（6）本机故障报警功能

传输设备设本机故障指示灯，只要传输设备存在本机故障信号，该故障指示灯均点亮。

（7）自检功能

传输设备能手动检查本机面板所有指示灯、显示器和音响器件的功能。

（8）主、备电转换功能

传输设备有主、备电源的工作状态指示，当主电源断电时，能自动转换到备用电源；

主电源恢复时，能自动转换到主电源。备用电源的电池容量能提供传输设备在正常监视状态下至少工作 8h。

6. 消防应急广播设备

消防应急广播系统是火灾情况下用于语音通告火灾报警信息、发出人员疏散语音指示及灾害事项信息的广播设备，消防应急广播系统的联动控制信号由消防联动控制器发出，当火灾确认后，同时向全楼进行广播。

消防应急广播设备是火灾情况下的专用广播设备。当防护区域发生火警及其他突发性灾害事件时，通过控制中心应急广播设备将指挥指令或事先准备播放的内容，及时、可靠、准确的广播出去。

如图 2-10，火灾应急广播系统一般由广播录放盘、广播分配盘、广播功放盘、扬声器和电源构成。

消防广播系统的基本工作原理见图 2-11，广播录放盘（音源）的音频信号通过专用前置放大器实现音源信号的播放及转换，将小信号变换成标准信号输出。声频功率放大器将前置放大器的标准音频信号和传声器呼叫信号实现功率放大和定压输出。经过放大的音频信号通过广播分区控制器可传输到各个防火分区。

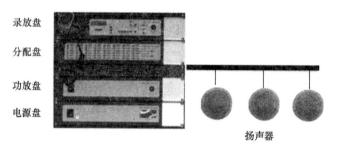

图 2-10　消防广播系统组成示意图

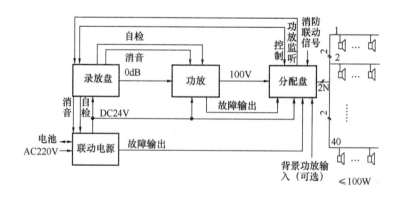

图 2-11　消防广播系统工作原理图

根据《消防联动控制系统》GB 16806—2006 的要求，应急广播系统具有如下功能：

（1）应急广播功能：接收到火灾联动信号后，消防应急广播设备能立即停止非应急广播功能，进入应急广播状态；并按预定程序向保护区域广播火灾事故有关信息或预设广播信息。分配盘能显示处于应急广播状态的广播分区；能通过传声器进行应急广播，并自动对广播内容进行录音。

（2）故障报警功能：消防应急广播设备发生故障时，能够发出故障声、光信号，故障声信号能手动消除，消除后再有故障发生时，能再次启动；故障光信号保持至故障排除。消防应急广播设备发生下述故障时能显示故障的类型及故障的部位：广播信息传输线路断路、短路；主电源欠压；给备用电源充电的充电器与备用电源间连接线的断路、短路；备用电源与其负载间连接线的断路、短路。

（3）自检功能：消防应急广播设备能手动检查本机音响器件、面板所有指示灯和显示器的功能，也能对每个分区的扬声器回路进行开路和短路检测。

（4）电源功能：主电、备电电源自动转换，备用电源充电，电源故障监测，电源工作状态指示，以及为连接的部件供电。

（5）监听功能：消防应急广播设备具有广播监听功能，能够在消防中控室监听到现场扬声器播放的内容或是否正常广播。

消防应急广播设备也可与公共广播设备合用，平时可作背景音乐广播，在有火警发生时，可手动操作或者根据接收到的联动控制信号，通过逻辑编程自动进入应急广播状态。

7. 消防电话

集中报警系统及控制中心报警系统，在消防控制室内设有消防电话总机，消防电话总机可通过消防专用电话网络实现消防控制室与建筑内各重要部位之间进行通话。当发生火警等紧急情况时，中控室、各重点区域值班人员以及现场巡查人员、救援人员之间通过消防电话系统互通信息，采取火灾应急措施。是辅助消防救援不可或缺的组成部分。

（1）系统组成

根据相关规范要求及产品设计特点，消防电话系统主要由消防电话总机、消防电话分机、消防电话插孔、手持消防电话分机、外供的 DC24V 消防直流电源及 24V 备用电池构成。

（2）工作原理

1）电话总机

如图 2-12、图 2-13，消防电话总机主要由电话总机主板、录音装置和显示操作装置等组成。电话总机主板部分包括 MCU 控制单元、通话网络单元和接口部分，用于管理整个消防电话总机的工作流程，包括外部消防电话分机呼入信息的接收和转换、呼叫消防电话分机的转换和输出、数据存取、信息处理等管理。录音装置实现通话自动电子录音和放音。显示操作单元用于人机交互指令的输入、声光指示和信息显示。通过按键实现指定分区电话呼叫、外部消防电话分机呼入响应、自检、电子录音播放功能。显示消防电话工作状态、电源工作状态、指令输入状态等信息指示的部件。

消防电话总机可通过面板按键直接呼叫分机。消防电话总机可外接一条市内电话线，通过操作键对外呼叫火警电话 119。消防电话可与广播设备配合使用，将总机与分机通话内容进行现场广播。

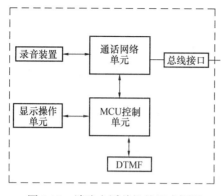

图 2-12　消防电话总机的组成框图　　　　图 2-13　消防电话总机

2）消防电话分机、插孔和手提电话

见图 2-14、图 2-15、图 2-16 消防电话分机通常设置在重要的设备机房，插孔通常随手动报警按钮一起设置，用于火灾时现场人员通过手提电话与分布于现场的消防电话分机及消防控制中心的消防电话总机进行通信（多线制消防电话主机一般直接与分机连接）。现场分机呼叫主机时，总机即有振铃声，同时显示分机号；当总机处于通话状态时，自动启动内部电子数字录音。数字录音断电时不丢失，可实现每次通话自动录音。

图 2-14　消防电话插孔　　　　图 2-15　消防电话分机　　　　图 2-16　消防手提电话

3）电源

电源为消防电话总机和消防电话分机供电，一般为直流电源。

（3）功能

消防电话总机和分机分别设置在消防控制室和保护区各重要部位。当保护区出现火警或其他灾害与突发事件时，现场人员可利用分布于现场内的电话插孔和消防电话分机，无需拨号，摘机即可通话，从而准确、及时地与消防控制室进行联络。

1）消防电话总机主要功能如下：

① 为消防电话分机和消防电话插孔供电，与消防电话分机进行全双工通话。

② 在通话状态下允许或拒绝其他呼叫消防电话分机加入通话。多部消防电话分机同时呼叫消防电话总机时，能选择与任意一部或多部消防电话分机通话。

③ 能呼叫任意一部消防电话分机，并能同时呼叫至少两部消防电话分机。消防电话总机呼叫时能显示出被呼叫消防电话分机的状态和位置。

④ 处于通话状态的消防电话总机，能呼叫其他消防电话分机；被呼叫的消防电话分机摘机后，能自动加入通话。

⑤ 消防电话总机能终止与任一消防电话分机的通话，且不影响与其他消防电话分机的通话。

⑥ 消防电话总机具有记录和显示呼叫、应答时间的功能；并能向前查询、显示不少于 100 条的消防电话总机与消防电话分机呼叫、应答时间的记录；其时钟日计时误差不超过 30s。

⑦ 消防电话总机有对其显示器件和音响器件进行功能检查的自检功能。自检期间，如有非自检消防电话分机呼入，消防电话总机能发出声、光呼叫指示信号。

⑧ 当消防电话总机的主电源欠压；给备用电源充电的充电器与备用电源之间连接线断线、短路；备用电源向消防电话总机供电的连接线断线、短路；消防电话总机与消防电话分机、消防电话插孔间连接线断线（短路时显示通话状态的除外）；消防电话总机与消防电话分机间连接线接地，影响消防电话总机与消防电话分机正常通话；消防电话总机能发出报警信号。

⑨ 消防电话总机有通话录音功能，进行通话时，录音自动开始，并有光信号指示；通话结束，录音自动停止。消防电话总机可存储录音时间。

2）消防电话分机主要功能如下：

① 消防电话分机与消防电话总机能进行全双工通话，通话语音清晰，无振鸣现象；

② 消防电话分机摘机即自动呼叫消防电话总机。在收到消防电话总机呼叫时，消防电话分机能在 3s 内发出声、光指示信号；

③ 消防电话插孔正常状态时有光指示；消防电话插孔接上消防电话分机后，消防电话分机能与消防电话总机进行全双工通话。

3）电源主要功能如下：

消防电话可采用内部供电和外部供电两种供电方式，采用内部供电方式工作的消防电话总机其主电源有过压、过流保护措施；消防电话总机主电源能保证消防电话总机总容量 30% 的消防电话分机同时摘机工作，消防电话分机总数少于 10 部时，消防电话总机主电源能保证所有消防电话分机同时摘机工作；备用电源在放电终止条件下，充电 24h，其容量能满足消防电话总机在正常满负载待机状态工作 24h 后，与一部消防电话分机连续通话 3h；消防电话总机具有主、备电源自动转换功能。当主电源断电时，能自动转换到备用电源；当主电源恢复时，能自动转换到主电源。主、备电源的转换不影响消防电话总机与消防电话分机间的通话。主、备电源的工作状态有指示。

8. 消防控制室图形显示装置

消防控制室图形显示装置设置在消防控制中心，一般由计算机、相关消防软件及打印机组成，通过 RS-232、RS-485 串口或其他通信适配卡、适配器与火灾报警控制器相连，能够实时显示火灾报警控制器的各种工作状态信息，显示火灾区域的建筑平面图、系统图、疏散通道等，自动记录系统故障、火警及联动信息，并可手动或自动打印。火灾时，能在 3s 内进入火灾报警或联动状态，自动切换到当前报火警的平面图，在平面图上显示故障、火警和联动设备的报警部位。辅助消防管理人员完成消防救援工作，同时便于管理人员查询系统设备物理地址及工作状态、历史记录等，为消防管理人员提供了友好的管理平台，便于管理人员参与消防的管理工作，是消防控制中心重要的消防监控管理设备。

（1）主要构成组件

如图 2-17，消防控制室图形显示装置主要由计算机主机、图形终端、通信模块、软件及电源等组件组成。

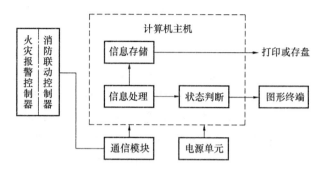

图 2-17　消防控制室图形显示装置的组成框图

1）计算机主机

计算机主机用于管理消防控制室图形显示装置的所有资源。存储记录火灾报警和消防联动控制的信息，包括报警时间、报警部位、复位操作、消防联动设备的启动和动作反馈等信息，完成数据存取、档案管理、采样信号分析、逻辑判断、系统时钟以及人机交互界面等项管理。

2）图形终端

一般不小于 17″，能用中文显示建筑总平面布局图、每个保护对象的建筑平面图、系统图和火警、故障、联动等信息。

3）通信模块

火灾报警控制器和消防联动控制器通过计算机上的 RS232 口或者设置在计算机内的专用的通信模块与 PC 机连接，通过 RS232 口连接方式通信距离较短且需转换通信格式，通信速度慢。火灾报警控制器和消防联动控制器将信息通过通信模块传送给计算机主机。

4）软件

软件是消防控制室图形显示装置的灵魂，实现报警信息和消防联动信息的接收、转换、存储、显示、打印等管理。消防控制室图形显示软件的硬件载体为计算机主机。

5）电源单元

电源单元用于为消防控制室图形显示装置供电。

（2）基本图文界面元素

消防控制室图形显示装置中所有可编址消防设备均可作为图形元素显示在屏幕中。其中图形元素包括：

1）可编址设备（设备图标）

可编址物理设备在图形界面中被表示为一个具备地址编号的图形元素（设备图标），这种图形元素（设备图标）包括火灾触发装置、火灾报警及联动装置、火灾警报装置以及网络界面等，设备的名称显示在图标上。如果设备图标状态为非正常，图标将会闪烁，同时它的状态将会显示在下方。

2）导航图标

此图形元素表示从一个界面导航至另一个界面的方式，每一个设备界面都有一个超级链接至其子界面的导航图标，导航图标通过改变色彩来表示最高优先级的子界面。

3）信息标签

此图形元素为用户提供重要的信息。这些信息包括图片、一个文本文件和一段视屏或音频。

如图 2-18 为某品牌设备的图形终端显示界面图。

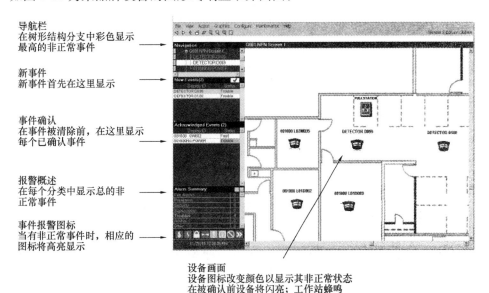

图 2-18　图形终端显示界面示意图

五、消防设备应急电源

消防设备应急电源是专门为消防设备而设计的电源，它是建筑内出现紧急情况下，为事故应急照明设备、报警和通信设备，如火灾自动报警系统设备、火灾事故广播系统设备、消防专用电话等提供集中供电的应急专用电源设备。

交流消防设备应急电源的组成见图 2-19。主要包括整流充电器、蓄电池组、逆变器，互投装置等部分组成，其中逆变器是核心，它的作用则是将直流电变换成交流电，供给消防用电设备稳定持续的三相交流电力。整流充电器的作用是将交流电变成直流电并实时对蓄电池充电和向逆变器模块供电。互投装置是完成在市电与逆变器输出间的切换。系统控制器对整个装置进行实时监控和工作状态显示，可以发出告警信号，同时可通过串行口与计算机或 Modem 连接，可实现对供电系统的远程计算机集中监控和管理。

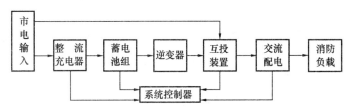

图 2-19　交流消防应急电源的组成框图

交流消防设备应急电源的工作原理如图 2-20 所示，当设备处于"自动"运行状态时，如果市电输入正常，KM1 吸合，输出市电，同时，市电经充电器对蓄电池充电，此时逆变器不工作；当市电中断或异常时，控制器启动逆变器，同时控制 KM2、KM3 吸合，电池组的直流电经过逆变器变换为交流电供给负载。

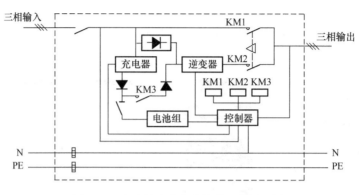

图 2-20　交流消防应急电源的工作原理图

第二节　火灾自动报警系统的工作原理

火灾自动报警系统是在建筑物或其他场所中为早期发现火灾、通报火灾，并及时采取有效措施引导人员安全疏散、控制和扑灭火灾，而设置的一种火灾自动消防设施。

如图 2-21 所示，火灾自动报警系统的工作原理是：火灾初期，安装在火灾现场的火灾探测器将燃烧产生的烟雾、热量、火焰等物理量转变成电信号，电信号通过数据总线传输到火灾报警控制器，火灾报警控制器对接收到的探测数据进行计算、分析、比较和判断，确认火灾后一方面发出火灾报警信号，显示并记录火警地址和时间，使值班人员能够及时发现火灾。另一方面火灾报警控制器将火灾信号传送给消防联动控制器，由消防联动控制器联动火灾现场设置的如防排烟系统、应急照明系统、防火分隔系统、消防广播系统及电梯回归首层等各类消防设施。同时将火灾信号同步传输给各防火分区设置的火灾显示盘和设置在控制中心的图形显示装置，将火警信号在消防终端系统上通过图文形式直观地显示出来。便于值班及救援人员清楚掌握火灾现场状态信息，及时指挥救援，疏散人群、最大限度地减少因火灾造成的生命和财产的损失。

一、火灾触发装置的工作原理

火灾触发装置包括各类火灾探测器和手动报警按钮。火灾探测器、手动报警按钮直接（编址型）或间接（非编址型）接入火灾报警控制器，通过电子编码、手拨码或自寻址方式确定其在火灾自动报警系统中的唯一地址，火灾探测器连续不断地，或以一定的时间间隔进行监视至少一种与火灾相关联的、适当的物理或化学现象，将监视到的与火灾相关的现象经探测器内部电路转变成火灾报警控制器可接收的至少一种数据或其他形式的信号，并且上传给火灾报警控制器。而手动报警按钮的工作原理是通过人工确认火灾后按破玻璃片，接通内部的火灾报警电路，向火灾报警控制器发出火灾报警信息。火灾触发装置相当于火灾自动报警系统的眼睛，实时监视保护区域的火警状态，是火灾自动报警系统的一个

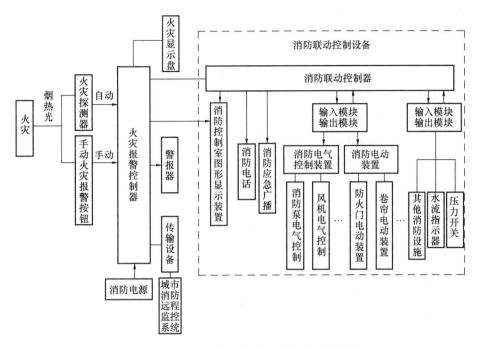

图 2-21 火灾自动报警系统工作原理示意图

重要组成部分。

在火灾自动报警系统中,依据各类火灾探测器输出的电信号,火灾报警控制器采用不同的火灾信息判断处理技术,不同的火灾信息处理技术对火灾探测报警能力、各类消防设备的协调控制能力以及上层网络信息的交换能力都有不同的效果。目前市场主流自动消防报警系统中火灾报警信息处理判断的技术有阈值比较法、类比判断法和分布智能算法。

1. 阈值比较法

(1)工作原理

火灾探测器将火灾敏感元件的信号幅值放大后直接输出探测结果:“火灾”或“非火灾”的火灾信号处理方法称为“阈值比较法”。这种方法应用在开关量式火灾探测器中。阈值比较法主要有“固定门限”检测法和“变化率”检测法。

1)“固定门限”检测法指将火灾信号幅度与烟雾颗粒的光电散射信号幅度、烟雾引起离子电流变化幅度进行比较,或温度升高幅度与预先设定的温度门限值进行比较,当信号幅度超过门限时输出火灾报警信号。开关量型感烟探测器和定温探测器就是采用这种火灾信号处理方法。

2)“变化率”检测法是运用了火灾探测信号的变化率这一特征参数,特别是对于感受温度火灾探测器信号,当温度信号上升率超过一定范围时说明发生了突变,一般是由于受火灾产生的高热引起的。如开关量型差温探测器就是采用这种报警信号处理方法。

(2)特点

“阈值比较法”能正确探测到火灾,电路简单且易于实现,但由于对信号处理的过于简单,当噪声和干扰信号也超过门限时同样会被判断为火灾。因此其误报率比较高,尽管

59

可以采取措施如信号取平均值和报警延时等，但是当干扰幅度过大时或持续时间过长时误报率仍然过高，对光电和离子烟雾探测器影响尤其严重，因而要寻求更好的算法。

2. 类比判断法

（1）工作原理

类比判断法是将探测器测得的烟雾浓度信号经过一定的数学运算、分析、阈值多级类比判断，利用火灾报警控制器系统软件与探测器硬件电路、数据处理芯片等配合排除零点漂移和干扰影响，对各种环境参数实施补偿，最终实现火灾判定的一种信息处理方法。类比判断法广泛适用于模拟量火灾报警系统中。

（2）特点

1）相对于阈值比较法，类比判断法可靠性稳定性较高，由于这种方式主要以火灾信号变化的趋势为准则，可平滑过滤掉各种干扰信号，从而增强"预报警"的能力，降低误报率。

2）探测器灵敏度通过软件可随意设置，可以设定"预报警"、"报警"、"联动信号"等多信号输出，实现环境污染条件的自动补偿。

3. 分布智能算法

（1）工作原理

分布智能算法是一种基于分布式信息处理的火灾探测算法，这种算法是在探测器和控制器中均设置微处理器和相应的信息处理算法软件，将整个探测过程分两级，首先，火灾探测器对信号进行预处理，过滤和修正各个特征参数的信息；然后经过修正的信息，由火灾报警控制器根据现场环境自动调整运行参数，从多方面获得关于同一对象的多维信息，实施多元同步探测，并加以融合利用，以判断是否存在火灾危险，提高对火灾探测的准确程度。

（2）特点

1）由于探测器的自学习功能，使探测系统能够适应环境变化，自动调整参数，极大地降低了误报警率，提高了系统的可靠性。

2）分布式智能算法综合了阈值比较法和类比判断法信息处理方式的优点，具有信息处理灵活、可靠性高、兼容性好、抗干扰能力强、软件升级方便等特点。它代表了当今智能传感技术的发展方向，具有极其广泛的应用前景。

二、火灾报警控制器的工作原理

如图 2-22 所示，火灾报警控制器内部结构主要包括主控单元（CPU 及存储器）、输入单元、显示操作单元、报警控制单元、通信控制单元和电源单元。

火灾时，输入单元接受各火灾探测器或手动报警按钮送来的火灾报警信号后上传给主控卡，经主控卡进行数据计算、处理、分析、判断后发送给报警控制单元，触发报警控制器发出声光报警信号，同时将报警信息通过集中报警控制器传送给消防联动控制器，由消防联动控制器执行灭火救灾指令。

显示操作单元接到主控卡的火灾信号后，控制器的液晶器显示火灾部位、电子钟停在首次火灾发生的时刻，打印机打印出火灾发生的时间和部位，图形显示设备弹出火灾部位

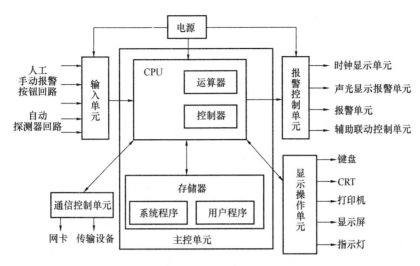

图 2-22　火灾报警控制器内部构成框图

的图文信息，指示联动执行的设备和疏散通道的位置等。

　　如火灾报警控制器接入远程消防监控系统，则通过专用报警传输设备将火灾报警信息上传给远程监控系统，接受远程监控中心的救援指挥。同样，当探测器编码电路故障，例如短路、线路断路、探头脱落等，控制器发出故障声光报警，显示故障部位并打印。

　　各部件组成及工作原理如下：

　　（1）主控单元

　　主控单元包括 CPU 和存储器，是火灾报警控制器的基本核心部分，用于对火灾报警控制器的其他单元的控制和管理，主控单元将火灾报警控制器的各电路单元整合成一个有机整体，使各个部分协调统一工作，并集中处理火灾报警控制器的信息。主控单元通过输入单元接收火灾触发装置发送来的火灾信息，按照既定的信息处理方法对火灾信息进行计算、分析、判断、记录及显示，最终输出火警、故障等信息。

　　（2）输入单元

　　输入单元是由内部通信接口、回路控制管理部分、驱动保护电路和故障检测电路等组成，用于回路上外部设备与主控单元通信，将回路上的探测器或其他火灾触发设备的信息发送给主控单元。输入单元是火灾报警控制器与回路上探测器、模块、手报等设备的接口单元，完成火灾报警控制器与现场装置信息交互任务及回路短路、断路和设备故障状态的监测与控制。

　　（3）显示操作单元

　　显示操作单元是由内部通信接口、交互管理控制部分和显示操作扩展部分、时钟、显示屏、指示灯、键盘、打印机等组成，用于键盘信号的采样，将键盘信号通过通信单元传递给主控单元，主控单元对采样信号分析判断后发出相应的控制、查询、设置、自检等指令。同时，主控单元将从回路控制单元、电源部分采样来的系统信息通过显示操作单元进行显示，显示操作单元部件是消防联动控制器与操作人员进行人机交互的界面。火灾报警控制器的多样化，最直观地表现在人机交互界面的多样化上。基于不同技术构建的人机交互界面，其外观、内部结构多种多样。通常的信息显示输出方式有声光指示、中文文本显示和辅助的图形图像显示等。信息输入通常利用开关、按钮按键、键盘、鼠标、触摸屏等完成。

（4）报警控制单元

报警控制单元是由内部通信接口、报警管理控制部分和音响、指示灯等部分组成，用于将主控单元处理过的火灾报警信号传递给消防联动控制器或其他辅助消防联动设备，同时根据主控制单元发来的控制信号，报警控制单元的音响、指示灯部分将产生所需的音响和指示灯信号，放大后传递给扬声器、指示灯。控制报警控制器发出声光报警信号。

（5）通信控制单元

通信控制单元是由内部通信接口、通信管理控制、网络驱动保护及线路故障检测等部分组成，用于与主控单元通信，将主控单元发来的命令、内部信息或所带设备外部信息通过通信控制单元发送给联网的火灾报警控制器或监控设备；同时，通过通信控制单元接收网络上传输的网络信息，将其通过通信管理控制部件发送给主控单元，并且通过通信管理控制部件管理整个网络通信。在多台控制器组成网络时，通常采用的通信接口技术规约有RS-232/485，CANBUS，LONWORKS和专用消防网等现场总线或工业以太网等；远程消防监控传输时，通常需要连接专用通信设备作为接入中继，将通信控制单元的输出信息发送到公共电话网或万维网上。

（6）电源单元

电源单元是火灾报警控制器的供电保证环节，用于为火灾报警控制器、外部模块及部分受控设备供电。电源部分具有主电源和备用电源自动转换装置，当主电源断电时，能自动转换到备用电源，当主电恢复时，能自动转换到主电电源，能指示主、备电源的工作状态。主电源应采用消防电源，备用电源可采用蓄电池电源或消防设备应急电源。当备用电源选用消防设备应急电源时，火灾报警控制器应采用单独的供电回路。并保证系统在有关技术标准规定的最大负载条件下，不影响火灾报警控制器的正常工作。当备用电源采用蓄电池时，蓄电池组的容量应保证火灾报警控制系统在火灾状态同时工作负荷条件下连续工作3h以上。

三、消防联动控制器的工作原理

消防联动控制器（简称联动控制器）是火灾报警控制系统的火灾执行装置，如图2-23所示，消防联动控制器内部结构主要包括主控单元、回路控制单元、显示操作单元、通信接口单元、直线手动控制单元及电源单元。

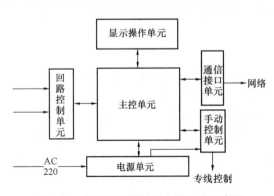

联动控制器基本工作原理是控制器的主控单元内部储存编制好的火灾联动程序，火灾发生时，联动控制器的主控单元接收连接火灾报警控制器或回路单元上的报警触发元件发出的火灾报警信号，主控单元对信号进行处理比较后向回路控制单元、显示操作单元及通信接口单元发出相关动作执行信息，按照预设程序对自动消防设备实现联动控制和状态监视。

图 2-23 消防联动控制器内部组成示意图

对联动控制器实施操作时，可通过显示操作单元，输入操作指令，显示操作单元对输入的操作指令进行编译，并将确认有效的指令信息，传送给主控单元，由主控单元进行分析和处理，并向各功能单元发出相关的任务操作指令，完成人员对系统的信息查询和操作的执行。

除按预定的程序自动执行相关指令外，联动控制器通过内部的手动控制单元对多线手动控制盘或总线手动控制盘进行断线监视等管理，手动控制单元接受手动操作指令，通过多线制连接线或总线制连接线直接控制受控设备。手动控制单元与主控电路部分相对独立，但主控部分可接收和显示受控设备及控制输出的状态，监视设备在线状态。多线手动控制即使在主控单元功能失效情况下，仍然可实现消防联动控制器对消防水泵、防烟和排烟风机等少数重要消防设备的状态进行监视和控制。

第三节　火灾自动报警系统的功能

鉴于火灾对人类的危害不容忽视，为尽早探测火灾，通常在有人员居住和经常有人滞留的场所、存放重要物资或燃烧后产生严重污染需要及时报警的场所设置火灾自动报警系统。火灾报警系统的功能通常表现在如下方面：

一、火灾探测报警功能

火灾自动报警系统中，作为火灾探测触发装置的各类火灾探测器遍布安装在火灾隐患区域，时刻监视区域内的火灾情况，如有火灾发生，物质燃烧所产生的不可见烟雾、可见烟雾、火焰、高温及某些特有气体等火灾特有产物将被现场的火灾探测器检测到，火灾探测器将这些火灾特有产物转换成相应的电信号，经初步处理分析后上传给火灾报警控制器，由火灾报警控制器进行计算，与报警控制器内储存的火灾模型参数进行比较、分析，如超出正常状态，则判定为火灾，并由火灾报警控制器发出火灾报警声光信号，通知消防管理人员发生火灾，消防管理人员将指挥灭火疏散等火灾救援。同时启动火灾区域现场的声光警报器，告诫现场人员紧急疏散。

二、消防设备联动功能

火灾确认后，火灾报警控制器发出火警信号，消防联动控制器接收到火警信号后，按预定程序进行相关的消防联动控制，实现火灾报警系统的消防设备联动功能。

1. 防火、控火设备的联动

在进行建筑消防设计时，通常要考虑一旦发生火灾，就要能够尽量将火灾控制在最小的范围内，使损失降低至最少。因此建筑中通常会采取设置防火隔断的措施来达到限制火灾范围的目的，目前工程中常用的防火隔断通常包括：防火卷帘门、防火门、防火阀等设备，这些设备在平时非火灾情况下开启，满足非火灾时的建筑使用功能，而一旦发生火灾，消防联动控制器将联动防火卷帘门、防火门、防火阀等设备由开启变成关闭状态，以便阻止火势蔓延，将火灾控制在一定范围内，为救援赢得时间。

2. 防烟、控烟设施的联动

火灾对人生命的危害通常最严重的是烟雾，因此，一旦发生火灾就要尽量通过一些设施控制火灾的蔓延扩散，为人员疏散创造条件和赢得生存的时间。通常起到防止烟气的流窜导致中毒窒息的防烟设施包括：挡烟垂壁、防烟防火阀、排烟口、正压送风口、排烟窗等。平时，这些设施处于停止或关闭的非火灾状态，满足建筑的使用功能；火灾时，消防联动控制器将发出联动启动信号，联动挡烟垂壁下降，隔断烟雾扩散；防烟防火阀关闭，启动排烟口、排烟窗、排烟机排烟，启动正压送风口、正压风机送新风。防烟、控烟设施的联动，起到了防止烟雾扩散，获得新鲜空气的作用，便于人员的疏散。

3. 灭火设备联动

火灾一旦发生，除尽可能防火、控火、防烟、控烟外，还要最终完成灭火，因此，建筑防护区域通常会按照相关消防规范设置相应的灭火系统，火灾发生并经确认后，由火灾报警控制器发送火警信息给消防联动控制器，消防联动控制器按预定的程序启动相关消防灭火系统，如预作用自动喷水系统、气体灭火系统、泡沫灭火系统、消防水炮系统等灭火系统，目的是释放灭火介质，通过灭火介质与火灾燃烧产物的物理、化学作用达到灭火的目的。

三、火灾疏散、救援指示功能

火灾自动报警系统的另一个重要的功能是火灾发生时，为火灾的疏散和救援提供指示功能，如：

（1）消防电梯归首功能，火灾发生并经确认后，消防联动控制器向电梯控制装置发出归到首层的控制命令，待电梯归首后，除消防电梯外，其他电梯切掉电源停运，而消防电梯继续运行，供消防救援人员使用。

（2）安装于公共区域的火灾复式盘和楼层火灾显示盘上显示火灾区域的具体地址，并发出声光报警信号，便于消防救援人员迅速了解火灾位置，便于开展救援。

（3）点亮各疏散出口的火灾指示灯，便于消防救援人员快速识别火灾楼层、区域；

（4）火灾时，火灾自动报警系统将自动切换到消防应急广播，对全楼进行消防广播，指挥人员向安全区域疏散；现场的消防救援人员可通过消防电话与消防控制中心取得联系，接受消防控制中心的指挥。

（5）启动火灾区域的应急照明及疏散指示标志，便于现场人员迅速疏散。

第四节　消防联动控制

在建筑火灾防灾系统中，火灾自动报警系统是全部消防设施的核心系统，而火灾报警控制器相当于这个核心系统的大脑，它接收遍布整个防灾区域的火灾探测器、火灾手动报警按钮和建筑消防设备状态监视模块的实时信息，然后对这些现场数据信息进行处理、分析、比较及判断，得出是误报、故障还是真实火警，是否要作出联动控制，控制哪些设备等判断结论，再根据判断结论执行相应的联动程序，执行相应的火灾联动。

一、消防联动控制系统的构成

通常工程项目中，消防联动控制系统由下列部分或全部系统构成：

(1) 自动喷水灭火系统的联动；

(2) 消火栓系统的联动；

(3) 气体灭火系统、泡沫灭火系统的联动；

(4) 防烟、排烟系统的联动；

(5) 空调通风系统的联动；

(6) 防火门、防火卷帘系统的联动；

(7) 电梯的联动；

(8) 火灾警报和消防应急广播系统的联动；

(9) 火灾应急照明与疏散指示系统的联动；

(10) 非消防电源的联动；

(11) 安全技术防范系统的联动；

(12) 门禁系统的联动。

有些大型公共建筑还会由于建筑功能的特殊需求，而使得消防联动系统不仅限于上述系统，如机场项目的行李系统，轨道交通项目的信号系统、自动闸机系统等。

二、消防联动的控制方式

1. 集中控制方式、分散与集中相结合控制方式

根据建筑的形式、工程规模及管理体制，消防系统的控制方式可分为集中控制方式、分散与集中相结合控制方式。

对于单体建筑宜采用集中控制方式，即在消防控制室集中显示报警点、消防控制设备及设施。对于占地面积较大、较分散的建筑群，由于距离较大、管理单位多等原因，为简化系统施工布线和方便系统使用和管理，宜采用分散与集中相结合的控制方式。信号显示及控制需集中的，可由消防总控制室集中显示和控制；不需要集中的，可由消防分控室就近显示和控制。

2. 自动控制、手动控制和直线手动控制

根据消防联动控制系统启动的形式，消防系统的控制方式可分为自动控制、手动控制和直线手动控制。

自动控制是指发生火灾时，火灾燃烧参数达到火灾探测器的报警阈值，探测器上传火警信息给火灾报警控制器，火灾报警控制器按既定的程序发出火灾警报及消防联动信息，联动消防设备进行灭火及疏散。

手动控制是指当火灾报警控制器处于手动状态时，当控制器接收到火灾探测器的报警信号后，不按预定程序进行消防系统的联动，而是由消防值班管理人员根据现场情况，现场或消防控制中心消防联动控制器上手动操作控制。手动控制方式适合消防控制室24h有人值班，且值班人员熟悉报警设备的操作，熟悉防护区结构，熟悉火灾自动报警系统的设

计及消防设备、设施的设计，火灾经人现场确认后由手动操作控制消防联动设备的启停，有利于避免系统误动作造成的恐慌。根据规范规定，需要能够在消防控制中心消防联动控制器上手动的设备有送风口、电动挡烟垂壁、排烟口、排烟窗、排烟阀的开启和关闭，非疏散通道上的防火卷帘等；需要能够在现场手动控制的重要设备包括疏散及非疏散通道上设置的防火卷帘，气体灭火系统和泡沫灭火系统等。

直线手动控制是指用专用线路直接将重要设备的控制器的启动、停止按钮连接至消防控制室内消防联动控制器的手动控制盘上，通过手动控制盘直接手动控制设备的启动、停止。对于消防泵、防排烟风机等重要的消防设备，为避免火灾时由于电控线路故障或断电无法启动而造成严重损失，而由消防值班人员紧急手动操作设在消防控制中心的具有直线控制功能的多线手动控制盘，直接启动消防泵和防排烟风机的设备。多线控制盘的按钮及按钮到联动设备之间敷设的线缆与消防泵、防排烟风机等重要设备为一对一设置，尽可能降低重要消防设备不能启动不能发挥作用的风险。根据规范，需要能够直线手动控制的重要消防设备包括：

（1）干、湿式自动喷水系统中的喷淋消防泵；

（2）干式自动喷水系统中的快速排气阀前的电动阀；

（3）预作用自动喷水系统中的喷淋消防泵、预作用阀、快速排气阀前的电动阀；

（4）雨淋喷水系统中的雨淋消防泵、雨淋阀；

（5）水幕系统中的水幕消防泵、水幕控制阀；

（6）消火栓系统中的消火栓泵；

（7）防、排烟系统中的防烟、排烟风机；

三、消防联动控制系统工作原理

火灾时，消防设备设施的联动控制是火灾自动报警系统的重要功能之一，消防联动控制功能的有效发挥是火灾自动报警系统防灾、救灾功能的重要保证，如下是常规的主要的消防联动控制系统的工作流程及原理。

1. 火灾警报及应急广播系统

如图 2-24 所示，火灾时，火灾报警控制器总线上的火灾探测器发出报警和手动报警按钮启动信息上传给火灾报警控制器，火灾报警控制器经信息处理并确认火警后将火警信息上传给消防联动控制器，消防联动控制器通过总线上的控制模块启动声光报警器，接通消防广播系统，防护区内发出声光报警和语音广播，引导人员进行疏散。未设有消防联动控制器的系统，火灾声光警报器由火灾报警控制器控制。建筑内同时设有声光警报器和消防应急广播时，火灾声警报应与消防应急广播交替循环播放。

2. 防火门、防火卷帘系统

如图 2-25 所示，对于非疏散通道上的防火卷帘，自动启动方式为当防火卷帘所在的防火分区内任两只独立的火灾探测器报警，消防联动控制器输出联动信号由防火卷帘控制器联动防火卷帘下降至楼板面。手动启动方式为由防火卷帘两侧设置的手动控制按钮或通过设置在消防控制室内的消防联动控制器手动控制其下降。

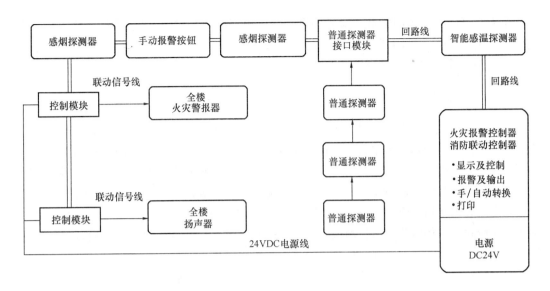

图 2-24 火灾警报及消防广播系统联动流程图

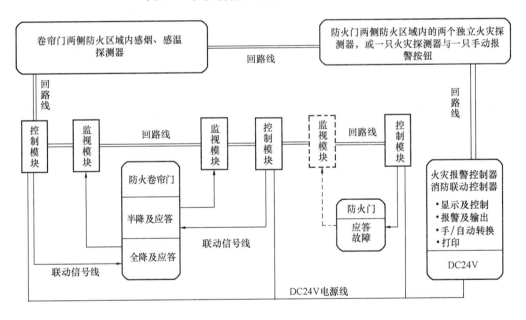

图 2-25 防火门及防火卷帘系统联动流程图

对于疏散通道上的防火卷帘，自动启动方式为当防火分区内任两只独立的感烟火灾探测器或任一只专门用于联动防火卷帘的感烟火灾探测器报警，消防联动控制器发出防火卷帘下降信号，防火卷帘下降至距楼板面 1.8m 处。当任一只专门用于联动防火卷帘的感温火灾探测器的报警，消防联动控制器再次发出防火卷帘下降信号，防火卷帘下降至楼板面。手动启动方式为由防火卷帘两侧设置的手动控制按钮控制防火卷帘的下降。

无论对于疏散通道上还是对于非疏散通道上的防火卷帘，所有降落到位的状态均由编址式监视模块通过信号总线反馈至消防联动器。对于常开防火门，当常开防火门所在防火分区内的两只独立的火灾探测器或一只火灾探测器与一只手动火灾报警按钮发出报警信号，作为常开防火门关闭的联动触发信号，火灾报警控制器或消防联动控制器发出联动控制信号，由消防联动控制器或防火门监控器联动控制防火门关闭；疏散通道上各防火门的开启、关闭及故障状态信号应反馈至防火门监控器。

3. 消火栓系统

如图 2-26，消火栓泵的启动方式有三种，一种为消火栓管路系统出水干管上设置的低压压力开关、高位消防水箱出水管上设置的流量开关或报警阀压力开关等动作信号直接控制启动消火栓泵，这种启泵方式不受消防联动控制器处于自动或手动状态的影响；第二种启动方式为自动启动，当消火栓按钮被启动而发出报警信号，消防联动控制器发出启泵信号联动消火栓泵启动，启泵后接收其状态信号；第三种启动方式为直线启动，作为重要的消防设备，消火栓系统设有专用线路直接将消火栓泵控制箱的启动、停止按钮与消防控制室消防联动控制器的手动控制盘连接，确保在自动报警系统系统失灵时能够直接手动启动、停止消防泵，消防泵运行后点亮消火栓按钮和消防控制中心多线联动盘上的泵运行指示灯。

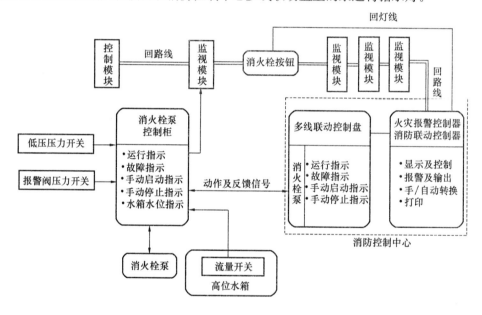

图 2-26　消火栓系统联动流程图

4. 自动喷水系统

如图 2-27，自动喷水系统主要包括湿式系统、干式系统、预作用系统、雨淋系统及水幕系统等五种系统形式。

对于湿式和干式系统，系统设有报警阀，采用闭式喷淋头。当火灾时，火灾区域温度升高，喷淋头破裂，管内封闭的水或气体释放，报警阀打开，压力开关动作，由压力开关的动作信号直接启动喷淋消防泵，不受消防联动控制器处于自动还是手动状态的影响。手动启动方式，将喷淋消防泵控制箱的启动、停止按钮用专线直接连接至设置在消防控制室内的手动控制盘，直接手动控制喷淋消防泵的启动和停止。

对于预作用系统，自动启动方式为同一报警区域内两只及以上独立的感烟火灾探测器

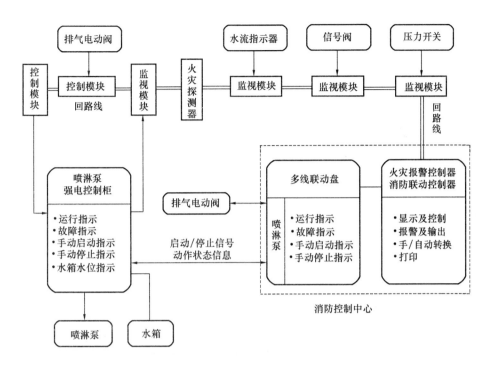

图 2-27　自动喷水系统联动流程图

或一只感烟火灾探测与一只手动报警按钮的报警信号作为预作用阀组的开启联动触发信号，由消防联动联动控制器发出控制信号给控制模块，控制模块输出 DC24V 信号开启预作用阀。当系统设有快速排气装置时，火灾确认后由消防联动控制器通过控制模块联动开启排气阀。

　　手动控制方式为消防控制中心消防联动盘设有多线控制盘，通过专用线路与喷淋泵控制箱的启动、停止按钮，预作用阀组和快速排气阀入口前的电动阀相连，值班人员可通过按下多线联动盘上启动、停止按钮直接启动喷淋泵，预作用阀及快速排气阀，确保系统断电时灭火设备仍能启动。

　　自动喷水管路上的水流指示器、检修阀、压力开关、排气阀及喷淋泵的启动和停止状态信号均通过监视模块接入消防联动控制器总线，任何一个监视设备动作后，在消防中心可显示该动作设备状态及位置。

　　对于雨淋系统，雨淋阀组的联动触发信号是同一报警区域内两只及以上独立的感烟火灾探测器或一只感烟火灾探测器与一只手动报警按钮的报警信号。火灾信号确认后，消防联动控制器输出控制信号控制雨淋阀组打开，雨淋泵开启，雨淋喷头喷水灭火。

　　手动启动方式为消防控制中心的消防联动盘同样设有多线联动盘，通过专用线路将多线盘按钮与雨淋消防泵控制箱的启动、停止按钮和雨淋阀组的启动、停止按钮连接，消防值班人员可以在紧急状态下直接按钮按钮开启或停止雨淋泵和雨淋阀组。

　　雨淋系统中的水流指示器、压力开关、雨淋阀组和雨淋消防泵的启动、停止动作信号反馈至消防联动控制器。

　　对于水幕系统，自动启动方式为当水幕系统作为防火卷帘的保护时，本防火卷帘下落到楼板面的动作信号与本报警区域内任一火灾探测器或手动火灾报警按钮的报警信号作为水幕阀组的联动触发信号；当水幕系统作为防火分隔时，由该报警区域内两只独立的感温火灾探测器的火灾报警信号作为水幕阀组的开启信号。火灾信号确认后，消防联动控制器联动控制水幕阀组打开，消防泵启动，水幕喷水。

手动启动方式：消防控制中心设有多线联动控制盘，通过专用线路与水幕控制阀组和消防泵控制箱的启动、停止按钮直接连接，紧急时刻，消防值班员可手动直接启动、停止水幕阀组和消防泵。

压力开关、水幕阀组、和消防泵的启动、停止动作信号反馈至消防联动控制器。

5. 气体灭火系统、泡沫灭火系统

气体灭火、泡沫灭火系统一般应用于贵重精密机房、油类火灾等不能用水保护的场所，为避免系统误报而造成不必要的损失，灭火系统启动触发信号需要高可靠性，通常气体灭火、泡沫灭火的控制系统构成设备包括火灾报警和联动控制器、气体灭火控制器、警铃、声光报警器、放气指示灯、监视模块、控制模块及紧急启停按钮等。系统设计形式有气灭控制器、泡沫灭火控制器直接连接火灾探测器的形式和非直接连接火灾探测器两种形式，每种形式的系统启动方式有自动控制和手动控制两种。

（1）如图 2-28 所示，对于气体灭火控制器、泡沫灭火控制器直接连接火灾探测器的系统，工作原理为：当气体灭火控制器、泡沫灭火控制器接收到某一防护区满足联动逻辑关系的首个联动触发信号（该防护区内设置的感烟火灾探测器、其他类型火灾探测器或手动火灾报警按钮的首次报警信号）后，启动设置在该防护区内的火灾声光报警器，进行预报警，在预报警期间，防护区内或值班室人员迅速检查现场，采取措施灭火；当气体灭火控制器、泡沫灭火控制器接收到该防护区的第二个联动触发信号（同一防护区内与首次报警的火灾探测器或手动报警按钮相邻的感温火灾探测器、火焰探测器或手动火灾报警按钮的报警信号）后发出系统联动控制信号，联动控制信号包括：

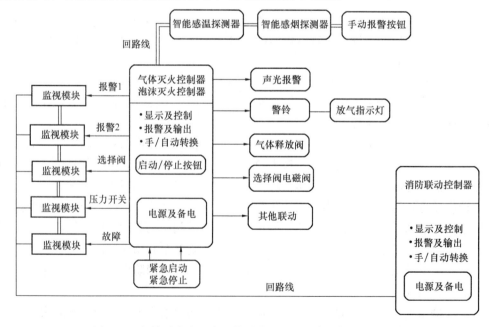

图 2-28 气体及泡沫灭火系统联动流程图（直连探测器系统）

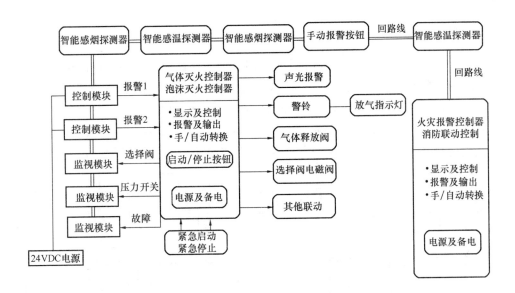

图 2-29 气体及泡沫灭火系统联动流程图（非直连探测器系统）

1）关闭防护区域的送（排）风机及送（排）风阀门。

2）停止通风和空气调节系统及关闭设置在该防护区域的电动防护阀。

3）联动控制防护区域开口封闭装置的启动，包括关闭防护区域的门、窗。

4）开启相应防护区域的选择阀（适用于组合分配系统）。

5）启动气体灭火装置、泡沫灭火装置，释放气体灭火剂或泡沫灭火剂。气体灭火控制器、泡沫灭火控制器可设定不大于 30s 的延迟喷射时间。

6）启动气体灭火装置、泡沫灭火装置的同时，启动设置在防护区入口处表示气体喷水的火灾声光警报器（通常选用气体释放指示灯和警铃组合）。

对于无人工作的防护区，通常设置为无延迟喷射，一般灭火控制器在接收到满足逻辑关系的首个触发信号后，执行除启动气体灭火装置、泡沫灭火装置外的全部联动；在接收到第二个联动触发信号后，启动气体灭火装置、泡沫灭火装置。

（2）如图 2-29 所示，对于气体灭火控制器、泡沫灭火控制器非直接连接火灾探测器的系统，其两路联动触发信号火灾报警控制器或消防联动控制器根据预定程序发出，气体灭火控制器、泡沫灭火控制器接收到报警触发信号后执行的相关联动程序与直接连接火灾探测器的形式相同。

气体灭火系统、泡沫灭火系统的手动控制方式有两种，一种是操作设置在防护区门外的手动启动和停止按钮，另一种是操作设置在气体灭火控制器、泡沫灭火控制器上的手动启动、停止按钮。手动启动按钮按下时，相当于火灾确认信号，气体灭火控制器、泡沫灭火控制器执行系统全部联动控制，当手动停止按钮按下时，如相关联动程序还没有输出，则可中断输出，停止相关联动控制。

气体灭火装置、泡沫灭火装置启动及喷放各阶段的联动控制及反馈信号反馈至消防联动控制器，包括火灾探测器的报警信号、选择阀的动作信号和压力开关信号等。

6. 防烟排烟系统

如图 2-30 所示，防烟系统的联动，火灾时，加压送风口所在防护分区内的两只独立的火灾报警控制器或一只火灾探测器与一只手动报警按钮报警后，消防联动控制器联动火灾层和相关层前室等需要加压送风场所的送风口开启，启动加压送风机。

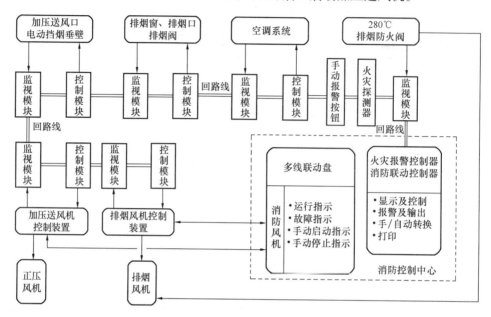

图 2-30 防烟排烟系统联动流程图

当同一防烟分区内且位于电动挡烟垂壁附近的两只独立感烟火灾探测器报警，消防联动控制器联动本区域电动挡烟垂壁降落，阻止烟雾扩散。

排烟系统的联动，当同一防烟分区内的两只独立火灾探测器报警，消防联动控制器联动控制相关区域排烟口、排烟窗或排烟阀开启，同时停止该防烟分区的空气调节系统。

某区域内的排烟口、排烟窗或排烟阀动作后，由消防联动控制器联动控制该区域排烟风机启动。

作为重要消防联动设备，在消防控制中心的消防联动盘上设有直接启动、停止按钮，该按钮通过专用线路直接连接至防烟、排烟风机的控制器上，可以在消防控制中心直接手动控制防烟、排烟的启动、停止。

送风口、排烟口、排烟窗或排烟阀开启和关闭的动作信号，防烟排烟风机启动和停止信号及电动防护阀关闭的动作信号，均通过监视模块反馈至消防联动控制器上。

排烟风机入口处的总管上设置的 280℃排烟防火阀在关闭后直接联动控制风机停止。排烟防火阀及风机的动作信号反馈至消防联动控制器。

7. 非消防电源、应急照明及电梯等系统

如图 2-31 所示，火灾确认后，消防联动控制器通过控制模块发出联动控制信息，主要包括：

（1）电梯系统：强制所有电梯停于首层或电梯转换层，并将电梯运行状态信息和停于首层或转换层的信息反馈至消防联动控制器。

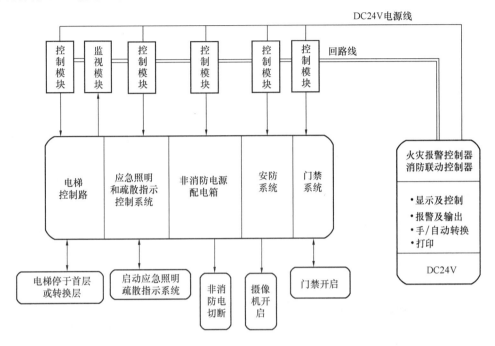

图 2-31 非消防电源、应急照明、电梯等系统联动流程图

（2）应急照明及疏散指示系统：火灾确认后，由火灾发生的报警区域开始，消防联动控制器顺序启动全楼疏散通道的消防应急照明和疏散指示系统，系统全部投入应急状态的启动时间不应大于 5s。

（3）非消防电源：火灾确认后，消防联动控制器联动切断火灾区域及相关区域的非消防电源。当需要切断正常照明时，宜在自动喷淋系统、消火栓系统动作前切断。

（4）其他系统：火灾确认后，消防联动控制器能够打开涉及疏散的电动栅杆，开启相关区域安全技术防范系统的摄像机，辅助监视火灾现场。

消防联动控制器能够打开疏散通道上门禁系统控制的门和庭院的大门，并能够打开停车场出入口挡杆。

第五节 火灾自动报警系统的信息传输

火灾自动报警系统是将探测器的传感技术、火灾报警控制器的智能化信息处理技术和信息传输技术应用于火灾报警的一项综合性技术，随着建筑规模的日渐庞大，火灾自动报警系统的构成也越来越复杂，信息传输的距离也越来越远，因此先进的信息传输技术对整个系统的可靠性、安全性和稳定性至关重要。

火灾自动报警系统从系统设备构成上主要包括三个层面内容：第一层面，分布于整个建筑的火灾报警触发部件、火灾警报部件等现场设备，如各类火灾探测器、手动报警按钮、声光报警器及各类模块等；第二层面，设置在消防控制中心或值班室的火灾报警控制设备，如火灾报警控制器、消防联动控制器；第三层面，火灾报警系统的监控管理系统，如图文终端工作站、综合管理平台等。因此，火灾自动报警系统的信息传输也包括如下三个方面：

一、现场设备信息传输

1. 传输线路形式

火灾自动报警系统现场设备主要包括火灾探测器、手动火灾报警按钮、声光报警器、输入输出模块及消火栓报警按钮等设备。所有的现场设备通过信息传输线路与火灾报警控制器、消防联动控制器进行信息传输，现场火灾探测器、手动报警按钮等设备将现场火灾状态参数通过信号线传送给火灾报警控制器，由火灾报警控制器进行信息处理，并由消防联动控制器发出联动信息，进行火灾报警及控制。

纵观火灾报警系统的发展历史，我国的火灾报警系统经历了最初的多线制系统，如 $2n$ 制、$n+1$ 制、$n+4$ 制（n 为探测器的数量）等；总线制系统，如四总线、二总线等。

（1）$2n$ 制，$n+1$ 制

$2n$ 制，$n+1$ 制是早期使用的探测器与报警控制器的连接方式。所谓 $2n$ 制，就是每个探测用两根导线构成独立回路连接到火灾报警控制器。而 $n+1$ 制，则设立一根公共的导线，每增加一个火灾探测报警器（或若干个火灾探测器组成一组）就再增加一根导线构成一个回路，与火灾报警控制器连接。每个回路代表一个探测地址点。这种连接方式优点是可靠，线路简单，但线量太多。

（2）多线制（$n+4$）

多线 $n+4$ 线制，4 为公用线，分别为电源线（V、$\pm24V$）、地线（G）、信号线（S）和自诊断线（T）。此外，每个探测器设有一根选通线（ST）。只有当某根选通线处于有效电平时，在信号线上传递的信号才是该探测部位的状态信息。这种连接方式的优点是探测器的电路较为简单，观察信息较为直观，容易判断火情的具体位置，缺点是导线数量较多，配管的管径较粗，穿线施工困难，线路故障也多。因此，在国内这种线制和连接方式已基本不再应用。

（3）四总线制

四条总线分别为：P 线，给出探测器的电源、编码和选址信号；T 线，给出自检信号，以便判断探测部位或传输信号线路有无障碍；S 线，提供给控制设备探测部位的信息；G 线，为公共地线。P、T、S、G 四根线均采取并联方式连接。由于总线制采用编码选址技术，使控制设备能准确地判定探测到火情的具体部位，简化安装和调试，系统运行的可靠程度大大提高。但其缺点是一旦总线回路出现短路故障，整个回路便失效、无法正常工作，甚至有可能损坏部分探测器或控制设备。因此，为保证整个系统正常运行和避免事故发生，减小最大损失，必须在系统中采取短路隔离措施，如分段加装短路隔离器。

（4）二总线制

采用两根数据总线，技术较为复杂，难度有所增加。在二总线制中 P 线为供电、选址、自检、获取信息等多种功能工作，G 线为公共地线。目前，随着信息技术的发展和成熟，这种线制和连接方式广泛应用。

2. 信号传输

多线制系统信息传输形式一般为开关量形式，火灾报警控制器向连接的现场部件提供电源和传输信号，火灾探测器探测到火灾信号后输出开关量信息报警，这种系统功能简单。

随着微型计算机的发展及厚膜集成电路的出现，多种功能的信号传输可以集成在少数的几根总线上，如四总线或两根总线等，如目前市场上广泛应用的二总线系统，即可将200多个探测器等地址设备并接在二总线回路上，报警总线在提供电源电流的同时，可以区分每个探测器的编号，输出信息等，也可以从控制器上屏蔽有故障的探测器。

对于二总线的消防报警系统，火灾报警控制器或消防联动控制器向连接到总线上的部件提供电源和传输信号，二总线的通信是采用一种根据多种编、解码方式的特点而自定义的通信协议。由于总线上连接的设备比较多（每一总线回路连接设备的总数不宜超过200），总线距离较长（一般不超过1500m），不便采用电压传输，因此在报警总线信号传输的设计上，一般采用电流传送和脉宽相结合的方式，具有很强的驱动能力和抗干扰能力。编码是采用发送帧和回答帧合并的方式，在一帧数据中，有起始段、命令段、地址段、停止段、中断请求段、回送数据段。目前，这种通信协议在火灾报警系统中广泛应用，且每家的具体定义的通信协议也不相同，这样就造成每个公司的产品都互不兼容的事实。如美国 NOTIFIER 品牌的设备采用 FLASCAN 协议和 CLIP 协议，德国西门子采用 C—LOOP 协议等，各协议性能特点各不相同。

二、控制层信息传输

规模较大的建筑，其消防报警系统一般需要多台火灾报警控制器、消防联动控制器等设备，各控制器设备各自担负现场设备的报警监控功能，同时各控制器之间也通过网络进行信息传输，目前市场上应用的产品常见的控制层设备网络构成型式如下：

1. CAN 总线形式

图 2-32 为 CAN 总线组网示意图，CAN，全称为"Controller Area Network"，即控制器局域网，是国际上应用最广泛的现场总线之一。它是一种多主总线，即每个节点机均可成为主机，且节点机之间也可进行通信。通信介质可以是双绞线、同轴电缆或光导纤维。

CAN 总线型式信号传输特点是：通信接口中集成了 CAN 协议的物理层和数据链路层功能，可完成对通信数据的成帧处理，包括位填充、数据块编码、循环冗余校验、优先级判别等项工作。CAN 控制器工作于多主方式，网络中的各节点都可根据总线访问优先权（取决于报文标识符）采用无

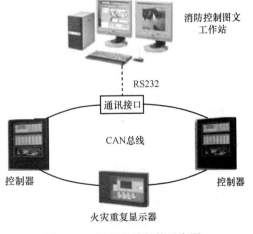

图 2-32　CAN 总线网络示意图

损结构的逐位仲裁方式竞争向总线发送数据，且 CAN 协议废除了站地址编码，而代之以对通信数据进行编码，这可使不同的节点同时接收到相同的数据，这些特点使得 CAN 总线构成的网络各节点之间的数据通信实时性强，并且容易构成冗余结构，提高系统的可靠性和系统的灵活性。

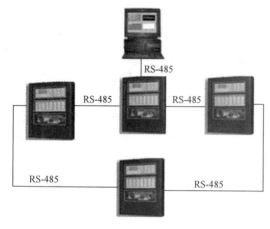

图 2-33　RS485 总线网络示意图

2. 485 总线形式

图 2-33 为 RS485 总线组网示意图，相较于 CAN 总线的多主结构，RS-485 总线结构只能构成主从式结构系统，通信方式只能以主站轮询的方式进行，系统的实时性、可靠性较差。

RS-485 采用平衡发送和差分接收，因此具有抑制共模干扰的能力。总线收发器具有高灵敏度，能检测低至 200mV 的电压，故传输可达上千米。RS-485 采用半双工工作方式，任何时候只能有一点处于发送状态，因此，发送电路须由使能信号加以控制。应用 RS-485 可以联网构成分布式系统，其允许最多并联 32 台驱动器和 32 台接收器。

3. ARCNET 总线形式

图 2-34 为 ARCNET 总线网络的连接示意图。ARCNET 是一种广泛应用的局域网（LAN）技术，它采用令牌总线（token-bus）方案来管理 LAN 上工作站和其他设备之间的共享线路，其中，LAN 服务器总是在一条总线上连续循环的发送一个空信息帧。当有设备要发送报文时，它就在空帧中插入一个"令牌"以及相应的报文。当目标设备或 LAN 服务器接收到该报文后，就将"令牌"重新设置为 0，以便该帧可被其他设备重复使用。这种方案是十分有效的，特别是在网络负荷大的时候，它为网络中的各个设备提供平等使用网络资源的机会。ARCNET 可使用双绞线和光纤。

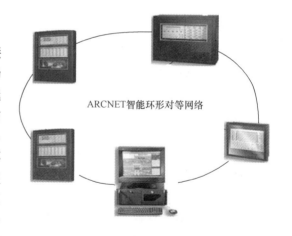

ARCNET智能环形对等网络

图 2-34　ARCNET 总线网络示意图

三、管理层信息传输

管理层设备主要包括消防控制室的消防控制图文工作站、机电中心的机电设备管理工作站以及远程监控管理系统。

消防控制图文工作站作为系统的消防控制中心管理工作站，可直接并入控制器环网或在控制器环网上指定一台控制器，通过 RS-485 或 RS-232 总线与其相连，实现网络报警的监控。

机电中心的管理工作站可以通过以太网接口与消防控制图文工作站构成局域网，共享消防监控的管理信息。也可以通过 RS-232 或 RS-485 接口直接接收消防控制图文管理工作站或火灾报警控制器的火警、故障等信息，实现建筑的智能化管理。

另外，火灾自动报警系统预留信息传输设备，通过有线或无线的方式接入远程监控管理系统（城市火灾自动报警监控网络系统），可实时监控各区域的火灾自动报警系统。

第六节　火灾自动报警系统的智能化发展

一、火灾自动报警系统智能化发展阶段及特点

20 世纪 80 年代以来，随着科学技术，特别是微机、电子、光学技术的迅猛发展，也推动了火灾自动报警技术的发展，表现为火灾探测技术的深入开发、微型计算机在火灾报警信息处理方面的应用，火灾自动报警系统出现了由低级向高级、由低效向高效和由非智能化向智能化方向发展的趋势。主要经历如下阶段：

1. 多线制系统

代表系统的如 $2n$、$2n+1$ 等（n 为探测器数量），多线制火灾报警系统是由多线制火灾报警控制器配接多线制开关量的火灾探测器组成，是传统的火灾自动报警系统，自第一次世界大战时就已出现，由于其布线太多、施工麻烦且线缆耗量大等原因，至今已经基本淘汰。

2. 少线开关量系统

代表系统的如七总线，该系统由地址编码（或寻址）式的火灾报警控制器配以编码式开关量火灾探测器组成，是一代过渡产品，解决了第一代产品中多线的不足，为下一代产品提供了技术上的平稳过渡。

3. 总线模拟量系统

代表系统的如四总线、二总线，这个系统是由智能化程度较高的模拟量编码式火灾报警控制器与智能编址探测器组成，智能火灾报警控制器实时对探测器从现场传来的信息进行处理，并与内部存储的大量火灾模型进行比较、分析，判断是否是火灾，并作出相应处理。相对于开关量系统，系统的可靠性明显提高，是现阶段应用广泛的系统。当前，智能火灾自动报警技术发展的一个显著特点和重要趋势是模糊逻辑和神经网络高级算法软件、人工智能理论和交互技术被越来越多的智能火灾自动探测系统采用，已成为智能火灾自动报警技术中的前沿技术和核心技术。

4. 无线火灾报警系统

这种系统的火灾探测器与火灾报警控制器之间采用无线传输，便于安装，降低布线的

成本，但目前没有广泛推广应用，可作为火灾自动报警系统的一个发展方向。

二、火灾自动报警系统智能化产品应用现状

近年来，消防电子技术的发展促进了火灾自动报警系统智能化的高速发展，但在实际应用中，还存在着一些比较突出的问题。

1. 智能化程度低，误报、漏报问题仍然存在

目前市场上应用火灾自动报警系统基本上都称作智能化系统，但技术参差不齐，有些产品由于传感器件探测的参数较少、支持系统的软件开发不成熟、各种数据算法的准确性缺乏足够验证、火灾现场参数数据库不健全等，对现场环境复杂的情况，火灾自动报警系统难以准确判定粒子（烟气）的浓度、现场温度、光波的强度以及可燃气体的浓度、电磁辐射等指标，造成迟报、误报、漏报情况的出现。

对于一些技术性能较高的知名品牌，无论从算法的先进、可靠性，还是火灾模型的全面性方面，系统的智能化、可靠性、安全性、稳定性均有较高程度提高完善，应用中大大减少了误报、漏报的可能。但是，同样的探测器安装于各种不同环境，不同的环境对探测器的影响不同，加之各种探测器在探测火灾方面存在着某些先天不足，无法准确地感应各种物质在燃烧过程中所特有的声波、光谱、辐射、气味等诸多方面发生的微妙变化。近年来又出现了一些能够主动地获取环境信息，并准确地识别利用环境信息，具有自优化、自适应、自学习功能的探测器，能够准确地判断出火灾探测器损坏、污染或环境变化引起的漂移或真实火灾，也能够最大限度地消除误报、漏报的现象。目前这类系统在一些大型、重要建筑中得到应用，也是目前市场上的代表行业技术的主流高端产品。

2. 网络化程度低

我国现阶段的火灾自动报警系统的形式主要为区域型火灾自动报警系统、集中型火灾自动报警系统和控制中心型火灾自动报警系统，安装形式主要是分散集中相结合的形式，自成体系，自我封闭，少部分形成区域性网络化火灾自动报警系统。系统的管理主要依靠自己的消防值班管理人员。

3. 线缆类别有待改善

火灾自动报警系统以多线制和总线制连接方式为主，探测器和报警器及控制器之间是采用两条或多条的铜芯绝缘导线或铜芯电缆穿管相接，不同类型信息敷设不同的线和管，存在耗材多、成本高的缺点。

三、火灾自动报警系统智能化发展趋势

60多年来，火灾自动报警技术已经从单一的装置发展到系统，从简单的区域系统发展到包含数千个单一可寻址探测器的智能系统。面对高新技术的发展机遇和市场的挑战，火灾报警系统未来发展趋势应突破以下方面：

1. 超早期火灾探测技术的应用

如激光式、吸气式火灾探测器和气体火灾探测报警系统等超早期火灾探测报警产品。这些系统采用激光粒子计数、激光散射原理监视被保护空间，以单位体积内粒子增加的多少来判断是否可能发生火灾，可以在火灾发生之前的几小时内，识别潜在的火灾危险性，实现超早期火灾报警。

2. 智能化的提高完善

火灾自动报警系统智能化是使探测系统能模仿人的思维，主动采集环境温度、湿度、灰尘、光波等数据模拟量并充分采用模糊逻辑和人工神经网络技术等进行计算处理，对各项环境数据进行对比判断，从而准确地预报和探测火灾，避免误报和漏报现象。发生火灾时，能依据探测到的各种信息对火场的范围、火势的大小、烟的浓度以及火的蔓延方向等给出详细的描述，甚至可配合电子地图进行形象提示、对出动力量和扑救方法等给出合理化建议，以实现各方面快速准确反应联动，最大限度地降低人员伤亡和财产损失，而且火灾中探测到的各种数据可作为准确判定起火原因、调查火灾事故责任的参考依据。

3. 网络化应用

火灾自动报警系统网络化是用计算机技术将系统内部控制器之间、系统与外部系统之间，系统与城市"119"报警中心之间等通过一定的网络协议进行相互连接，使各个独立的系统组成一个大的网络，实现网络内部各系统之间的资源和信息共享，使城市"119"报警中心的人员能及时、准确掌握各单位的有关信息，对各系统进行宏观管理，对各系统出现的问题能及时发现并及时责成有关单位进行处理，从而弥补现在部分火灾自动报警系统擅自停用，值班管理人员责任心不强、业务素质低、对出现的问题处置不及时、不果断等方面的不足。

4. 火灾探测器的多样化

目前应用的火灾探测器按其响应和工作原理基本可分为感烟、感温、火焰、可燃气体探测器以及两种或几种探测器的组合等，其中，感烟探测器应用最广泛，但光纤线性感温探测技术、火焰自动探测技术、气体探测技术、静电探测技术、燃烧声波探测技术、复合式探测技术代表了火灾探测技术发展和开发应用研究的方向。此外，利用纳米粒子化学活性强、化学反应选择性好的特性，将纳米材料制成气体探测器或离子感烟探测器，用来探测有毒气体、易燃易爆气体、蒸气及烟雾的浓度并进行预警，具有反应快、准确性高的特点，目前已列为消防科研工作者的重点研究开发课题。

5. 设备连接线缆的多样化

对于复杂火灾报警系统，探测器信号线、电源线、广播线等仍然敷设分别不同的线缆，布线数量较多，随着信息传输技术的发展，可将各类线缆合并，利用频分技术、分时技术等在同一根线缆上传输不同类型的信号。随着无线通信技术的成熟、完善和新型有线通信材料的研制，设备间、系统间可根据具体的环境、场所的不同而选择方便可靠的通信方式和技术，设备间可以用无线技术进行连接，形成有线、无线互补，同时新型通信材料的研制开发可弥补铜线连接存在的缺陷。

第七节　无线火灾自动报警系统

无线火灾自动报警系统是近几年在国外发展起来的新型火灾报警系统，它是常规火灾自动报警系统的基础上，融入了无线传输设备，将火警信号通过无线方式传送给报警控制器，并记录发出这些信号的地点和时间的火灾自动报警专用设备。

无线火灾报警系统由无线火灾探测装置、信息传输设备、报警控制器、消防控制联动装置等组成。无线火灾探测装置主要由火灾探测器、无线发射机组成。它能自动发出火灾报警信号和火灾报警故障检测信号。

一、工作原理

无线火灾自动报警系统的工作原理是当无线火灾探测装置在探测范围内发现火灾时，探测装置将产生不同信号，同时启动发射机，在规定时间内以无线电波的形式发出不同的报警信号，相应地在控制器一端也有同样的无线通信模块将信号接收进来，控制器对接收到的信号分别进行及时的相应处理，并向用户发出报警信号，使用户根据其提示进行相应灭火救灾等操作。报警过程中，可以按下手动按钮进行手动报警。

二、适用范围

无线传输系统适用于宾馆、酒店等有线报警系统设置的场合，由于其施工时对建筑物本身的构造没有伤害，对于精装修场合及文物古建筑物，是有线报警系统不可比拟的。对于正在施工或正在进行重新装饰的场所，在没有安装有线报警系统之前，这种临时系统可以充分保证建筑物的防火安全，一旦施工结束，无线系统可以很容易地转移到别的场所。另外对于有腐蚀性的环境如烟叶仓库，每年要使用腐蚀性很强的杀虫剂杀虫，常规的有线火灾报警系统就抵挡不了腐蚀，会使系统报废，如果采用无线报警系统，可以很容易将探测装置移至室外，待工艺处理完毕后再将探测装置放回原位。

三、特点

1. 节省安装材料

相比于有线传输，无线火灾报警系统安装、维护快捷简单，设置灵活，系统不需要施工布线，节省了大量的人工及管、线材料，同时也避免了对建筑结构的剔凿等破坏。

2. 实现流动监控

在有线传输的系统中，消防控制室必须配备值班人员 24 小时值班，进行火灾监控管理，稍有疏忽或临时值班人员外出将有可能因错过报警而酿成大祸。而无线传输可以通过给值班管理人员配备流动使用的手持无线接收机随时接收火灾状况信息，随时进行监控管理。

3. 无线技术的稳定性问题

尽管无线传输有很多优点，但也存在一些问题。如抗干扰问题，随着使用手机、WIFI、遥控器等使用无线电磁波传输信息的设备的增多，弥漫在空气中的电磁波必将产生干扰电磁波有可能会导致无线报警设备产生误报，因此，需要解决无线火灾自动报警系统抗干扰问题；另外还有无线传输距离的问题、统一协议的问题等等。

四、国外无线火灾报警系统发展现状

近年来，无线火灾报警系统在国外逐渐发展起来，技术逐渐成熟，并逐步走向实用化，在一些不便布线的场所已有应用。这种无线报警系统既可作火灾报警系统，也可作为保安系统，两者兼用。

五、国内无线火灾报警系统的发展

我国在无线火灾报警系统发展方面还滞后于国外，但随着近年来无线传感器网络技术的发展，国内部分高校和工厂也开始研究无线技术在火灾自动报警系统中的应用。目前，我国出现的关于无线火灾报警系统的种类也不少，如：无线独立式火灾报警装置、交互式无线火灾报警系统、无线火灾报警系统、独立式短消息火灾报警系统等。

第八节　消防远程监控系统

随着经济和技术的发展，城市高层、超高层建筑、地下建筑以及大型综合性建筑日益增多，火灾隐患明显增加，重大恶性火灾时有发生，因此，如何早期发现火情、预防火灾、第一时间控制火灾是目前对消防部门提出的一个重要的课题。

虽然目前我国城市中各类建筑、公共场所安装火灾自动报警系统及自动灭火系统等消防设施已较普及、完善，也发挥了重要的作用，但实际使用中仍然暴露出很多问题。首先，现阶段各单位的消防设施管理基本上都是独立的，各单位各自选购安装一套火灾报警系统，配备值班人员独自管理，一旦发现火灾，值班人员收到警报后立即验证、确认火灾、应急处理并通知消防管理部门，由消防管理部门进行扑救。因此整个过程，值班管理人员扮演了很重要的角色，但是一旦由于人为因素导致火灾信息没有及时发现，或漏报、迟报、不报等原因造成火势蔓延，将酿成无法估量的损失。其次，目前市场上应用的火灾自动报警系统设备质量和施工质量参差不齐，而使用单位又没有足够认识系统的重要性，往往由于设备故障而长时间停用或不用，使得已安装的设备形同虚设，起不到预防火灾的目的。

针对现有的消防监控系统存在的弊端，人们开始提出一套更实用的消防监控系统——城市消防远程监控系统。城市消防远程监控系统是通过现代通信网络将各建筑物内独立的火灾自动报警系统联网，并综合运用地理信息系统、数字视频监控等信息技术，在监控中心内对所有联网建筑物的火灾报警情况进行实时监测、对消防设施进行集中管理的消防信息化应用系统。该系统的应用能够保障火灾自动报警系统和消防安全设施正常运行，同时缩短从建筑物火灾发生到消防部队接警的时间，并为准确到达着火点迅速灭火提供技术支

持，加速了城市消防管理智能化、网络化的发展进程，提高整体防灾减灾技术水平和综合能力。

一、系统构成及特点

如图 2-35 所示，消防远程监控系统一般由用户信息传输装置（简称传输设备）、报警传输网络和报警监控中心组成。

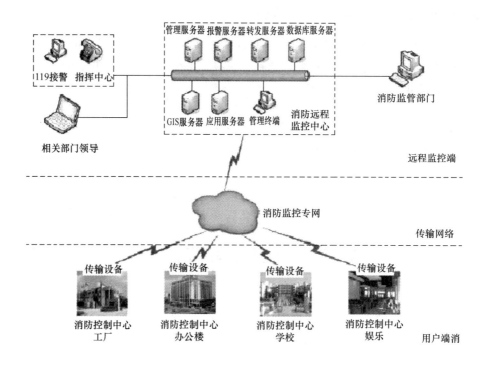

图 2-35　消防远程监控系统构成示意图

1. 传输设备

火灾报警传输设备或用户信息传输装置设置在用户端消防控制室内，未设消防控制室时，设置在火灾报警控制器附近的明显部位。火灾报警传输设备或用户信息传输装置与火灾报警控制器、消防联动控制器采用专用线路连接，对火灾自动报警系统的设备状态进行实时监控，通过数据采集，将系统设备的运行数据和报警信息通过报警传输网络传送至远端的报警监控中心。同时传输设备还具备巡检查询、记录存储、强制报警、故障提示等功能。

2. 报警传输网络

用于火灾报警传输设备或用户信息传输装置与远程消防报警监控中心之间的信息传输，一般分为有线通信和无线通信两种方式。目前通常采用有线、无线并用互为备份的网络传输方式。有线传输方式可采用公用通信网（公众电话网 PSTN）或专用通信网进行传输设备与报警监控中心间的数据传输，由于专用通信网需专门敷设，造价很高，因此公众电话网比较普遍采用，是目前火灾报警远程监控系统的主要网络传输方式。无线通信方式一般采用专用报警频率，组成专用网。通常有常规通信（无线数据电台）、集群通信、GSM 的短信业务三种。用户信息传输装置和报警受理系统需通过移动通信模块接入公用移动网；或通过无线电收发设备接入无线专用通信网络；或通过集群语音通路或数据通路接入无线电集群专用通信网络。

常规通信方式是使用普通无线电台进行网络中数据传输，优点是设计、组网及使用简单，技术成熟，目前应用较多。缺点是作用范围小，需建传输中继站。

集群通信方式特点是信道利用率较高，服务质量好，但需建集群通信网络，成本高，应用少。

GSM 的短信息业务方式传输数据，优点是无需建设网络，运行费用低，使用起来经济高效，稳定可靠，维护简单，网络容量大，并能够利用手机短消息功能通过手机报警。不足之处是信息实时性差，延时不确定，每条短消息信息量偏少，不宜应用。

3. 报警监控中心

报警监控中心一般设置在城市消防通信指挥中心，包括报警受理系统、信息查询系统、用户服务系统及相关终端和接口构成。它的计算机局域网一般包括各类服务器和管理终端组成，应用软件一般包括系统管理软件、用户信息管理软件、报警信息处理软件、系统巡检维护软件、数据收发控制软件等，软件大多采用模块化设计。报警监控中心汇总了联网单位的所有信息，值班工作人员在监控中心内进行消防联网单位报警信息监控、火情进一步确认、视频图像监控、报警联动、故障报警信息分析等工作。

二、系统功能

1. 用户信息传输系统功能

（1）用户信息传输装置能够接收联网用户的火灾报警信息，并将信息通过报警传输网络发送给监控中心；

（2）用户信息传输装置能够接收建筑消防设施运行状态信息，并将信息通过报警传输网络发送给监控中心；

（3）具有优先传送火灾报警信息和手动报警信息功能；

（4）具有设备自检和故障报警功能；

（5）具有主、备用电源自动转换功能，备用电源的容量应能保证用户信息传输装置连续正常工作时间不小于 8h。

2. 报警受理系统功能

（1）接收、处理用户信息传输装置发送的火灾报警信息；

（2）显示报警联网用户的报警时间、名称、地址、联系电话、内部报警点位置、地理信息等；

（3）对火灾报警信息进行核实和确认，确认后应将报警联网用户的名称、地址、联系电话、内部报警点位置、监控中心接警员等信息向城市消防通信指挥中心或其他接处警中心的火警信息终端传送，并显示火警信息终端的应答信息；

（4）接收、存储用户信息传输装置发送的重要的建筑消防设施运行状态信息，对建筑消防设施的故障信息进行跟踪、记录、查询和统计，并发送至相应联网用户；

（5）自动或人工对用户信息传输装置进行巡检测试，并显示巡检测试结果；

（6）显示、查询报警信息的历史记录和相关信息；

（7）与联网用户进行语音、数据或图像通信；

（8）实时记录报警受理的语音及相应时间，且原始记录信息不能被修改；

（9）具有系统自检及故障报警功能；

（10）具有系统启、停时间的记录和查询功能；

（11）具有消防地理信息系统基本功能。

3. 信息查询系统的功能

（1）查询联网用户的火灾报警信息；

（2）查询联网用户的重要的建筑消防设施运行状态信息；

（3）查询联网用户的重要的消防安全管理信息；

（4）查询联网用户的日常值班、在岗等信息；

（5）对本条第（1）～（4）款的信息，能按日期、单位名称、单位类型、建筑物类型、建筑消防设施类型、信息类型等检索项进行检索和统计。

4. 用户服务系统的功能

（1）为联网用户提供查询其自身的火灾报警、建筑消防设施运行状态信息及消防安全管理信息的服务平台；

（2）对联网用户的建筑消防设施日常维护保养情况进行管理；

（3）为联网用户提供消防安全管理信息的数据录入、编辑服务；

（4）通过随机查岗，实现联网用户的消防安全负责人对值班人员日常值班工作的远程监督；

（5）为联网用户提供使用权限；

（6）为联网用户提供消防法律法规、消防常识和火灾情况等信息。

5. 火警信息终端的功能

（1）接收监控中心发送的联网用户火灾报警信息，向其反馈接收确认信号，并发出明显的声、光提示信号；

（2）显示报警联网用户的名称、地址、联系电话、内部报警点位置、监控中心接警员、火警信息终端警情接收时间等信息；

（3）具有设备自检及故障报警功能。

综上所述，远程消防报警监控中心系统在接到火警信号后，立即弹出报警单位地理区域地图，检索消防信息数据库得到单位负责人、保卫负责人、消防负责人和当日值班人的联系方式，并通过电信网络（如 PSTN、GSM 移动网）提示以上各有关人员当前有火警发生，并自动将报警信息送与值班人员进行确认。同时可以调出该单位的详细资料，以便决定实际的灭火方案。当某个火警信号被解除或指明处理完毕后，将该火警信号存入火警处理历史库中。

三、系统性能要求

远程监控系统的性能指标应符合下列要求：

（1）监控中心应能同时接收和处理不少于 3 个联网用户的火灾报警信息。

（2）从用户信息传输装置获取火灾报警信息到监控中心接收显示的响应时间不应大于 20s。

（3）监控中心向城市消防通信指挥中心或其他接处警中心转发经确认的火灾报警信息的时间不应大于 3s。

（4）监控中心与用户信息传输装置之间通信巡检周期不应大于 2h，并能动态设置巡检方式和时间。

（5）监控中心的火灾报警信息、建筑消防设施运行状态信息等记录应备份，其保存周期不应小于 1 年。当按年度进行统计处理时，应保存至光盘、磁带等存储介质中。

（6）录音文件的保存周期不应少于 6 个月。

（7）远程监控系统应有统一的时钟管理，累计误差不应大于 5s。

四、系统发展及应用现状

在国外如美国、英国、加拿大、澳大利亚、日本及新西兰等发达国家，消防联网远程监控系统已经应用数十年，取得了成功运行的经验。他们将火灾自动报警作为公共报警手段接入城市消防监控系统并有效运行，使城市消防指挥中心能快速准确判断火灾地点和火灾类型，并调度消防部队迅速到达现场灭火。各国的产品标准也较完善，如澳大利亚已经出台了关于网络性能的标准、关于报警传输设备的标准、关于火灾自动报警系统通信协议的标准等，规范了消防监控系统的运营和发展。此外，这些国家在消防远程监控系统的管理方面也比较规范，有消防监控服务的专用机构，保证快捷、通畅地为用户服务。

在国内，我国此项技术的应用与研究起步于 20 世纪 90 年底中期，由于相关法律法规不健全、相关产品标准不完善、各用户终端火灾自动报警系统的输出信息类型不统一、职责不明确等方面的原因，这项系统的应用一直进展缓慢。近些年，随着经济的发展，建筑规模越来越大，建筑数量越来越多，虽然各建筑内基本都安装了火灾自动报警系统等自动消防设施，但由于各单位管理问题、人员素质问题、产品质量问题等各方面原因，重特大和群死群伤火灾时有发生，火灾形势严峻，鉴于此，大力推进城市消防安全远程监控系统建设的重要性日益突出。目前在一些大中城市如上海、天津、杭州、无锡、海口等城市建立了消防远程监控系统，开展了系统的试运行，取得了一定的效果，在消防监督和灭火救援方面发挥了重要作用。为加快市消防远程监控系统推广应用的步伐，合理设计和建设城市消防远程监控系统，保障远监控系统的设计和施工质量，充分发挥建筑消防设施防控火灾的作用，提高单位消防安全管理水平，在 2007 年 10 月 23 日，建设部发布了第 728 号公告，颁布了国家标准《城市消防远程监控系统技术规范》GB 50440—2007，规范规定了系统设计、施工、验收等环节技术要求，并自 2008 年 1 月 1 日起实施。为使产品设计有据可依，国家标准化管理委员会于 2011 年 7 月 29 日发布第 12 号公告，批准发布

第二章　火灾自动报警

《城市消防远程监控系统》GB 26875—2011 系列国家标准，该标准全面规定了城市消防远程监控系统中用户信息传输装置、通信服务器软件、信息管理软件的功能、试验方法和检验规则等技术要求，并规定了报警传输网络通信协议和基本数据项等内容，实现城市消防远程监控系统的数据规范和信息共享。

第三章 火灾自动报警系统的工程设计

第一节 系 统 设 计

一、设计的前期工作

1. 备齐资料

火灾自动报警系统的工程设计，应依据国家现行的有关建筑设计防火规范执行。如《建筑设计防火规范》GB 50016、《人民防空工程设计防火规范》GB 50098、《汽车库、修车库、停车场设计防火规范》GB 50067、《火灾自动报警系统设计规范》GB 50116、并且还应对行政管理法规及火灾自动报警系统的设备制造标准有所了解。

2. 摸清建筑物的基本情况

这方面主要包括建筑物的性质、规模、功能以及平剖面情况；建筑物防火及防烟分区的划分，建筑结构方面的防火措施以及建筑物的内部装修情况；建筑内电梯的配置与管理方式，竖井的布置；各类机房、库房的位置以及用途等。

3. 弄清有关专业的消防设施及要求

这方面主要包括自动喷水灭火系统、消火栓系统、气体灭火系统及泡沫灭火系统的设置及其电气控制要求；防排烟系统和空调送风系统设置及其电气控制要求；电动防火门和防火卷帘的设置及其对电气控制要求；供、配电系统，照明与动力电源的控制及其与防火分区配合；消防电源的配置，应急照明的设计要求等。

4. 明确设计原则

这方面主要包括制定火灾自动报警系统的总体设计方案，充分掌握各种消防设备及报警设备的技术性能等。

二、报警区域和探测区域的划分

1. 报警区域的划分

报警区域是将火灾自动报警系统的警戒范围按防火分区或楼层划分的单元。在火灾自动报警系统的工程设计中，首先就是要根据规范的要求，正确地划分火灾报警区域，才能使报警系统及时、准确地报出火灾发生的区域，采取相关联动控制措施。通常，每个报警区域应设置一台区域报警控制器或楼层显示器。报警区域的划分应符合下列规定：

（1）报警区域应根据防火分区或楼层划分，可将一个防火分区或一个楼层划分为一个报警区域，也可将发生火灾时需要同时联动消防设备的相邻几个防火分区或楼层划分为一个报警区域。

（2）电缆隧道的一个报警区域宜由一个封闭长度区间组成，一个报警区域不应超过相连的 3 个封闭长度区间；道路隧道的报警区域应根据排烟系统或灭火系统的联动需要确定，且不宜超过 150m。

（3）甲、乙、丙类液体储罐区的报警区域应由一个储罐区组成，每个 50000m³ 及以上的外浮顶储罐应单独划分为一个报警区域。

（4）列车的报警区域应按车厢划分，每节车厢应划分为一个报警区域。

2. 探测区域的划分

探测区域是将报警区域按探测火灾的部位划分的单元。每一个探测区域对应在报警控制器（或楼层显示器）上显示一个部位号，这样才能迅速而准确地得到火灾报警的部位。因此，在每个报警区域内应按顺序划分探测区域。

《火灾自动报警系统设计规范》规定，探测区域应按独立房（套）间划分。一个探测区域的面积不宜超过 500m²；从主要入口能看清其内部，且面积不超过 1000m² 的房间，也可划为一个探测区域。近年来，红外光束线型感烟火灾探测器、缆式线型感温火灾探测器在某些特定场所使用较多。对此规范规定，红外光束线型感烟火灾探测器和缆式线型感温火灾探测器的探测区域长度不宜超过 100m。空气管差温火灾探测器的探测区域长度宜在 20~100m 之间。

规范还规定，敞开或封闭楼梯间、防烟楼梯间，防烟楼梯间前室、消防电梯前室、消防电梯与防烟楼梯间合用的前室、走道、坡道，电气管道井、通信管道井、电缆隧道，建筑物闷顶、夹层应单独划分探测区域。

应当指出，探测区域可以是一个探测器所保护的区域，也可以是多个探测器所保护的区域。

三、系统设计一般规定

1. 火灾自动报警系统适用于人员居住和经常有人滞留的场所、存放重要物资或燃烧后产生严重污染需要及时报警的场所。

2. 火灾自动报警系统应设有自动和手动两种触发装置。

3. 火灾自动报警系统设备应选择符合国家有关标准和有关准入制度的产品。

4. 系统中各类设备之间的接口和通信协议的兼容性应满足国家有关标准的要求。

5. 任一台火灾报警控制器所连接的火灾探测器、手动火灾报警按钮和模块等设备总数和地址总数均不应超过 3200，其中每一总线回路连接设备的总数不宜超过 200，且应留有不少于额定容量 10% 的余量；任一台消防联动控制器地址总数或火灾报警控制器（联动型）所控制的各类模块总数不应超过 1600，每一联动总线回路连接设备的总数不宜超过 100，且应留有不少于额定容量 10% 的余量。

6. 系统总线上应设置总线短路隔离器，每只总线短路隔离器保护的火灾探测器、手动火灾报警按钮和模块等消防设备的总数不应超过 32；总线穿越防火分区时，应在穿越处设置总线短路隔离器。

7.高度超过100m的建筑中，除消防控制室内设置的控制器外，每台控制器直接控制的火灾探测器、手动报警按钮和模块等设备不应跨越避难层。

8.水泵控制柜、风机控制柜等消防电气控制装置不应采用变频启动方式。

9.地铁列车上设置的火灾自动报警系统应能通过无线网络等方式将列车上发生火灾的部位信息传输给消防控制室。

四、火灾自动报警系统的形式和设计要求

火灾自动报警系统的形式主要有区域报警系统、集中报警系统及控制中心报警系统。火灾自动报警系统形式的选择应符合下列规定：

（1）仅需要报警，不需要联动自动消防设备的保护对象宜采用区域报警系统。

（2）不仅需要报警，同时需要联动自动消防设备，且只设置一台具有集中控制功能的火灾报警控制器和消防联动控制器的保护对象，应采用集中报警系统，并应设置一个消防控制室。

（3）设置两个及以上消防控制室的保护对象，或设置了两个及以上集中报警系统的保护对象，应采用控制中心报警系统。

1. 区域报警系统

区域报警系统比较简单，但使用面很广，它既可单独使用，也可作为集中报警系统和控制中心报警系统中的基本组成设备。

区域报警系统的设计，应符合下列规定：

（1）系统应由火灾探测器、手动火灾报警按钮、火灾声光警报器及火灾报警控制器等组成，系统中可以包括消防控制室图形显示装置和指示楼层的区域显示器。

（2）火灾报警控制器应设置在有人值班的场所。

（3）系统设置消防控制室图形显示装置时，该装置应具有传输表3-1和表3-2规定的有关信息的功能；系统未设置消防控制室图形显示装置时，应设置火警传输设备。

2. 集中报警系统

集中报警系统的设计，应符合下列规定：

（1）系统应由火灾探测器、手动火灾报警按钮、火灾声光警报器、消防应急广播、消防专用电话、消防控制室图形显示装置、火灾报警控制器、消防联动控制器等组成。

（2）系统中的火灾报警控制器、消防联动控制器和消防控制室图形显示装置、消防应急广播的控制装置、消防专用电话总机等起集中控制作用的消防设备应设置在消防控制室内。

（3）系统设置的消防控制室图形显示装置应具有传输表3-1和表3-2规定的有关信息的功能。

3. 控制中心报警系统

控制中心报警系统的设计，应符合下列规定：

（1）有两个及以上消防控制室时，应确定一个主消防控制室。

（2）主消防控制室应能显示所有火灾报警信号和联动控制状态信号，并应能控制重要的消防设备；各分消防控制室内消防设备之间可以互相传输、显示状态信息，但不应互相控制。

（3）系统设置的消防控制室图形显示装置应具有传输表 3-1 和表 3-2 规定的有关信息的功能。

（4）其他设计应符合集中报警系统设计的规定。

火灾报警、建筑消防设施运行状态信息表　　　　　　　　　　表 3-1

设施名称		内　容
火灾探测报警系统		火灾报警信息、可燃气体探测报警信息、电气火灾监控报警信息、屏蔽信息、故障信息
消防联动控制系统	消防联动控制器	动作状态、屏蔽信息、故障信息
	消火栓系统	消防水泵电源的工作状态，消防水泵的启、停状态和故障状态，消防水箱（池）水位、管网压力报警信息及消火栓按钮的报警信息
	自动喷水灭火系统、水喷雾（细水雾）灭火系统（泵供水方式）	喷淋泵电源工作状态，喷淋泵的启、停状态和故障状态，水流指示器、信号阀、报警阀、压力开关的正常工作状态和动作状态
	气体灭火系统、细水雾灭火系统（压力容器供水方式）	系统的手动、自动工作状态及故障状态，阀驱动装置的正常工作状态和动作状态，防护区域中的防火门（窗）、防火阀、通风空调等设备的正常工作状态和动作状态，系统的启、停信息，紧急停止信号和管网压力信号
	泡沫灭火系统	消防水泵、泡沫液泵电源的工作状态，系统的手动、自动工作状态及故障状态，消防水泵、泡沫液泵的正常工作状态和动作状态
	干粉灭火系统	系统的手动、自动工作状态及故障状态，阀驱动装置的正常工作状态和动作状态，系统的启、停信息，紧急停止信号和管网压力信号
	防烟排烟系统	系统的手动、自动工作状态，防烟排烟风机电源的工作状态，风机、电动防火阀、电动排烟防火阀、常闭送风口、排烟阀（口）、电动排烟窗、电动挡烟垂壁的正常工作状态和动作状态
	防火门及卷帘系统	防火卷帘控制器、防火门监控器的工作状态和故障状态，卷帘门的工作状态，具有反馈信号的各类防火门、疏散门的工作状态和故障状态等动态信息
	消防电梯	消防电梯的停用和故障状态
	消防应急广播	消防应急广播的启动、停止和故障状态
	消防应急照明和疏散指示系统	消防应急照明和疏散指示系统的故障状态和应急工作状态信息
	消防电源	系统内各消防用电设备的供电电源和备用电源工作状态和欠压报警信息

消防安全管理信息表　　　　　　　　　　　　　　　　表 3-2

序号	名　称		内　容
1	基本情况		单位名称、编号、类别、地址、联系电话、邮政编码，消防控制室电话； 单位职工人数、成立时间、上级主管（或管辖）单位名称、占地面积、总建筑面积、单位总平面图（含消防车道、毗邻建筑等）； 单位法人代表、消防安全责任人、消防安全管理人及专兼职消防管理人的姓名、身份证号码、电话
2	主要建、构筑物等信息	建（构）筑	建筑物名称、编号、使用性质、耐火等级、结构类型、建筑高度、地上层数及建筑面积、地下层数及建筑面积、隧道高度及长度等、建造日期、主要储存物名称及数量、建筑物内最大容纳人数、建筑立面图及消防设施平面布置图；消防控制室位置，安全出口的数量、位置及形式（指疏散楼梯）；毗邻建筑的使用性质、结构类型、建筑高度、与本建筑的间距
		堆场	堆场名称、主要堆放物品名称、总储量、最大堆高、堆场平面图（含消防车道、防火间距）
		储罐	储罐区名称、储罐类型（指地上、地下、立式、卧式、浮顶、固定顶等）、总容积、最大单罐容积及高度、储存物名称、性质和形态、储罐区平面图（含消防车道、防火间距）
		装置	装置区名称、占地面积、最大高度、设计日产量、主要原料、主要产品、装置区平面图（含消防车道、防火间距）
3	单位（场所）内消防安全重点部位信息		重点部位名称、所在位置、使用性质、建筑面积、耐火等级、有无消防设施、责任人姓名、身份证号码及电话
4	室内外消防设施信息	火灾自动报警系统	设置部位、系统形式、维保单位名称、联系电话；控制器（含火灾报警、消防联动、可燃气体报警、电气火灾监控等）、探测器（含火灾探测、可燃气体探测、电气火灾探测等）、手动火灾报警按钮、消防电气控制装置等的类型、型号、数量、制造商；火灾自动报警系统图
		消防水源	市政给水管网形式（指环状、支状）及管径、市政管网向建（构）筑物供水的进水管数量及管径、消防水池位置及容量、屋顶水箱位置及容量、其他水源形式及供水量、消防泵房设置位置及水泵数量、消防给水系统平面布置图
		室外消火栓	室外消火栓管网形式（指环状、支状）及管径、消火栓数量、室外消火栓平面布置图
		室内消火栓系统	室内消火栓管网形式（指环状、支状）及管径、消火栓数量、水泵接合器位置及数量、有无与本系统相连的屋顶消防水箱
		自动喷水灭火系统（含雨淋、水幕）	设置部位、系统形式（指湿式、干式、预作用、开式、闭式等）、报警阀位置及数量、水泵接合器位置及数量、有无与本系统相连的屋顶消防水箱、自动喷水灭火系统图

续表

序号	名　称		内　容
4	室内外消防设施信息	水喷雾（细水雾）灭火系统	设置部位、报警阀位置及数量、水喷雾（细水雾）灭火系统图
		气体灭火系统	系统形式（指有管网、无管网，组合分配、独立式，高压、低压等）、系统保护的防护区数量及位置、手动控制装置的位置、钢瓶间位置、灭火剂类型、气体灭火系统图
		泡沫灭火系统	设置部位、泡沫种类（指低倍、中倍、高倍，抗溶、氟蛋白等）、系统形式（指液上、液下，固定、半固定等）、泡沫灭火系统图
		干粉灭火系统	设置部位、干粉储罐位置、干粉灭火系统图
		防烟排烟系统	设置部位、风机安装位置、风机数量、风机类型、防烟排烟系统图
		防火门及卷帘	设置部位、数量
		消防应急广播	设置部位、数量、消防应急广播系统图
		应急照明及疏散指示系统	设置部位、数量、应急照明及疏散指示系统图
		消防电源	设置部位、消防主电源在配电室是否有独立配电柜供电、备用电源形式（市电、发电机、EPS等）
		灭火器	设置部位、配置类型（指手提式、推车式等）、数量、生产日期、更换药剂日期
5	消防设施定期检查及维护保养信息		检查人姓名、检查日期、检查类别（指日检、月检、季检、年检等）、检查内容（指各类消防设施相关技术规范规定的内容）及处理结果，维护保养日期、内容
6	日常防火巡查记录	基本信息	值班人员姓名、每日巡查次数、巡查时间、巡查部位
		用火用电	用火、用电、用气有无违章情况
		疏散通道	安全出口、疏散通道、疏散楼梯是否畅通，是否堆放可燃物；疏散走道、疏散楼梯、顶棚装修材料是否合格
		防火门、防火卷帘	常闭防火门是否处于正常工作状态，是否被锁闭；防火卷帘是否处于正常工作状态，防火卷帘下方是否堆放物品影响使用
		消防设施	疏散指示标志、应急照明是否处于正常完好状态；火灾自动报警系统探测器是否处于正常完好状态；自动喷水灭火系统喷头、末端放（试）水装置、报警阀是否处于正常完好状态；室内、室外消火栓系统是否处于正常完好状态；灭火器是否处于正常完好状态
7	火灾信息		起火时间、起火部位、起火原因、报警方式（指自动、人工等）、灭火方式（指气体、喷水、水喷雾、泡沫、干粉灭火系统，灭火器，消防队等）

4. 消防联动控制系统

通常，不论是集中报警系统，还是控制中心报警系统，都要对现场的消防设备进行联动控制，只不过其复杂程度不同而已。目前应用的联动控制形式，大致可分为三种：

（1）直接联动控制方式

所谓直接联动控制方式，既每点单独控制方式，也就是说，一个控制点构成一条控制回路。这种控制方式的特点是传输线路复杂，施工难度大，造价高，但可靠性高。

（2）半总线联动控制方式

在采用总线技术的系统中，分为火灾报警总线和联动控制总线。火灾探测器及手动火灾报警按钮接入报警回路总线，各种控制模块及监视模块接入控制回路总线。当火灾探测器发出火灾报警信号后，如果火灾报警控制器确认有火灾发生，即向联动控制器发出启动执行机构的指令，联动控制器启动控制模块，从而使执行机构动作。该系统与直接控制方式相比，传输线路明显减少，施工较为方便，但可靠性不如直接联动控制方式。

（3）全总线联动控制方式

随着计算机技术在火灾自动报警系统中的应用，火灾报警技术得到了迅猛发展，全总线技术就是仅用两根传输导线构成回路，便可将火灾探测器、手动火灾报警按钮、各种控制模块及监视模块等连接在同一回路上，火灾报警与联动控制均通过两总线来完成，不需要单独构成回路。但当控制模块需要大电流供电时，则需两条电源线。该方式与半总线联动控制方式相比，传输线路有所减少，施工更为方便，但可靠性比半总线联动控制方式有所下降。

五、手动火灾报警按钮的设置

国家标准《火灾自动报警系统设计规范》规定：火灾自动报警系统应有自动和手动两种触发装置。所谓触发装置是指能自动或手动产生火灾报警信号的器件。火灾探测器是自动触发器件，手动报警按钮是人工手动发送信号、通报火警的触发器件。在火灾自动报警系统设计时，自动和手动两种触发装置应同时按照规范要求设置。尤其是人工报警简便易行，可靠性高，是自动系统必备的补充。

每个防火分区应至少设置一只手动火灾报警按钮。从一个防火分区内的任何位置到最邻近的手动火灾报警按钮的步行距离不应大于30m。手动火灾报警按钮宜设置在疏散通道或出入口处。手动火灾报警按钮应设置在明显和便于操作的部位。当安装在墙上时，其底边距地高度宜为1.3~1.5m，且应有明显的标志。列车上设置的手动火灾报警按钮，应设置在每节车厢的出入口和中间部位。

六、消防应急广播与警报器的设置

消防应急广播是火灾时指挥现场人员进行疏散的设备。火灾警报器（包括警铃、警笛、警灯等）是发生火灾时向人们发出警告的装置。虽然两者在设置有些差异，但使用目的是统一的，即为了及时向人们通报火灾，引导人们安全、迅速地疏散。

1. 消防应急广播

消防应急广播扬声器的设置，应符合下列规定：

（1）民用建筑内扬声器应设置在走道和大厅等公共场所。每个扬声器的额定功率不应小于 3W，其数量应能保证从一个防火分区内的任何部位到最近一个扬声器的直线距离不大于 25m，走道末端距最近的扬声器距离不应大于 12.5m。

（2）在环境噪声大于 60dB 的场所设置的扬声器，在其播放范围内最远点的播放声压级应高于背景噪声 15dB。

（3）客房设置专用扬声器时，其功率不宜小于 1W。

（4）壁挂扬声器的底边距地面高度应大于 2.2m。

2. 火灾警报器

火灾警报器是一种安装于楼梯口、消防电梯前室、建筑内部拐角等处的火灾警报装置。一般地，火灾警报器工作电压为 DC24V，多采用墙壁安装，火灾警报器的设置应符合下列规定：

（1）火灾光警报器应设置在每个楼层的楼梯口、消防电梯前室、建筑内部拐角等处的明显部位，且不宜与安全出口指示标志灯具设置在同一面墙上。

（2）每个报警区域内应均匀设置火灾警报器，其声压级不应小于 60dB；在环境噪声大于 60dB 的场所，其声压级应高于背景噪声 15dB。

（3）火灾警报器设置在墙上时，其底边距地面高度应大于 2.2m。

七、消防电话的设置

消防专用电话是与普通电话分开的独立系统，一般采用集中式对讲电话，主机设在消防控制室，分机分设在其他各个部位。《火灾自动报警系统设计规范》明确规定，消防专用电话网络应为独立的消防通信系统；消防控制室应设消防专用电话总机，多线制消防电话系统中的每个电话分机应与总机单独连接。消防控制室、消防值班室或企业消防站等处，应设置可直接报警的外线电话。电话分机或电话插孔的设置，应符合下列规定：

（1）消防水泵房、发电机房、配变电室、计算机网络机房、主要通风和空调机房、防排烟机房、灭火控制系统操作装置处或控制室、企业消防站、消防值班室、总调度室、消防电梯机房及其他与消防联动控制有关的且经常有人值班的机房应设置消防专用电话分机。消防专用电话分机应固定安装在明显且便于使用的部位，应有区别于普通电话的标识。

（2）设有手动火灾报警按钮或消火栓按钮等处宜设置电话插孔，并宜选择带有电话插孔的手动火灾报警按钮。

（3）各避难层应每隔 20m 设置一个消防专用电话分机或电话插孔。

（4）电话插孔在墙上安装时，其底边距地面高度宜为 1.3～1.5m。

第二节 火灾探测器的设置

为了及时、有效地探测出火灾信息，火灾探测器必须恰当地进行设置。在设置火灾探测器时主要考虑两方面的问题，即确定火灾探测器的设置数量和布局。

对火灾探测器，要根据其性能、安装高度、与安装高度相适应的探测面积及安装间距来设置，既要符合《火灾自动报警系统设计规范》，又要安装适当，以便充分发挥其功能。

顶棚的结构对火灾探测器的设置有着重要影响，如果顶棚是倾斜的或者有梁存在，那么在设置探测器时，就要考虑顶棚和梁对烟雾及热气流流动的影响，不然就不能有效地探测火灾。

一、火灾探测器的设置部位

（1）财贸金融楼的办公室、营业厅、票证库。

（2）电信楼、邮政楼的机房和办公室。

（3）商业楼、商住楼的营业厅、展览楼的展览厅和办公室。

（4）旅馆的客房和公共活动用房。

（5）电力调度室、防灾指挥调度楼等的微波机房、计算机房、控制机房、动力机房和办公室。

（6）广播电视楼的演播室、播音室、录音室、办公室、节目播出技术用房、道具布景房。

（7）图书馆的书库、阅览室、办公室。

（8）档案楼的档案库、阅览室、办公室。

（9）办公楼的办公室、会议室、档案室。

（10）医院病房楼的病房、办公室、贵重设备室、病历档案室、药品库。

（11）科研楼的办公室、资料室、贵重设备室、可燃物较多的和火灾危险性较大的实验室。

（12）教学楼的电化教室、理化演示和实验室、贵重设备和仪器室。

（13）公寓（宿舍、住宅）的卧房、书房、起居室（前厅）、厨房。

（14）甲、乙类生产厂房及其控制室。

（15）甲、乙、丙类物品库房。

（16）设在地下室的丙、丁类生产车间和物品库房。

（17）堆场、堆垛、油罐等。

（18）地下铁道的地铁站厅、行人通道和设备间，列车车厢。

（19）体育馆、影剧院、会堂、礼堂的舞台、化妆室、道具室、放映室、观众厅、休息厅及其附设的一切娱乐场所。

（20）陈列室、展览室、营业厅、商业餐厅、观众厅等公共活动用房。

（21）消防电梯、防烟楼梯的前室及合用前室，走道、门厅、楼梯间。

（22）可燃物品库房、空调机房、配电室（间）、变压器室、自备发电机房、电梯机房。

（23）净高超过 2.6m 且可燃物较多的技术夹层。

（24）敷设具有可延燃绝缘层和外护层电缆的电缆竖井、电缆夹层、电缆隧道、电缆配线桥架。

（25）贵重设备间和火灾危险性较大的房间。

（26）电子计算机的主机房、控制室、纸库、光或磁记录材料库。

（27）经常有人停留或可燃物较多的地下室。

（28）歌舞娱乐场所中经常有人滞留的房间和可燃物较多的房间。

（29）高层汽车库、Ⅰ类汽车库，Ⅰ、Ⅱ类地下汽车库，机械立体汽车库、复式汽车库、采用升降梯作汽车疏散出口的汽车库（敞开车库可不设）。

（30）污衣道前室、垃圾道前室、净高超过 0.8m 的具有可燃物的闷顶、商业用或公共厨房。

（31）以可燃气为燃料的商业和企、事业单位的公共厨房及燃气表房。

（32）其他经常有人停留的场所、可燃物较多的场所或燃烧后产生重大污染的场所。

（33）需要设置火灾探测器的其他场所。

二、感烟火灾探测器在格栅吊顶场所的设置

感烟火灾探测器在格栅吊顶场所的设置应符合下列规定：

（1）镂空面积与总面积的比例不大于 15％时，探测器应设置在吊顶下方；

（2）镂空面积与总面积的比例大于 30％时，探测器应设置在吊顶上方；

（3）镂空面积与总面积的比例在 15％～30％范围时，探测器的设置部位应根据实际试验结果确定；

（4）探测器设置在吊顶上方且火警确认灯无法观察时，应在吊顶下方设置火警确认灯；

（5）地铁站台等有活塞风影响的场所，镂空面积与总面积的比例在 30％～70％范围内时，探测器宜同时设置在吊顶上方和下方。

三、点型火灾探测器的设置

1. 一般原则

（1）探测区域内的每个房间至少应设置一只火灾探测器。

（2）对不同高度的房间可按表 3-3 选择火灾探测器。

对不同高度的房间点型火灾探测器的选择　　　表 3-3

房间高度 h（m）	点型感烟火灾探测器	点型感温火灾探测器			火焰探测器
		A1、A2	B	C、D、E、F、G	
12＜h≤20	不适合	不适合	不适合	不适合	适合
8＜h≤12	适合	不适合	不适合	不适合	适合
6＜h≤8	适合	适合	不适合	不适合	适合
4＜h≤6	适合	适合	适合	不适合	适合
h≤4	适合	适合	适合	适合	适合

注：表中 A1、A2、B、C、D、E、F、G 为点型感温探测器的不同类别，其具体参数见表 3-4。

点型感温火灾探测器分类　　　　表 3-4

探测器类别	典型应用温度 （℃）	最高应用温度 （℃）	动作温度下限值 （℃）	动作温度上限值 （℃）
A1	25	50	54	65
A2	25	50	54	70
B	40	65	69	85
C	55	80	84	100
D	70	95	99	115
E	85	110	114	130
F	100	125	129	145
G	115	140	144	160

（3）感烟火灾探测器和 A1、A2、B 型感温火灾探测器的保护面积和保护半径，应按表 3-5 确定；C、D、E、F、G 型感温探火灾测器的保护面积和保护半径应根据生产企业设计说明书确定，但不应超过表 3-5 规定。

点型感烟火灾探测器 A1、A2、B 型感温火灾探测器的保护面积和保护半径　　表 3-5

火灾探测器 的种类	地面面积 S （m²）	房间高度 h （m）	一只探测器的保护面积 A 和保护半径 R					
			屋顶坡度 θ					
			θ≤15°		15°<θ≤30°		θ>30°	
			A（m²）	R（m）	A（m²）	R（m）	A（m²）	R（m）
感烟火灾探测器	S≤80	h≤12	80	6.7	80	7.2	80	8.0
	S>80	6<h≤12	80	6.7	100	8.0	120	9.9
		h≤6	60	5.8	80	7.2	100	9.0
感温火灾探测器	S≤30	h≤8	30	4.4	30	4.9	30	5.5
	S>30	h≤8	20	3.6	30	4.9	40	6.3

注：建筑高度不超过 14m 的封闭探测空间，且火灾初期会产生大量的烟时，可设置点型感烟火灾探测器。

（4）感烟火灾探测器、感温火灾探测器的安装间距，应根据探测器的保护面积 A 和保护半径 R 确定，并不应超过图 3-1 中探测器安装间距的极限曲线 D_1-D_{11}（含 D'_9）所规定的范围。

（5）一个探测区域内所需设置的探测器数量，不应小于下式的计算值：

$$N = S/(K \cdot A)$$　　　　　　（3-1）

式中　N——探测器数量（只），N 应取整数；

　　　S——该探测区域面积（m²）；

　　　A——探测器的保护面积（m²）；

　　　K——修正系数，容纳人数超过 10000 人的公共场所宜取 0.7～0.8；容纳人数在 2000 人至 10000 人之间的公共场所宜取 0.8～0.9，容纳人数在 500 人至 2000 人之间的公共场所宜取 0.9～1.0，其他场所可取 1.0。

（6）在有梁的顶棚上设置点型感烟火灾探测器、感温火灾探测器时，应符合下列

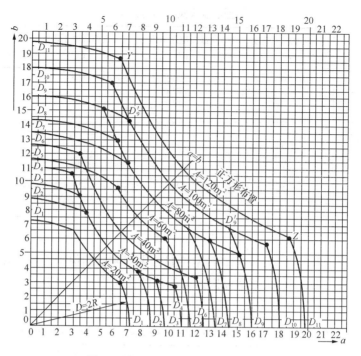

图 3-1　探测器安装间距的极限曲线

A—探测器的保护面积（m²）；a、b—探测器的安装间距（m）；D_1—D_{11}（含 D_9'）—在不同保护面积 A 和保护半径 R 下确定探测器的安装间距 a、b 的极限曲线；Y、Z—极限曲线的端点（在 Y 和 Z 两点间的曲线范围内，保护面积可得到充分利用）

规定：

1）当梁突出顶棚的高度小于 200mm 时，可不计梁对探测器保护面积的影响。

2）当梁突出顶棚的高度为 200～600mm 时，应按图 3-2 及按表 3-6 确定梁对探测器保护面积的影响和一只探测器能够保护的梁间区域的数量。

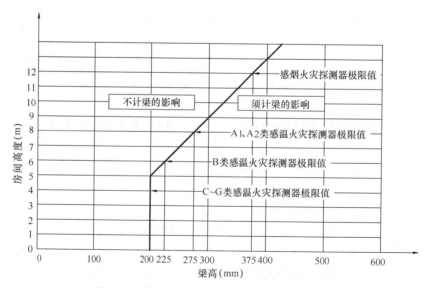

图 3-2　不同高度的房间梁对探测器设置的影响

3）当梁突出顶棚的高度超过 600mm 时，被梁隔断的每个梁间区域至少应设置一只探测器。

4）当被梁隔离的区域面积超过一只探测器的保护面积时，被隔断的区域应按公式（1）计算探测器的设置数量。

5）当梁间净距小于 1m 时，可不计梁对探测器保护面积的影响。

按梁间区域面积确定一只探测器保护的梁间区域的个数　　　　　　　　表 3-6

探测器的保护面积 A （m^2）		梁隔断的梁间区域面积 Q （m^2）	一只探测器保护的 梁间区域的个数
感温探测器	20	$Q>12$	1
		$8<Q\leqslant12$	2
		$6<Q\leqslant8$	3
		$4<Q\leqslant6$	4
		$Q\leqslant4$	5
	30	$Q>18$	1
		$12<Q\leqslant18$	2
		$9<Q\leqslant12$	3
		$6<Q\leqslant9$	4
		$Q\leqslant6$	5
感烟探测器	60	$Q>36$	1
		$24<Q\leqslant36$	2
		$18<Q\leqslant24$	3
		$12<Q\leqslant18$	4
		$Q\leqslant12$	5
	80	$Q>48$	1
		$32<Q\leqslant48$	2
		$24<Q\leqslant32$	3
		$16<Q\leqslant24$	4
		$Q\leqslant16$	5

（7）在宽度小于 3m 的内走道顶棚上设置点型探测器时，宜居中布置。感温探测器的安装间距不应超过 10m；感烟探测器的安装间距不应超过 15m；探测器至端墙的距离，不应大于探测器安装间距的 1/2。

（8）点型探测器至墙壁、梁边的水平距离，不应小于 0.5m。

（9）点型探测器周围 0.5m 内，不应有遮挡物。

（10）房间被书架、设备或隔断等分隔，其顶部至顶棚或梁的距离小于房间净高的 5% 时，每个被隔开的部分应至少安装一只点型探测器。

（11）点型探测器至空调送风口边的水平距离不应小于 1.5m，并宜接近回风口安装。探测器至多孔送风顶棚孔口的水平距离不应小于 0.5m。

（12）当屋顶有热屏障时，点型感烟探测器下表面至顶棚或屋顶的距离，应符合表 3-

7 的规定。

点型感烟火灾探测器下表面至顶棚或屋顶的距离 表 3-7

探测器的安装高度 h (m)	点型感烟火灾探测器下表面至顶棚或屋顶的距离 d (mm)					
	顶棚或屋顶坡度 θ					
	$\theta \leqslant 15°$		$15° < \theta \leqslant 30°$		$\theta > 30°$	
	最小	最大	最小	最大	最小	最大
$h \leqslant 6$	30	200	200	300	300	500
$6 < h \leqslant 8$	70	250	250	400	400	600
$8 < h \leqslant 10$	100	300	300	500	500	700
$10 < h \leqslant 12$	150	350	350	600	600	800

（13）锯齿型屋顶和坡度大于 15°的人字型屋顶，应在每个屋脊处设置一排点型探测器，探测器下表面至屋顶最高处的距离，应符合表 3-7 中的规定。

（14）点型探测器宜水平安装。当倾斜安装时，倾斜角不应大于 45°。

（15）在电梯井、升降机井设置点型探测器时，其位置宜在井道上方的机房顶棚上。

2. 点型感烟探测器在几种特殊场所的设置

参考日本消防厅所编的《火灾自动报警设备工程标准书》，对如下几种特殊场所的感烟探测器设置，提出几点建议。

（1）被梁隔断的区域是一个小区域的场所。

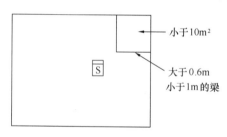

小于 10m²

大于 0.6m 小于 1m 的梁

如图 3-3 所示，一个小的区域被梁隔断。如果梁的高度大于 0.6m 小于 1m，而且该区域小于 10m² 的话，划分这种场所的探测区域时，可以将该小区域和与它相邻的大区域共划为一个探测区域。在这种情况下，应将探测器设置在小区域附近。

另外，还要根据图 3-3 所示场所的总面积来决定探测器的设置个数。

图 3-3 梁间区域为小区域

（2）阶梯屋顶且屋顶之间的高度相差 0.6m 以上的场所。

1）一个房间的屋顶不在同一个平面上且两个平面相差 0.6m 小于 1m，如图 3-4 所示。如果该房间宽度小于 6m，那么可将该房间作为一个探测区域。

另外，还要根据图 3-4 所示场所的总面积来决定探测器的设置个数。

2）如图 3-5 所示，屋顶在两个平面上，一个为主安装面，一个比主安装面低。在这种情况下，如果低的屋顶的宽度小于 3m，可以将整个场所作为一个探测区域，根据该场所的面积，在较高的屋顶设置适当数量的火灾探测器，以有效探测火灾。

3）如图 3-6 所示，与图 3-5 的情形正好相反，低的屋顶为主安装面，较高的屋顶宽度小于 1.5m，在这种情况下，可以将两段屋顶作为一个探测区域，将探测器设置在较低的屋顶上，应设置的探测器个数则应根据该场所的面积进行计算，以便能有效地探测火灾。

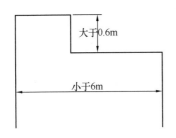

图 3-4　宽度小于 6m 阶梯屋顶

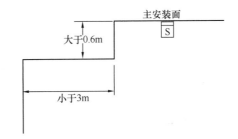

图 3-5　比主安装面低的屋顶的宽度小于 3m

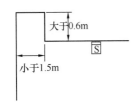

图 3-6　比主安装面高的屋顶的宽度小于 1.5m

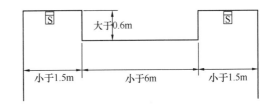

图 3-7　中间的屋顶宽度小于 6m

4）如图 3-7 所示，中间的屋顶低，两边的屋顶高，中间的屋顶宽度小于 6m，两边的屋顶宽度小于 1.5m，在这种场合，可将这三段屋顶视作一个探测区域，将两侧较高的屋顶作为主安装面。

5）如图 3-8 示，屋顶分为三段，两边低中间高，中间的屋顶宽度小于 3m，在这种场合，可将这三段层顶作为一个探测区域，将中间较高的屋顶作为主安装面。

对于 4）、5）两种情形，要根据房间的面积，来决定应设置的探测器个数，以便能有效地探测火灾。

（3）人字形屋顶的场所

屋顶的倾斜角小于 15°的场合，可以与平面屋顶一样设置感烟探测器，倾斜角如果超过 15°的话，要按如下方法设置。

首先应根据同一探测区域内的地面面积及每个探测器的保护面积，计算出应设置的探测器个数，除了像图 3-9 那样在屋顶设置探测器外，如果探测器的设定线与墙壁的距离超过 L（见表 3-8），那么就应该从顶部开始，每 L 在 L 中间设置探测器，在这种场所，顶部设置的探测器应密集。

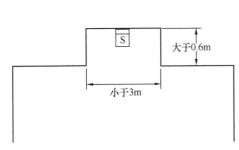

图 3-8　中间的屋顶宽度小于 3m

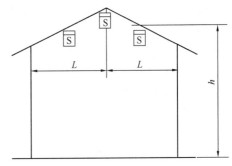

图 3-9　人字形屋顶的场所

101

人字形屋顶的场所点型感烟探测器的设置　　　　　表 3-8

探测器设定线	安装面平均高度		
	$h<4m$	$4m<h<8m$	$h>8m$
L（m）	12	9	7

（4）锯齿形屋顶的场所

如果锯齿形屋顶的倾斜角超过 15°，可参考人字形屋顶场合设置探测器。但如果 d 的高度超过 0.6m，那么 a 段、b 段各作为一个探测区域，如图 3-10（a）所示。

如果锯齿形屋顶的倾斜角小于 15°，可视作平面屋顶来设置探测器。但如果 d 的高度大于 0.6m，那么 a 段、b 段各作为一个探测区域，如图 3-10（b）所示。

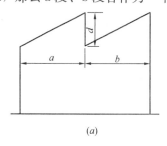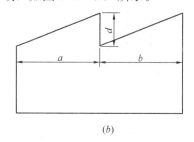

（a）　　　　　　　　　　　　　　　　　（b）

图 3-10　锯形屋顶探测器的设置

（a）屋顶倾斜角超过 15°；（b）屋顶倾斜角小于 15°

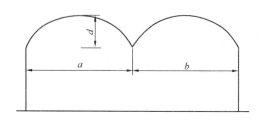

图 3-11　圆形屋顶探测器的设置

（5）圆形屋顶的场所

对于圆形屋顶的场合，可将其最底部与最高处连线，根据该连线的倾斜角度，参考人字形屋顶的情况来设置探测器。如果 d 的高度超过 0.6m，如图 3-11 所示，可将 a 段、b 段作为两个单独的探测区域，但在顶部设置的探测器要密一些，必须能有效地探测火灾。

3. 点型感温探测器在几种特殊场所的设置

参考日本消防厅所编的《火灾自动报警设备工程标准书》，对如下几种特殊场所的感温探测器设置，提出几点建议。

（1）被梁隔断的区域是一个小区域的场所

如图 3-12 所示，一个小的区域被梁隔断。如果梁的高度大于 0.4m 小于 1m，而且若该小区域小于 5m² 时，划分这种场所的探测区域时，可以将该小区域和与它相邻的大区域共划为一个探测区域。在这种情况下，应将探测器设置在小区域附近。

另外，还要根据图 3-12 所示场所的总面积来决定探测器的设置个数。

（2）阶梯屋顶且屋顶之间的高度相差 0.4m 以下的场所。

一个房间的屋顶不在同一个平面上且相差 0.4m 以下，可将该房间作为一个探测区域。

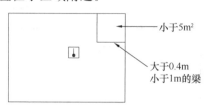

图 3-12　梁间区域为小区域

（3）阶梯屋顶且屋顶之间的高度相差 0.4m 以上的场所。

1）房间宽度小于 6m

一个房间的屋顶不在同一个平面上且两个平面相差 0.4m 以上，如果该房间宽度小于 6m，那么，可以不管屋顶的形状，可将该房间作为一个探测区域。在这种场所，如果较高屋顶的宽度大于 1.5m 的话，则应在较高屋顶上设置探测器。要根据该场所的总面积来决定探测器的设置个数。

2）房间宽度大于 6m

① 参见图 3-5，屋顶在两个平面上，一个为主安装面，一个比主安装面低。在这种情况下，如果低的屋顶的宽度小于 3m，可以将整个场所作为一个探测区域，根据该场所的面积，在较高的屋顶设置适当数量的火灾探测器，以有效探测火灾。

② 参见图 3-6，低的屋顶为主安装面，较高的屋顶宽度小于 1.5m，在这种情况下，可以将两段屋顶作为一个探测区域，将探测器设置在较低的屋顶上，应设置的探测器个数则应根据该场所的面积进行计算，以便能有效地探测火灾。

3）阶梯屋顶处于房间中间

① 中间屋顶低于两边的屋顶

参见图 3-7，中间的屋顶低，两边的屋顶高，中间的屋顶宽度小于 6m，可将这三段屋顶视作一个探测区域，将两侧较高的屋顶作为主安装面。

如果中间的屋顶宽度大于 6m，两边的屋顶宽度小于 1.5m，那么在这种场合，也可以将这三段屋顶视作一个探测区域，但应将中间的屋顶作为主安装面。

在这种情况下，要根据房间的面积，来决定应设置的探测器个数，以便能有效地探测火灾。

② 中间屋顶高于两边的屋顶

参见图 3-8，屋顶分为三段，两边低中间高，中间的屋顶宽度小于 3m，在这种场合，可将中间的屋顶与两边任一屋顶作为一个探测区域，将两边较低的屋顶作为主安装面。

如果中间的屋顶宽度小于 3m，两边的屋顶宽度也小于 3m，在这种场合，可将这三段屋顶作为一个探测区域，将中间较高的屋顶作为主安装面。

对于这种情形，要根据房间的面积，来决定应设置的探测器个数，以便能有效地探测火灾。

（4）人字形屋顶的场所

屋顶的倾斜角小于 15°的场合，可以与平面屋顶一样设置探测器，倾斜角如果超过 15°的话，要按如下方法设置。

首先应根据同一探测区域内的地面面积及每个探测器的保护面积，计算出应设置的探测器个数，除了像图 3-9 那样在屋顶设置探测器外，如果探测器的设定线与墙壁的距离超过 L（见表 3-9），那么就应该从顶部开始，每 L 在 L 中间设置探测器，在这种场所，顶部设置的探测器应密集。

人字形屋顶场所点型感温探测器的设置

表 3-9

探测器设定线	安装面平均高度	
	$h<4m$	$4m<h<8m$
L（m）	8	6

（5）锯齿形屋顶的场所

如果锯形屋顶的倾斜角超过 15°，可参考人字形屋顶场合设置探测器。但如果 d 的高度超过 0.4m，那么 a 段、b 段各作为一个探测区域，参见图 3-10（a）。

如果屋顶的倾斜角小于 15°，可视作平面屋顶来设置探测器。但如果 d 的高度大于 0.4m，那么 a 段、b 段各作为一个探测区域，参见图 3-10（b）。

（6）圆形屋顶的场所

对于圆形屋顶的场合，可将其最底部与最高处连线，根据该连线的倾斜角度，参考人字形屋顶的情况来设置探测器。如果 d 的高度超过 0.4m，参见图 3-11，可将 a 段、b 段作为两个单独的探测区域，但在顶部设置的探测器要密一些，必须能有效地探测火灾。

4. 火焰探测器设置

（1）应考虑探测器的探测视角及最大探测距离，避免出现探测死角，可以通过选择探测距离长、火灾报警响应时间短的火焰探测器，提高保护面积要求和报警时间要求。

（2）探测器的探测视角内不应存在遮挡物。

（3）应避免光源直接照射在探测器的探测窗口。

（4）单波段的火焰探测器不应设置在平时有阳光、白炽灯等光源直接或间接照射的场所。

（5）探测器的安装高度应与探测器的灵敏度等级相适应。

（6）在探测器保护的建筑高度为超过 12m 的高大空间时，应选用 2 级以上灵敏度的火灾探测器，并应尽量降低探测器设置高度。

（7）探测器安装在天花板或墙壁上，当天花板的高度较高时，可将探测器垂直向下安装在天花板上，这样可以保护相对较大的区域；当安装高度较低时，应使探测器向下倾斜一定的角度。

（8）安装的探测器不应受障碍物的影响而探测不到火灾。如图 3-13 所示，保护空间内部 1.2m 以下的物体对探测器影响较小，而高出保护空间的障碍物，或者障碍物遮挡了保护范围，则容易发生监视死角，此处应另外安装其他的探测器。

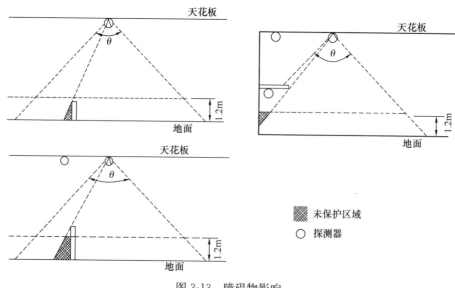

图 3-13　障碍物影响

（9）探测器应固定稳固，以免振动对探测器性能造成影响。

（10）应对探测器视窗进行日常维护，以免视窗上的水渍、水汽、烟尘、油污、盐渍对探测器的灵敏度造成影响。

四、线型火灾探测器的设置

1. 红外光束感烟探测器设置的一般原则

（1）探测器的光束轴线至顶棚的垂直距离宜为 0.3～1.0m，距地高度不宜超过 20m。

（2）相邻两组探测器的水平距离不应大于 14m，探测器至侧墙水平距离不应大于 7m，且不应小于 0.5m，探测器的发射器和接收器之间的距离不宜超过 100m，探测器的发射器和接收器与其背面墙壁的距离不应超过 1m，如图 3-14 所示。

（3）探测器应设置在固定结构上，在钢结构建筑中，可设置在钢架上，但应采取措施防止由于冲击和振荡等造成的光束错位。

（4）探测器的设置应保证其接收端避开日光和人工光源直接照射。

（5）选择反射式探测器时，应保证在反射板与探测器间任何部位进行模拟试验时，探测器均能正确响应。

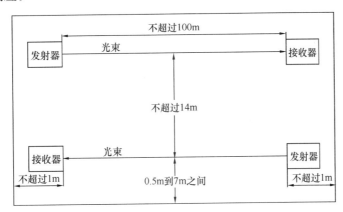

图 3-14　探测器的设置距离要求

（6）建筑高度不超过 16m 时，宜在 6～7m 增设一层探测器；建筑高度超过 16m 但不超过 26m 时，宜在 6～7m 和 11～12m 处各增设一层探测器；由开窗或通风空调形成的对流层在 7～13m 间时，可将增设的一层探测器设置在对流层下面 1m 处；分层设置的探测器保护面积可按常规计算，并宜与下层探测器交错布置。

（7）可适当减小探测器安装间距以及探测器与墙壁之间的距离，以提高探测器探测垂直上升烟气羽流的概率。

（8）探测器的发射器都安装在同一侧墙壁时，应避免相邻探测器之间的相互影响。

（9）在探测光束附近不应有遮挡光路的障碍物。

（10）避免设置场所内光滑壁面的光线反射（例如镜面、玻璃幕墙等）。

（11）高大空间内有热障效应影响，应尽量将探测器设置在热障层影响范围以下高度，保证烟气可以升至探测器光束保护区域内。

（12）在有凹凸墙壁的建筑物内设置线型光束感烟探测器时，应保证凹凸墙面与探测光束的水平距离，满足如图 3-15 所示的要求，即光束与墙壁最突出的部分距离不小于 0.5m，与最凹处墙壁距离不超过 7m。若凹凸深度超过 7m 的部分，如图 3-16 所示，为了使此区域不出现探测盲区，需要设置点型探测器来保护此区域。

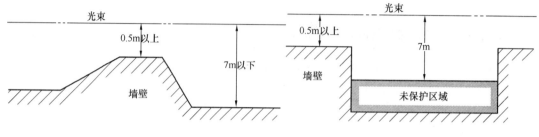

图 3-15　与光束的距离满足要求　　　　图 3-16　与光束的距离超出要求距离

（13）线型光束感烟探测器在长度超过其有效探测距离的建筑物内进行安装时，如图 3-17 所示，应使探测器光束辐射到整个长度范围，避免出现探测盲区；需要注意的是：两组探测器的发射器的光束方向应相互背离，这样可以避免发射器发射的探测光束相互干扰，影响探测性能。

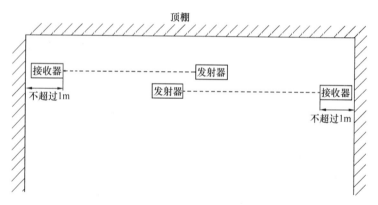

图 3-17　在长度超过有效探测距离的建筑物内的设置方式

（14）在倾斜顶棚房屋内，探测器光束的高度，如图 3-18 所示，一定要安装在顶棚等的各部分的高度的 80％ 的高度以上，如果房屋高度高于顶棚高度的 80％，则不在此限制

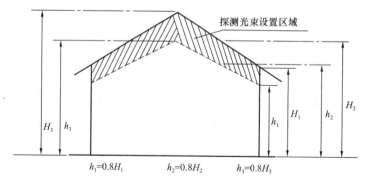

图 3-18　在倾斜顶棚建筑物内的设置区域

范围内。

2. 红外光束感烟探测器在几种特殊场所的设置

有相当数量的建筑物顶棚是倾斜的，包括人字形屋顶、单坡屋顶、锯齿形屋顶、披屋单坡屋顶、带天窗的屋顶等。这类建筑物内线型光束感烟探测器的安装还应满足以下要求：

倾斜顶棚（除了带天窗的顶棚以外）建筑物内安装的线型光束感烟探测器保护区域，应是探测器可以有效探测火灾的区域，即以光束为中心的左右水平距离不超过 7m 的从地面到顶棚的空间范围。

实际工程中倾斜顶棚建筑物内线型光束感烟探测器应先在顶棚最高位置区域内安装，接下来再顺次在相邻区域安装。但是如果房屋高度高于顶棚高度的 80%，则不在此限制范围内。建筑物顶棚形式多样，参考日本消防厅所编的《火灾自动报警设备工程标准书》，对典型顶棚形式的建筑物内线型光束感烟探测器的安装方式进行举例说明，为实际工程设计安装提供技术支持。

（1）倾斜顶棚

1）房屋高度（h）不到顶棚高度（H）的 80%（$h < 0.8H$）的安装，如图 3-19 所示。

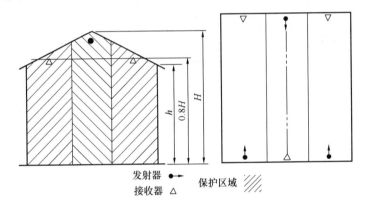

发射器 ●→　保护区域 ////
接收器 △

图 3-19　房屋高度（h）不到顶棚高度（H）的 80% 建筑物内的设置方式

2）房屋高度（h）高于顶棚高度（H）的 80%（$h \geqslant 0.8H$）探测器的安装，如图 3-20 所示，A 方向或者 B 方向的任意方向均可。

（2）锯齿形屋顶

1）房屋高度（h_1，h_2）不到顶棚高度（H）的 80%（$h_1 < 0.8H$，$h_2 < 0.8H$）的探测器的安装，如图 3-21 所示。

2）房屋高度（h_1，h_2）高于顶棚高度（H）的 80%（$h_1 \geqslant 0.8H$，$h_2 \geqslant 0.8H$）时的安装，如图 3-22 所示。

（3）披屋单坡屋顶

1）房屋高度（h_1，h_2）不到顶棚高度（H）的 80%（$h_1 < 0.8H$，$h_2 < 0.8H$）的探测器安装，如图 3-23 所示。

2）房屋高度（h_1，h_2）高于顶棚高度（H）的 80%（$h_1 \geqslant 0.8H$，$h_2 \geqslant 0.8H$）的探测器安装方式，如图 3-24 所示。

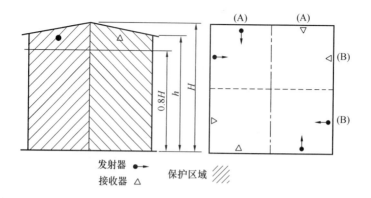

图 3-20　房屋高度（h）高于顶棚高度（H）80%建筑物内的设置方式

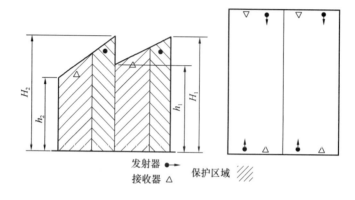

图 3-21　房屋高度（h_1，h_2）不到顶棚高度（H）的 80%建筑物内的设置方式

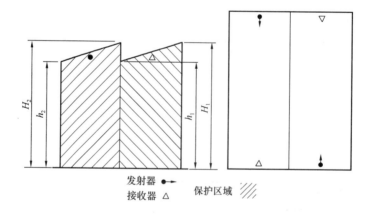

图 3-22　房屋高度（h_1，h_2）高于顶棚高度（H）的 80%建筑物内的设置方式

（4）带天窗的屋顶等倾斜顶棚的建筑物

在带天窗的屋顶等倾斜形状顶棚室内安装探测器，应满足以下要求：

1）天窗部分的宽度在 1.5m 以上时，不必考虑天花板的倾斜程度，按照图 3-25 所示，先确定含天窗屋顶的探测区域，然后顺次设置其他探测区域。

2）如果天窗屋顶上设置机械通风系统，则不必考虑顶棚的倾斜程度，按照图 3-26 所示，使探测光束沿着该天窗下方的每根横梁设置。

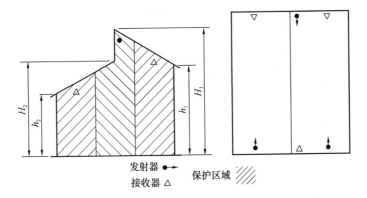

图 3-23　房屋高度（h_1，h_2）不到顶棚高度（H）的 80% 建筑物内的设置方式

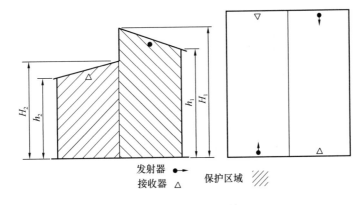

图 3-24　房屋高度（h_1，h_2）高于顶棚高度（H）的 80% 建筑物内的设置方式

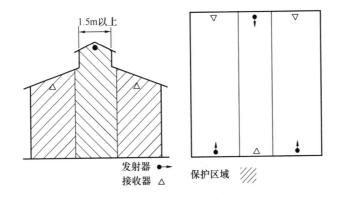

图 3-25　天窗部分的宽度在 1.5m 以上建筑物内的设置方式

3）天窗部分的宽度不到 1.5m 时，如图 3-27 所示，不必考虑顶棚的倾斜程度，应先在支撑该天窗的横梁中心附近设置探测光束，再顺次在其他探测区域设置探测器。

（5）拱形或圆形顶棚建筑物

1）拱形顶棚等建筑物内探测器的安装，如图 3-28 所示，先在拱形顶棚最高部分探测区域设置探测器，然后在其相邻位置顺次设置其他探测区域。

2）圆形顶棚建筑物内探测器的设置，应注意其的探测光束在圆形顶棚各部分高度的

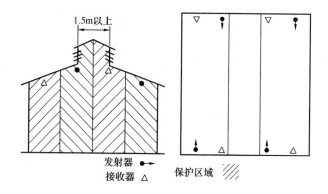

图 3-26 天窗屋顶上设置机械通风系统建筑物内的设置方式

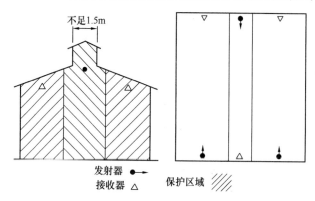

图 3-27 天窗部分的宽度在不到 1.5 米建筑物内的设置方式

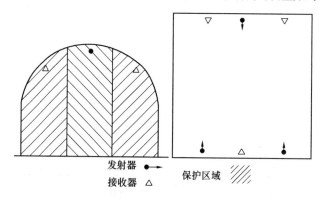

图 3-28 拱形顶棚建筑物内的设置方式

80％以上，同时不会出现探测盲区。

3. 线型感温探测器的设置

（1）探测器在保护电缆、堆垛等类似保护对象时，应采用接触式布置；如图 3-29 所示，线型感温探测器在电缆桥架或支架上设置时，紧贴电力电缆或控制电缆的外护套，呈正弦波方式敷设。

（2）在各种皮带输送装置上设置时，宜设置在装置的过热点附近，如图 3-30 所示，

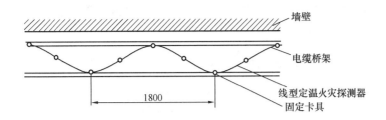

图 3-29 感温电缆托架或支架安装

在传送带宽度不超过 3m 时，感温电缆应直接固定于距传送带中心正上方不大于 2.25m 的支撑件（φ2 钢丝吊线和若干紧固件）上。

（3）设置在顶棚下方的线型感温火灾探测器，至顶棚的距离 d 宜为 0.1m。探测器的保护半径应符合点型感温火灾探测器的保护半径要求；探测器至墙壁的距离宜为 1～1.5m，如图 3-31 所示。

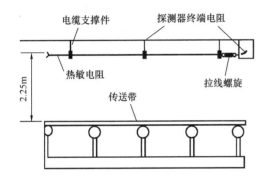

图 3-30 感温电缆安装在传送带上方

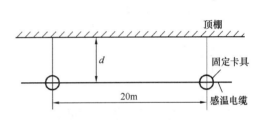

图 3-31 感温电缆在顶棚下方安装

（4）光栅光纤感温火灾探测器每个光栅的保护面积和保护半径应符合点型感温火灾探测器的保护面积和保护半径要求。

（5）设置线型感温火灾探测器的场所有联动要求时，宜采用两只不同火灾探测器的报警信号组合。

（6）与线型感温火灾探测器连接的模块不宜设置在长期潮湿或温度变化较大的场所。

（7）感温电缆线路之间及其和墙壁之间的距离如图 3-32 所示。

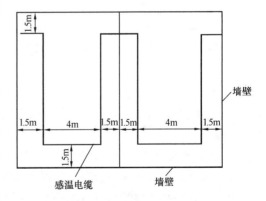

图 3-32 感温电缆线路之间及其和墙壁之间的距离

（8）设置在顶棚下方的空气管式线型差温探测器，至顶棚的距离宜为 0.1m。相邻管路之间的水平距离不宜大于 5m；管路至墙壁的距离宜为 1～1.5m。

五、吸气式感烟火灾探测器的设置

吸气式感烟探测器的设置，应按有关的消防法规及标准的规定执行，其中最大响应时间，单个采样点的最大保护面积，采样点到墙壁的距离及两个采样点之间的最大间隔等为考虑的重点。具体执行可按图 3-33 所示的步骤进行。

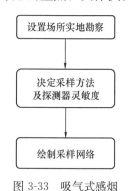

图 3-33　吸气式感烟探测器设置流程

1. 设置场所实地勘察

吸气式感烟探测器的设置，应根据其设置场所的实际情况加以确定，其中如下一些因素在设计时应加以充分考虑。

（1）设置场所的建筑情况

1）房屋结构及装修、装饰、家具所采用的材料是木材、石膏板、玻璃、钢材，还是合成材料。

2）该场所是高而敞开的区域还是一个低而封闭的空间，或是一系列设备柜。

3）是否设置吊顶，吊顶类型及是否易于开孔。

4）该场所是否有阻碍空气或烟雾自由流动的障碍，如果有，其状况如何。

5）该场所是否被隔成分散的区域，分隔障碍物情况，是被挡烟垂壁分隔，还是由其他障碍物分隔。

（2）设置场所的用途

采样方法将因下述不同用途的建筑，而分别加以考虑。

1）办公室。

2）生产区。

3）旅馆、医院。

4）公共场所或娱乐设施：如剧院、影院、展览馆、体育馆、图书馆。

5）有历史意义的建筑或房屋。

6）电器或电子设备室，如计算机房、电信机房、广播电视发射机房。

（3）设置场所的环境状况

设置场所的环境状况，对采用何种采样方法进行火灾探测有影响。尤其是空气的流动，对采样点的位置的设计，有着重要的影响。为此，在设计时应对如下环境状况进行考察。

1）该场所是否采用机械通风，如果是，那么每小时的空气换气量是多少，空气是否需要净化，气流方向如何，是否有阻止空气到达采样点的热屏障。新风量是多少，新风吸入点在哪里。

2）该场所是否依靠自然通风，如果是，则必须考虑外界环境中的空气污染，以及与居民区、铁路线、工业区、公路、机场的接近程度。

3）该地区的空气状况、湿度、温度如何。

4）以上因素是波动的，还是固定的。

5）附近是否有能产生烟、灰尘、蒸汽、光或热的工厂。

（4）设置场所的物资情况

搞清设置场所的物资情况，尤其是易燃物质及其所处位置，对决定具体采样方法及灵敏度的选择会有一定的帮助。在一个设置场所，注意到任何可能成为易燃物的物资（包括墙壁和地板覆盖物）是重要的，设置场所的所有物质都应当给予考虑，而不仅仅是纸堆或传统上被认为是易燃的物资，典型的物资有：

1）合成材料和纤维，特别是现代家具、隔板、地毯和设备等。

2）电缆线，现代办公室里会有很多电缆线，特别是电器设备及电子设备使用了大量的塑料护套电缆。

3）木头及天然纤维，例如家具和地毯等。

4）纸张，特别是计算机打印室、图书馆、印刷机构、办公室和贮存室。

2. 吸气式感烟火灾探测器的设置原则

吸气式感烟探测器的系统响应时间由样本采集时间和样本传输时间两部分组成。样本采集时间即烟雾粒子由火源点产生直至被吸入采样孔的时间；样本传输时间即采样管网中距主机最远处的采样孔通过管网将含烟雾粒子的空气样本输送至主机并产生响应所需的时间。采样网络的设计原则就是尽可能地缩短系统响应时间。

从应用情况看，在一般民用建筑的采样网络设计中，标准采样方式是建筑中最常见也是最有效的采样网络设计方法（见图 3-34）。此种采样方式可将各采样孔近似看作为点型感烟探测器，采样孔的布置形式可借鉴感烟探测器的一些做法。

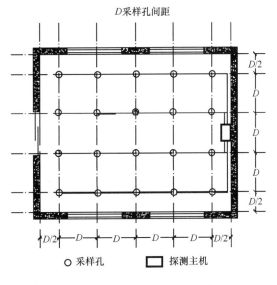

图 3-34　标准采样网络布置示意图

为了能更好地发挥吸气式感烟探测报警系统的作用，设置时应注意以下问题：

（1）同一台主机连接的采样管路所监测的区域应为同类型环境，否则会由于空气清洁程度、气压等环境因素的不同导致报警响应阈值的不稳定，从而增大误报和漏报的可能性。

（2）对于采样网络的设计，在条件允许的情况下，应采用多管路布置方式，因其可显著缩短样本传输时间。需要注意的是，采用多管路布置时，各支路管线的长度应尽可能相等，从而忽略因不等长产生的气压不平衡，免去气压校核的过程，简化设计。

（3）探测区域不应跨越防火分区，一台探测器的探测区域不要超过 $2000m^2$，一条采样管路的探测区域不要超过 $500m^2$。

（4）吸气式感烟火灾探测器最好具有多级烟雾和多级气流报警输出功能。其工作状态应在消防控制室显示。

3. 吸气式感烟火灾探测器的灵敏度

探测器按其所支持的采样孔灵敏度分为高灵敏型、灵敏型及普通型三类，见表 3-10。采样孔灵敏度＝探测器灵敏度×采样孔数量。

探测器类型划分　　　　　　　　　　　　　　　　表 3-10

探测器类型	采样孔灵敏度 m（用遮光率表示）
高灵敏型	$m \leqslant 0.8\%\text{obs/m}$
灵敏型	$0.8\%\text{obs/m} < m \leqslant 2\%\text{obs/m}$
普通型	$m > 2\%\text{obs/m}$

吸气式感烟火灾探测器设计时，应根据被保护区域的大小、用途、环境状况、经营的业务种类、被保护对象的位置及防护等级、周围环境及设置场所的物质情况等，选择适合的探测器类型。

目前市场上的吸气式感烟探测器主要有两大类型，一类为自学习型，即人工只可干预设定报警因子（影响灵敏度范围），具体各级报警阈值由探测器智能技术自动得到；另一类为非自学习型，灵敏度通过人为设定。

对于非自学习型探测器，应通过对保护区域进行一定时间的背景浓度监测后根据实际应用场所的环境情况确定。自学习型探测器应至少在设置场所运行 24h 后方可投入正常使用。

4. 管路采样式吸气式感烟火灾探测器的设置应符合下列规定：

（1）非高灵敏型探测器的采样管网安装高度不应超过 16m；高灵敏型探测器的采样管网安装高度可以超过 16m；采样管网安装高度超过 16m 时，灵敏度可调的探测器必须设置为高灵敏度，且应减小采样管长度和采样孔数量。

（2）探测器的每个采样孔的保护面积、保护半径应符合点型感烟火灾探测器的保护面积、保护半径的要求。

（3）一个探测单元的采样管总长不宜超过 200m，单管长度不宜超过 100m，同一根采样管不应穿越防火分区；采样孔总数不宜超过 100，单管上的采样孔数量不宜超过 25 个。

（4）当采样管道采用毛细管布置方式时，毛细管长度不宜超过 4m。

（5）吸气管路和采样孔应有明显的火灾探测器标识。

（6）有过梁、空间支架的建筑中，采样管路应固定在过梁、空间支架上。

（7）当采样管道布置形式为垂直采样时，每 2℃温差间隔或 3m 间隔（取最小者）应设置一个采样孔，采样孔不应背对气流方向。

（8）采样管网应按经过确认的设计软件或方法进行设计。

（9）探测器的火灾报警信号、故障信号等信息应传给火灾报警控制器，涉及消防联动控制时，探测器的火灾报警信号还应传给消防联动控制器。

（10）在高度大于 12m 的空间场所，探测器的采样管宜采用水平和垂直结合的布管方式，保证至少有两个采样孔在 16m 以下，并宜有 2 个采样孔设置在开窗或通风空调对流层下面 1m 处；可在回风口处设置起辅助报警作用的采样孔。

六、图像型火灾探测器的设置

1. 摄像机的选择

摄像机的成像质量决定了图像探测器的探测效果，摄像机的成像质量越高，探测效果也相对较好，但随之成本也会增加，并且如果成像质量过高，图像探测系统的检测速度也会下降，因此需选择与图像探测系统相适应的摄像机，以达到较好的探测效果。以下是对摄像机主要参数的要求，见表3-11。

图像探测器摄像机选型的主要参数 表3-11

项 目	名 称	适用场所
清晰度	450至480线（彩色）560线（黑白）	高清晰度，对图像质量要求高
	330线至420线（彩色）380线（黑白）	普通清晰度，对图像质量要求不高
照度	0.1lux（彩色）0.01lux（黑白）	低照度，适合于光线不足的监控场合
	2lux（彩色）0.1lux（黑白）	常规照度，适合于光线充足，对夜间监视要求不高的场合
电子快门	自动/手动	可以配合镜头扩展摄像机灵敏度范围
AGC	自动	可以配合镜头扩展摄像机灵敏度范围
背光补偿	自动或菜单设置	适合于固定监视点具有逆光的监视环境
信噪比	48dB以上	高质量，适合于摄取较暗场景
	45dB至48dB	一般质量，适合于光线充足或变化不大的环境
白平衡	ATW	适合于景物的色彩温度在拍摄期间不断改变的场合
	ACW	适合于可以找到白色参考目标的环境
强光抑制	白色峰值转换	适合于监视现场经常出现反差很大的强烈光线的场合
供电方式	AC220V 或 AC24V/DC12V	可根据其他前端设备的配置选择在具有特殊要求需要使用安全电压时采用低压供电摄像机

2. 镜头的选择

随着镜头焦距的增大，摄像机的可视范围逐渐缩小，但探测距离逐渐增大；镜头焦距越小，摄像机的可视范围越大，但图像边缘的畸变也越明显，并且由于物体在图像中的成像面积随之减小，探测距离也会逐渐减小。

以下参数用于计算任何已知条件下的镜头大小：

（1）工作距离 D：指摄像机镜头到被拍摄物体的最远距离。

（2）最大保护面积 S：指在保证满足系统最低探测要求的，在最大保护距离处的保护面积。最大保护面积＝成像宽度 W×成像高度 H，如图 3-35～图 3-37 所示。

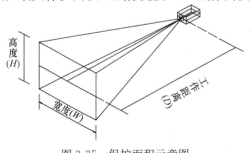

图 3-35 保护面积示意图

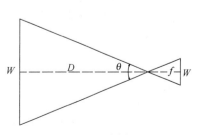

图 3-36 垂直剖面图

115

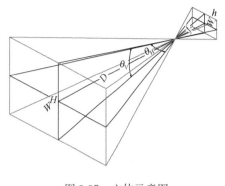

图 3-37　立体示意图

（3）水平视角 θ_h：水平视角可以由以下公式推出：

$$\theta_h = 2\arctan\frac{W}{2D} \qquad (3\text{-}2)$$

（4）垂直视角 θ_v：垂直视角可以由以下公式推出：

$$\theta_v = 2\arctan\frac{H}{2D} \qquad (3\text{-}3)$$

（5）焦距 f：

焦距是光学系统中衡量光的聚集或发散的度量方式，指从透镜中心到光聚集之焦点的距离。亦是照相机中，从镜片中心到底片或 CCD/COMS 等成像平面的距离。具有短焦距的光学系统比长焦距的光学系统有更佳聚集光的能力。简单地说焦距是焦点到面镜的顶点之间的距离。

实际的焦距值可以根据下列公式进行估算。

$$f/h = D/H \qquad (3\text{-}4)$$
$$f/w = D/W \qquad (3\text{-}5)$$

其中：f 是镜头焦距；D 是镜头至景物距离；w 是靶面宽度；h 是靶面高度；W 是成像宽度；H 是成像高度。

CCD/CMOS 感光靶面尺寸 s＝靶面宽度 w×靶面高度 h

按摄像元件的 CCD/CMOS 靶面的大小划分：1″靶面尺寸为宽 12.7mm×高 9.6mm，对角线 16mm；2/3″靶面尺寸为宽 8.8mm×高 6.6mm，对角线 11mm；1/2″靶面尺寸为宽 6.4mm×高 4.8mm，对角线 8mm；1/3″靶面尺寸为宽 4.8mm×高 3.6mm，对角线 6mm；1/4″靶面尺寸为宽 3.2mm×高 2.4mm，对角线 4mm。

例如，如果一个 1.8m 的人站在离 1/2″CCD 摄像机 100m 远的距离并占满屏幕时，所需镜头大小计算方法如下：

已知：H＝1.8m　h＝4.8mm　D＝100m

所得的 f 值为 267mm。由于图像火焰探测要求"人"只占屏幕的 10%，这个结果应除以 10。因此本例中正确的镜头焦距应为 27mm 左右。

3. 灵敏度设置

灵敏度过高会带来较多的虚警，因此需要根据不同的应用场合确定相适应的灵敏度。在灯光变化剧烈且人员较复杂的情况，应将探测器的灵敏度相对降低，以避免频繁发生误报；对于某些人员较少区域，例如油罐区，应将灵敏度调到相对较高的级别，以对火情迅速作出反应。

4. 设置要求

（1）探测器的安装高度应与探测器的灵敏度等级相适应。

（2）探测器对保护对象进行空间保护时，应考虑探测器的探测视角及最大探测距离，避免出现探测死角。

（3）应注意避免保护区域内遮挡物对探测器的探测视角造成遮挡。

（4）应避免将摄像机正对光源安装。

（5）摄像机的安装高度应与镜头焦距相配合，当安装高度较高时，适宜选择焦距较长的镜头。

（6）摄像机应适当远离大型机器设备。

（7）摄像机应固定稳固，避免振动对探测效果造成影响，并且不应经常快速移动摄像机的方向，以免对探测系统造成影响。

（8）摄像机应该通过标准同轴电缆终端（BNCTerminator）接到主机后部，采用常规方法接线，需要时应使用阻燃的同轴电缆。如果可能，最好将视频信号首先提供给视频探测系统，再提供给其他设备，但需要时，视频采集卡上的开关能够中止信号。由于探测系统中视频采集卡的输入线路数通常是规定好的，因此接入的摄像机数量应与之相匹配，避免浪费。接入视频火焰探测系统时可采用标准同轴电缆接插件（BNC）。还可用视频分配器将视频信号按要求转接到监视器，转换开关和多路转换器等装置上。

七、可燃气体探测器的设置

根据空气与可燃性气体混合气体的比例，将可燃性气体的浓度分成三个区域：低于最低爆炸极限 LEL（Lower Explosive Limit）的欠量区；最低爆炸极限 LEL 与最高爆炸极限 UEL（Upper Explosive Limit）之间的爆炸区；高于最高极限的富量区。《可燃气体探测器标准》规定探测器具有低限、高限两个报警设定值时，其低限报警设定值应在 1％LEL～25％LEL 范围，高限报警设定值应为 50％LEL；仅有一个报警设定值的探测器，其报警设定值应在 1％LEL～25％LEL 范围。不同的可燃性气体具有不同的爆炸下限值，常见可燃气体的爆炸下限如图 3-38 所示。

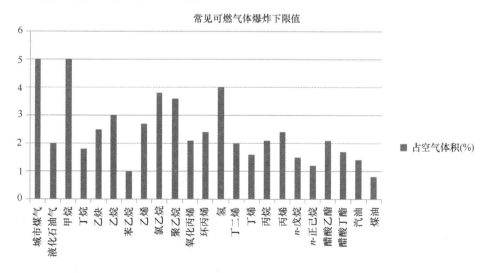

图 3-38　常见可燃气体浓度爆炸下限值

1. 一氧化碳火灾探测器可设置在气体可以扩散到的任何部位。

2. 探测气体密度小于空气密度的可燃气体探测器应设置在被保护空间的顶部，探测气体密度大于空气密度的可燃气体探测器应设置在被保护空间的下部，探测气体密度与空气密度相当时，可燃气体探测器可设置在被保护空间的中间部位或顶部。

3. 可燃气体探测器宜设置在可能产生可燃气体部位附近。

4. 点型可燃气体探测器的保护半径应符合现行国家标准《石油化工可燃气体和有毒气体检测报警设计规范》GB 50493 的规定。

5. 线型可燃气体探测器的保护区域长度不宜大于 60m。

根据《城镇燃气设计规范》规定，家用探测器的设置如图 3-39 所示。探测器安装在有用气设备的房间中，探测器距用气设备的水平距离应在 1～4m 以内。若使用的是天然气或人工煤气，探测器的安装高度应距天花板 30cm 以内；若使用的是液化石油气，探测器的安装高度应距地面 30cm 以内。

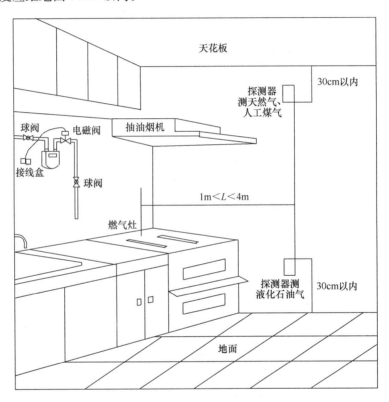

图 3-39　家用可燃气体探测器安装示意图

第三节　设　计　举　例

一、某办公楼火灾自动报警系统设计

某办公楼分为Ⅰ、Ⅱ两个区段（见图 3-40），Ⅰ段建筑面积为 52000m²，地下 2 层，地上 5 层（局部 6 层）。Ⅱ段建筑面积为 11718m²，地下 2 层，地上 2 层（局部 3 层）。Ⅰ段地下室东北侧净高 5.8m，其他部分分为 2 层，地下一层净高 3.3m，地下二层净高 2.5m，地上各层净高 3.2m。Ⅱ段地下二层总变配电室净高 7.4m，其他部分分为 2 层，地下一层净高 3.9m，地下二层净高 3.5m，一层、二层净高 4.5m。

本工程总建筑面积约 63718m²。根据建筑物本身的用途及其地理位置的重要性，设计内容包括火灾自动报警系统、消防联动控制系统、消防应急广播系统及消防通信系统。

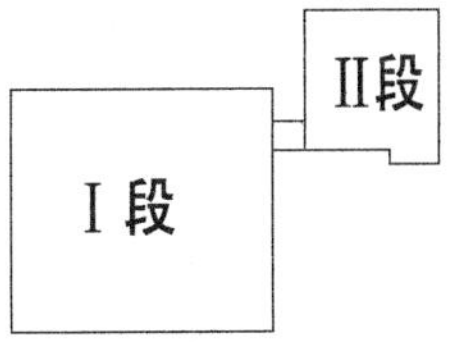

图 3-40 办公大楼平面布局示意图

1. 火灾报警系统的设计

采用二总线制火灾自动报警系统，将集中报警器设在消防控制室，房间和走廊设感烟探测器，疏散通道上的防火卷帘门处设感烟、感温两种探测器。Ⅰ段四层计算机房主要用房的室内设感烟、感温两种探测器，Ⅱ段总变配电室设红外光束感烟探测器，电缆通道设缆式线型感温探测器。出入口处设手动报警按钮，同时为了确保从一个防火分区的任何位置到最邻近的一个手动报警按钮距离不大于 30m，在走廊的适当位置设置了手动报警按钮。

总线回路的设计，根据建筑物的平面布局、厂家产品特点，并考虑到日后的维护管理方便及为今后的发展做好适当预留，将Ⅰ段划分了 16 个回路，Ⅱ段划分了 8 个回路。

对于二总线制火灾自动报警系统，由于总线部分只有两根线，一旦总线或设备发生短路故障，则会影响到其他正常设备的工作，所以在总线上应设置总线隔离器。但在实际工作中，这往往是设计人员常常忽视的问题。

总线隔离器的作用是：当一定范围内的总线或设备由于某种原因，产生了短路故障，能将短路部分总线及设备从系统中隔离出来，而不影响其他正常设备的工作。

对于总线隔离器设置数量，《火灾自动报警系统设计规范》GB 50116—2013 3.1.6 条规定：系统总线上应设置总线短路隔离器，每只总线短路隔离器保护的火灾探测器、手动火灾报警按钮和模块等消防设备的总数不应超过 32；总线穿越防火分区时，应在穿越处设置总线短路隔离器。

2. 消防联动控制系统的设计

在消防报警系统的工程设计过程中，设计者往往只注重探测器的设置，而忽视了消防联动控制系统的设计。而消防联动控制系统的设计是消防报警系统工程设计工作中重要的一环，无论对保护人身生命安全还是对保护建筑物，完善的消防联动控制系统均是其重要保障。

（1）消防设备的手动控制方式

消防设备的手动控制，可分为手动间接控制和手动直接控制两种方式。手动间接控制方式是指在消防联动控制柜上有某种消防设备的各种手动控制按钮，但其控制功能是通过总线由现场的控制模块来实现的，其控制信号是由总线进行传输的，该种控制方式简化了系统布线，但在火灾发生时，若总线受到损坏，则消防设备的控制失灵，因此可靠性不高。手动直接控制方式是指在消防联动控制柜上不仅有某种消防设备的各种手动控制按钮，而且每个控制功能是由相对应的导线来实现的，该导线是从消防控制室的消防联动控制柜一直敷设到现场的消防设备处，直接控制消防设备的执行机构。此种控制方式虽然增加了布线的复杂性，但提高了系统的可靠性。对消火栓泵、喷淋泵、排烟风机应采用手动直接控制。

（2）联动控制系统的布线方式

联动控制系统，就其布线方式来分，目前有两种。一种方式是除火灾报警总线外，另设联动控制总线及设置联动控制主机。报警控制器将火灾报警信号传送给内置不同控制程序的联动控制主机，以满足各种联动控制要求。另一种方式是在一条总线上即挂接各种感烟、感温探测器、手动报警按钮，还挂接监视模块、控制模块。这种报警与联动共用同一总线的做法，简化了系统布线。本设计采用的是后一种布线方式。

（3）防排烟系统的控制

《火灾自动报警系统设计规范》GB 50116—2013 第 4.5.1 条规定：防烟系统的联动控制方式应符合下列规定：

1）由加压送风口所在防火分区内的两只独立的火灾探测器或一只火灾探测器与一只手动火灾报警按钮的报警信号，作为送风口开启和加压送风机启动的联动触发信号，由消防联动控制器联动控制相关层前室等需要加压送风场所的加压送风口开启和加压送风机启动；

2）由同一防烟分区内且位于电动挡烟垂壁附近的两只独立的感烟火灾探测器的报警信号作为电动挡烟垂壁降落的联动触发信号，由消防联动控制器联动控制电动挡烟垂壁的降落。

《火灾自动报警系统设计规范》GB 50116—2013 第 4.5.2 条规定：排烟系统的联动控制方式应符合下列规定：

1）由同一防烟分区内的两只独立的火灾探测器的报警信号，作为排烟口、排烟窗或排烟阀开启的联动触发信号，由消防联动控制器联动控制排烟口、排烟窗或排烟阀的开启，同时停止该防烟分区的空气调节系统；

2）排烟口、排烟窗或排烟阀开启的动作信号作为排烟风机启动的联动触发信号，由消防联动控制器联动控制排烟风机的启动。

《火灾自动报警系统设计规范》GB 50116—2012 第 4.5.3 条规定：防烟系统、排烟系统的手动控制方式，应能在消防控制室内的消防联动控制器上手动控制送风口、电动挡烟垂壁、排烟口、排烟窗、排烟阀的开启或关闭及防烟风机、排烟风机等设备的启动或停止，防烟、排烟风机的启动、停止按钮应采用专用线路直接连接至设置在消防控制室内的消防联动控制器的手动控制盘，直接手动控制防烟、排烟风机的启动、停止。第 4.5.4 条规定：送风口、排烟口、排烟窗或排烟阀开启和关闭的动作信号，防烟、排烟风机启动和停止及电动防火阀关闭的动作信号，均应反馈至消防联动控制器。第 4.5.5 条规定：排烟风机入口处的总管上设置的 280℃ 排烟防火阀在关闭后直接联动控制风机停止，排烟防火阀及风机的动作信号应反馈至消防联动控制器。

该办公楼地上部分采用自然排烟，地下室采用机械排烟。当地下室发生火灾时，探测器联动控制有关防烟分区的电动阀及排烟窗，启动排烟风机，关闭相关防烟分区内的空调系统，并将反馈信号送回消防中心。消防控制室还可以手动直接控制风机启动及停止，并反馈状态信号。

（4）消火栓灭火系统的控制

消火栓按钮的动作信号作为报警信号及启动消火栓泵的联动触发信号，由消防联动控制器联动控制消火栓泵的启动。将消火栓泵控制柜的启动、停止按钮用专用线路直接连接至设置在消防控制室内的消防联动控制器的手动控制盘，直接手动控制消火栓泵的启动、停止。

一旦发生火灾，可联动控制消火栓泵启动或在消防控制室手动直接控制消火栓泵启动，及在消防控制室手动控制消火栓泵停止，消火栓泵的动作信号反馈至消防联动控制器。当消火栓泵启动后，消火栓按钮上的信号灯点亮。

关于手动火灾报警按钮与消火栓按钮的区别：

1）手动火灾报警按钮是人工报警装置，消火栓按钮是启动消防泵的触发装置，虽然两者信号都是报到消防控制室，但两者的作用不同；

2）手动报警按钮按防火分区设置，一般设在出入口附近，而消火栓按钮按消火栓的布点设置，两者的设置位置和产品标准不同；

3）火灾报警时，不一定要启泵。所以，手动报警按钮不能作启泵按钮，如果这两个触发装置在某个具体工程中设置标准完全重合时，两者也不能兼容。

（5）喷淋系统的控制

当火灾发生时，喷淋系统湿式报警阀压力开关的动作信号作为触发信号，直接控制启动喷淋消防泵，不受消防联动控制器处于自动或手动状态影响；将喷淋消防泵控制柜的启动、停止按钮用专用线路直接连接至设置在消防控制室内的消防联动控制器的手动控制盘，直接手动控制喷淋消防泵的启动、停止；水流指示器、信号阀、压力开关、喷淋消防泵的启动和停止的动作信号反馈至消防联动控制器。

（6）防火卷帘系统的控制

《火灾自动报警系统设计规范》GB 50116—2013 第 4.6.2 条规定：防火卷帘的升降应由防火卷帘控制器控制。关于疏散通道上设置的防火卷帘的联动控制设计，第 4.6.3 条规定：防火分区内任两只独立的感烟火灾探测器或任一只专门用于联动防火卷帘的感烟火灾探测器的报警信号联动控制防火卷帘下降至距楼板面 1.8m 处；任一只专门用于联动防火卷帘的感温火灾探测器的报警信号联动控制防火卷帘下降到楼板面；在卷帘的任一侧距卷帘纵深 0.5～5m 内设置不少于 2 只专门用于联动防火卷帘的感温火灾探测器；由防火卷帘两侧设置的手动控制按钮控制防火卷帘的升降。对于非疏散通道上设置的防火卷帘的联动控制设计，第 4.6.4 条规定：由防火卷帘所在防火分区内任两只独立的火灾探测器的报警信号，作为防火卷帘下降的联动触发信号，联动控制防火卷帘直接下降到楼板面；由防火卷帘两侧设置的手动控制按钮控制防火卷帘的升降，并能在消防控制室内的消防联动控制器上手动控制防火卷帘的降落。第 4.6.5 条规定：防火卷帘下降至距楼板面 1.8m 处、下降到楼板面的动作信号反馈至消防联动控制器。

该办公楼Ⅰ段有防火卷帘 17 樘，其中三层有 5 樘，一层、二层、四层有 4 樘。除了三层 1 樘防火卷帘设在疏散通道上外，其余 16 樘均在中部大楼梯四周，为防火分隔用卷帘。疏散通道上的防火卷帘，当防火分区内任两只独立的感烟火灾探测器或任一只设在其两侧的感烟探测器动作后，将下降至距地面 1.8m 处；感温探测器动作后，将下降到底。中部大楼梯四周的防火卷帘，当有两个感烟探测器动作后，全部下降到底。防火卷帘关闭信号全部送回消防中心。在消防控制室还可以手动控制防火卷帘下降。

（7）非消防电源的控制

当发生火灾时，为了防止采用水系统灭火时，消防队员及受灾人员触电以及电气线路短路引起电气火灾，切断非消防电源是十分必要的。但是，如果只采用自动方式切断非消防电源，即使用一个防火分区的任意两个感烟探测器都报火警，作为切断该防火分区非消防电源的控制信号，也有发生误动作的可能性。另外，在系统检测和维修保养时，给感烟探测器做加烟试验是必需的，这时，如果系统只有自动切断非消防电源这一种方式，将会使该防火分区停电，影响正常工作。因此，在本设计中采用探测器联动或消防控制室手动这两种方式来切断非消防电源，而且，平时应采用手动方式来切断非消防电源。

当发生火灾时，一般应采用手动方式来切断非消防电源是非常重要的。切断非消防电源不能一刀切，应做到有选择性的切断。比如对日常照明的强切，应尽可能地控制在一定范围之内，并且在切断日常照明时应事先向相关区域发出火灾警报，疏散人员，延时一定时间后，再切断日常照明。为了避免人为紧张，造成混乱，影响疏散，切断日常照明应严格控制在着火的防火分区及相邻的防火分区，且切断顺序应按火灾危险等级逐个实施。否则将会造成严重后果。如 2003 年 2 月 18 日韩国大邱地铁火灾，火灾发生后，车站电源全部切断，造成站台一片漆黑，地铁车厢门也打不开，给逃生及救援带来了巨大困难。

3. 消防应急广播系统及消防通讯系统的设计

（1）消防应急广播系统的设计

《火灾自动报警系统设计规范》GB 50116—2013 规定：在消防控制室设置了火灾警报装置与应急广播的控制装置。火灾声光警报器由火灾报警控制器控制。并在确认火灾后启动建筑内的所有火灾声光警报器。火灾自动报警系统能同时启动和停止所有火灾声警报器工作。消防应急广播系统的联动控制信号由消防联动控制器发出，当确认火灾后，同时向全楼进行广播。在消防控制室能手动或按照预设控制逻辑联动控制选择广播分区，启动或停止应急广播系统，并能监听消防应急广播。在通过传声器进行应急广播时，自动对广播内容进行录音。消防控制室内能显示消防应急广播的广播分区的工作状态。火灾声警报与消防应急广播交替循环播放。

火灾扬声器设于大房间内及小房间外的过道处，每个扬声器的额定功率为 3W，由总线广播控制盘通过总线对其进行控制。

（2）消防通讯系统的设计

为方便消防值班人员之间的联络及设备维修工作，在每个手动报警按钮处设电话插座一个。为了保证消防控制室同有关设备间的联系，在消防水泵房、备用发电机房、变配电室、排烟机房、消防电梯机房各设专用消防电话分机一个。

4. 消防控制室

消防控制室位于Ⅰ、Ⅱ段之间的连接体首层处。消防控制室内设火灾报警控制器两台，一台为 16 回路，用于Ⅰ段的火灾报警控制；另一台为 8 回路，用于Ⅱ段的火灾报警控制。消防控制室内设联动控制柜一台，用于Ⅰ段及Ⅱ段的消防联动控制。消防控制室内设总线广播通信主机一台，Ⅰ段及Ⅱ段的扬声器及消防电话共用一台广播通信主机。任一台火灾报警控制器所连接的火灾探测器、手动火灾报警按钮和模块等设备总数和地址总数均不超过 3200，其中每一总线回路连结设备的总数不超过 200，且留有不少于额定容量 10% 的余量。

二、吸气式感烟探测器的设计

吸气式感烟探测器的设计，应按有关的消防法规及标准的规定执行，其中最大响应时间，单个采样点的最大保护面积，采样点到墙壁的距离及两个采样点之间的最大间隔等为考虑的重点。

1. 设计原则和选用方法

由于现场情况的不同，样本采集时间的长短变化很大，但有一点可以肯定的是采样方式的有效与否对样本采集时间的长短起着关键作用。对样本传输时间起关键作用的则是采样网络的设计。样本传输时间应在 120s 的范围内，从工程应用的实际效果看，在设计时将样本传输时间上限界定在不大于 90s 左右是比较理想的，以此为核心进行采样网络的设计。

在一定程度上，样本传输时间受到通过采样网络所有采样点气流平衡的影响，这就意味着靠近探测器主机的采样孔比远离探测器主机的采样孔的气流量要大（因气压沿管下降）。

为了确保在实际中穿过每一个采样孔的气流量不变，采用在每个管路末端开口的方法，使在整个管的长度方向上保持一个较高且一致的吸入压力，从而降低远端采样孔因空气采集量减少所造成的样本传输时间的延迟，同时它也成为一个来自管道远端的空气刷在清洗管道。端孔的尺寸一般为 3mm，当然其他尺寸和结构也可被使用。在标准采样网络的设计中，样本传输时间与采样管路的长度成正比关系。

2. 采样方法

图 3-40 所示为在一些场所采用的采样方法，图例表明某种采样方法被推荐对某一场所最有效，但并没有对在具体的运用中，可能会出现的各种状况作充分的考虑，也就是说，虽然有两种或两种以上的方法被推荐用于某一场所，但实际的设置条件可能会缩小选择范围。

值得指出的是，虽然某些方法比其他方法更适合于某一特殊场所，但这并没有严格的规定，这意味着采样方法选择的最终决定因素只能是使用场所的状况，而不单单是图 3-41 的结果。

3. 采样管网绘制

一旦合适的采样方法及探测灵敏度被确定，应用者就可以开始绘制该设置场所的采样点和采样管

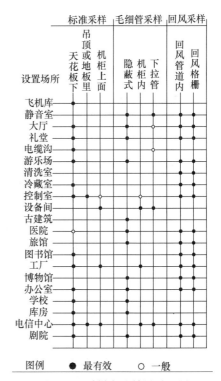

图 3-41 采样方法效果对比图

布置图。

　　绘制采样管网首先要确定采样点的位置，根据采样点的位置来决定采样管的位置，在天花板下的采样系统中，采样点直接位于采样管上，决定采样管的位置比较简单，隐蔽的采样管道将不得不越过吊顶，电缆托盘和其他障碍物。

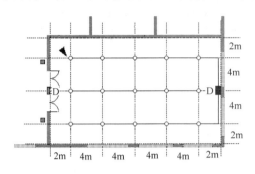

图 3-42　采样网络布置示意

○　采样点位置；D　主机位置

　　在建筑图上建立坐标方格图，方格的尺寸要以有关防火法规和标准规定的探测点之间的最大最小间隔为基础，在大多数情况下，意味着这个采样点进入传统上被点型探测器占据的位置。例如，若规范要求两探测点相隔9m，那么应建立边长不超过9m的方格，采样点应位于坐标方格交点处。要确保采样点与那些有可能妨碍空气流到采样点的墙壁或其他障碍物之间有足够的空间，防火规范也指明了探测点与墙壁之间的最小距离。一般说来，采样点到墙的距离应为采样点间距离的一半。图 3-42 所示为一个采样管网的画法。

　　国家标准《火灾自动报警系统设计规范》GB 50116—2013 和北京市地方标准《吸气式烟雾探测火灾报警系统设计、施工及验收规范》中没有给出吸气式感烟火灾探测器采样管网设计各参数的规定值。在此运用 ASPIRE2 软件，设计几种采样管最大长度约 200m 时的采样管网，通过改变采样管网中采样孔或末端帽的直径等参数，分析吸气式感烟火灾探测器管网设计中各参数对探测器性能的影响，供设计者参考。

　　（1）采样管网设计

　　ASPIRE2 是一个基于 Windows 系统的应用软件，用于 VESDA 空气采样烟雾探测器采样管网的设计，ASPIRE2 界面如图 3-43 所示。

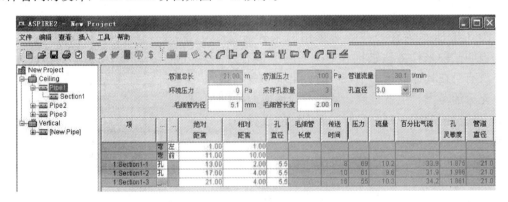

图 3-43　ASPIRE2 界面

ASPIRE2 具有如下特征：

1）确保 VESDA 空气采样烟雾探测系统获得最佳的设计方案；

2）更为灵活的设计选项（传输时间，采样孔平衡性，采样孔压力，采样孔灵敏度等）；

3）能够自动生成和调整采样孔的尺寸，从而提高设计速度；

4）更为精确的模拟结果；

5）可配置的设计参数；

6）界面直观，可显示整个项目内容的导航树；

7）可生成 3D 示意图，来辅助设计和安装；

8）能够生成专业的文档和材料清单，提交给用户。

采样管网设计的效能取决于该软件能否生成以下可用数值：采样孔平衡度；采样空气的最大传输时间；采样孔灵敏度。影响这些数值的因素为：采样管长度，采样孔数量，末端帽的尺寸，采样管数量，采样孔尺寸，吸气泵转速等。

采样孔平衡度是指从气流量最少的采样孔中抽取的空气数量，除以通过其他采样孔的平均气流量所得的值。根据有关规范和标准，建议采样孔平衡度≥70%（优化采样管设计的目的是使通过所有采样孔的气流大致相等）。使用多路支管可减少每根采样管上的采样孔数量，增加采样孔平衡度。采样孔平衡度计算公式如下：

$$平衡度 = \frac{最小气流量}{平均气流量} \times 100\% \tag{3-6}$$

采样空气的最大传输时间表示烟雾从采样孔传输到探测器所花费的最长时间（应在不降低采样孔平衡度的前提下使其最小化）。采样孔相对灵敏度是指与探测器火警阈值灵敏度有关的测量值，数学上表示为：探测器灵敏度（采样孔气流量/所有采样孔气流总量）＝%obs/m（%obs/ft）。ASPIRE2 软件中各参数的取值范围如表 3-12 所示。

ASPIRE2 系统参数取值范围 表 3-12

参数名称	默认值	最小值	最大值	实际采用值
火警阈值（%/m）	0.2	0.015	20	0.16
温度（℃）	20	−20	+60	20
绝对压力（hPa）	1013.5	500	1100.0	1013.5
最大传输时间（s）	90	0	120	90
目标采样孔灵敏度（%/m）	<5	0.005	20	<6
目标吸引压力（Pa）	>25	10	50	>25
目标平衡性（%）	>70	50	95	>60
采样孔直径（mm）	3	2	5	2～5
末端帽直径（mm）	3	0	5	2～5
环境压力（Pa）	0	−100	100	0
采样管内径（mm）	21	10	40	21
吸气泵速率（rpm）	3000	3000	4200	3990

注：在 ASPIRE2 软件中末端帽直径最大可设置为 5mm。

在一个较开敞的空间，在探测器最大管网条件下进行采样管网设计。设计时选取的条件为：保护地面面积 $S > 80m^2$，房间高度 $h \leqslant 6m$，屋顶坡度 $\theta \leqslant 15°$，一个吸气孔保护的面积 $A = 60m^2$，保护半径 $R = 5.8m$，修正系数 K 取一级保护对象中的 0.8。

ASPIRE2 软件中各参数的取值范围如表 3-12 中的实际采用数值，设计中采样孔至端墙的距离设为两采样孔间距的一半。一台吸气式感烟火灾探测器采样管网总长为 200m，通常一台探测器连接 2 根或者是 4 根采样管。当一台探测器连接 2 根采样管时，每根采样管最大长度为 100m。当一台探测器连接 4 根管时，每根采样管最大长度为 50m。选用常用点型探测器设置间距 4m 和 6m 两种方式，运用 ASPIRE2 软件设计 4 种采样管网，如表 3-13 和图 3-44～图 3-47 所示。经计算每种采样管网在设定的保护面积内，采样孔数量均能满足要求。

采样管网设计　　　　　　　　　　　　　表 3-13

序号	采样管总长度(m)	单管长度(m)	采样管数量(根)	采样管方向	采样管间距(m)	采样孔间距(m)	采样孔数量(个)	保护区域长(m)	保护区域宽(m)	保护面积(m²)
管网 1	188	50/44	4	同侧	6	6	28	42	24	1008
管网 2	192	50/46	4	同侧	4	4	44	44	16	704
管网 3	200	50	4	两侧	6	6	32	96	12	1152
管网 4	196	98	2	同侧	6	6	32	96	12	1152

图 3-44　管网 1 等轴测视图

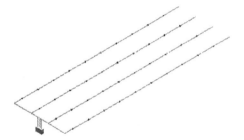

图 3-45　管网 2 等轴测视图

图 3-46　管网 3 等轴测视图

图 3-47　管网 4 等轴测视图

（2）采样管网设计参数选择

分析采样孔和末端帽直径在 2～5mm 改变时，对采样孔平衡度、采样孔气流分配率、烟雾最大传输时间、采样孔的最低灵敏度、采样管最小吸引压力、管道总流量、末端帽流量的影响，重点分析对采样管烟雾最大传输时间、采样孔平衡度和采样孔灵敏度的影响。根据上述影响对 4 种采样管网进行对比分析，给出在管网最大长度下的最佳设计方案即采样管的最大传输时间最短、采样孔灵敏度最高、采样孔平衡度最好的情况，采样管网设计参数与对比情况如表 3-14 所示。

采样管网设计参数与对比情况 表 3-14

序号	采样管总长度（m）	单管长度（m）	采样管数量（根）	采样管方向	采样管间距（m）	采样孔间距（m）	采样孔数量（个）	对比情况	对比内容
管网1	188	50/44	4	同侧	6	6	28	1与1	采样孔和末端帽直径
管网2	192	50/46	4	同侧	4	4	44	2与1	采样孔间距、管间距
管网3	200	50	4	两侧	6	6	32	3与1	采样管布局方向
管网4	196	98	2	同侧	6	6	32	4与1	采样管数量与单管长度

通过管网1采样管直径与末端帽直径对探测性能的影响分析，得出几种较为理想的采样孔直径和末端帽直径设计情况。利用管网1中的理想情况再与管网2、3、4进行对比，得出不同采样管网设计之间采样孔和采样管间距、采样管布置方向、采样管数量和采样单管长度，对探测性能的影响。

1）采样管直径与末端帽直径对探测性能的影响

以采样管网1为例，表 3-15 和表 3-16 为采样孔从 2mm 到 5mm 和末端帽从 2mm 到 5mm 改变的 49 种组合情况，分析采样孔直径和末端帽直径改变时对探测性能的影响情况，以及较为合理的采样孔直径与末端帽直径。

当采样孔直径一定改变末端帽直径时对探测性能的影响 表 3-15

序号	采样孔直径（mm）	末端帽直径（mm）	采样孔平衡度（%）	采样孔气流分配率（%）	烟雾最大传输时间（s）	采样孔灵敏度（%obs/m）	最小吸引压力（Pa）	管道总流量（L/min）	末端帽流量（L/min）
1-1	2	2	90	86.5	96	4.673	208	71.2	9.6
1-2	2	2.5	63	79.9	76	4.897	194	74.6	15
1-3	2	3	43	73.4	64	5.369	177	78.8	21
1-4	2	3.5	31	66.7	56	5.925	159	82.8	27.6
1-5	2	4	23	60.5	50	6.564	140	87	34.4
1-6	2	4.5	18	55.0	45	7.281	122	91.2	41
1-7	2	5	15	50.2	42	8.069	105	94.8	47.2
1-8	2.5	2	56	90.9	95	7.068	144	88.2	8
1-9	2.5	2.5	88	84.7	76	4.714	134	90.4	13.8
1-10	2.5	3	65	81.1	64	5.049	122	93	17.6
1-11	2.5	3.5	47	75.7	56	5.447	110	95.6	23.2
1-12	2.5	4	36	70.7	51	5.907	97	98.4	28.8
1-13	2.5	4.5	28	65.9	46	6.426	85	100.8	34.4
1-14	2.5	5	23	61.4	43	7.001	73	103.2	39.8
1-15	3	2	37	93.5	102	10.086	93	101.2	6.6

续表

序号	采样孔直径（mm）	末端帽直径（mm）	采样孔平衡度（%）	采样孔气流分配率（%）	烟雾最大传输时间（s）	采样孔灵敏度（%obs/m）	最小吸引压力（Pa）	管道总流量（L/min）	末端帽流量（L/min）
1-16	3	2.5	58	90.0	80	6.579	86	102.4	10.2
1-17	3	3	81	86.1	68	4.910	79	103.8	14.4
1-18	3	3.5	67	82.2	59	5.211	79	105.4	18.8
1-19	3	4	51	78.1	54	5.559	63	107	23.4
1-20	3	4.5	40	74.2	49	5.951	56	108.4	28
1-21	3	5	32	70.4	46	6.383	48	110	32.6
1-22	3.5	2	24	95.3	115	14.015	57	110.2	5.2
1-23	3.5	2.5	39	92.6	89	9.071	53	111	8.2
1-24	3.5	3	56	89.8	75	6.491	49	111.6	11.4
1-25	3.5	3.5	72	86.7	65	5.202	44	112.6	15
1-26	3.5	4	68	83.5	59	5.488	39	113.6	18.8
1-27	3.5	4.5	53	80.2	54	5.808	35	114.4	22.6
1-28	3.5	5	43	77.3	51	6.160	30	115.2	26.2
1-29	4	2	16	94.6	136	19.226	33	116.2	4.2
1-30	4	2.5	26	94.7	103	12.392	31	116.8	6.2
1-31	4	3	37	92.5	85	8.826	29	117	8.8
1-32	4	3.5	50	90.0	74	6.739	26	117.6	11.8
1-33	4	4	61	87.5	66	5.635	23	118.2	14.8
1-34	4	4.5	59	85	61	5.916	21	118.6	17.8
1-35	4	5	56	82.5	57	6.222	18	119	20.8
1-36	4.5	2	11	97.5	166	26.364	19	120.4	3
1-37	4.5	2.5	17	96.0	124	16.963	18	120.6	4.8
1-38	4.5	3	25	94.4	101	12.062	16	120.8	6.8
1-39	4.5	3.5	33	92.6	87	9.193	15	121	9
1-40	4.5	4	42	90.8	77	7.378	13	121.4	11.2
1-41	4.5	4.5	50	88.8	71	6.267	11	121.6	13.6
1-42	4.5	5	48	86.9	66	6.549	10	121..8	16
1-43	5	2	7	98.2	211	36.573	10	123.2	2.2
1-44	5	2.5	11	97.1	154	23.548	9	123.2	3.6
1-45	5	3	16	95.8	124	16.757	8	123.4	5.2
1-46	5	3.5	21	94.7	106	12.786	8	123.6	6.6
1-47	5	4	27	93.2	94	10.273	7	123.6	8.4
1-48	5	4.5	32	91.8	85	8.592	6	123.8	10.2
1-49	5	5	38	90.5	79	7.421	5	123.8	11.8

从表 3-15 中可以看出，当采样孔直径一定时可以得到以下规律：

① 当末端帽直径与采样孔直径相同时，采样孔平衡度最好。当采样孔直径≥4.5mm 时，采样孔平衡度均小于 60%，管网设计不理想。

② 采样孔气流分配率随着末端帽直径的增大而减小。

③ 烟雾最大传输时间随着末端帽直径的增大而减小。

④ 当末端帽直径与采样孔直径相同时，采样孔灵敏度最高。当采样孔直径≥4.5mm 时所有的采样孔灵敏度数值均＞6%obs/m，灵敏度较低，管网设计不理想。

⑤ 采样孔最小吸引压力随着末端帽直径的增大而减小。当采样孔直径≥4.5mm 时，采样孔最小吸引压力均小于 25Pa，管网设计理想。

⑥ 采样管道总流量随着末端帽直径的增大而增大。

⑦ 末端帽流量随着末端帽直径的增大而增大。

综上可知当采样孔直径为 2.5～4mm 时，设置较为合理，但是工程实际应用中采样孔直径为 2.5mm 或 3.5mm 不易操作，基本不被采用，因此一般会选用采样孔直径为 3mm 或 4mm。

当末端帽直径一定改变采样孔直径时对探测性能的影响　　　　　　表 3-16

序号	采样孔直径 (mm)	末端帽直径 (mm)	采样孔平衡度 (%)	采样孔气流分配率 (%)	烟雾最大传输时间 (s)	采样孔灵敏度 (%obs/m)	最小吸引压力 (Pa)	管道总流量 (L/min)	末端帽流量 (L/min)
1-1	2	2	90	86.5	96	4.673	208	71.2	9.6
1-8	2.5	2	56	90.9	95	7.068	144	88.2	8
1-15	3	2	37	93.5	102	10.086	93	101.2	6.6
1-22	3.5	2	24	95.3	115	14.015	57	110.2	5.2
1-29	4	2	16	94.6	136	19.226	33	116.2	4.2
1-36	4.5	2	11	97.5	166	26.364	19	120.4	3
1-43	5	2	7	98.2	211	36.573	10	123.2	2.2
1-2	2	2.5	63	79.9	76	4.897	194	74.6	15
1-9	2.5	2.5	88	84.7	76	4.714	134	90.4	13.8
1-16	3	2.5	58	90.0	80	6.579	86	102.4	10.2
1-23	3.5	2.5	39	92.6	89	9.071	53	111	8.2
1-30	4	2.5	26	94.7	103	12.392	31	116.8	6.2
1-37	4.5	2.5	17	96.0	124	16.963	18	120.6	4.8
1-44	5	2.5	11	97.1	154	23.548	9	123.2	3.6
1-3	2	3	43	73.4	64	5.369	177	78.8	21
1-10	2.5	3	65	81.1	64	5.049	122	93	17.6
1-17	3	3	81	86.1	68	4.910	79	103.8	14.4
1-24	3.5	3	56	89.8	75	6.491	49	111.6	11.4
1-31	4	3	37	92.5	85	8.826	29	117	8.8
1-38	4.5	3	25	94.4	101	12.062	16	120.8	6.8

续表

序号	采样孔直径 (mm)	末端帽直径 (mm)	采样孔平衡度 (%)	采样孔气流分配率 (%)	烟雾最大传输时间 (s)	采样孔灵敏度 (%obs/m)	最小吸引压力 (Pa)	管道总流量 (L/min)	末端帽流量 (L/min)
1-45	5	3	16	95.8	124	16.757	8	123.4	5.2
1-4	2	3.5	31	66.7	56	5.925	159	82.8	27.6
1-11	2.5	3.5	47	75.7	56	5.447	110	95.6	23.2
1-18	3	3.5	67	82.2	59	5.211	79	105.4	18.8
1-25	3.5	3.5	72	86.7	65	5.202	44	112.6	15
1-32	4	3.5	50	90.0	74	6.739	26	117.6	11.8
1-39	4.5	3.5	33	92.6	87	9.193	15	121	9
1-46	5	3.5	21	94.7	106	12.786	8	123.6	6.6
1-5	2	4	23	60.5	50	6.564	140	87	34.4
1-12	2.5	4	36	70.7	51	5.907	97	98.4	28.8
1-19	3	4	51	78.1	54	5.559	63	107	23.4
1-26	3.5	4	68	83.5	59	5.488	39	113.6	18.8
1-33	4	4	61	87.5	66	5.635	23	118.2	14.8
1-40	4.5	4	42	90.8	77	7.378	13	121.4	11.2
1-47	5	4	27	93.2	94	10.273	7	123.6	8.4
1-6	2	4.5	18	55.0	45	7.281	122	91.2	41
1-13	2.5	4.5	28	65.9	46	6.426	85	100.8	34.4
1-20	3	4.5	40	74.2	49	5.951	56	108.4	28
1-27	3.5	4.5	53	80.2	54	5.808	35	114.4	22.6
1-34	4	4.5	59	85	61	5.916	21	118.6	17.8
1-41	4.5	4.5	50	88.8	71	6.267	11	121.6	13.6
1-48	5	4.5	32	91.8	85	8.592	6	123.8	10.2
1-7	2	5	15	50.2	42	8.069	105	94.8	47.2
1-14	2.5	5	23	61.4	43	7.001	73	103.2	39.8
1-21	3	5	32	70.4	46	6.383	48	110	32.6
1-28	3.5	5	43	77.3	51	6.160	30	115.2	26.2
1-35	4	5	56	82.5	57	6.222	18	119	20.8
1-42	4.5	5	48	86.9	66	6.549	10	121..8	16
1-49	5	5	38	90.5	79	7.421	5	123.8	11.8

从表中 3-16 中可以看出，当末端帽直径一定时有以下规律：

①当采样孔直径与末端帽直径相同时，采样孔平衡度最好。当末端帽直径≥4.5mm时，采样孔平衡度均小于 60%，管网设计不理想。

②采样孔气流分配率随着采样孔直径的增大而增大。

③烟雾最大传输时间随着采样孔直径的增大而增大。当末端帽直径为 2mm 时，所有

管网烟雾传输时间均大于 90s，管网设计不理想。

④当采样孔直径与末端帽直径相同时，采样孔灵敏度最高。当末端帽直径为 5mm 时所有的采样孔灵敏度数值均>6％obs/m，灵敏度较低，管网设计不理想。

⑤采样孔最小吸引压力随着采样孔直径的增大而减小。

⑥采样管道总流量随着采样孔直径的增大而增大。

⑦末端帽流量随着采样孔直径的增大而减小。

综上所述，当末端帽直径为 2.5～4mm 时设置较为合理。但是工程实际应用中末端帽直径为 2.5mm 或 3.5mm 不易操作，基本不被采用，因此一般选用末端帽直径为 3mm 或 4mm。

对于采样管网设计，采样孔平衡度越高，性能越好；气流分配率越高，性能越好；烟雾最大传输时间越小，烟雾信号到达探测主机的时间就越短，性能越好；采样孔灵敏度越高，性能越好；末端帽流量越大吸入的空气越多，一般情况下不利于探测器响应。由于在表 3-15 和表 3-16 中可知当采样孔直径和末端帽直径相等时，采样孔灵敏度最高，采样孔平衡性最好。表 3-17 为采样孔直径和末端帽直径相等时管网 1 的各参数情况。

管网 1 采样孔直径与末端帽直径相同时其他参数   表 3-17

序号	采样孔直径(mm)	末端帽直径(mm)	采样孔平衡度(%)	采样孔气流分配率(%)	烟雾最大传输时间(s)	采样孔灵敏度(%obs/m)	最小吸引压力(Pa)	管道总流量(L/min)	末端帽流量(L/min)
1-1	2	2	90	86.5	96	4.673	208	71.2	9.6
1-9	2.5	2.5	88	84.7	76	4.714	134	90.4	13.8
1-17	3	3	81	86.1	68	4.910	79	103.8	14.4
1-25	3.5	3.5	72	86.7	65	5.202	44	112.6	15
1-33	4	4	61	87.5	66	5.635	23	118.2	14.8
1-41	4.5	4.5	50	88.8	71	6.267	11	121.6	13.6
1-49	5	5	38	90.5	79	7.421	5	123.8	11.8

由表 3-17 可知，对于管网 1，满足采样孔灵敏度数值≤6％obs/m，采样孔平衡度>60％，烟雾传输时间≤90s，采样孔气流分配率>60％的情况为采样孔和末端帽直径均为 2.5～4mm。但是工程实际应用中末端帽直径为 2.5mm 和 3.5mm 不易操作，基本不被采用，因此一般选用采样孔直径和末端帽直径为 3mm 和 4mm。当采样孔直径和末端帽直径为 3mm 时比采样孔直径和末端帽直径为 4mm 时的烟雾传输时间仅少 2s，但是其采样孔平衡性和采样孔灵敏度要高很多，采用采样孔直径和末端帽直径为 3mm 时最为合理。

2）采样管网孔间距与管间距对探测性能的影响

管网 2 孔间距和管间距均为 4m，采样孔 44 个与管网 1 孔间距和管间距均为 6m，采样孔为 28 个时进行对比分析。管网 1 参数如表 3-17 所示，管网 2 参数如表 3-18 所示。

管网 2 采样孔直径与末端帽直径相同时其他参数　　　　　表 3-18

序号	采样孔直径（mm）	末端帽直径（mm）	采样孔平衡度（%）	采样孔气流分配率（%）	烟雾最大传输时间（s）	采样孔灵敏度（%obs/m）	最小吸引压力（Pa）	管道总流量（L/min）	末端孔流量（L/min）
2-1	2	2	84	91.7	92	7.657	132	91.6	7.6
2-9	2.5	2.5	77	91.6	81	7.825	68	107.4	9
2-17	3	3	64	92.1	80	8.568	32	116.4	9.2
2-25	3.5	3.5	46	93.1	85	9.855	14	121.8	8.4
2-33	4	4	35	94.2	99	12.033	5	124.6	7.2
2-41	4.5	4.5	21	95.9	129	17.554	1	126.8	5.2
2-49	5	5	9	97.7	203	33.356	0	128	3

　　由表 3-18 可知，对于管网 2，同时满足采样孔灵敏度数值≤6%obs/m，采样孔平衡度>60%，烟雾传输时间≤90s，采样孔气流分配率>60%的情况不存在。假设将采样孔的灵敏度降低为≤9%obs/m 时，只有 2.5mm 和 3mm 满足要求，且对于易于施工的 3mm 孔径来说采样孔平衡性仅有 64%，采样孔灵敏度仅有 8.568%obs/m，烟雾传输时间为 80s，其性能相对于管网 1 孔径为 3mm 时孔平衡性 81%，采样孔灵敏度仅有 4.918%obs/m，烟雾传输时间为 68s 差距较大。

　　当采样孔间距和采样管间距减小为 4m 后，采样孔数量增多，采样孔内吸入的新鲜空气气流量增大，使得采样孔烟雾传输时间增大，灵敏度降低，平衡性变差，由此可知吸气式感烟探测器管网设计时孔间距和管间距对样本传输影响较大。

　　3）采样管网布局方向影响分析

　　本节中管网 3 采样管网 4 根，方向为两侧，每侧 2 根，总采样孔 32 个，总长度 200m，与管网 1 采样管网 4 根，方向为同侧，总采样孔 28 个，总长度 188m 进行对比分析。管网 1 参数如表 3-17 所示，管网 3 参数如表 3-19 所示。

管网 3 采样孔直径与末端帽直径相同时其他参数　　　　　表 3-19

情况序号	采样孔直径（mm）	末端帽直径（mm）	采样孔平衡度（%）	采样孔气流分配率（%）	烟雾最大传输时间（s）	采样孔灵敏度（%obs/m）	最小吸引压力（Pa）	管道总流量（L/min）	末端孔流量（L/min）
3-1	2	2	89	88.1	100	5.425	188	77.6	9.2
3-9	2.5	2.5	87	87.9	81	5.4	115	96	11.6
3-17	3	3	79	88.2	74	5.647	65	108.4	12.8
3-25	3.5	3.5	68	89.0	73	6.036	34	116	12.8
3-33	4	4	56	90.1	76	6.645	17	120.8	12
3-41	4.5	4.5	44	83.2	83	7.594	8	123.6	10.4
3-49	5	5	31	93.3	98	9.705	3	125.6	8.4

　　由表 3-19 可知，对于管网 3，同时满足采样孔灵敏度数值≤6%obs/m，采样孔平衡度>60%，烟雾传输时间≤90s，采样孔气流分配率>60%的情况为采样孔和末端帽直径

均为 2.5mm 和 3mm 两种情况。但是工程实际应用中末端帽直径为 2.5mm 基本不被采用，因此一般选用采样孔直径和末端帽直径为 3mm。当采样孔直径和末端帽直径为 3mm时采样孔平衡性为 79%，采样孔灵敏度 5.647%obs/m，烟雾传输时间为 74s，其性能相对于管网 1 孔径为 3mm 时孔平衡性 81%，采样孔灵敏度 4.918%obs/m，烟雾传输时间为 68s 差距较小。

当采样管网布局方向由同侧改变为两侧后，在相同采样孔间距和管间距的情况下，采样管网总长度比管网 1 长 12m，探测性能参数稍有降低，但是影响不大，能够满足探测要求。

4）采样管单管长度影响分析

管网 4 采样管网 2 根，方向为两侧，单管长度为 98m，总采样孔 32 个，总长度196m，与管网 1 采样管网 4 根，方向为同侧，单管长度 50/44m，总采样孔 28 个，总长度 188m 进行对比分析。管网 1 参数如表 3-17 所示，管网 4 参数如表 3-20 所示。

管网 4 采样孔直径与末端帽直径相同时其他参数　　　　　　表 3-20

情况序号	采样孔直径(mm)	末端帽直径(mm)	采样孔平衡度(%)	采样孔气流分配率(%)	烟雾最大传输时间(s)	采样孔灵敏度(%obs/m)	最小吸引压力(Pa)	管道总流量(L/min)	末端孔流量(L/min)
4-1	2	2	71	94.6	148	7.476	126	69.8	3.8
4-9	2.5	2.5	57	95.0	135	8.145	60	84	4.2
4-17	3	3	40	95.9	145	10.016	23	92.8	3.8
4-25	3.5	3.5	28	96.6	159	12.421	9	100	3.4
4-33	4	4	10	98.4	287	27.022	1	102.2	1.6
4-41	4.5	4.5	—	—	—	—	—	—	—
4-49	5	5	—	—	—	—	—	—	—

注："—"表示 ASPIRE2 软件中此种情况不存在。

由表 3-20 可知，对于管网 4，同时满足采样孔灵敏度数值≤6%obs/m，采样孔平衡性>60%，烟雾传输时间≤90s，采样孔气流分配率>60%的情况不存在，且在此方案中烟雾传输时间均超过极限值 120s。与管网 1 相比，管网 4 单管长度增长为 98m 时，采样管网各参数性能明显下降，不能满足探测性能要求，采样管网单管长度对样本传输时间影响非常大。

（3）采样管网设计要点

本章运用 ASPIRE2 软件设计了 4 种典型的吸气式采样管网，通过改变采样管网中采样孔或末端帽的直径，分析吸气式感烟探测器管网设计中各参数之间的关系，得出如下结论供设计参考：

1）采样孔直径和末端帽直径相同时，采样孔的灵敏度最高，采样孔平衡性最好，烟雾传输时间相对较短，考虑到工程设计的可操作性，一般选择采样孔直径和末端帽直径均为 3mm 的情况。

2）对于需要设置单管长度最大为 50m，4 根采样管同侧的保护的空间，采用采样管间距和采样孔间距均为 6m 的情况设计较为合理。如果保护空间相对较小，且对探测器要求较高，可以考虑采用采样管间距和采样孔均为4m的情况。

3）对于狭长保护空间，总采样管网长度为200m，采样孔间距和采样管间距均为6m的情况。选择4根采样管，每根50m的方案较为合理；选择2根采样管，每根100m的方案，不能满足探测要求。

4）在满足设计规范要求的情况下，采样管间距和采样孔间距越大，采样管单管长度越短，吸气式采样管网性能越好。仅改变采样管网设计方向，对吸气式采样管网性能没有影响。

以上结论是在管网长度约200m的情况下，仅仅考虑了四种典型的管网设计，具有一定的局限性。在具体设计时要根据实际保护空间的形状、面积等条件进行管网设计。例如可以考虑采样管间距为6m，采样孔间距为4m或者采样管间距为4m，采样孔间距为6m的情况，也可以改变探测主机的位置，横向设置采样管网等。

下面以某研究所的三个计算机房为例，对吸气式感烟探测器的设计加以说明。三个计算机房，如图3-48所示，分为A区、B区、C区，建筑面积分别为：300m²、99m²、186m²。

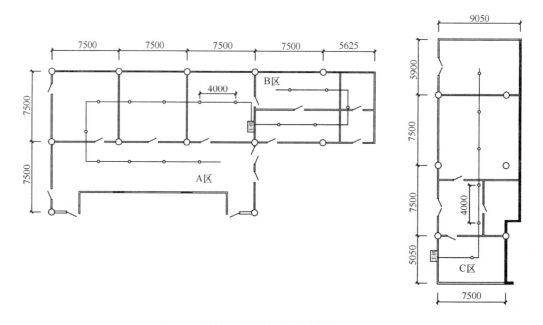

图3-48　计算机房吸气式探测器布置平面图

由于计算机房的特殊性和重要性，故对计算机房的吊顶及地板内采用吸气式感烟探测器进行火灾探测报警。其各区的吊顶及地板内均为通体空间，在区域划分上，采用各区的吊顶及地板内分别采样探测的原则，共分为六个区域。在设计中将A区、B区、C区各单独使用一套系统主机（各接2根管）。

所选择的采样方法是一个标准的吊顶内和地板内的采样网络，标准采样网络采样点间距通常采用4m或6m，在此由于该计算机房电气和电子装置的集中增加了火灾危险程度，故决定采用4m的采样间距，从而增加采样密度，提高探测效果。

第四章　火灾探测性能化设计与仿真计算

第一节　消防安全性能化设计概述

本节简述了消防安全性能化设计的起源、发展与应用，比较了性能化消防法规与处方式法规的特点和适用范围，介绍了国际上主要消防安全性能化标准以及设计方法与步骤，对火灾仿真模型及其应用加以概述。

一、消防安全性能化设计起源与发展

日本政府于 1982 年启动了一个 5 年研究计划，旨在开发出一套创新的、针对建筑物消防安全的设计指南。研究结果为当时的日本建筑基本法增添了若干新的内容，包括详细定义了建筑消防的基本要求，将技术规范以性能的术语加以表述，同时提供了针对性能目标的计算方法和计算机模拟软件，用以预测与火灾过程相关系统的表现。这可以看作是性能化设计的最初尝试。

20 世纪 80 年代后期，澳大利亚开始了风险评估模型的研究，针对特定类别的建筑物估算各种消防手段及其组合的经济性能。这项研究由悉尼大学 Warren 中心主持，加拿大国立研究委员会（NRCC）加入了后续的研究。研究展示了建筑物的消防安全性能可以用两个指标的组合加以表述：预期生命风险（Expected Risk to Life-ERL）和预期火灾损失（Expected Fire Cost-EFC）。同一时期，Beck 教授在对性能化法规的概念研究中，建议生命安全的目标应包括火灾起源建筑内的人员安全、相邻建筑的人员安全和消防人员安全。这些研究促使澳大利亚在 20 世纪 80 年代后期开始执行基于性能化的建筑消防法规和性能化设计的实践活动。

具有性能化设计思想的建筑规范于 1984 年开始在原则层面引入英国的住房和建筑控制法规。这个法规用广泛的功能描述代替原有的处方式规定，同时还计划通过一系列的"认可文件"，提供立法部门"认定满足"（Deemed to be Satisfiec-DtS）的火灾安全指南和基本要求。在建立基本性能目标的研究中，Malhotra 发现传统消防法规中对于安全的要求并非建立在可靠的工程原理上。他建议消防安全的目标应该基于损害程度、风险程度以及火灾环境的近似程度三个方面。

新西兰从 1991 年起开始引入强制性、基于性能化的建筑规范——建筑法，并逐步实现设定的消防安全目标：控制火灾发生、保障人员疏散、控制火灾蔓延、保障建筑结构的稳定性。在实施的初期，新西兰也采用了与英国类似的策略，提供一系列的标准文件作为指导。

在美国，多个联邦机构从 20 世纪 60～70 年代起，开始对建筑安全的可靠性能标准和测量方法展开了研究，包括住房和城市发展部的"Operation Breakthrough"计划，健康与人性化服务部的火灾安全评估系统。这些研究取得了一定的成果，但是缺乏量化性能标

准和测量手段的技术基础。美国国家标准与技术研究院（NIST）下属的建筑技术和火灾研究中心（现改名为建筑与火灾研究实验室-BFRL）自20世纪70年代后期，开展了一系列针对火灾安全性能和测量方法的科学研究，包括对热释放速率、着火、烟雾生成的实验方法（ASTM E-1354，ISO 5660），火焰传播的试验方法 LIFT（ASTM E-1321），以及有毒气体的危害研究等。研究结果催生了一系列相当复杂的火灾风险与灾害预测的方法和体系，包括 HAZARD 和 FPETOOL 模型。从20世纪80年代初期这些工具就开始被消防设计公司应用在项目设计之中。20世纪90年代初，Bukowski 和 Tanaka 提出了发展性能化消防法规的计划，给出了具有普遍意义的火灾安全目标。并指出在美国性能化法规的采纳，应该是渐进式的，与现有法规等效的设计，是行之有效的起点。伍斯特理工学院（WPI）和美国消防工程师协会（SFPE）主持了关于21世纪消防安全设计的会议，计划在2000年建立起第一代基于全新性能化概念的建筑法规，与澳大利亚、新西兰、英国和瑞典等国的性能化法规发展与应用的水平同步。

尚有许多的发展案例，无法一一列举。这些广泛的研究与实践活动，推动了性能化设计方法和消防安全性能化建筑法规在不同国家和地区逐步展开。同时也开始了广泛的国际合作，从 ISO 制定的各项标准，到出版具有普遍指导意义的国际消防工程指南等等。

1. 处方式消防法规与性能化消防法规

在消防工程实践中，建筑消防法规起着决定性的指导作用。传统的处方式建筑消防法规和基于性能化的建筑消防法规，对于设计目标和实现的手段有着不同的要求，因而各具特点。

处方式（Prescriptive）法规或标准严格规定了给定条件下建筑和消防系统必须遵从的条款。比如对于结构单元采用可燃材料的建筑，美国大多数州的建筑法规限制建筑物高度不得超过三层。在澳大利亚，每套民居的走道区域必须安装感烟火灾探测器等等。

这类法规的优点是便于设计者遵从，也便于验收机构与人员核查法规的遵从与否。比如，前述的感烟探测器没有在新建住宅的门厅安装，那么该建筑物就没有遵从法规的规定，从而得不到居住许可。对于传统住宅，这样的法规基本能满足建筑与使用的要求。

处方式法规的缺点是它假定只有一种方式来提供所需的消防安全，这就限制了灵活地采用具有同等安全性但是更经济或者具有建筑美学特性的创新方案。另外，即便处方式规范通过"等效性"的条款允许采用替代的方案，这种等效性往往需要由法规制定当局或者建筑审批机构（AHJ）来评估。在没有合适的评估工具与手段的情况下，这样的评估常常是基于专家的经验。而出于安全考虑，他们通常不愿意冒险采用与常规方法差别太大的设计方案。

性能化（Performance-based）的法规建立了安全目标，让设计者选择实现目标的途径。通过满足保证安全目标的性能标准，设计者可以采用创新的设计和技术，满足建筑业主和使用者的特殊要求。也可以在保证安全性的前提下，取得比符合处方式法规方案更经济的设计和运营成本。推行性能化法规的关键在于建立起一套评估建筑消防设计是否满足安全目标的方法，这种评估应建立在对性能标准的科学检查上，而不仅仅依赖于专家的经验评判。20世纪80年代后期以来，各种数字化的仿真模型不断涌现，除了仿真火灾的发展过程，还逐渐能够仿真各种消防措施的实施效果。这些评估工具的迅速发展，使得设计人员有可能较为准确地预测建筑物火灾的结果，从而评估建筑物和消防系统是否满足安全目标以及其他与火灾相关的要求。

依据性能化在不同国家和地区的发展水平，其采用的性能化法规，常常包含不同程度的要求，例如性能标准（Performance Standard-PS）、详尽规范（Specification Standard-SS）、认定满足（Deemed to Satisfy-DtS）、专家判断（Expert Judgment-EJ）。

性能标准只给出安全目标，赋予设计人员极大的自由度。详尽规范界定了该如何做。这些规范由详细的实验数据归纳而来，比如楼梯台阶的高度和宽度等。认定满足是指目前法规中那些并未基于实质性数据的规定，比如建筑物的高度和楼层面积，防火分区的大小限制等。这些规定体现了法规制定者在缺乏研究数据的条件下，对这些领域安全性的最好经验判断。随着研究成果的不断丰富，某些认定满足的条款，就可能转化成详尽规范或性能指标。专家判断是指那些定性的规定，传统上由当地的消防审查部门判断是否符合法规的要求，比如疏散计划和演习等。这些不同程度的要求可能部分或者全部出现在同一部消防法规中，他们反映了人类的知识水平和渐进性发展、采纳性能化法规的策略，以利于消防性能化实践的逐步推广、深化与完善。

2. 风险评估与性能化设计

长期的建筑消防实践告诉我们，任何安全的建筑都存在着一定程度的火灾风险，并伴随着某种程度的损害。消防安全工程的任务是减小火灾的发生概率与减缓火灾的发展速率，并将可能造成的损害控制在可接受的范围和程度内。对火灾损害的评估，有两类主要的方法。其一是基于灾害的评估，它通常会定义一个典型火灾场景，然后计算其过程和损害。其结果常常被用来发展处方式消防法规的规定与要求；另一种是基于风险的评估，需要考虑各种火灾场景发生的可能性，以及对应的后果。基于灾害和风险的评估方法，都有赖于对火灾发展过程的准确描述，准确评估各种消防设施和手段对火灾的抑制效果，以及对人员和财产安全的保护作用。

1987 年美国国家消防研究基金会（NFPRF）启动了一项建立火灾风险评估方法（FSES）的研究，包括从全国火灾事故数据库中定义一套适用于不同建筑类型的火灾场景。这些建筑类型包括多用户的住宅、健康看护设施、护理院、公园服务住宿、惩教设施和煤矿建筑等。

风险评估涉及建筑结构暴露在火灾条件下的反应。火灾条件往往不是用单一的数字或单一曲线所能表示的，例如温度－时间的关系曲线。而是一组包含有可能的火灾、建筑布局和各系统的运行，以及假设居民人数、位置和状况等条件。只有对火灾场景发展过程进行完整描述，才能针对人员和建筑可能存在的风险加以评估。

Bukowski 在美国国家消防协会（NFPA）消防手册中，对于火灾损害的评估提出了详尽的流程、方法和工具（模型）。他建议的风险评估过程包括：

（1）选择目标对象

包括人员、财产安全、运营连续性等。

（2）决定火灾场景

挑选那些对目标对象有影响的、值得考虑的场景。

（3）选择合适的预测方法

包括模型的选择、数据的使用以及设计火灾特性的确定。

（4）评估计算

如人员疏散、人员和建筑暴露在火灾条件下的损害。

（5）检查不确定性

这样的风险评估在内容与方法上和性能化设计的基本方法十分接近。然而，基于火灾风险评估的途径也存在一些局限。首先，将所有可能的场景纳入评估就是非常困难的。同时，也无法对各种场景发生的可能性（概率）和后果，做出准确的估计。风险计算的结果往往取决于所采用的事件发生概率和结果的统计数据，关键是要建立起完备而准确的火灾数据库。

类似 FSES 的风险评估系统并不能算作性能化的法规体系，因为它没有提出可以量化的性能指标对设计方案进行评估。用来评估的参数，多半也仅用作相对性的比较，无法普遍适用于各种环境中。风险评估途径的主要贡献在于它建立了一套评估的方法和手段，特别是对于火灾场景的分析。这些都极大地促进了消防安全设计性能化的发展，并为之所借鉴。性能化（Performance-based）的设计也是基于对火灾风险认知（Risk-informed）的设计，需要对设计火灾场景下可能的风险进行定性和定量分析，发展出满足安全目标的性能指标，评估并确定可以接受的设计方案。

3. 性能化设计的采纳与推广

基于消防安全性能化的设计途径包含了多层次的内容，既有所遵从的性能化建筑消防法规，也有对建筑和消防系统的性能化设计方法，还有为之配套的各种性能标准和试验方法。性能化设计的采纳，取决于相关法规、标准（各个层面的）、工具（模型和试验）、设计方法、数据、查证手段的可用性与完备性，还取决于法规部门对性能化设计的接受程度等。越来越多的国家和地区，以不同的实施方式和应用层面，逐渐引入性能化的设计途径。

澳大利亚于 1996 年起，开始采用完全的性能化建筑法规——《澳大利亚建筑法》BCA 1996。日本虽然没有完全的性能化建筑法规，但是通过建设厅颁布的各种指导文件，如 Article 38 Appraisals，允许采用性能化的设计方法、计算工具（模型）和数据，取得与现行法规或标准等效的设计。美国则建立起若干性能化建筑和系统设计的指导法规，由各州和地区的立法机构自行选用。例如，参与制定了国际消防工程指南（International Fire Engineering Guidelines-IFEG），设计人员可以结合各州的建筑法规要求，采用指南确定的方法进行设计。又比如，NFPA101 生命安全法从 20 世纪 80 年代末，针对不同的建筑类型和结构，逐渐引入了基于性能的设计和计算方法，允许不同替代方案的采用。

鉴于消防工程内容的广泛性和复杂性，加强在性能化设计领域的国际合作，就变得极为重要。许多国家和地区参加了国际标准化组织（ISO）下属的消防安全技术委员会 TC92 的多个工作组，制定了一系列有关性能化设计的结构框架和试验方法的 ISO 标准，有助于世界各地的设计人员遵从统一的设计步骤与方法，共享由统一的试验方法获得的主要参数数据。澳大利亚、新西兰、美国和加拿大等国合作编写的国际消防工程指南（IF-EG），给出了消防安全性能化设计的基本方法与步骤，提供了可用的数据，可供设计者结合当地的建筑法规进行性能化设计。值得注意的是，这些标准和指南，并没给出具体的性能要求，而是描述和评估了各种工程设计和试验方法以及它们在技术上的适用性。

二、消防安全性能化设计步骤与方法

1. 性能化设计的 ISO 标准

实施消防性能化的设计，必须了解消防安全涉及的基本领域与现象，采用合适的、标准化的工程方法，分析并解决与现行法规和设计目标相冲突之处，提出满足消防安全性能目标的解决方案。国际标准化组织 ISO 在 ISO/TR 13387 的第一到第八部分针对消防性能化设计的各个领域，分别提出了应遵循的原则和要求。这些领域包括：

（1）应用消防性能化的概念到设计目标；

（2）设计火灾场景和火源；

（3）评估和查证火灾数学模型；

（4）火灾的发生和发展，燃烧产物的生成；

（5）火灾产物的运动与传播；

（6）火灾对建筑结构的影响和火灾蔓延；

（7）探测和抑制；

（8）生命安全-空间内人员位置、行为和状况。

2. 性能化设计的步骤与内容

一个典型的消防工程设计过程如图 4-1 所示。

图 4-1　消防工程设计过程

设计过程以消防工程报告的形成为标志。加上后续的施工与安装、验收、入住许可、使用与维护等环节。因此，消防安全性能化不仅仅体现在设计阶段，在验收和使用维护中，也需要对消防性能加以检验。美国消防工程师协会（SFPE）在性能化消防工程指南中，概括描述了上述设计环节，可以作为设计步骤与流程的参考。

（1）设计流程

SFPE 推荐的性能化设计流程见图 4-2，共三个阶段，八个主要步骤。

图 4-2 中的前四个步骤为设计的第一阶段，依据消防保护和利益相关方的目标要求，提出设计目标以及性能标准。

消防安全目的可能是不同层次的，通常应包括以下一个或多个方面：

1）保障人员安全（包括使用者、雇员、消防队员等）；

2）保护财产与文化遗产（建筑结构与内部物品等）；

3）保障运营连续性（满足利益相关方的使命愿景、运行能力等）；

4）限制火灾对环境的影响（有毒物质的释放、消防用水的消耗等）。

从消防安全目的可以归纳出具体的、可量化的设计目标。例如财产损失价值、生命损失，或者火灾的蔓延范围等。从设计目标进一步提炼出的性能基准，他们是候选设计方案

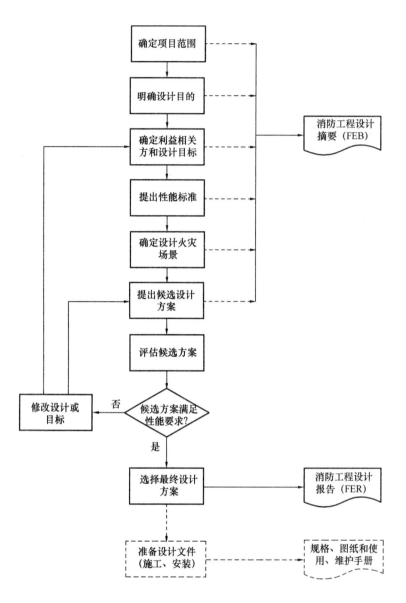

图 4-2　性能化消防设计流程

必须与之对比，从而判断是否满足设计性能的一组数值。他们包括材料的临界温度、碳氧血红蛋白浓度、烟雾的减光率、热辐射水平等。

　　表 4-1 以一个简单的例子，描述了上述步骤中从消防的保护目的到性能标准的细化过程。

从消防目标到性能标准的举例　　　　　　　　　　　　　　　　　　　　表 4-1

消防目的	利益方目标	设计目标	性能标准
最小化由火灾相关损害造成的运营和经济损失	避免运营中断时间超过 8h	限制烟雾水平以免对设备产生不可接受的损害	HCL 不大于 5ppm 烟雾浓度不大于 $0.5g/m^3$

　　性能化设计的第二阶段是提出设计火灾场景与候选设计方案。

火灾场景描述了可能的火灾发展过程，以及火焰和燃烧产物在建筑物中的传播。它表达了一组可能对建筑物以及其中人员造成危害的火灾条件。根据设计目标和要求，需要对火灾场景进一步过滤，即合并或剔除，以形成一组用来评估候选方案的设计火灾场景。

根据确定的项目范围、性能标准和设计火灾场景，设计者进行初步设计，以形成旨在满足项目要求的候选方案。这些方案包括推荐的消防系统、建筑和运营特点，以便能够在设计火灾场景下加以评估。

完成了预选方案的设计，设计者需要编制消防工程设计摘要（FEB 或 FEDB），以记录项目范围、目的和目标、性能标准、候选设计、设计火灾场景以及评估方法。

设计的第三阶段是采用上一阶段确定的工程方法，参照性能标准对候选方案进行评估，以形成满足性能要求的最终设计方案。

在设计火灾场景下，对候选方案进行评估，以检查这些方案是否满足性能标准。如果未能满足，在各利益相关方同意的情况下，可以修改设计目标或设计，但不能随意修改性能标准。依据项目的范围和设计的复杂程度，可以采用不同的工程方法，对涉及消防保护不同领域和现象的设计方案进行评估。对于这些方法的进一步描述和讨论，参见本节后续的内容。

对于人员和建筑安全的设计和评估，可以参照 NFPA550 给出的消防安全概念树的方法，对火灾发生、蔓延、对人员和建筑的威胁、保护与控制策略等环节进行分析，决定设计的内容，并判别消防安全的目标满足与否。

当某个候选方案通过了评估，即可确定为最终的设计方案。如果有多个候选方案通过了评估，则需要对他们做进一步的分析，以确定最终的设计方案。可以基于不同的考虑进行选择，如经济性、安装的时限和难易程度、系统和材料的可用性、维护与使用，以及其他因素。

当最终设计方案形成以后，需要编制消防工程设计报告（FER 或 FEDR），以便各相关方理解设计方案的实施和维护要求。

（2）设计、评估方法和数据

国际消防工程指南（IFEG 指南）针对性能化的典型设计过程以及主要子系统，给出了具体设计步骤，设计与评估的方法，同时介绍了各个子系统设计中数据的选择。这些子系统包括：

1）火灾的发生、发展与控制；

2）烟雾的发展、蔓延和控制；

3）火灾的蔓延、冲击和控制；

4）火灾的探测、报警和扑灭；

5）人员疏散和控制；

6）消防救援。

IFEG 指南也介绍了每一个子系统各自包含的设备和过程。例如，在"探测、报警和扑灭"子系统中，就覆盖了自动和手动探测设备、自动和手动报警设备、监控设备、自动和手动灭火系统。

在设计方法上，IFEG 指南就设计目标和要求中与现行法规不相符的问题，提出了处理的方法。通常，每一个候选设计都或多或少的遵从现行处方式法规的要求。对于不相符处则需要指明、量化并记录，可以将设计方案与处方式规定做性能上的等效性检查，也可以提出特别的设计目标与性能要求。在评估过程中，对候选方案是否解决了与处方式法规的不相符进行检查。

IFEG 指南介绍了各种消防系统的设计方法，也给出了分析计算时的参考数据。例如，不同类型建筑的着火概率统计数据，建筑室内装饰材料的平均燃料负荷和燃烧热值等。数据主要来源于澳大利亚的消防工程指南 96 和 SFPE 消防工程手册。同时，指南也介绍了若干包含大量可用数据的工程技术设计手册，可以作为设计时的参考。设计者也应该注意数据的适用性与更新。

总之，IFEG 指南为性能化设计提供了详尽的设计方法和步骤。结合不同国家和地区的性能化或处方式消防法规的要求，设计者可以在不同层面选择对具体项目最为适用和有效的分析策略与评估方法，展开消防性能化的设计实践。

3. 性能化设计的若干重要环节

有诸多因素影响性能化设计的水平和应用。其中若干关键环节的处理，常常决定了设计的质量和消防评审部门接受的程度。下面就设计过程中的重要环节，即性能标准的确定、设计火灾场景、评估手段与方法，加以简单介绍和讨论。

（1）性能标准的确定

性能标准是用来评估候选设计方案能否满足设计目标和利益相关方要求的依据，尤其是在与现行法规的要求有不相符的时候，尤为重要。必须在消防工程设计摘要（FEB）中对性能标准的数值或者决定方法加以确定并记录。

对于候选方案遵从现行法规或认定满足（DtS）要求的部分，可以采用比较的分析方法，使用性能化法规中认定满足的性能，作为评估候选方案的性能标准。候选方案应该具有不低于认定满足（方案）的性能，而成为可以接受的设计方案。例如，作为一部基于性能化的法规，《澳大利亚建筑法规》（BCA），对建筑的主要结构与功能从设计目标和功能描述提出了性能要求，同时给出了一组满足性能要求的认定满足规定，可以作为对建筑结构或系统进行设计时遵从或比较的标准。

对于候选方案与现行法规不相符之处或者现行法规未能覆盖的某些领域，例如在高大空间内的火灾探测，则需要从保护目标和相关方的要求，提出对候选方案的性能要求。IFEG 指南给出了一般性设计目标所对应的典型性能标准变量（项目），作为提出性能标准时的参考。这些设计目标涵盖了人员安全、财产保护、维持运营、环境保护等。而相关的性能参数可以是预期生命损失、预期财产损失、不可耐受条件，以及消防水资源的使用等。

对于性能参数的具体数值，应根据项目设计目标和要求，以及建筑功能和环境特点，参考当地的法规要求和有关设计手册和指南推荐值，适当地选取。SFPE 性能化分析和建筑设计工程指南介绍了确定人员不可耐受条件的过程和方法，并在 SFPE 消防工程手册和若干指南中，给出了对人员造成伤害的热辐射阀值。SFPE 消防工程手册和 ISO13571 对于有毒气体浓度及烟气能见度都给出了参考数据。英国标准 BS 7974—2004 也建议了疏散过程相当于 10m 能见度的烟雾光学密度条件（$D^*/m=0.08$）。

（2）设计火灾场景（Design Fire Scenario）

火灾场景包括了对设计建筑中各种影响火灾后果的因素和条件的描述，包括建筑特性、人员特性以及火灾特性。设计时需要对可能的火灾场景加以分析和筛选，结合项目保护目标和设计要求，确定若干场景为设计火灾场景，用于对设计方案的评估。

确认可能的火灾场景时，可以采用不同的分析方法和工具，如失效模型和后果分析，也可以基于统计数据和经验数据。分析过程通常包括了火灾危险（hazard）分析和风险（risk）分析。危险分析，主要包括辨别潜在的火源、可燃物和火灾发展。风险是指各种危险发生的可能性（概率）与后果的乘积。火灾风险分析检查火灾对环境和特定目标的影响效果。因此，设计的火灾场景既要包括最有可能发生的火灾条件，也要包括发生概率较小但损害极大的情形，即所谓的最不利火灾场景。

1）常用火灾场景

NFPA101 人员安全法规和 NFPA5000 建筑结构和安全法规给出了指导性的信息，可以用于确定火灾场景的分析中。同时，这些法规也提供了某些典型的设计火灾场景，作为设计时的参考。

①设计火灾场景1，基于人员安全的典型火灾场景；

②设计火灾场景2，超快速火，考察主要疏散通道的能力；

③设计火灾场景3，火灾起源于无人空间，考察对建筑内其他空间大量人群的威胁；

④设计火灾场景4，火灾起源于受限空间，如没有探测和灭火装置的天花板上方空间，而相邻区域内有大量人群；

⑤设计火灾场景5，慢速发展且未受灭火系统干预的火灾，建筑内有大量人群；

⑥设计火灾场景6，日常运营条件下，建筑内可能发生的最剧烈的火灾，通常没有人员在场；

⑦设计火灾场景7，外部发展的火灾，对保护建筑内人员的疏散、不可耐受条件的影响；

⑧设计火灾场景8，房间内常见可燃物燃烧条件下，单个主动、被动防护系统失效。

对于火灾探测系统，上述 8 个设计火灾场景中所谓最不利的场景（Worst-Case Scenario），往往并不是最不利的条件。因此，评估火灾探测系统方案时，除了必须满足上述各个设计火灾场景中对探测性能的要求外，还应结合项目保护目标，考察对于火灾探测不利的场景和条件。例如，当保护目标为保护建筑内重要设备或保证关键系统不间断运营，则需要重点考察探测系统方案在设计火灾场景5，甚至包括阴燃火处于不同通风条件的场景，所具有的探测能力。

2）火灾特性

在设计火灾场景中，火灾特性是一个重要的组成部分。通常它被称为设计火源（Design Fire），必须加以定量描述。

火灾过程涉及极其复杂的物理与化学现象，通常包括发生、发展、维持、衰减和熄灭等阶段，并受燃料、通风和灭火系统等因素的控制。为了准确描述各个系统（包括火灾探测系统）的交互作用和影响，需要对火灾的发生和发展阶段加以简化和仿真。

1972 年，Heskestad 建议用指数曲线表示稳定发展阶段的火灾增长速率（热释放速率）。大量的实验数据表明，对于绝大多数的明焰火（不包括油池火），其热释放速率的曲线大多近似于时间的平方。于是一组称为"$t-$平方"曲线所表示的热释放速率，见式

（4-1），被 NFPA 的探测与自动喷淋技术委员会采用在了火灾探测与喷淋装置的设计之中。随后，他们也被用来描述设计火源，广泛地应用在性能化的设计中。

$$Q = \alpha \times t^2 \tag{4-1}$$

式中　Q——为热释放速率，kW；

　　　α——为火灾强度系数，kW/s^2；

　　　t——为时间，s。

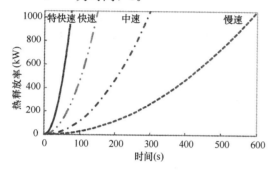

图 4-3　t-平方火灾增长曲线

随着火灾强度系数的不同，这些曲线通常被表述为慢速、中速、快速和特快速四个组别。其达到 1055kW 热释放速率的时间分别为 600 秒、300 秒、150 秒和 75 秒，参见图 4-3。

对于不同增长曲线的选取，需要考虑可燃物属性和环境通风条件。"慢速"曲线可以用来描述厚重固体可燃物的燃烧，例如实木桌子和柜子；"中速"曲线适合于普通低密度固体可燃物，例如室内家具和床垫；"快速"曲线适用于轻薄的可燃物，如纸张、纸箱和纺织品；"特快速"曲线用以表述某些可燃液体、老旧家具和高挥发性的燃料。如果模拟的场景中有不同燃烧特性的可燃物混合存在，而且没有特殊的易燃物，通常可以采用"中速"曲线来描述。更多燃烧场景的热释放速率可以从大尺度实验中获得。SFPE 消防工程手册提供了许多有用的数据，可以作为设计时的参考。

上述 t-平方（曲线）模型基于这样的假设：火灾从发生之刻起，其热释放速率立即遵从 t-平方的关系式。这样的假设适合描述那些有相当初始强度的明焰火灾。然而许多小尺度的火灾，或者在到达稳定发展的明焰火之前，通常都伴随有一个初始期。在其间并无明显或稳定的燃烧，例如过热阴燃。这一阶段持续的时间长短并不固定，其热释放速率也不遵从 t-平方的规律。对于人员安全疏散和许多消防子系统，例如水喷淋系统，忽略这一阶段并不会对性能预测产生显著的影响。对于设计具有早期探测功能的火灾探测系统，或者极低的发热量和发烟量也可能导致设备损害的保护项目，就需要将这一阶段也纳入设计火源中。IFEG 指南推荐的方法是在 t-平方曲线之前，加入一段热释放速率不大于 5kW 的初始阶段。

（3）评估方法

在设计阶段提出了一个或多个候选方案后，就需要用适合的、工程的方法，对他们进行分析评估，以判断候选设计方案是否满足设计目标和性能指标，并确定最终的设计方案。依据建筑结构的复杂性、子系统交互作用、性能标准类别等因素，评估可以在不同的层次上进行。包括将子系统的性能和处方式要求做比较式评估，对包含多个子系统交互作用所做的系统层面的评估，以及对整个建筑的性能所做的评估。

依照设计的目标要求和消防系统的不同，用来进行分析评估的途径有多种，大致可以分为 6 类：比较性的和绝对性的，定性的和定量的，确定性的和概率性的。比较性的途径是将候选方案与处方式或认定满足的要求加以对比，以期获得等效或更佳的性能；绝对性的途径使用消防工程摘要（FEB）中确认的性能指标，检查设计方案是否满足性能要求；定性的途径使用在尚无明确性能指标的领域，通常采用专家定性预测的评审结论；定量的分析途径是对候选方案的性能进行定量预测和分析；确定性的分析是基于科学理论和实验结果的物理关系，对候选方案性能做出确定的预测；概率性的途径使用预测得到的事件发生概率与目标基准（性能标准）相比较。采用事件树的方法估算建筑物的预期生命危险（ERL）就是一个使用概率性途径的例子。

基于确定性途径的定量分析被广泛地使用在消防工程的仿真计算中。例如，使用可用安全疏散时间和所需安全疏散时间（ASET-RSET）的时间线对疏散过程进行计算，判定疏散过程的安全性。在定量分析中有多种分析的方法可以采用，例如，可以使用公式等式、统计研究、不同尺度的试验，以及使用计算机模型仿真火灾和产物的蔓延、人员疏散等。

在使用各种评估方法时，应该考虑他们的适用性、有效性、易用性和局限性。要获得较高可信度的评估结果，还必须严格审查分析初始和边界条件（数据）、分析过程和输出结果。灵敏性研究、冗余度研究和不确定性研究是定量分析中常用的三种方法。SFPE 性能化消防工程指南介绍了具体使用方法，可作为设计参考。

随着不确定性研究的进行，常常要在分析过程中引入适当的安全系数，以便保守地估算候选方案的性能。尤其是在设计方案中使用了新的技术和系统时，由于各种数据和假设所具有的不确定性，更需要设计具有较高程度的保守性，直到积累足够的经验，方能逐步降低安全系数的量值。在比较性的分析途径中，采用行业内常用的、并为审批部门所接受的安全系数，能够确保候选方案的性能不低于处方式或认定满足（DtS）的性能要求。

三、火灾仿真模型

火灾是一个动态的、涉及物理、化学变化和相互作用的过程。预测在给定条件下可能发生的事件和结果，是一项困难的任务。最简单的预测方法就是使用一组从试验数据中发展出来的代数方程。在合适的环境下他们能够产生有用的预测结果。同时，他们也可以用在复杂的模型中，帮助设定模拟参数。例如，Thomas 的轰燃关系式和 Mc Caffery-Quin-tiere-Harkleroad（MQH）上层燃气温度关系式，对于判断轰燃的发生和房间内的最大温度，能够提供有用的工程预测。然而，这样的预测具有显著的不确定性。考虑到公众安全可能遭受的巨大威胁，尤其在进行消防安全的性能化设计时，仅仅依赖这样简单方程式的预测，既不够准确也不够可靠。预测工作必须基于火灾模型和适当的火灾试验。由于火灾试验的局限和较高的成本，模型仿真便应用在了绝大部分性能化设计的预测与评估之中。

1. 对火灾模型的要求

在消防工程中不同用途和功能的模型被广泛使用，其中最主要的是对火灾发展过程以及燃烧产物进行描述的火灾模型。在性能化的设计中它们被用来在设计火灾场景条件下，仿真火灾的发展以及对相关消防系统和人员安全的影响。

适合工程计算和分析的火灾模型，必须能够仿真主要的火灾现象，包括：火灾遵循设计曲线或依照燃料种类和形态自由燃烧的发展过程，空气中含氧浓度以及通风条件对燃烧的影响，烟雾在不同分层之间的混合（紊流扰动），各种形式的热传递计算（从固定的热损失率到不同环境条件下的精确计算），烟雾层的浓度和厚度的估算等。除了仿真火灾过程本身，火灾模型还应能够仿真火灾与其他系统相互作用的效果，比如自然或机械通风系统的影响、灭火系统对火灾发展的干扰与抑制等。

2. 火灾模型的基本要素

任何一款可用的火灾仿真模型必须包含标准化的火灾条件、安全指标和安全系数。

标准化的火灾条件即设计火灾场景中的设计火源。针对不同的设计目标，不同的火灾条件定义方法略有不同。他们可以是热释放速率峰值，也可以是单位面积的火灾负荷，以及推算出的总热负荷。这些有助于判断建筑物可能经受的最大火灾威胁，比如轰燃的发生。性能化的设计方案可以依据此最大风险进行设计。然而，这样简化的火灾条件定义方法，没有考虑火灾发展的过程细节，难以衡量对火源附近人员的威胁，评估各种由火灾报警驱动的消防子系统对火灾发展过程的交互作用，也无法检查建筑结构的完整性和避难场所的安全性。因此更具普遍意义的定义方法是量化的火灾增长速率，包括前面所述的热释放速率 t－平方曲线和各种由试验得到的放热、燃料失重速率曲线等。

在选择各种仿真模型时，首先需要考虑其对火灾发展过程定量描述的能力以及细节程度，以决定是否满足评估设计方案，特别是各个子系统的特别要求。

火灾模型还应能够使用一组标准化的安全指标（性能标准），包括人员安全性、商业运营连续性等，对候选的设计方案在设计火灾场景中的性能加以评估。这些指标应该依据不同的人群和建筑环境来选用，而不是全部应用在单一的火灾场景中。

引入安全安系数是工程设计中常用的手段，以应对计算中的不确定性。这里的安全系数除了考虑前面所述的各种因素，还要依据所使用的不同模型和计算过程，考虑仿真模型的不确定性。

3. 主要计算机火灾模型

火灾模型主要用来预测和评估与火灾现象相关的性能标准。如前所述，评估的方法可以是概率性的，也可以是决定性的。基于事件发生可能性和产生后果严重性来评估风险的概率性模型，较少地应用在评估系统性能上。他们有时也能配合决定性模型的仿真，用于预测可能的人员伤亡、财产损失。绝对性模型更适合预测量化的性能，主要分为代数模型、区域（Zone）模型、场域（Field）模型或者被称为计算流体动力学（CFD）模型、满足特定目的的模型。

（1）代数模型

代数模型使用数学的或者从实验数据中发展出来的方程式，对物理变量和行为做直接的计算。他们能对诸如火焰高度、热释放速率、羽流或天花板射流速度等相对简单的火灾动力学参量，给出直接的、稳态的结果。计算结果的准确性很大程度上取决于仿真计算的条件与实际火灾场景之间相吻合的程度。代数模型常常被用来估算单一变量的可能数值与范围，对其他模型的预测计算加以验算，而不是作为主要的火灾仿真模型。

（2）区域模型

区域模型是预测火灾发展效果的计算机模型，其理论基础是对火焰羽流和热烟气层发展的描述。它又被称作"整体参数"模型：将研究空间分成若干个具有均匀变量的空间，分别应用守恒定律，以数学方程式描述有关的条件，并求解相关变量。例如在火源所在的空间里，通常将整个空间分成两个区域：上面的热烟气层和下面较凉的空气层。火焰羽流在上下层之间起着"焓"泵的作用。

区域模型具有相对简单、运算快捷、使用方便、对计算机能力要求相对较低等特点，比较适合对有关参数做敏感性研究。同时也因为"两区"的区域模型基本符合热烟气和冷空气上下分层的物理现象，常被用来跟踪烟气在建筑内（尤其是多个空间之间）的蔓延、预测烟气层高度。这类模型的缺点是无法应用于复杂的建筑环境，也无法仿真在高大空间经常出现的热分层现象。同时，其区域内变量均匀性的假设，也使得其无法对区域内部细节和现象做出准确的描述。

常用的区域火灾模型有 ASET、CFAST/FAST、CFIRE-X、FIREWIND、FIRST、NRCC1/2 和 WPIFIRE 等。更完整的区域模型介绍以及他们的特点、适用范围和局限，请参阅 Friedman 在 1992 年、Olenick 等人在 2003 年所做的关于火灾模型的调查，以及 2007 年的一个补充调查。

（3）场模型，计算流体动力学模型

计算流体动力学（Computational Fluid Dynamics-CFD）模型将研究的单个或多个空间划分成大量的单元，并在单元内采用 Navier-Stokes 方程式的数学解析法进行流体计算。在每一个单元内，应用偏微分方程式对质量、动量和能量守恒进行有限元计算，从而求得描述单元物理状态的变量。

与区域模型相比，CFD 模型将仿真的空间分成了更多、更细小的单元，从而能够以更高的精度，描述更多的物理现象。除了流体方面的现象，如羽流和紊流以外，它还能描述由火焰驱动的现象，如热气的蔓延、热辐射，跟踪烟雾和水汽粒子的运动。在仿真精度方面，能够描述复杂的建筑结构和边界条件。当然，CFD 模型需要更强大的计算能力、更长的计算时间以及使用者对火灾模型与描述的物理现象更深入的了解。

常用的 CFD 模型有 CFX、FDS、FLUENT、JASMINE、KOBRA-3D、PHOENICS、SMARTFIRE、SOFIE、SOLVENT、STAR-CD 等。更多的 CFD 模型介绍，参见在区域模型介绍中给出的参考资料。

（4）专门用途的模型

从用途上来看，某些模型具有特定的功能或者适用于特定的消防系统。他们并不对火灾过程做完备的仿真，而是预测一个或少数感兴趣的变量。

探测模型用以仿真各种火灾探测器，包括喷淋头在给定火灾条件下的响应性能。他们大多为区域模型，对火灾的发展和热量传递进行简化计算，通常并不适用于复杂的建筑与环境条件。常见的有：DETACT-QS/DETACT-T2（感温型探测器）、G-JET（感烟型探测器）、JET、LAVENT、SPRINK（感温型探测器和喷淋头）等。现在某些 CFD 火灾模型，例如 FDS，也内建了各种火灾探测器的子模型，能够使用 CFD 模型仿真的火灾参数，对处于复杂条件下的探测器响应特性，进行较为准确的仿真预测。

人员疏散模型预测建筑内人员疏散的过程，他们大多利用区域模型来确定不可耐受条件发生的时间。预测的结果也常被用在性能化设计中，判断候选设计方案是否满足现行法规对人员疏散安全的要求。随着计算能力的迅速增长，也有将 CFD 模型对火灾发展及其产物详细的仿真结果，运用在对疏散的仿真计算中，例如 FDS＋EVAC。常见的疏散模型有：EGRESS、ELVAC、EVAC、EVACNET4、EXIT89、EXITT、PATHFINDER、SIMULEX、STEPS 等。

4. 模型的选择与使用

在性能化设计的工作中，应根据项目设计范围、设计目标与要求、性能标准的要求、设计方案的复杂程度，选择合适的火灾模型。例如，某候选方案仅仅设计为在独立的系统上取得与处方式规定或认定满足（DtS）方案相当的性能，就有可能采用非常简单的火灾模型，甚至采用代数方程式手工计算或者参考相关实验结果加以评估。而对于复杂条件下的整体系统性能化设计，例如，坐落在购物中心内的电影院观众疏散系统，就可能需要采用复杂的 CFD 模型，对涉及人员安全疏散的诸多系统展开详尽的仿真计算。

（1）选择模型

SFPE 特定应用火灾模型使用指南给出了确定适用模型与使用方法的基本步骤。

1）定义问题。通过分析相关的背景材料，明确设计的主要物理过程和现象，收集可用的信息，最终决定分析的目标。

2）选择模型。所选模型的控制方程与假设必须适用待解决的问题。同时还要考虑计算资源、时间要求、所需精度等。

3）查证和验证该模型适合待解决的问题，并能产生所需要的准确性。关于查证和验证的基本方法，可以参阅相关的标准和资料，如 ASTM E-1355。

4）确定仿真过程中的各种不确定性，包括定义仿真空间、各种简化和假设、输入参数的选择，展开敏感性研究（参数分析、界定边界），并应用一定的安全系数。

5）设计者通过文档的形式，将前述模型的选择和仿真计算过程记录下来，作为设计工作中火灾模型选择和使用的基础材料，供各相关方尤其是项目审批方（AHJ）审查。

（2）不同现象适用的模型

SFPE 特定应用火灾模型使用指南针对主要的火灾现象，分析了其中的物理现象和在消防安全上的应用范围，给出了各类火灾模型（代数模型、区域模型和 CFD 模型）对这些现象的适用性和建议处理方法。这些现象和参量包括：天花板射流的速度和温度、火焰高度、热通量、目标对热通量的反应、气体浓度、房间内压力、热释放速率、机械和自然通风、能见度、探测器和喷淋头响应、爆炸、气体扩散。设计者可以根据当前项目设计的火灾现象和对仿真计算的要求，参考指南的建议以决定适用的模型类别。

第二节　火灾探测性能化设计与仿真

一、火灾探测性能化设计

火灾探测性能化设计包括明确保护要求，确定性能目标，提出候选探测方案，仿真预测不同方案的探测性能，评估并确定可行的探测方案。火灾探测器的火灾报警，将启动有关消防设施如防排烟系统、灭火系统，引导人员安全疏散。因此，探测系统的仿真结果，会影响后续子系统乃至整个消防系统的性能化设计。

1. 火灾探测的性能目标

依据消防保护目标的不同，设计安全目标可以是保障人员安全疏散、控制建筑结构和内部设施的损害程度、防止火灾蔓延到邻近建筑物、减少对环境的冲击等。对于火灾探测来说，上述性能目标则可量化表述为性能标准，如所需的触发探测系统的火灾强度（热释放速率）或燃烧产物生成速率与浓度、探测系统的报警响应时间等。

目标火灾强度可以用来确定对各种建筑结构和建筑内设施的冲击与损害，判断各种建筑结构的失效时间，确定火灾的水平蔓延速度和垂直蔓延速度，也可以确定人员遭受的辐射危害、轰然的发生等。探测报警时间可以用来进行"可用的安全疏散时间及需要的安全疏散时间"计算，模拟人员的疏散过程，也可以计算其他消防子系统（如防排烟或喷淋灭火系统）的启动时间，评估其对火灾过程的影响与控制等。

在上述可能的消防要求中，某一个性能目标决定了所需要的最快探测响应时间，或者能够探测到的最小火灾尺度、燃烧产物生成速率。这一探测要求，便成为设计火灾探测时所必须具备的最高探测性能。例如，在对数据中心的机柜保护中，一定尺度的热辐射或烟气浓度就可能对关键设备造成损害，从而需要及时报警。此时，对该尺度的热辐射或烟气浓度的探测，远高于保障人员安全疏散所需的探测能力，因而成为众多因素中对探测性能的最高要求。探测系统必须依照此要求来设计，该探测性能也就成了系统设计标准。

2. 火灾探测性能化设计的基本方法

（1）确定保护目标与性能要求

首先分析项目可能的火灾风险，确定消防系统的保护目标。根据消防安全的目的，提出对探测系统的性能要求，如必须探测到的火灾尺度和探测报警时间等。

（2）探测系统设计

当探测时间在消防系统设计中并非关键指标时，可以按照现有法规对火灾探测器进行选择和设置。如果保护目标要求火灾探测器必须在一定的时间、烟雾浓度、热释放速率或者温升速率等条件下响应报警，就需要对火灾的发展及其探测过程，进行分析计算。此时的分析基于四个方面的信息：预设的火源信息（包括燃料和燃烧速率）、燃烧产物的传输特性、探测器特性、建筑空间特性。

1）火灾场景和临界火灾尺度的确定

在消防系统的性能化设计中，已经提出了适合不同安全目标的火灾场景，作为整个消防系统的设计依据。进行火灾探测设计时，可以采用全部或部分的火灾场景，尤其是那些对探测性能有较高要求（比如存在阴燃火）的场景，分析探测系统在场景条件下的探测性能。

任何消防联动控制系统都有一定的响应与动作时间，火灾探测系统必须提前一定的时间，探测到比较小的火灾尺度，以确保其他消防系统的正常工作，从而控制火灾的强度不超过设计目标火灾尺度 Q_{ob}。这个必须探测到的最大火灾尺度，称作临界火灾尺度 Q_{cr}，如图 4-4 所示。

从设计目标火灾尺度推算临界火灾尺度时，必须考虑来自探测系统和消防控制系统的响应与动作时间。

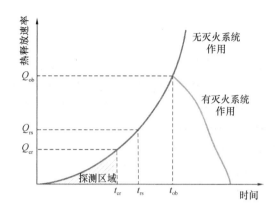

图 4-4　热释放曲线与报警设计

（下标$_{ob}$，设计目标；下标$_{rs}$，报警响应；下标$_{cr}$，临界）

①探测系统的响应时间（$t_{rs}-t_{cr}$），包括燃烧产物从火源传播到探测器、进入到探测传感器部位并达到报警阀值的时间、探测器的响应延迟与报警验证时间、信号处理时间以及报警控制器的处理时间。

在上述各个时间分量中，探测器和报警控制器对信号的处理时间是恒定的，在系统的响应时间中仅占极小一部分，通常可以忽略不计。烟雾的传播时间和进入到探测器传感器部位的时间，依据火灾的发展和探测器的类型，需要进行专门的仿真计算。而探测器的响应延迟与报警验证时间，是指所需探测信号保持在报警阀值以上的延迟时间。设置延迟时间是为了减少、消除由非探测信号（例如灰尘对于感烟探测器）可能造成的误报警。设计时，应根据探测器类型、应用环境特点，以及生产厂商推荐的数值，采用保守的估算。

②火灾控制系统的动作时间（$t_{ob}-t_{rs}$），包括灭火系统报警信号的延迟、相邻区域的信号、预动作系统管路的填充与释放、为了保障安全疏散所需的延迟（如二氧化碳灭火系统）以及实现扑灭的时间。这些时间可以根据消防法规对各系统的要求和设计的系统性能目标加以确定。

如果探测系统的设计性能标准为探测响应时间，可以根据上面表述的各系统相互关系确定各个工作时间，包括探测系统的临界探测时间。同时，依据设计场景中的火灾增长曲线，推算出临界、报警和目标设计火灾尺度，作为评估其他系统之用。

2）确定候选探测方案

明确探测系统性能要求以后，即可根据各种探测系统的探测能力，结合场景中燃烧及其产物的特点以及工作环境条件，提出候选的探测技术。

在考虑合适的探测技术同时，也要考虑探测器的探测方案，如安装位置、间距、灵敏度设置等。当上述参数的细节尚未明了之时，可以采用市场上的主流产品，依照处方式法规的安装规定，确定典型的探测方案。还可以根据保护空间和探测性能的特别要求，调整有关系统参数或探测方式，以形成多个候选探测方案。例如，在有较强气流存在的数据中心，通常需要考虑和比较不同探测间距，天花板下、回风通风口或机柜局部探测等多种方案。

3）估算探测性能

明确了所需的探测性能，包括临界火灾尺度或探测时间，即可对设计的探测技术以及探测方案估算探测性能，以评估候选方案是否满足保护要求。可以用计算机火灾模型和经验公式，对探测器在选定火灾场景下的探测性能进行仿真计算。

如果仿真计算得到的探测性能不能满足设计性能标准，则需要调整探测方案，如改变探测器安装位置与间距，选用不同灵敏度的探测器，乃至考虑更换不同的探测技术。

因为实际的燃料和火灾增长速率尚属未知，选择火灾发展过程必须依据工程判断，考虑各种不利的情形。同时还必须进行敏感性研究，以了解火灾发展速率变化对探测性能的影响。

3. 探测技术的选择

性能化的设计要求设计者考虑潜在的火灾增长速率和火灾信号类别、火灾所在空间的建筑特性以及对目标的损害特点，选择合适种类的探测器，以满足性能化设计所需要的保护目标和探测性能。

在性能化设计中，对探测技术的选择应考虑以下几个方面：

（1）适用性，是指候选探测技术的探测能力能否满足项目性能指标对探测性能的要求。需要考虑的重要参数包括：探测器类型对于可能存在的火灾信号的灵敏度、报警阀值和预期的安装位置（比如距火源的距离、天花板下的位置）等。

例如，感温探测器适合于探测伴随有大量热量释放的燃烧现象，能够可靠地应用在对建筑结构的保护上。但是对于需要早期或极早期火灾探测的应用，例如数据中心或半导体生产的洁净室，感温探测技术相对迟缓的探测响应就无法提供所需的探测能力，或者不适合作为单独安装的探测系统。

（2）适应性，是指候选探测技术能否适应保护空间的环境、应用特点，例如高温、多尘、高湿度、强气流、具有强烈辐射或腐蚀性等。必须考虑所选探测技术对预期工作环境下可能干扰源的抗干扰能力。例如，普通的点型探测器，就不宜应用在具有很高气流速度的管道探测。使用在该类应用的探测器需要通过特别的产品认证，例如：UL268A。国标GB 50116 给出了各类火灾探测器适宜的应用类型，可以作为设计时的选型指导。

（3）可预测性，作为性能化设计的一部分，具有一定准确性的量化探测性能是设计计算必不可少的。因此需要分析候选探测技术探测性能的可预测性，作为选择方案的一个重要依据。对探测性能的预测可以使用可靠的计算机模型进行仿真；也可以依据在类似环境条件下由火灾探测试验得来的试验结果。

（4）可靠性，是指候选探测技术在实际的应用中能否正常工作，并保持所设计的探测性能。火灾探测器在长期的工作运行中，容易受到环境因素的影响，导致探测性能的变化。例如，许多火灾探测器使用了光学传感器，在多光环境下，光学元件容易受到污染，探测器的探测灵敏度会下降。通常不同的漂移补偿方法被用来克服灵敏度的下降。因此需要了解各种补偿方法的可靠性和有效性。一个设计方案如果不具有和准备代替的处方式设计大致相当的可靠性，就不能认为在性能上是等效的。有着一定安装数量、并经过实际应用或现场试验所验证的探测技术，为在类似应用环境下的选型设计提供了可靠的依据和参考，可以采用在探测系统的性能化设计中。

二、火灾探测的仿真

使用火灾模型对火灾探测进行仿真，可以根据性能化设计对量化探测性能的要求以及经济性的考虑，选择适当的火灾模型。经验公式和区域模型可以应用在对探测性能预测准确性没有特别要求的设计中，对探测性能做大致的估算；而对于复杂环境下探测性能仿真，或者对预测的探测性能有一定精度和准确性要求的设计，CFD模型则比较适合。

对火灾探测的仿真包括对火灾信号的仿真和探测器的仿真。图 4-5 给出了对烟雾探测仿真的组成与流程，作为示例。

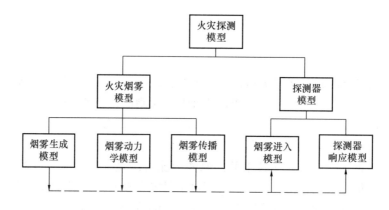

图 4-5　火灾烟雾探测仿真模型的组成与相互关系

上图给出了火灾烟雾探测仿真的各个子模型，分别仿真影响烟雾探测性能的各个方面。烟雾的生成、动力学特性以及传播特性，都会影响到探测器响应性能。同时，拟用的烟雾进入模型和探测器响应模型，也对烟雾生成模型、烟雾动力学模型及烟雾传播模型提出了不同的要求。下面对各个子模型的作用和相互关联加以讨论。

1. 对燃烧过程与产物的仿真

除了根据设计火灾场景对燃烧过程，如热释放速率和燃烧速率等参数，进行仿真以外，还需要考虑烟雾的生成与特性，包括粒子尺度和分布、粒子数量或浓度、化学成分、颜色和折射系数等。由于对烟雾在不同燃料和燃烧条件下生成机制和特性缺乏深入的了解、试验数据的不完备以及现有计算机模型的局限，不可能也没必要对上述的烟雾生成及特性进行全面的仿真。应根据候选探测技术的传感器类型及其工作方式，对决定或影响其报警响应的主要燃烧产物及其特性，选用合适的燃烧及烟雾生成模型进行仿真，以得到满足工程计算所需准确性的关键变量参数。

对于大多数烟雾探测器，烟雾的质量浓度是决定探测器响应特性的主要物性参数。因此，烟雾的生成量或生成速率，便成为对燃烧产物生成进行仿真的主要目标变量。依照性能化设计的目标要求、候选探测技术以及使用的探测器模型，可以采用不同的经验公式或火灾模型进行计算。

常用的处理方法是将烟雾的生成与燃料的消耗联系起来，假设烟雾的生成速率与燃烧速率成一定的比例（称为烟雾生成比率），即可将烟雾的生成量与热释放速率关联起来。依据对燃烧过程仿真的详略，可以得到具有不同准确程度的烟雾生成估算结果。

对于探测性能并无精确量化要求的设计，可以采用简单的数学计算，对烟雾的生成量进行大致估算。例如，在火灾增长到某一尺度时，通过计算消耗的燃料总质量，即可计算出生成的烟雾总质量。如果假设烟雾均匀扩散到火源所在的整个空间，即可以保守地估算出烟雾探测器所在位置的烟雾质量浓度。因为烟雾在探测器所处的屋顶空间通常具有相对较高的浓度，依据由此方法估算出的烟雾浓度，可以判断烟雾探测器能否在这样的燃烧条件下报警。

如果探测设计的性能标准为明确的火灾尺度与探测时间，可以结合对火源增长速率的仿真，采用前述的烟雾生成比率，得到实时的烟雾生成速率。在对火源发展的仿真中，可

以采用 t-平方曲线，对火源增长速率进行简化计算；也可以采用 CFD 燃烧模型，结合对火焰在燃料表面传播的仿真，计算燃烧的热释放速率。

不同的燃料和不同的燃烧条件下烟雾的生成比率各有不同。应该根据保护空间内可能的燃料种类及燃烧条件，参考可靠的实验数据，例如：SFPE 消防工程手册，选择合适的数值。当燃料种类在设计阶段尚不能确定时，木材或纸质包装材料常作为典型的可燃物被用于设计评估，因此可以选择其烟雾生成比率（1%）用于烟雾生成速率的计算。值得注意的是，现有 CFD 模型大多仅允许使用恒定的烟雾生成比率，例如：FDS。使用的烟雾生成比率常常是试验数据的平均数值。因此，要注意试验的条件以及烟雾生成比率数据的离散程度。如果数据呈现出较大的离散度，可以选用其下限（较低的烟雾生成比率数值），相对保守地评估探测器的探测性能。

2. 对探测变量时空分布的仿真

研究表明，烟雾在传播过程中，伴随着烟雾粒子的聚合和凝结、在固体表面的吸附等动力学现象，会改变烟雾粒子的诸多特性，包括粒子数量和尺寸以及其他的光学特性等，从而对各种类型烟雾探测器的响应产生不同程度的影响。然而，目前的知识水平尚未完全了解各种物性参数对探测性能的影响，或者还无法定量描述。同时，现今的大多数计算机火灾仿真软件，也不能准确地仿真烟雾的特性参数和动力学变化。因此，在性能化的设计过程中，对探测变量的仿真做了相当程度的简化。通常忽略了烟雾粒子在传播过程中的动力学参数的变化，而仅仅基于物质守恒与转化，对烟雾粒子的扩散（蔓延）所造成的浓度分布与变化进行仿真计算。

对烟雾传播的仿真，应该根据燃烧条件、建筑物特点、候选探测技术对物性参数仿真准确度的要求以及目标探测性能等，选择合适的仿真模型。在阴燃和明焰燃烧的初始阶段，发热量通常较小，燃烧的发展也比较缓慢。此时烟雾的传播，容易受到环境气流，比如来自空调系统的影响。如果需要候选探测器具有早期的探测能力，特别是保护空间内存在复杂的几何结构或环境条件（温度场或气流场），通常需要采用合适的 CFD 模型，对烟雾在复杂环境下的扩散与传播进行仿真，以得到具有一定准确性的烟雾浓度时空分布。在仿真中，往往也需要同时求解在探测位置的气流速度和温度，它们常常也是仿真某些类型烟雾探测器响应特性所必需的。

选择火灾模型时，应考虑其采用的燃烧、辐射以及紊流模型对于仿真烟雾浓度分布的影响。有学者发现，对比使用 LES 算法的 FDS，采用了 RANS 算法的 Jasmine 模型仿真烟雾浓度较低，尤其是在靠近火焰的位置。另外，也要了解所用火灾模型对于烟气粒子老化和在物体表面附着等现象的仿真能力。研究发现，在低顶棚下的明焰燃烧，上述现象可以导致在探测器处的烟雾浓度较理论值低至 40%。因此，要注意各种火灾模型对烟雾浓度及其他变量参数仿真的能力和准确程度。尽可能选用有广泛试验数据验证的模型，并根据可能的误差范围，对仿真的结果做出相应的、保守的调整。

3. 对探测器响应的仿真

由于火灾探测器的探测机理不同，仿真探测器的方法和使用的模型各不相同，仿真结果的准确性和可靠性也存在很大的差异。目前，对于感温探测器和喷淋头的响应特性，有了较为成熟的仿真方法，预测的报警和响应性能也较为准确。由于烟雾光学、动力学变量参数的多样性和复杂性，以及感烟探测器结构各异，对感烟探测器的仿真相对来说较为复杂，预测的探测性能其准确性也相对较低。即便对同一物理现象，例如：点型感烟探测器中烟雾粒子进入到传感元件的过程，采用不同的仿真模型和计算方法得到的结果，就存在着一定程度的差异。因此，需要设计者根据不同探测器的特点和保护目标性能的要求，选择合适的探测器模型。

第三节　各种火灾探测技术的仿真计算

一、感温探测器的仿真计算

1. 设计目标与内容

感温探测系统设计的目标通常为确定探测器间距，以保证满足消防设计对探测系统的性能要求，即在临界火尺度或给定的报警时间到达之前报警。

（1）系统设计的其他目标：

1）对于给定探测目标火灾尺度和探测器参数，预测探测响应时间；

2）预测探测器响应时的火灾尺度；

3）根据环境温度，调整消防法规给出的探测器间距；

4）分析天花板高度和环境温度条件对探测性能的影响。

（2）系统设计常用参数：

1）探测系统的性能指标（临界火尺度或所需的探测时间）；

2）火灾发展过程参数（t-平方火的强度系数或发展时间）；

3）拟用探测器的参数（响应时间指数（RTI），安装间距，报警阀值（温度阀值或温升率阀值））；

4）建筑和环境参数（天花板高度、环境温度）。

对于现存探测系统，依据其安装参数、探测器参数和建筑与环境条件，计算其报警时火灾尺度或报警时间，可以判断系统是否满足对探测系统的性能要求。

2. 定温探测器的仿真计算

感温探测器的仿真，包括对火源发展、燃烧产物的传播，以及探测器响应特性的仿真。对于感温元件的响应特性，Heskestad 提出了响应时间指数（Response Time Index-RTI）的概念，并据此发展了 RTI 模型和 RTI-C 模型，用于对感温探测器和含有易熔元件水喷淋头的仿真。其计算过程包括以下几个部分。

（1）仿真探测器响应特性

为了计算感温探测器的温升，需要计算从热空气/烟气至探测器的传热。此计算需要确定工作条件下的时间常数 τ。从探测器的认证试验中，可以得到试验空气速度（u_0）下的时间常数 τ_0 或响应时间指数 RTI。

研究表明探测器响应时间指数在不同的工作条件下保持不变，而且与流经探测器的气流速度平方根成正比，见式（4-2）：

$$\tau u^{1/2} \sim \tau_0 u_0^{1/2} = RTI \tag{4-2}$$

使用式（4-2）可以得到不同气流速度下的时间常数。

（2）计算传热与温升

由热烟气向探测器传热所导致的探测器温度变化见式（4-3）：

$$\frac{dT_d}{dt} = (u^{1/2}(T_g - T_d))/RTI \tag{4-3}$$

式中　T_d——探测器温度，℃或 K；

T_g——流经探测器的气体温度，℃或 K；

u——流经探测器的气体速度，ms^{-1}；

RTI——探测器响应时间指数，$m^{1/2}s^{1/2}$。

（3）计算气体温度

对于具有恒定热释放速率并处于稳定阶段的火灾，其在开放天花板下产生的射流（Ceiling Jet）也具有稳定的气体速度和温度。Alpert 给出了经验公式以计算径向气流速度和温度分布。将计算得到的气流速度和温度带入式（4-3），即可求解探测器温度。

对于可以使用 t-平方热释放速率曲线描述的火灾，可以采用 Heskestad 和 Delichatsios 提出的关系，确定烟雾气体的温度与速度，见式（4-4）～式（4-6）。

$$\Delta T = [(t - t_f)/(0.146 + 0.242r/H)]^{1/2} \tag{4-4}$$

$$\frac{u}{(\Delta T)^{1/2}} = 0.59 \times (r/H)^{-0.63} \tag{4-5}$$

$$t_f = 0.861 \times (1 + r/H) \tag{4-6}$$

式中　ΔT——为探测器温升，℃或 K；

t_f——为烟气从火源传播到探测器的时间，s；

u——流经探测器的气体速度，ms^{-1}；

r——探测器距离火源的水平距离，m；

H——天花板高度，m。

对于复杂的或者并不遵从 t-平方热释放速率曲线的燃烧，可以使用 CFD 模型对火灾的发展过程进行仿真，以求得燃气温度和速度在探测器所处位置的分布函数，使用式（4-3）进行手工计算，求得探测器温升。

有些 CFD 模型，比如 FDS，已经包含了仿真感温探测器和喷淋头的子模型。应用上述 Heskestad 和 Delichatsios 的感温探测器模型以及对烟气温度和速度在不同建筑及环境条件下的仿真计算，FDS 能够直接预测具有不同参数的感温探测器和喷淋头的报警响应时间。使用 CFD 仿真的结果，可以确定报警时火灾的尺度，进行安全性分析；也可以在 CFD 仿真中安排具有不同安装间距或参数（RTI 等）的探测器，以形成多个候选方案。分别求出这些探测方案报警时的火灾尺度，与设计的临界火尺度相比较，从而确定满足保护目标的方案作为可接受的候选方案。

（4）仿真计算误差

在上述仿真计算过程中，主要的误差来源于对烟气温度和天花板水平气流速度的计算。与实验结果相比较，计算的最高烟气温度可能会有 50% 的误差，预测的探测器相对环境温度升高值的误差在 $5\sim10℃$。一般说来，这样的误差范围依然显示出了较好的相符性。燃烧发展迅速和天花板高度较低时，仿真会有较大的误差。

同时，还应考虑其他因素对计算的影响，如天花板表面对烟气运动的阻滞、烟气通过天花板的散热、探测器从火焰接受的热辐射、探测器对周围环境的热辐射等。更多的细节可以参考 NFPA72 和 SFPE 消防工程手册。

3. 差温探测器的仿真计算

仿真计算方法与定温型类似，包括计算燃气温度、速度和探测器的温升等。使用式 (4-3) 可以直接得到探测器的温升速率。

对差温探测器应用定温探测器的计算方法基于如下的假设：差温型探测器的响应可以使用质点传热（Lumped Mass Heat Transfer）模型来仿真。实际上，这样的假设并不成立。对于大多数的差温探测器，其腔室内部气体受热膨胀的速率通常大于从通风口流出腔外的速率。因此，要精确地模拟探测器的温升速率，还必须模拟从探测器腔室至其中气体的传热，以及气体流出腔外的散热。这些都需要对探测器内部结构和材料有详尽的了解与精确的仿真，这是目前感温探测器模型所不具备或无法实现的。

二、感烟探测器的仿真计算

感烟探测器的设计过程与感温探测器的设计类似，系统设计目标通常是预测探测响应时间、预测报警时的火灾尺度，还可以根据消防性能化设计对探测系统的性能要求，确定探测器的系统设计（包括探测部位与间距、灵敏度等）。

仿真感烟探测器的工作，除了和感温探测器的仿真一样，需要了解火灾的发展和燃烧产物的生成与传播，还要特别注意烟雾粒子的变化对探测的影响。从探测机理上看，烟雾粒子的数量和质量密度、尺寸和分布以及颜色等，会对各类感烟探测器产生不同程度的影响。例如，在烟雾传播过程中，烟雾粒子的主要变化是粒子的沉积和聚合效应所导致的尺寸分布变化，对于具有不同粒子尺寸探测范围和尺寸敏感性的探测器，影响是不同的。

烟雾粒子在传播过程中不再发生化学变化和相变，因此其质量保持不变。据此，进一步假设各种感烟探测器对于具有相同质量浓度、不同粒子尺寸分布的烟雾都有相同的响应，可以依据探测器传感器所接收到的烟雾浓度，对报警响应加以判别。这是目前大多数烟雾探测模型仿真计算的基础。

依据传感器工作原理的不同，除了上述烟雾浓度，尚有其他参数变量影响各种感烟探测器的响应。预测烟雾探测器在特定环境下的工作性能时，针对不同类型的探测器，学者们提出了多种模型和经验公式进行仿真计算。

1. 点型感烟探测器的仿真计算

影响点型感烟探测器响应的烟雾特性参数，除了烟雾的密度，还包括烟雾粒子数量浓度、大小、形状和颜色等。由于烟雾参数变化的复杂性、人类知识的局限性和仿真手段的有限性，后面这些参数尚未能纳入目前的探测模型中。因此，对于点型感烟探测器，仿真计算的主要参数依然为烟雾质量密度，常表达为烟雾在空气中的质量分数，即浓度。

影响点型感烟探测器工作的另一个主要环节，为烟雾粒子从探测器外部进入到传感器所在探测器腔室的特性，简称为"进入行为"。点型感烟探测器的空气动力学特性决定了烟气流经探测器腔室并到达传感元件的难易程度。此外，探测器气流入口与烟气天花板射流速度场的相对关系，也会对烟气的进入行为产生影响。精准描述和仿真各种点型探测器的烟气进入行为，并对进入过程所产生的响应延迟进行准确计算，尚且存在一定的困难。

从工程应用出发，学者们提出了不同的模型和经验公式，或者依据实验的统计数据，对点型感烟探测器的响应进行简化仿真计算。下面对常用模型和在设计中应用方法，加以简要的介绍。

(1) 常用点型感烟探测器模型与准则

1) Heskestad 特性化长度模型

Heskestad 提出的简化模型，将烟雾进入到点型感烟探测器内腔的过程（延迟），模拟为烟雾粒子以气流速度 u 运动了一段距离 L。这个距离被称为点型感烟探测器的特性化长度。据此，可以得到烟雾进入探测器的时间延迟 τ（$\tau = L/u$）。

同时，忽略烟雾粒子在进入探测腔室过程中可能产生的凝聚、附着等现象，则探测器内腔烟雾浓度 Y_c 与探测器周围烟雾浓度 Y_e 存在如下关系，见式（4-7）：

$$\frac{dY_c}{dt} = \frac{Y_e(t) - Y_c(t)}{\tau} = \frac{Y_e(t) - Y_c(t)}{L/u} \tag{4-7}$$

将求得的探测器内腔烟雾浓度与探测器的标称灵敏度相比较，即可求出探测器的响应时间（报警时间）。

使用这一简化模型必须确定各种点型感烟探测器的特性化长度。因为该参数是在一定的试验条件（烟气流速）下获得的，将其应用到复杂环境时，会产生一定的误差。

2) Cleary 模型

在 Heskestad 单参数（特性化长度）模型的基础上，Cleary 等提出了多参数模型。此模型将烟气进入到探测器腔室的过程分为两段延迟分别加以描述：从周围气流填充至探测器外腔室，延迟为 δt_e；从外腔室到达传感元件，延迟为 δt_c。这两段延迟均为探测器周围气流速度 u 的函数，表述见式（4-8）：

$$\delta t_e = \alpha_e u^{\beta_e}; \delta t_c = \alpha_c u^{\beta_c} \tag{4-8}$$

式中：α_e、α_c、β_e 和 β_c 为与特定探测器几何尺寸有关的常数。

与式（4-7）类似，探测器传感元件处的烟雾浓度由式（4-9）表达：

$$\frac{dY_c}{dt} = \frac{Y_e(t - \delta t_e) - Y_c(t)}{\delta t_c} \tag{4-9}$$

可以看出，Heskestad 模型是 Cleary 模型的简化（$\alpha_e = 0$，$\alpha_c = L$，$\beta_e = \beta_c = -1$）。Cleary 模型中各参数的数值，可以采用名为 FE/DE（火灾仿真器/探测器评估器-Fire Emulator/Detector Evaluator）的设备试验确定。Cleary 模型适用于低速气流（$u < 0.5\text{ms}^{-1}$）的环境。

3) 临界速度 u_c

Brozovski 提出了临界速度 u_c 的概念，即能瞬时（无明显延迟）触发点型感烟探测器所需的最小烟气气流速度。临界速度的存在，在探测器相对烟气气流的上游和下游方向间，建立起了一定的压力差，从而确保烟气能迅速通过探测腔室并到达传感元件的位置。

当烟气气流速度小于临界速度时，烟雾探测器也有可能报警。不过报警的延迟时间会大大增加，所需的烟雾浓度，也远高于探测器的标称灵敏度。

试验的结果显示，对于明火燃烧，点型感烟探测器的报警临界速度大约为 $0.13 \sim 0.15 ms^{-1}$。高于或低于此临界速度，报警时探测器周围的烟气浓度显著不同。

然而，单独使用临界速度作为预测探测器报警的条件，存在着一定的局限，因为它并未指明探测器响应时所需的烟雾浓度。在某些火灾场景中，燃烧会产生较多的热量和极少量的烟雾粒子。加上传播过程中烟雾粒子的聚合以及在天花板表面的附着，到达探测器传感元件的烟雾浓度或许并不足以触发报警。在阴燃火的条件下，使用临界气流速度所做的预测可靠性很低。对于明焰燃烧，过度高估（过预测）和过度低估（欠预测）的比率几乎相当。

4）探测器标称灵敏度法

与临界速度模型相异，标称灵敏度法单独使用探测器周围的烟气浓度与探测器的标称灵敏度作比较，以判断是否响应。

值得注意的是，点型感烟探测器上标注的灵敏度，仅仅是在标准试验设备和测试条件下的测量值，并不代表其在其他环境条件下的实际性能。正如 NFPA72 所指出的：探测器的标称灵敏度范围，"应该仅仅用作（认证）试验的基准（性能），而不应该用作选择产品的唯一标准"。

同时，使用此方法忽略了探测器周围烟气速度的影响。仿真计算的结果，既有可能产生过预测，也有可能产生欠预测。通常，对明焰燃烧条件下探测器响应时间的预测，有较大的误差。根据 Geiman 和 Gottuk 的研究，报警的可靠性在 30%～40% 之间。

类似地，也可以使用探测器产品认证试验条件下的最大烟雾浓度值，作为判断探测器在工作条件下是否响应的依据，以产生较为保守的预测。例如，在 UL268 产品认证的黑色烟雾试验中，探测器必须响应的最大烟雾光学密度为 $0.14 ODm^{-1}$（32.8%/m）。使用此数值作为探测器响应的判断标准，对于阴燃火的探测有较为理想的结果（多为欠预测）；而对于明焰燃烧的探测，依然会产生过预测。

5）烟雾光学密度和温度升高-临界温升法

在明焰燃烧过程中，燃烧的羽流将对流热量和烟雾粒子传送到探测区域，因而感烟探测器具有和感温探测器类似的响应特点，都受到天花板高度、火灾尺度和发展速率的影响。

尽管燃烧中释放的热量和烟雾量的关系，取决于燃料种类和燃烧条件，但是研究表明在烟气羽流区域和天花板射流内，烟气温度与烟雾光学密度之间还是保持着某种较为恒定的关系。对于给定燃料，实验得到的光学密度与温升之间的比率其最大与最小值之比通常在 10 以内。这种相关性，构成了使用温升幅度预测烟雾探测器响应的基础。与探测器报警时对应的温升幅度，取决于报警探测器的类型和燃料种类。SFPE 消防工程手册提供了某些燃料的实验结果，可以作为设计的依据。推荐的温升值为：明焰燃烧条件下，离子感烟探测器，4℃；光电感烟探测器，13℃。值得注意的是，上述数值仅为试验数据的平均值，在不同的实验项目中，依燃料种类和试验条件的不同，呈现了较大的离散度。也有学者认为使用温升法来判断点型感烟探测器的响应特性，缺乏坚实的科学基础，尚需更多试验数据的验证。

（2）设计与分析方法

在探测系统的设计中，应分析保护空间内的可燃物火灾风险和建筑环境对探测过程可能存在的影响，针对设计目标和保护水平的要求，合理选择使用上述探测器模型与响应判断准则。同时了解各种模型方法的特点和使用限制。当对探测系统的探测性能有较高的准确性、可靠性要求时，建议进行敏感性研究和使用多种仿真计算方法，加以对比验证。

对于普通建筑物的保护，如果没有特定的探测性能要求，可以采用经过认证的探测器，并依据现有消防法规的使用、安装规定，进行系统设计。

当需要对探测器的报警状态加以判断或者性能化设计需要量化探测性能时，则要依据探测器的特点有针对性地进行仿真计算。

1）基于烟气气流速度的仿真

仿真计算出探测器所在位置的烟气气流速度，并与该种探测器的临界速度相比较，从而判断探测器的报警响应时间。

对于具有恒定热释放速率的明焰燃烧，探测器所在位置的烟气速度可由式（4-10）求得：

$$u = 0.195 Q_{\mathrm{c}}^{1/3} H^{1/2} r^{-5/6}, (当 r/h \geqslant 0.15) \tag{4-10}$$

式中　u——探测器处的烟气速度，ms^{-1}；

　　　Q_{c}——火焰对流散热的热释放速率，kW；

　　　r——探测器距火源水平距离，m；

　　　h——烟气天花板射流厚度，m；

　　　H——火源上方至天花板净空，m。

如果热释放速率遵从慢速和中速的 t-平方曲线，可以将其模拟成为各自具有恒定热释放速率的多段折线，分别求其产生的烟气气流速度。

如果已知探测器临界速度（如 UL268 试验值 $0.152\mathrm{ms}^{-1}$）、对流放热的热释放速率以及天花板高度，式（4-10）也可以用于简单的设计中，以确定保证探测到给定火灾尺度的探测器最大间距，如式（4-11）：

$$r \leqslant (1.28 Q_{\mathrm{c}}^{1/3} H^{1/2})^{6/5} \tag{4-11}$$

对于不遵从恒定或 t-平方热释放速率的燃烧过程，或者处于复杂的建筑和环境条件下，可以使用 CFD 模型仿真计算探测器位置的气流速度，然后再与临界速度相比较，判断探测器的响应。

2）基于探测器温度变化的仿真

此时将感烟探测器作为感温探测器进行仿真。使用感温探测器的温升公式（4-3），得到探测器在仿真火灾场景下的温升值。

如果对探测系统的性能要求为探测到某热释放速率的燃烧，则可以应用式（4-3）～式（4-6）计算出达到设计火灾尺度时探测器的温升。如果对探测器的性能要求为一定的响应时间，则可以通过热释放速率曲线，得到指定响应时间所对应的热释放速率值。重复以上步骤，求解探测器温升。

如果仿真的温升大于该种感烟探测器的临界温升，则预期该探测器在给定的设计场景下能够报警。依此可以判定现有设计能够满足目标探测性能。

使用此方法时应注意以下的限制：如果在设计阶段探测器的类型未知，或者火灾中燃料的种类尚不能确定，则仿真预测中应有保留地做出判断，并给出仿真结果适用的范围。

另外，感烟探测器通常只标注标称灵敏度（减光率），并未给出 RTI 值。将其作为感温探测器进行温升计算时，必须依据经验假设某一 RTI 数值。

上述由 RTI 假设值和光学浓度与温升宽松对应关系引起的误差，决定了此方法更加适合定性地分析现有系统的探测性能，而不适合定量预测设计系统性能，尤其是应用在性能化设计中。

3）基于烟雾浓度的仿真

设计的步骤是仿真计算出探测器所在位置的烟雾浓度，然后采用不同的探测器模型和判断准则，判别探测器是否响应以及报警响应的时间。

①仿真烟雾浓度

对于安装平坦天花板下方的点型探测器，可以假设天花板射流内的烟雾浓度相同，并采用各种燃料生成烟雾粒子的质量光学密度，求出探测器所在位置的烟雾光学密度，称作质量光学密度-光学密度法。

如果知道燃烧中消耗的燃料质量，则天花板射流中烟雾的光学密度与燃料的质量光学密度具有以下关系，如式（4-12）

$$D = \frac{D_{\mathrm{m}}M}{V_{\mathrm{s}}} \tag{4-12}$$

式中　D——羽流和天花板射流内烟雾的光学密度，$1/\mathrm{m}$；

　　　D_{m}——该种燃料的质量光学密度，m^2/kg；

　　　M——消耗的燃料质量，kg；

　　　V_{s}——烟雾羽流和天花板射流的体积，m^3。

进一步将烟雾羽流和天花板射流简化成具有天花板射流厚度 h 的圆柱体。在具火源水平距离 r 的探测器处，圆柱体的体积则为 $V_{\mathrm{s}} = \pi r^2 h$。式（4-12）则变化为式（4-13）：

$$D = \frac{D_{\mathrm{m}}M}{\pi r^2 h} \tag{4-13}$$

也可以使用 Heskestad 和 Delichatsios 基于区域模型提出的简化关系式（4-14），求解探测器所在位置的烟雾浓度。

$$\Delta C_{\mathrm{s}} = (0.035 + 0.15 r/H_{\mathrm{e}})^{-2/3}, (r/H_{\mathrm{e}} \geqslant 0.2) \tag{4-14}$$

式中　ΔC_{s}——烟雾浓度增量，$\mathrm{g/m}^3$；

　　　r——探测器距火源水平距离，m；

　　　H_{e}——与天花板高度以及火源强度相关的"调整后"天花板高度，m。

有关 H_{e} 的计算，详见 Morton 的模型。

②仿真计算探测器响应

得到了探测器所在位置的烟雾浓度，可以和探测器的标称灵敏度或认证试验的最大光学密度相比较，判断探测器是否响应。也可以采用 Geiman 和 Gottuk 依据试验数据提出的报警所需平均光学密度值，对仿真的烟雾浓度值加以判断，以获得具有一定确定性（如80％以上）的报警预测。

结合烟气气流速度的计算结果，使用 Heskestad 模型或 Cleary 模型，能够仿真计算点型探测器在不同气流条件下的响应"延迟"。

使用简化公式仿真计算的烟雾浓度，可以用来判断现有系统在给定火灾场景下能否报警。例如使用式（4-12），能够得到报警时的燃料消耗量，以及燃烧的热释放量，能对火灾的损害加以判断。

然而，使用上述由区域模型或羽流-天花板射流模型导出的简化公式计算探测器处的烟气参数（浓度、速度和温度），存在着很大的误差，尤其是在复杂的燃烧条件和建筑环境下。因此不适合使用在对探测性能有一定准确性要求的性能化设计中。

CFD 火灾模型可以在设计的火灾场景下，仿真烟气的产生以及在建筑空间内的传播与分布，从而能够较为准确地计算烟气的有关参数。结合前述探测器响应模型和判别准则，能够对探测器的响应进行判断，并预测探测响应（报警）时间，用于性能化设计与分析的数值计算。

有些 CFD 火灾模型已经包含有点型感烟探测器子模型。如在 FDS 中，设计者可以选择 Heskestad 模型或 Cleary 模型，仿真设计中的点型探测器系统在设计火灾场景下的响应。也可以使用 CFD 仿真，计算出若干探测方案（如不同探测器间距）中探测器所在位置的烟雾浓度分布函数。与基于烟雾浓度的报警判别准则（标称灵敏度、平均光学密度等）相比较，判断报警与否以及报警响应的时间。

使用 CFD 火灾模型对点型探测器进行仿真计算时，应注意各探测变量计算的误差范围、采用的探测器模型适用性与限制，以及对探测报警准确性的影响。可以采用多种探测器模型或判断准则，对计算的结果相互验证，提升仿真预测的可靠性。有条件时，尽可能进行现场火灾探测试验，以验证 CFD 仿真预测的准确性、查证探测系统的实际探测性能。

2. 光束感烟探测器的仿真

对光束感烟探测器的仿真是通过计算光束路径上烟雾粒子造成的减光效果，并与探测器的报警阈值（灵敏度）加以比较，判断是否响应（报警）。因为烟雾粒子自由到达传感器工作区域（投影光束），不需要考虑进入特性，也没有进入延迟。决定探测器报警响应的是烟雾粒子在投影光路上的减光程度。

（1）烟雾减光度的仿真

烟雾造成的减光程度不仅与烟雾浓度（通常表达为质量密度）、烟雾粒子特性（尺度、形状、颜色等等）有关，同时还取决于探测器类别（如遮光式与发散式、探测光波长等）。采用一定的简化与假设，可以得到减光程度与单一烟雾粒子参数变量-质量密度的关系，见式（4-15）：

$$OBS = (1 - e^{-K_m \rho_s L}) \times 100\% \tag{4-15}$$

式中　OBS——遮光度（减光度），%；

　　　K_m——质量消光系数（mass extinction coefficient），m^2/kg；

　　　ρ_s——平均烟气密度，kg/m^3；

　　　L——光学路径长度，m。

不同燃料和燃烧条件对应的质量消光系数也不同，常用的数值是一系列试验结果的平均值。更多的质量消光系数数据和变化范围，参见 SFPE 消防工程手册。

如果探测器投影光束位于烟气的天花板射流中，即烟气天花板射流的厚度大于投影光束至天花板的距离，可以采用点型感烟探测器中仿真的"质量光学密度-光学密度法"，计算出天花板射流中的单位长度平均光学密度 D。对于单位长度光学密度，上述公式也可以表达为式（4-16）。

$$OBS = (1 - e^{-DL}) \times 100\% \tag{4-16}$$

再计算投影光束穿过烟雾天花板射流区域的长度 L，并带入上式，即可求出探测器的减光程度。

如果烟雾浓度在投影光束上呈现非均匀的分布，则可以分段计算烟雾的减光效果。上述公式就变化为式（4-17），求解烟雾在探测器投影光束上的累积减光效应：

$$OBS = \left(1 - e^{-K_m (\sum_{i=1}^{n} \rho_{s,i} \Delta x_i)}\right) \times 100\% \tag{4-17}$$

式中　Δx_i——投影光束上第 i 段长度增量，m；

$\rho_{s,i}$——第 i 段长度增量上的烟气密度，kg/m^3。

求出了探测器的减光度，即可以与探测器标称灵敏度相比较，以判断报警与否。

也可以采用 CFD 火灾模型，仿真复杂建筑和环境条件下，烟气沿投影光束的分布，以求解探测器的减光度。FDS 包含了光束式探测器的子模型，能够预测给定安装参数和灵敏度的光束式探测器，在不同火灾场景下的报警响应时间。

（2）设计分析

进行光束式探测器的系统设计时，通常依照当地消防法规对探测光束的间距要求，确定探测器的安装位置，同时根据探测光束的光路长度和建筑环境特点，选择合适的探测器灵敏度，以形成候选探测方案。

其次使用前述仿真计算方法，求得在目标探测时间或临界火灾尺度下探测器的减光度，判断探测器是否报警，从而确定能否满足探测的性能要求。

在复杂的建筑与气流条件下，从较小尺度火源生成的烟雾其扩散传播常常伴随有不规则的运动。使用天花板射流模型或 CFD 模型仿真计算投影光束上的烟雾浓度时，会产生一定的误差。在预测探测器响应时间时，应加以保守的估算，即应用较大的安全系数。此外，在光束探测器应用的场所，常有干扰源影响探测信号，比如人员、机械的活动、鸟类的掠过，存在粉尘或灰尘等。通常对光束探测器设置一个较长的延迟时间，即探测到的减光度必须维持在报警阀值以上一定的时间，以减少误报警的几率。这个延迟时间也需要考虑在对探测器的仿真计算中。

无论是简化的手动计算，还是复杂 CFD 仿真，对烟雾生成速率、烟雾粒子空间分布的计算以及所作的假设，都会极大地影响光束感烟探测器探测性能（响应时间）的预测精度。其中 K_m 数值来源于不同燃料和燃烧条件下的平均值，也与探测光的波长有关。因此，使用推荐的数值时，应考虑在特定的燃料和燃烧条件以及探测器波长下可能的误差范围。

3. 吸气式感烟探测器的仿真

吸气式感烟探测器（Aspirating Smoke Detector-ASD）由采样管路和中央探测器组成。空气样本从采样孔由抽气泵连续抽吸至中央探测单元进行分析。

（1）烟气进入特性

烟气从采样孔到中央探测单元的传输，取决于采样管路的气体动力学特性，包括抽气泵的抽气压力与流量关系（$P-Q$ 曲线）、管路材料和几何参数（长度、内径、采样孔大小、位置、数量）等。生产厂家通常提供了采样管路动力学模拟软件，能够对烟气在管路中的传输特性进行模拟计算。

从空气采样孔外部进入到采样管内，烟气是由抽气泵产生的负压"主动"的吸入，烟气可以看成是被瞬时吸入，没有"进入延迟"。与点型探测器不同，在一定的范围内，烟气的进入特性与采样孔周围的气体速度和温度无关。吸气式感烟探测器的响应仅仅与烟气的浓度分布和粒子特性有关。

（2）探测器烟雾浓度的计算

典型的吸气式探测系统有多个采样孔，以覆盖（保护）较大的面积，如图 4-6 所示。

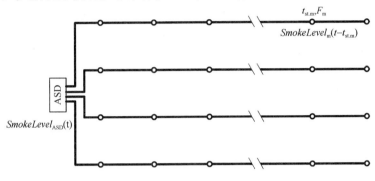

图 4-6　吸气式探测器典型采样管路

探测器中央探测单元处的烟雾浓度，是各采样孔处的烟雾浓度、各采样孔的传输时间以及其气体流量的函数，由式（4-18）表达：

$$SmokeLevel_{ASD}(t) = \frac{\sum_{m=1}^{n} SmokeLevel_{m}(t - t_{st,m}) \times F_{m}}{\sum_{m=1}^{n} F_{m}}$$

$$= SmokeLevel_{1}(t - t_{st,1}) \times \frac{F_{1}}{\sum_{m=1}^{n} F_{m}} + \cdots$$

$$+ SmokeLevel_{n}(t - t_{st,n}) \times \frac{F_{n}}{\sum_{m=1}^{n} F_{m}} \qquad (4\text{-}18)$$

式中　$SmokeLevel_{ASD}(t)$——探测器在时间 t 的烟雾浓度，kg/m^3；

$t_{st,m}$——烟雾从采样孔 m 到探测器的传输时间，s；

F_{m}——采样孔 m 的气体流量，kg/s；

$SmokeLevel_{m}(t - t_{st,m})$——烟雾在采样孔 m、$t - t_{st,m}$ 时的浓度，kg/m^3；

n——吸气式探测系统的采样孔总孔数。

与点型探测器相类似，吸气式探测器的灵敏度（报警阈值）用减光率（%/m），即单位长度上的减光程度（OBS）表示。结合式（4-15），从烟气的质量密度 ρ_{soot} 到探测器减光率的换算可由式（4-19）表达：

$$Obs = OBS/L = 100\% \times (1 - e^{-K_{m}\rho_{soot}L})/L \qquad (4\text{-}19)$$

式中　Obs——减光率，%/m；

K_{m}——质量消光系数，$m^2 kg^{-1}$；

ρ_{soot}——烟气质量密度，kg/m^3；

L——探测器内光束路径长度，m。

因为探测器内光束路径长度在 $10^{-2} \sim 10^{-1} m$ 量级，上述减光率公式（4-19），可以近似简化成 $Obs = 100\% \times (1 - e^{-K_m \rho_{soot}})$。则吸气式探测器减光率函数可以表达为式（4-20）。

$$Obs_{ASD}(t) = \left(1 - e^{-K_m \left(\sum_{m=1}^{n} \rho_{soot,m}(t-t_{st,m})F_m\right) / \left(\sum_{m=1}^{n} F_m\right)}\right) \times 100\% \qquad (4-20)$$

由于多采样孔的吸气式探测器有较大的保护面积，烟雾在各个采样孔的浓度各不相同。加上从各采样孔至中央探测单元的传输时间各异，因此需要求解烟雾浓度的时空分布，以计算探测器的减光率。使用前文中点型感烟探测器通过烟雾天花板射流估算烟雾浓度的方法，具有很大的局限性和误差。高灵敏度的吸气式探测系统常被应用在洁净室、电信机房等场所，对火灾发展早期的微量烟雾粒子进行检测，提供早期或极早期的预警。火灾发展早期的燃烧发热量低，烟雾的扩散易受环境条件（如空调系统通风）的影响。因此，对烟雾浓度的仿真计算更具难度和挑战。

CFD模型可以用来计算复杂建筑环境条件下烟雾的分布，进而仿真吸气式探测器的报警响应。在某些CFD模型中，已经包含了吸气式探测器子模型。例如FDS从版本5开始，使用式（4-18）和式（4-20），对吸气式探测器进行仿真计算。

（3）设计计算方法

与其他探测器的设计类似，吸气式探测器的设计也是依据消防安全目标量化的性能指标，确定对探测性能的要求。如欲探测的临界火灾尺度，为确保安全疏散所需的探测及报警时间，确保疏散通道上一定的可视距离等。

与常规烟雾探测系统相比，影响吸气式探测系统报警响应的变量较多，使得其探测性能的仿真计算较为复杂。在烟雾的产生与传播过程中，燃料种类、燃烧条件、环境条件都对烟雾在采样孔处的浓度分布有着很大的影响。烟雾在采样网管内的传输过程中，可变的网管参数（如采样孔径）和抽气泵转速等，都能够改变烟雾的传输速度。具有多级报警功能和宽广的报警阀值设定范围（减光率通常在 $0.005 \sim 20\%/m$ 之间），也会显著地改变报警所需的烟雾浓度以及报警响应时间。这些因素既提供了设计方案的灵活性，也导致了设计过程的复杂性。在设计中，应根据项目的环境特点，选择典型、适中的探测系统性能参数，进行探测性能的仿真预估。然后对较佳的预选设计方案的探测性能，在探测系统参数允许的范围内进行调节与补偿，从而获得最后候选方案。

依照对吸气式探测系统仿真的程度，系统设计可以分为概念方案设计和详细方案设计。具体采用何种方法，应根据项目对仿真计算准确性的要求以及可用的探测系统参数细节来决定。

1）概念方案设计

采样网管的细节与参数在设计的初始阶段无法完全确定，可进行概念方案设计与仿真计算。首先根据保护区域的环境特点和保护要求，依照现行消防法规对吸气式探测器采样空间（保护面积）的要求，或者借鉴法规对点型感烟探测器的间距规定预设采样孔间距。再依据保护区域面积大小和防火/探测分区的面积规定，并参照主流生产厂家产品的性能，预估烟气从采样孔至中央探测单元的平均传输时间和最大传输时间。参照图4-6，平均传输时间 $t_{st,ave}$ 和最大传输时间 $t_{st,max}$ 分别用式（4-21）和式（4-22）确定：

$$t_{st,ave} = \frac{\sum\limits_{m=1}^{n} t_{st,m}}{n} \tag{4-21}$$

$$t_{st,max} = MAX(t_{st,1}, \cdots, t_{st,n}) \tag{4-22}$$

可以看出最大传输时间通常是一台探测器最远采样孔的传输时间，即最长采样管的最后一个采样孔所具有的传输时间。

在确定火源与采样孔相对位置时，应根据保护空间的特点，采用保守的假设。例如在没有强烈空气流动的开放空间内，应将火源设置在采样孔栅格的中心，以使烟气至最近采样孔的传播距离最大，如图 4-7 所示。

在概念方案设计中，还假设各个采样孔的进气流量相同。在公式（4-18）中可以采用任意数值，比如 1kg/s 以简化计算。同时，将平均传输时间和最大传输时间对应赋值于各个采样孔。结合 CFD 仿真的烟气分布，或者直接输入到具有吸气式探测器子模型的 CFD 模型（如 FDS）中，求得探测器的减光率函数。结

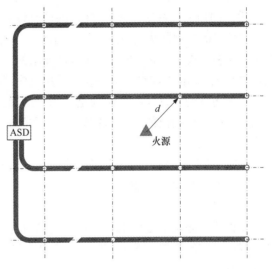

图 4-7　火源相对采样孔的不利位置

合探测器的灵敏度（报警阀值），判断探测系统能否满足性能要求。在探测器灵敏度尚无法确定时，可根据项目应用环境所需的探测器灵敏度等级，选择许可范围内的最低灵敏度进行估算。如国标 GB 50116—2013 规定了超高灵敏度和高灵敏度吸气式探测器在采样孔的灵敏度分别不小于 0.8%/m 和 2%/m。设计时即可分别采用 0.8%/m 和 2%/m 进行分析计算。

使用平均传输时间和最大传输时间计算的探测器报警响应时间，分别代表该探测系统在普通情形（Normal-case）和最不利情形（Worst-case）下的探测性能。这里的普通情形和最不利情形仅仅与火源相对探测器采样管路的位置有关，用以界定探测器管路中烟气的传输性能，进行保守性估算。在最不利情形下并不代表最终一定会得到"最不利"的探测性能。例如，采样管末端通常靠近建筑物墙壁。当火源位于这些最长管路的"最不利情形"位置时，烟气能较迅速地到达采样孔，由扩散引起的烟雾浓度稀释效应也较小。因此，在探测器中较为迅速地建立起的烟雾浓度（减光率），会较早地达到报警阀值，从而补偿了因较长采样管路所造成的传输延迟。

2）详细方案设计

根据消防保护的目标要求、消防法规对吸气式探测器应用与安装的要求、保护区域的环境特点，设计出具体的吸气式探测系统。在复杂的建筑环境中，还可能提出具有不同采样位置和间距的候选方案。然后使用探测器生产厂家提供的管路模拟软件，例如 Xtralis 公司的 ASPIRE2，计算出仿真吸气式探测系统所需的各工作参数，如气流分量和传输时间（参见式（4-18）），以及采样孔的位置。采用 CFD 仿真出设计火灾场景（包括不同火

源位置和通风条件）下烟雾浓度在各采样孔的分布函数，并使用式（4-18）计算探测器的减光率时间函数。

　　如果使用 CFD 模型中的吸气式探测器子模型，对烟雾的分布及探测器响应进行联合计算，则需要将上述探测系统的工作参数输入到 CFD 模拟中，直接仿真计算探测器减光率函数。Xtralis 针对广泛使用的 FDS 火灾模拟软件，开发出了专用转换软件 AspireSDS，能将其管路模拟软件 ASPIRE2 生成的一个或多个探测设计方案的系统参数，自动转换到 FDS 模拟的输入文件中。通过 FDS 的仿真计算，得到各个方案探测器的减光率函数。

　　将仿真的探测器减光率函数与探测器的灵敏度（报警阀值）相比较，即可分析不同方案的探测性能，从而判定、选择满足性能要求的设计方案。探测器的灵敏度可以采用生产厂家推荐的默认值，或与概念设计一样，采用对应探测器灵敏度等级范围内的最低灵敏度。

　　如果仿真的探测性能无法满足性能化的设计目标，则可以对现有探测系统和方案加以优化，以提升探测性能，包括较短的探测时间和较小的探测火灾尺度。对吸气式探测器的优化通常包括：

　　①减小烟气传输时间（采用较强抽气泵、缩短采样管路长度等）；

　　②提高探测器内的烟雾浓度（减小烟雾浓度的稀释，如减小单台探测器的保护面积以减少采样孔数量）；

　　③提高探测灵敏度（选用具有较高灵敏度的探测器，或在可编程灵敏度的探测器上设置较高灵敏度的报警阀值）。优化途径和可能的优化程度还与火灾场景与使用环境有关，应做具体的分析。

三、辐射能探测器的仿真计算

　　辐射能探测器包括火焰探测器和火花-灰烬探测器。火焰探测器是用来检测因气态分子结构改变和能量状态变化所产生的量子辐射。不同的分子结构，导致不同的辐射。因此火焰探测器是燃料敏感型的，即特定的燃料火焰需要特别的火焰探测器加以探测。火花-灰烬探测器探测源于燃料热能的普朗克辐射，以及金属的因机械冲击或摩擦导致的加热。它是非燃料敏感性的。

1. 火焰探测器

（1）探测器响应模型

火焰探测器接收到的辐射能量和其与辐射源距离的平方成反比，简化的能量模型如式（4-23）：

$$S = \frac{kPe^{-\zeta d}}{d^2} \tag{4-23}$$

式中　S——到达探测器的辐射能，W；

　　　k——探测器比例常数；

　　　P——火源发射的辐射能，W；

　　　ζ——空气对探测器工作波长的减光系数，1/m；

　　　d——探测器与火源的距离，m。

　　将计算所得探测器接收的辐射能 S 与探测器的报警阀值（灵敏度）S_n 加以比较，即可判断探测器是否报警响应。

上述关系式建立在以下的假设和简化：火源为点式辐射源且各向均匀发射，火源与探测器之间的大气对辐射的吸收描述为均匀的减光效果。设计者应仔细检查上述假设在设计保护区域内是否成立。

探测器的灵敏度由标准试验确定，通常表达为能够探测给定尺度火焰的最大探测距离。在北美 NRTL 试验中，试验火为 $0.9m^2$ 的无铅汽油油池火。某些有特殊要求的探测器使用直径为 150mm 的异丙醇油池火加以标定。

使用给定燃烧面积的油池火来标定探测器具有一定的局限，因为火焰的辐射能量并不与燃料容器的面积成正比，而是与火焰的轮廓，即高度与宽度成正比。

火焰探测器检测的辐射源于燃烧中间或最后产物的形成。从某一火焰特定波长发出的辐射强度正比于特定燃烧中间或最后产物的相对浓度，而后者又与生成那些特定燃烧中间或最后产物的总热释放速率相关。因此，对于具有相同火焰高度和表面积的不同燃料的燃烧，火焰探测器可能会有显著不同的响应。

（2）仿真计算方法

对火焰探测器的仿真为确定火焰探测器所能探测的最小火焰尺度或给定火灾尺度下的最大探测距离。

使用下述经验公式（4-24）建立起火焰尺度（热释放速率）Q 与火焰高度 h_f 的关系：

$$h_f = 0.182\,(kQ)^{2/5} \tag{4-24}$$

对于火焰底面为圆形的油池火，火焰在任意方向上的轮廓可以近似为三角形，其辐射面积可由式（4-25）求得：

$$A_r = 0.5 h_f w_f \tag{4-25}$$

式中　A_r——火焰在任意方向的辐射面积，m^2；

$\quad\quad h_f$——火焰高度，m；

$\quad\quad w_f$——火焰底面直径，m。

探测器的灵敏度（报警时所需要接收到的辐射能 S_n）是在标准试验中标定出来，并且在实际的应用中保持不变，如式（4-26）

$$S_n = \frac{kP_n e^{-\gamma d_n}}{d_n^2} = \frac{kP e^{-\gamma d}}{d^2} = S \tag{4-26}$$

因为火焰辐射能正比于其辐射面积，$P = cA_r$，（c 为系数）。上述等式亦可表述为式（4-27）。这样的结论建立在相同燃料种类的假设上。

$$\frac{kcA_{r,n} e^{-\gamma d_n}}{d_n^2} = \frac{kcA_r e^{-\gamma d}}{d^2} \tag{4-27}$$

因而，对于设计中需探测的火焰尺度，探测器所能探测的最大距离 d 由下述公式（4-28）表述：

$$d = \left(\frac{d_n^2 A_r e^{-\gamma d}}{A_{r,n} e^{-\gamma d_n}} \right)^{1/2} \tag{4-28}$$

式中　d_n——论证试验中探测器距火焰距离，m；

$\quad\quad A_r$——需探测火焰的辐射面积，m^2；

$\quad\quad A_{r,n}$——修证试验火焰的辐射面积，m^2；

ζ——空气对探测器工作波长的减光系数，1/m。

（3）针对计算的修正

1）偏角修正

当火源位置不在探测器光轴上时，探测器接收到的有效辐射小于火焰位于光轴上的最大辐射，应根据生产厂家提供的修正系数对有效辐射面积或有效辐射功率进行修正，计算最大探测距离。当可能火源位置不确定时，应根据每台探测器水平和垂直方向修正系数，确定探测区域边缘的探测性能，以满足消防探测的目标要求。

2）燃料校正

绝大多数的火焰探测器都显示出了燃料选择性。生产厂家通常提供一组燃料校正因子，以计算探测器对非标准试验火的探测性能。当给出的燃料校正因子为探测距离的衰减时，应先按上述公式求出最大探测距离，然后乘以校正因子（衰减系数），得出有效探测距离；当给出的燃料校正因子为规格化燃料时，应先按照因子调整火焰尺度，然后再行探测距离的计算。

3）减光系数的确定

大气环境对火焰探测器的减光系数通常已由生产厂家在产品手册中给出。

也可以通过实验加以确定。试验在两次不同火焰尺度下进行，分别得出最大探测距离。然后使用式（4-29）求解减光系数：

$$\zeta = \frac{\ln\left(\dfrac{d_1^2 A_2}{d_2^2 A_1}\right)}{d_2 - d_1}$$ （4-29）

式中　下标"1""2"，为第一、二次试验；

A——火焰的辐射面积，m^2；

d——最大探测距离，m。

（4）环境因素的影响

环境条件对辐射能探测器的工作有着显著的影响。设计探测系统时，除了要针对欲探测的火花、灰烬或火焰的电磁能量选择探测器，还应考虑大气对辐射能的吸收效果、存在有非燃烧辐射源时可能导致的误报警，以及传感器光学元件可能遭受的污染。

2. 火花/灰烬探测器

火花/灰烬探测器的设计过程与火焰探测器相似，首先确定欲探测的火灾尺度。

从非理想的普朗克辐射体发出的全频谱能量可以用公式（4-30）表达：

$$P = \varepsilon A \sigma T^4$$ （4-30）

式中　P——辐射能量，W；

ε——辐射体的发射系数；

A——辐射体的面积，m^2；

σ——Stefan-Boltzmann 常数，$5.67 \times 10^{-8} \, Wm^{-2}K^{-4}$；

T——辐射体的温度，K。

探测器接收到的辐射能量，与火焰探测器采用的公式（4-23）类似 $S = kP/e^{\zeta d}/d^2$。最大探测距离则由式（4-31）确定：

$$d = \left(\frac{d_n^2 P e^{-\zeta d}}{P_n e^{-\zeta d_n}} \right)^{1/2}$$

(4-31)

式中　d_n——认证试验中探测器距火焰距离，m；

　　　P——需探测火花/灰烬的辐射能量，W；

　　　P_n——认证试验火焰的辐射能量，W；

　　　ζ——空气对探测器工作波长的减光系数，1/m。

类似于火焰探测器，偏角修正同样也适用于火花/灰烬探测器。在进行减光系数修正时，应考虑探测器的应用环境。可以用对可见光的减光系数替代火花/灰烬探测器的红外光减光系数，以得到保守的计算结果。

使用上述公式，可以根据保护性能指标——临界设计火源尺度，设计火花/灰烬探测器。通过求解最大探测距离，确定探测器的安装位置和保护区域。

四、其他火灾探测器的仿真计算

尚有许多其他种类的火灾探测器，未能像前面介绍的探测器一样，建立起成熟的仿真计算模型，并应用在性能化的设计中。这里仅对图像（火焰、烟雾）探测器和气体探测器可能的仿真方法做粗略的探讨。

1. 图像火灾探测器

NFPA72 在 2007 年确认了图像火灾探测器可以作为火焰和烟雾的探测手段。然而，对于它们的安装和使用要求，依然缺乏明确的指南。原因在于这类新兴技术依然处于迅速发展的阶段，尚不可能建立起完备的处方式规定。同时，探测器的工作依赖于图像硬件和软件算法。不同厂家采用的设备和探测手段各不相同，探测机理也是基于对光谱或时空特性的分析，包括亮度、对比度、边缘效应、位移、动态频率、模式和色彩耦合等。还没有一种基本和基础的原理，能广泛地适用于此类探测器。因此，对于此类探测器的设计，可采用探测器生产厂家提供的典型性能指标，结合建筑环境条件，并引入足够的安全系数，对探测性能做出保守的估算与预测。

图像火焰探测器可以近似视为光学火焰探测器，即基于火焰辐射能量的探测器。对它的仿真设计可以采用前述辐射能探测器的仿真计算方法（本章第三节之三）。

应该注意的是，此类探测器的产品认证试验，通常根据生产厂商提供的灵敏度测试条件，即燃料种类、火焰尺度、探测距离和响应时间等来进行。此外，认证机构或许要求通过其他的试验。例如在 FM3260 的认证试验中，就还要求探测器能通过一个或多个指定的试验，试验火源的尺度在 $27\sim146kW$ 之间，试验的燃料包括正庚烷、酒精和航空燃料。因此，设计中应根据保护空间内的可燃物种类，有针对性的选用认证试验中提供的探测器灵敏度。

对于图像烟雾探测器，因为其探测机理的多样性和复杂性，尚无法提出统一的标准，对探测性能进行量化。对于此类探测器的设计，更加依赖生产厂家提供的性能指标。美国国家消防研究基金会（NFPRF）于 2008 年进行了一项对图像火灾探测器性能目标的研究，针对图像火灾探测器通常应用的大空间，包括中庭、仓库、工业场所（如石化、电力）等，提出了需要探测的火灾尺度在 $25\sim100kW$ 之间。这些指标，可以作为探测系统设计时的参考。

同样，图像烟雾探测器所通过的产品认证试验的条件，如火灾尺度和烟雾浓度等，也可以用作设计中确定探测器灵敏度的依据。当实际应用的条件，如背景条件和燃料种类等与认证试验的条件显著不同时，应当通过附加的试验或现场验证，准确地确定探测器在实际应用中的灵敏度。

2. 气体探测器

气体探测器的工作，也包括气体的生成与传播、进入探测区域与探测器的响应等部分。对它的仿真与感烟探测器类似。在某种程度上可以当作感烟探测器来处理。

（1）设计性能目标

对气体探测器的设计也是从确定目标性能开始。对于某些气体探测和特定的应用，现有法规给出了必须遵从的规定。例如，作为防爆的要求，铅锌蓄电池充电室内的氢气体积浓度必须低于 40％～60％ 的爆炸极限（4％ vol）。作为职业健康与安全的要求，例如 EH40/2005 就规定在有人员活动的场所，一氧化碳的短期暴露浓度（STEL，15min）和长期暴露浓度（LTEL，8h）分别为 200ppm 和 30ppm。然而，对许多气体的探测并没有现行法规要求可以遵从。需要设计者根据应用特点和行业规则，提出项目各相关方都接受的探测性能指标，作为系统设计的依据。

（2）气体生成与传播

被探测气体的生成，如果是燃烧的产物，可以通过经验公式或实验数据与燃烧过程相关联。即将气体的生成率表述为燃烧速率的一定比例关系。这与采用平均烟雾生成比率来描述烟雾生成的仿真计算方法类似。如果气体的生成与燃烧无关，例如，蓄电池充电过程中氢气的产生、气体管路或容器的泄露，则需要根据不同的气体生成过程及其特点，选取典型或不利场景下的生成释放速率，进行仿真估算。

气体从释放源到探测器的传播，也因生成和环境条件的不同，呈现出不同的特点。对于伴随着一定发热量的燃烧所产生的气体，其在空间的传播与烟气的传播方式类似，都由热烟气的上升羽流和天花板射流所控制。因此可以采用火灾烟气传播的仿真方式，对气体的传播以及浓度分布加以仿真计算。静止环境下非燃烧所产生的气体，其传播过程由分子的扩散运动以及气体在空气中的比重所决定。如果对仿真探测时间没有严格的要求，可以假设气体迅速扩散到周围整个空间，依照释放总量和空间的容积，即可近似求出气体均匀分布的浓度。

SFPE 特定应用火灾模型使用指南，给出了各种仿真气体扩散模型的使用指南，包括 Gaussian 和 Pasquill-Gifford 等区域模型。同时还介绍了若干应用实例以及预测的精度，可供参考。CFD 模型能对气体在复杂对流传热和强烈环境气流条件下的扩散过程，做出较为精确的仿真。建议选用适合的 CFD 模型仿真气体的浓度分布。这对于精确估算不同探测位置和间距下探测方案所具有的探测性能，尤为重要。

（3）探测器模型

这里的讨论，忽略了探测器传感器的差异，仅着眼于不同的采样方式对探测的影响。假定当传感器处的气体浓度超过了报警阈值，探测器立即报警。不同传感器类型对探测响应的影响，包括造成的不同报警延迟，则被进一步的简化甚至予以忽略。如需做更精确的仿真预测，请参阅文献对相关探测器的具体介绍。

常规的气体探测器，依其采样方式，可以分为点型和多采样管型。前者与普通点型探测器相似，有些甚至就与感烟或感温点型探测器制作在一起，形成复合型火灾探测器。多采样管式气体探测器采用连接到自动分配阀的多个采样管，将不同采样点的气体样本分别抽吸至中央传感器进行分析。Xtralis 公司新近推出了将气体探测与吸气式烟雾探测整合为一体的吸气式烟雾-气体探测系统。气体探测单元可以安装在常规采样管路的任何部位，以形成对不同区域、不同数量采样点的实时气体监控。

点型气体探测器可以借鉴点型烟雾探测器对进入延迟的仿真计算。例如采用与 Hes-kestad 模型或 Cleary 模型相似的计算方法，获得气体进入到传感器的延迟。不过，需要验证相关参数对气体探测的适用性。也可以简化计算过程，采用某一固定的延迟时间进行保守的估算。

多采样管式探测器，气体从采样点到中央探测单元的传输时间，取决于采样管数量 n、每管扫描时间 t_s 和气体在单一采样管中的传送时间 t_t。可以看到气体传输到探测器的最小时间（直接对有气体存在的采样点采样）为 t_t，而最大的传输时间为 $(n-1) \times t_s + t_t$。因此，对传输时间的估算可以考虑最不利情形和普通情形，而分别采用最大传输时间（如前）和平均传输时间。气体从采样点到中央探测器的传输过程中没有稀释，即浓度保持不变。

对于吸气式烟雾-气体探测系统，气体传输时间与烟雾传输时间的计算方法类似。因为气体可能从多个采样点被吸入采样管路，因此需要仿真采样孔到气体探测单元的传输和累积采样效应。可以使用生产厂家管路仿真软件计算的气体动力学参数，采用前面对吸气式探测器管路动力学的仿真方法，计算气体探测单元处的气体浓度和传输时间。

仿真求出了气体探测器内建立起的气体浓度，即可与目标浓度（报警阀值）相比较，判别探测器是否报警，包括估算报警响应时间，从而判断探测系统是否满足保护要求。

对气体探测系统的仿真计算处于初级阶段，应用的实例也较少。在设计中，应做保守的估算，并通过试验验证系统的实际探测性能和仿真计算的准确性和适用性。

第四节　火灾探测仿真的应用

本节通过 NFPA72 对箱型结构屋顶感烟探测器间距的研究实例，展示了性能化的方法与途径在消防规范研究与发展上的应用，介绍了基本步骤与主要成果，以资借鉴。

一、问题的提出

NFPA72 火灾报警规范在 2002 年及以前版本（如 1999 年）对于点型感烟探测器在非平坦屋顶下的安装间距有如下的规定："如果屋顶高度大于 3.66m 或者梁深大于 300mm，点型探测器必须安装在屋顶高度且在每一个深箱内"。

工程实践中，消防设计者和建筑使用者均感到这样的要求过于严格。例如，在一块面积为 27.4m×27.4m 的屋顶区域内，有着长宽均为 0.9m×0.9m 的箱型（松饼）结构。如果屋顶高度大于 3.66m 或梁深大于 0.3m，按照 NFPA72-2002 的要求，必须在每个深箱内安装 1 只、总共 900 只点型探测器。而在同样大小的平坦屋顶区域内，却只需安装 9 只。如图 4-8 所示。

类似的"过"安全要求，也出现在同期其他国家和地区关于非平坦屋顶探测的相关规

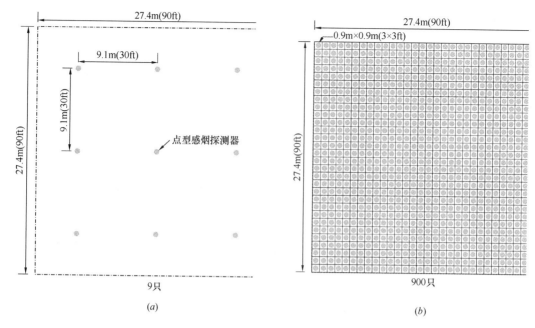

图 4-8　不同屋顶结构的探测要求

（a）平坦屋顶；（b）箱型屋顶（梁深大于 0.3m）

范中，例如澳大利亚的 AS 1670.1—2004 和英国的 BS 5839.1—2002。

通过文献研究，发现 NFPA72 上述规定来源于美国国家标准与技术研究院（NIST）在 1993～1994 年一项 CFD 仿真研究的成果。该研究使用了 Harwell-FLOW3D 计算机模型，对烟气在屋顶的蔓延模式进行了仿真，针对箱型结构的细节参数进行了研究。为确定感温和感烟探测器，以及水喷淋系统的安装位置，提供了一定程度的科学依据。然而，该项研究也具有相当的局限性。除了受限于当时 CFD 软件的功能与精度，研究的场景也非常有限，仅仅包括固定屋顶高度与梁深。另外，对烟雾探测器的仿真在今天看来也过于简单，仅仅使用了 13℃空气温升作为感烟探测器报警响应的判断依据。以上的因素，尤其是感烟探测器响应的判断标准，导致了 NFPA72 依据该研究结果确定的感烟探测器间距过于严格。

为改进现有法规的局限、回应广大消防设计和使用人员放宽安装间距的要求，NFPA 所属的消防研究基金会（FPRF）于 2005 年启动了对于非平坦屋顶点型探测器安装间距的研究。

二、研究范围与方法

此项研究包括了文献研究、计算机火灾模型 CFD 仿真以及全尺寸实验验证。

文献研究分析了点型感烟探测器的不同仿真方法，提出了消防工程界和企业界所认同的性能判定标准。在多种建筑环境下，使用 CFD 模型对不同参数变量对探测性能的影响进行了仿真研究，如屋顶高度、屋顶坡度、箱型结构（梁深与宽度）和探测器安装位置（箱内与梁下）。结合确定的性能判定标准，提出了对探测器安装间距的修改建议。第二阶段的全尺寸火灾试验在走廊环境下进行，对部分仿真结果进行了验证。

1. 性能化研究方法

研究中使用了等效探测性能的分析方法。首先将点型探测器在平坦屋顶、法规允许最大安装间距下的报警响应时间作为基准性能。如果探测器在非平坦屋顶、不同安装部位和探测间距下的探测性能，较基准性能为佳（报警响应时间较短）或相近，则该探测间距和位置即被视为与现行处方式规定或认定满足方案等效。

在平坦屋顶下，NFPA72 允许的最大安装栅格间距为 9.14m（30ft）。即探测器位于栅格的节点上，距离栅格中心的火源水平距离为 0.707 倍最大栅格间距。在不同屋顶高度和不同火源条件下，使用 CFD 仿真得到的探测器响应时间，即为不同火灾场景下的基准探测性能。

考虑到点型感烟探测器探测性能存在着相当大的不确定性，以及实际工程使用能够接受的误差程度，对判定标准引入了一分钟的许可范围。即与基准响应时间相差不大于 1min，均被视为具有等效的探测性能。

2. 选用的点型探测器仿真方法

研究人员分析了本章第三节所述点型探测器的各种仿真方法，以及它们的应用范围和局限性。考虑此研究的主要火源类型—明焰燃烧，以及法规必须具有的广泛适用性，80% 探测器报警时所对应的平均光学密度被选作第一判断标准。从实验数据得到的平均光学密度为：离子式探测器，0.072OD/m；光电式探测器，0.106OD^{-1}m。后者被确定为各类探测器报警的标准阀值，以获得保守可靠的仿真结果。当 CFD 仿真某探测器位置处的烟雾光学密度大于上述判断标准值时，判定该探测器报警。该时刻即为探测器的报警响应时间，而不再考虑烟气的进入延迟。同时使用临界温升（离子式探测器 4℃，光电式探测器 13℃）作为第二判别标准。对于满足第一判别标准但是未能同时满足第二判别标准的情形，采用最小气流速度（0.15ms^{-1}）加以验证。

三、CFD 仿真

研究人员采用了 FDS 火灾模拟软件进行 CFD 仿真。模拟的环境分别为走廊、房间和开放空间。在大空间中使用了多区单元技术（multi-mesh），较小的单元尺度（0.05m）应用在火源及其屋顶包含箱梁部分，以获得较高的仿真精度。

1. 仿真区域及主要参数

FDS 仿真的区域以及主要结构参数分别在图 4-9 和表 4-2 中给出。

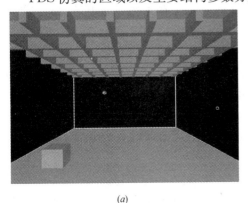

(a)

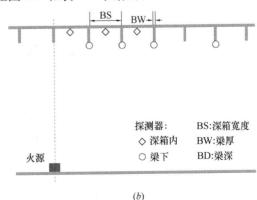

探测器：　　BS:深箱宽度
◇ 深箱内　　BW:梁厚
火源　　　○ 梁下　　　BD:梁深

(b)

图 4-9　FDS 仿真区域（房间）与研究变量

FDS 仿真的主要结构参数　　　　　　　　　　　表 4-2

结构参数	建筑类型		
	走廊	房间	高大空间
地面尺寸（m）	1.52～3.66（宽）	12.2×10.7	27.4×24.2
屋顶高度（m）	2.74～5.49	3.66～7.32	10.98～15.24
梁深（m）	0.31 和 0.62		
深箱宽度（m）	0.91，1.58 和 3.66		
梁厚（m）	0.15	0.23	0.46
梁类型	平行	交错	交错

2. 仿真结果与分析

针对不同的火灾与建筑场景，研究人员仿真计算了在屋顶不同部位的烟雾光学密度、温升和气流速度分布。图 4-10（该图在书后有彩图）给出了在 5.49m（18ft）高屋顶、0.61m（24in）梁深、0.91m×0.91m（3ft×3ft）深箱宽度下的仿真结果。设计火源为 200kW 的正庚烷油池火。平坦屋顶下的变量分布也呈现在图中，作为判定基准（Baseline）。

分析以上仿真结果可以看到，当使用烟雾光学密度值 0.11OD/m 作为点型探测器响应的判断标准时，无论是安装在箱内或是梁下，直到 5.49m（18in）间距处的"探测器"均有不逊于探测基准的性能。而位于 9.1m（30in）梁下的探测器，几乎无法保持其光学密度在 0.11OD/m 之上［图 4-10(b)］，因其不具有等效于探测基准的性能而不被采纳。仿真的温升［图 4-10(c)］有着与烟雾光学密度类似的结果，从而印证和确认了由光学密度仿真得出的结论。

仿真研究还包括烟气在屋顶蔓延与分布模式、火源的敏感性等。依据仿真计算的结果，研究人员向 NFPA72 技术委员会提出了探测器安装间距的修改建议。详细的研究内容与结果参见提交给消防研究基金会（FPRF）的报告。

四、实验验证

全尺寸的验证试验由第三方（Hughes Associates Inc.）在走廊环境下进行。主要结构参数为：走廊宽度：1.5～4.6m，高度：2.7～5.5m，梁深：0.31 和 0.63m。试验的探测器包括离子式和光电式点型感烟探测器以及吸气式探测器。

试验中使用了气体燃烧器以提供稳定的热释放速率和烟雾生成速率。对比仿真结果发现，由于实际燃烧中存在的烟气粒子老化和在物体表面的附着，采用通常推荐的烟雾生成比率会高估探测位置处的烟雾浓度。于是改用乙烯燃料作为"校核"火源，以取得和仿真火源燃料相当的烟雾生成比率，补偿因粒子老化与附着而导致的烟雾浓度偏低。试验火尺度为 15～100kW。

试验中基准探测器的温升曲线，前 30s 低于仿真值。进入半稳态和稳态燃烧后非常接近仿真值。当箱梁结构存在时，试验相对仿真在非稳态结果滞后，进入半稳态和稳态燃烧后，两者依然相吻合。

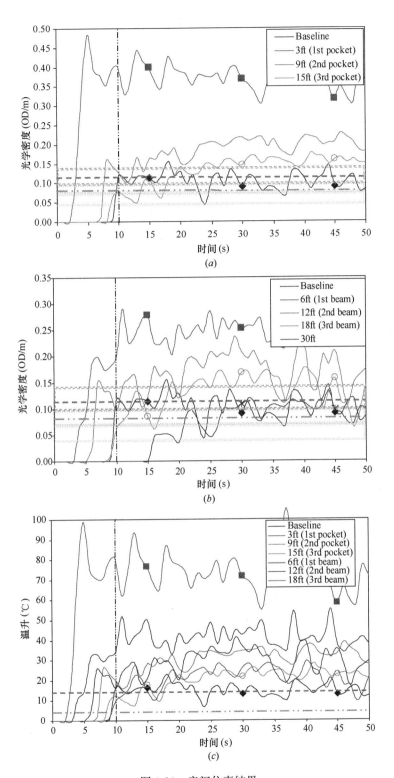

图 4-10　房间仿真结果

（*a*）深箱内烟雾光学密度；（*b*）梁下烟雾光学密度；（*c*）各点温升

采用"校核"火源后，仿真的光学密度曲线与实验值有较好的吻合度。实验中探测器的响应时间与基准探测器响应时间的差别，与仿真预测的结果也很接近。最大的报警延迟（相对基准探测器的响应时间）为 39s，符合预设的 60s 等效报警响应范围。从而验证了仿真计算导出的结果，即有效的探测器间距与安装位置。

五、规范的完善

基于上述 CFD 仿真和实验验证的结果，从 2007 年起，NFPA72 对于非平坦屋顶探测器安装间距的要求开始改变。在 2010 年的版本中相关规定变更为：

"当梁深大于或等于屋顶高度的 10% 时，

（1）如果梁宽大于或等于屋顶高度的 40%，点型感烟探测器应安装在屋顶高度且在每个深箱内；

（2）如果梁宽小于屋顶高度的 40%，探测器的安装间距为平坦屋顶间距的一半，且可以安装在箱内或梁下。"

第五章　高大空间建筑火灾探测

第一节　概　　论

　　我国目前处于城市建设的繁荣时期，建筑呈现大空间和多功能化发展，各种超高超限建筑、异型复杂地标建筑、大型体育场馆、大型会展中心、商业娱乐设施、大型交通枢纽等项目大量兴建。以北京为例，以鸟巢、水立方、国家大剧院、国家会议中心等为代表的形态新颖的大空间建筑接踵而至。高大空间建筑为人们创造了宽敞、舒适的室内环境，随着城市现代化的不断发展，高大空间建筑的数量在未来还会不断增加。

　　与此同时，应该看到，由于人员密集、材料使用更加复杂、人流量大以及由于人员的不确定性从而带来人员疏散的不确定性，高大空间建筑火灾危险性和火灾危害性更高，一旦发生火灾不仅极易造成重大的生命和财产损失，也将产生不良的社会影响甚至影响到社会的稳定。火灾统计显示，高大空间建筑自诞生以来，其在国内外的火灾事故频繁发生。在国内，例如1993年8月5日深圳市安贸危险品储运公司清水河仓库火灾，这起火灾爆炸事故导致15人死亡，873人受伤，其中重伤136人，烧毁、炸毁建筑物面积39000m^{2}和大量化学物品等，直接经济损失约2.5亿元。1994年12月8日新疆维吾尔自治区克拉玛依市友谊馆火灾，靠近灯光的舞台幕布因过热自燃而酿发大火，导致325人遇难，其中288人为中小学生。1998年5月5日北京市玉泉营环岛家具城火灾，直接经济损失2087万余元。在国外，高大空间建筑火灾案例也很多，例如1903年巴黎地铁二号线火灾导致84人窒息死亡。1972年5月13日日本大阪千日百货大楼火灾，死亡118人。1987年英国君王十字地铁站火灾，木质扶梯燃烧导致死亡31人。1995年圣诞节前夕印度新德里西部达瓦镇礼堂火灾，在这场当年世界上最惨重火灾事故中，一共死亡420人，伤300人。因此，高大空间建筑的火灾预防与治理应该受到高度的重视，对大型空间建筑火灾特征及防治控制技术的研究已经逐渐提上了世界各国消防工作者的日程。

　　火灾探测报警是火灾预防的重要环节，尤其对于高大空间建筑，快速有效地对火灾进行探测和定位，将对人员疏散、采取有效应对措施争取宝贵的时间，对减小和避免人员伤亡和财产损失具有极其重要的意义。由于大型空间建筑与传统建筑在使用功能、建筑材料、结构形式、空间大小、配套设施等方面有很大的不同，火灾发生特性也有异于一般建筑物，同时，大空间建筑空间体积大、高度高，一般建筑中常见的点型感烟、感温火灾探测器并不适用，简单地按照现有规范要求进行火灾探测报警系统设计在科学性、合理性和经济性等方面都容易产生问题。而目前认为适用的红外光束感烟探测器、吸气采样探测器、火焰探测器等则存在安装高度与间距的合理设置等问题，因而研究适宜于大空间火灾探测的技术及其相关要求具有十分显著的现实意义，也是极其迫切和必要的。

第二节　高大空间建筑特征及火灾特性

实际的高大空间建筑有很多类型，通常认为室内净空高度超过 12m 的建筑场所属于高大空间建筑。根据建筑功能，高大空间建筑大致可分为两类：

（1）展览馆、礼堂、剧场、影剧院、体育馆、大型车间、大型仓库、机场、码头、车站类建筑。该类建筑的特点是高度高、占地面积大，或有人员密集活动。

（2）中庭式共享空间建筑。该类建筑中的大空间就是中庭，在中庭的四周或部分侧面则是用于办公或商业目的的楼层。香港理工大学周允基教授曾经对香港中庭的几何形式进行了调查，根据中庭长 L、宽 W、高 H 等几何尺寸比例的不同，将香港的中庭分为三种主要类型：立方体型、扁平型和瘦高型，见图 5-1。

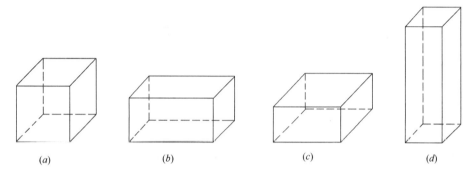

图 5-1　根据中庭的几何形状分类

（a）立方体形 $L \times L \times L$ 式中庭；（b）扁平形 $2L \times L \times L$ 式中庭；（c）扁平形 $2L \times 2L \times L$ 式中庭；

（d）瘦高形 $L \times L \times 3L$ 式中庭

无论哪种高大空间建筑，不难发现，就建筑特性而言，高大空间建筑通常具有很大的开敞式内部空间，空间高度高和体积大是其异于一般建筑的突出特征，此外，这类建筑多为人员密集场所，具有区域使用功能统一、空间无法分隔、疏散出口距离远等特点。

不同结构形式和使用用途的高大空间建筑，火灾时特性不尽相同，本部分重点概括了高大空间建筑在可燃物、燃烧特性、烟气运动、烟气温度、火灾探测、灭火、人员疏散等方面的普遍火灾特性，具体内容如下：

（1）可燃物种类多，室内使用的装修材料大多是木质材料、化纤、塑料等可燃材料，这些材料大多属于高分子化合物，在热解、燃烧中会产生大量的一系列有毒气体，火灾危险性增加。

（2）高大空间建筑由于内部空间大，通风状态以及空间内的供氧量已不构成制约燃烧的主要因素，因而高大空间建筑内发生火灾时，空气供应充分，燃烧猛烈，且燃烧可以相对不受限制的稳定扩大。

（3）通常情况下，高大空间建筑内火灾烟气量产生的大小主要取决于燃烧材料的性质和燃烧状态，与楼层面积或防火单元大小无直接关系。现有规范中按楼层面积的百分比确定排烟口面积或每小时换气次数的简单方法，其科学性和适用性尚待考证。对于具有中庭的高大空间建筑，在建筑物内设置防火防烟分区是控制烟气扩散的主要方法，但高大空间往往追求宽敞、通透的效果并且由于使用功能的限制，难以按照传统的方法进行防火防烟分隔。一旦发生火灾，由于中庭没有设置防火防烟分隔，烟气上升速度极快，并进一步形成烟气层，烟气在上升过程中会逐渐降温并失去它的浮力，因而下降速度也极快。

（4）高大空间建筑发生火灾时，相对于普通建筑物内几百度的高温热烟气，其顶部最初烟气层的温度大大降低。因此，在高大空间建筑内发生火灾时，烟气温度的危害相对较小，危害主要来自于其毒性和遮光性。

（5）高大空间建筑由于空间大，起火源常常超出点型火灾探测器的作用范围，难以被正确识别。目前在普通建筑中广泛使用的火灾探测器大都是以烟气浓度或温度为信号进行探测的，且大多为顶棚安装。在大空间建筑火灾时，火灾的燃烧产物在空间传播受空间高度和面积的影响，浓度和温度往往都大大降低，因此，普通的火灾探测装置无法有效发挥作用。同时，由于大量设备设施的安装，探测系统在大空间建筑中受到遮挡和环境干扰的情况比一般建筑严重。

（6）常用的普通闭式喷水灭火系统不能有效发挥作用。《自动喷水灭火系统设计规范》GB 50084 规定净空高度在 12m 以内的非仓库类高大净空场所可设置闭式系统，该规定是针对普通闭式喷头而言的。而对于高大空间建筑，火灾时烟气在热对流的作用下流动至上层的时间长，造成上层空间升温较慢，会导致普通喷头响应时间过长，延误了灭火战机。且普通喷头在大空间的特殊环境中，喷射出的水滴在到达火焰之前会被蒸发掉或被吹离火焰，水量大为减少，不能压制火灾。因此，对于在大空间建筑内采用普通闭式系统达不到很好的灭火效果。

（7）大空间建筑使用功能趋于多样化，在使用期间，往往人员密集，并且通常都没有组织，对场所出口陌生，一旦发生火灾，在较短时间内很难将人们迅速疏散。

第三节　高大空间建筑烟气流动与控制研究概况

美国是高大空间建筑防火研究起步最早的国家之一。美国全国消防协会（NFPA）于1985 年建立了烟气控制系统技术委员会，并于 1992 年发布商业街、中庭及大空间烟气控制系统设计指南 NFPA92B（以下简称 NFPA92B）。NFPA92B 是第一个公认的以锥形烟羽流原理为基础的中庭烟控系统设计指南，NFPA92B 中的设计方法被美国国家建筑规范BOCA 和统一建筑规范 ICBO 采用。

Morgan 于 1986 年研究了烟气在大空间的水平流动，并且得出了封闭商场中的烟气控制的设计方法。英国的 Graham Atkinson 于 1995 年采用三种试验火（易燃液体，木垛明火，木垛阴燃火）研究了大空间吊顶下的烟气运动规律，试验表明，吊顶下烟气的运动由大而清晰且速度快的烟气卷或旋涡构成。

国际标准和技术协会（NIST）的 K. B. McGrattan、H. R. Baum 和 R. G. Rehm 于1997 年采用大涡模拟的方法模拟了烟气的运动规律，高效的流体处理技术使人们对超过一百万个的计算网格的模拟得以实现。

韩国中央大学 J. S. Rho 和 H. S. Ryou 于 1998 年采用场模型和区域模型模拟了三种类型的中庭烟气填充过程并对两种模型进行了比较。日本丰桥技术科学大学 Akira 和 Ohgai等人于 2006 年开发出了模拟建设区域火灾扩散细节的元胞自动机模型，该模型能够真实地表现出传统火灾模型在建成区域无法完成的火灾发展过程的细节。

随着人们对高大空间建筑火灾防治的日益重视，近年来我国陆续开展了一系列针对高大空间建筑中烟气运动、火灾探测、防排烟设计等方面的研究。

中国科学技术大学火灾科学国家重点实验室和热安全工程技术研究中心从 1991 年就开始致力于高大空间建筑早期火灾的探测技术研究，与香港理工大学合建了大空间建筑火灾实验厅。两校陆续开展合作对高大空间建筑早期火灾探测中存在的问题以及烟气在高大空间内的充填与沉降规律作了深入的研究，通过开展的若干实体试验，在高大空间建筑火灾探测技术上取得了一定的突破。

重庆大学从 1999 年开始致力于中庭火灾的研究，以美国消防协会设计指南 NFPA92B 为基础，讨论了中庭烟气控制方法和中庭烟气控制系统的设计计算方法，并采用模型实验和计算机模拟相结合的方法，对中庭火灾烟气流动及其影响因素进行了研究，确定采用弗洛德模型研究中庭初期火灾烟气流动是可行的、合理的，并通过相似模型实验得到了适用于瘦高型中庭的稳态火灾烟气填充方程以及反映受限烟羽特点的烟羽质量流量方程。

2004 年中国建筑科学研究院对会展建筑大空间展厅的火灾情形、排烟量及排烟方式开展模拟分析，为此类建筑排烟系统设计提出了经济合理的参考方案。

北京工业大学分析了地下商业建筑的结构形式和防排烟设施，利用 CFD 软件模拟了地下商业建筑火灾烟气的运动规律，为防火性能化设计提供了重要的参考依据；2005 年采用数值模拟的手段对某候机大厅的烟气填充情况进行了研究，得出了高大空间火灾烟气层的发展与火源功率和大空间尺寸的关系。

2005 年，清华大学模拟了大型室内体育场馆火灾烟气的充填过程，对比了有排烟和无排烟、不同的排烟方式下烟气的运动情况，得出最佳的排烟位置应该设计在顶棚处；同时采用大涡数值模拟的方法，对大空间中庭建筑及其相通的周边房间发生火灾后的烟气运动情况进行了模拟，对周边房间的消防设计可以按照对室外有开口的房间进行考虑，并通过对比排烟有效和排烟失效两种情形验证了排烟系统对中庭消防安全的重要性。

2005 年同济大学建立了高大空间建筑火灾空气升温过程中温度非定场的简化模型，提出了高大空间建筑火灾的空气升温数学模型和升温经验公式，利用以双区域模拟为基础的修正计算方法，得到了高大空间室内烟气下降和温度与时间的关系。天津滨海快速交通发展有限公司与公安部天津消防研究所采用大涡模拟的方法，对中庭火灾烟气的流动过程进行了模拟，了解了中庭烟气的蔓延过程，得到了烟气的速度场和温度场、顶棚射流的速度和温度的详细结果。

2007 年中国安全科学与技术研究院与香港城市大学等单位合作研究了零售商店火灾时烟气羽流在中庭中的流动和自然填充规律，研究表明在中庭中由于此类商店引起的火灾若没有烟气控制措施是非常危险的，同时对机械排烟系统的烟控效果进行了分析。同年北京科技大学和中国建筑科学研究院建筑防火研究所共同研究了几种常见的轴对称羽流模型及其使用条件，通过数学计算和 FDS 模拟对几种模型在大空间建筑中的羽流质量流量、相同清晰高度下热烟气层的温度进行了对比分析，总结出大、小面积火源条件下更为适用于大空间建筑的模型，为大空间建筑中的防排烟设计提供了参考。广州市地下铁道总公司与中国安全生产科学研究院结合广州市地铁 4 号线高架车站，对高架车站的站厅自然排烟设计进行了探讨，同时采用火灾动力学模型对站厅火灾烟气流动进行了数值模拟，进而验证了防排烟设计的有效性。

第四节　高大空间建筑火灾探测技术发展

一、高大空间建筑火灾探测技术发展情况

国内外的火灾探测技术已经发展得比较成熟，但是相对于建筑业的快速进步，对于不同场合有针对性的探测适用性研究却相对滞后，尤其对于大型及复杂建筑，由于其建筑特点及结构、材料等多方面的特殊性，选择合适的探测技术并充分发挥各类型火灾报警系统的特点，对于提高大型公共建筑总体安全水平有重要意义。我国在"九五"期间，国家组织实施了《地下建筑与大空间建筑火灾特性研究》、《地下建筑与大空间建筑火灾预防与控制高新技术研究与开发》和《地下建筑与大空间建筑消防工程新技术综合应用》等课题的科技攻关，共设相关专题二十个，内容涉及大空间公用建筑火灾特性，地下与大空间建筑火灾探测报警高新技术等方面，取得了包括新技术、专利、产品、新材料等在内的一大批成果。

在一般建筑中广泛使用顶棚安装的感烟和感温火灾探测器，火灾自动报警系统设计规范规定感烟探测器最大安装高度可达 12m，感温探测器的最大安装高度可达 8m。这两类探测器的工作前提是火灾烟气能够很快到达顶棚，并沿顶棚蔓延。而在高大空间建筑中，火灾探测常受层流效应、高速气流和空气对流的影响，提高或降低探测灵敏度将带来误报或漏报、延报等问题，往往无法有效地探测到高大空间内可能出现的火灾，以致延误了早期灭火的工作，造成火势的蔓延。

因此，主动式感烟探测系统在近年来受到了关注，兰州交通大学勘察设计院徐永亮等人结合体育馆设计工程实例，对高大空间采用空气采样主动式火灾探测系统的可行性进行了分析。在高大空间建筑中，这种吸气式系统具有灵活布管，主动采样，可突破气流、气层屏障，不为环境的设施、高度、广度所限制，不破坏建筑的内在结构和外在美观，安装简便、易维护等优点。

除了吸气式火灾探测器，火焰探测器也开始考虑应用于高大空间以及复杂建筑物等场所。随着视频监视设备与图像处理技术的发展，具有探测早期火灾能力的图像型火灾探测器应运而生。图像型火灾探测器其非接触性探测的特性避免了常规感烟探测器受气流扰动影响的问题，同时可以直接通过视频画面人为识别火灾的发展程度，从而提高了早期防治措施的反应速度与灵活性。该项技术目前已经达到了应用的水平，对于高大空间建筑来说，图像型火灾探测器具有早期反应、探测范围广、节省设备重复投资的优点，是一种较为理想的探测方式。目前，在德国、英国、美国、意大利、澳大利亚、日本等国家都已经出现了图像型火灾探测器。

二、高大空间建筑火灾探测产品对比

我国国家标准《火灾自动报警系统设计规范》GB 50116—2013 中，对点型火灾探测器的适用高度作出了明确规定，感烟火灾探测器安装高度最高不超过 12m，一级感温火灾探测器安装高度不应超过 8m，均不适宜应用于高大空间建筑中。

目前国内市场上发展较为成熟的火灾探测器，对保护空间高度无限制或限制不严格

的，主要有火焰探测器、线型红外光束感烟探测器，以及可主动探测的吸气式感烟探测系统等。但是这些技术受探测机理的限制，或多或少都存在一定的局限性。高大空间建筑中普遍存在的线性热分层环境、空调通风都会对感烟型探测带来困难，照明、音响、指示标志等设备都可能形成对探测路径的遮挡。如何解决这些问题，并合理选用设计参数是高大空间火灾探测迫切需要面对的。

表5-1简要归纳了上述探测技术的设计原则、设计参数及其在高大空间应用中的限制因素。

大空间的火灾探测技术对比　　　　　表5-1

探测器类型	灵敏度	设计原则	主要设计参数	应用限制因素
线型红外光束感烟探测器	中等（烟气）	光束轴线距地高度不宜超过20m，至顶棚的垂直距离宜为0.3～1.0m；探测器发射器和接收器之间的距离不宜超过100m	设置高度、设置间距、设置层数	室内气流运动、热障效应、遮挡物、震动
吸气式感烟探测系统	高（烟气）	依据《吸气式烟雾探测火灾报警系统设计、施工及验收规范》DBJ 01—622—2005，非高灵敏度型采样管网安装高度不应超过16m，高灵敏度型可以超过16m，应保证16m以下至少有2个采样孔	布管形式、采样孔大小、间距、传输时间、平衡度	高速气流运动
火焰探测器	高（火焰）	其视场应能覆盖全部保护区域	设置倾斜角、设置间距	光源、遮挡物

第五节　高大空间建筑火灾探测试验

一、火灾科学技术研究方法

火灾科学的研究方法大体可分为统计分析、理论推导、实验模拟和数值模拟四大类。统计分析是建立在观察和统计的经验分析上。理论推导是通过对火灾过程的假设和简化，建立反应火灾运动规律的物理数学模型，但这种研究方法在工程应用中存在着很多缺陷，表现在计算模型复杂、模型计算难以处理、经过条件假设和简化后推导的数学模型能否足够近似的反应火灾现象都存在着很大的不确定性。实验模拟是火灾科学建立的重要基础，可以分为实体火灾实验和火灾模型实验，实体火灾实验是直接对研究对象进行的火灾实验，这是一种能最大限度反应火灾规律的实验手段；火灾模型实验是建立能够近似反映真实条件的火灾场景，模拟火灾发生后的传播和蔓延规律，但其在实施过程中面临许多条件的限制，比如实验平台的构建、边界条件的控制、火灾过程的描述、实验结果的记录等都难以做到足够准确，而这些条件却在很大程度上决定了实验效果和真实性。数值模拟主要利用流体力学、热力学及传热学等基本方程建立数学模型，并应用计算机技术对火灾状态下空间的烟气流动等规律进行动态数值模拟，某种程度上说，计算机模拟是对理论推导的物理数学模型的快速求解和形象再现，但所用数学模型的适用程度在某种程度上限制了模拟的效能，且其大量参数需人为设定的随意性容易导致结果较大的偏差。

高大空间的火灾科学研究是随着各种大型复杂建筑的不断兴建逐渐提上日程，由于起步较晚发展还相对滞后，以火灾探测为例，从目前国内总的形势来看，其研究仍然理论居多，个别探测器生产厂商在其产品研发过程中虽进行了有关试验，但这些试验大都较为随意和简单，没有整体、全面的试验方案，在火源设计、探测器设置、干扰源影响等方面都不够规范和合理，高大空间建筑中火灾探测器的适应性、选型设置、响应性能等尚还未明朗化。同样，空间特征、烟气特性、温度分布等基础性技术的不成熟必将给建立在这些理论基础上的研究方法带来较大的困难和不确定性。因此在现研究阶段，开展高大空间实体试验是有着重要现实意义的研究方法，不仅能够直接得到反映现场各综合条件的真实试验结果，也将为理论计算、数值模拟等其他手段的开展提供宝贵和必要的参考数据资料。

二、试验研究设计

1. 总体研究方案

高大空间火灾实体试验分四个阶段进行，各阶段试验场所、试验时间及主要目的见表5-2。第一阶段在火源设计、试验方案、烟气观察、探测器设置等方面均为尝试，初步了解和掌握不同火源早期发展规律和试验基本流程。第二、第三阶段试验分别安排在冬、夏两季，试验地点均在大空间实验室 B 中，以研究我国同地区季节间环境温度差异对烟气运动和火灾探测的影响，同时对整个试验方案和过程做了调整改进，采用多点风速测试系统采集烟气羽流的温度和速度，采用温度记录仪实时监测试验期间大空间实验室中的温度波动情况，同时，探测器的安装设置比第一阶段更为科学和规范。第四阶段主要对图像型火灾探测器进行了更全面的专项试验。

试　验　安　排　　　　　　　　　　　表 5-2

阶段	试验地点	主要目的
一	大空间试验室 A	尝试性试验，掌握初步规律及试验方法
二	大空间试验室 B（冬季试验）	优化试验，发现烟气运动发展规律，
三	大空间试验室 B（夏季试验）	得到探测器响应性能基本规律
四	大空间试验室 C	开展图像型火灾探测器专项试验

2. 试验场所

（1）大空间试验室 A

大空间火灾试验室 A 专用于大空间中报警、排烟、灭火等相关技术的试验，如图 5-2

图 5-2　大空间试验室 A

所示。整个试验室南北长 22m，东西宽 12m，高 27m，外部共设有五层走廊，每层均设有可手动开启的外窗。实验厅共有 3 扇门，顶部设 4 个自然排烟口、4 个机械排烟口。试验室内部构造示意见图 5-3。

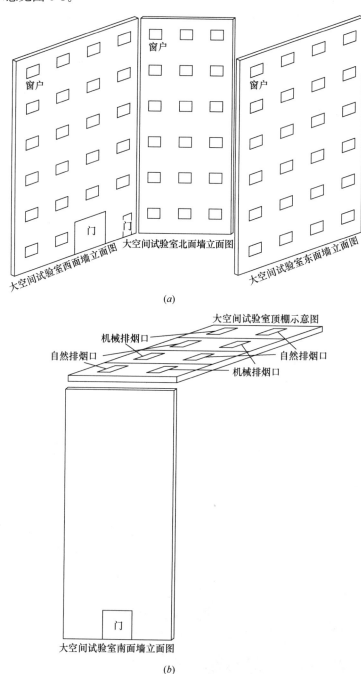

(a)

(b)

图 5-3　试验室内部结构示意图

(a) 墙面门窗分布；(b) 顶棚排烟口分布

（2）大空间试验室 B

大空间试验室 B，南北方向长 38m，东西方向宽 15m，高 27m，可供试验区域长

24m，见图 5-4。试验室内部没有房间，沿四周墙壁设有三条 1m 宽的人行走廊，高度依次在 5m、10m 及 26m 处，人行走廊由侧面扶手和底板组成，底板是钢网架（烟气可自由透过），因而不会对烟气在实验室内的蔓延产生太大影响。墙壁面装设有线路桥架，高度分别为 15m、20m。

图 5-4　大空间试验室 B

试验室共有六扇门，第一层 3 扇，分别位于试验室东南角、西墙中部、北墙西端，第二层、第三层和第四层分别在北墙西端设置 1 扇门。其中，西门为试验室正门，尺寸为 3.0m×3.0m，其他门的尺寸均为 1.5m×2.0m 或 1.5m×1.6m。试验室东墙和西墙上对称地设有四层窗户，距离地面高度分别为 7m、12m、18m 和 24m（窗户中心至地面距离），一、二、三层东、西墙每层 5 扇，横向均匀分布，每扇由 4 个小窗组成，尺寸为 84cm×94cm，下部两个小窗可开启；四层东、西墙各有窗户 10 扇，总尺寸为 75cm×100cm（3 个小窗），亦均匀分布。试验室内部结构见图 5-5。

（3）大空间试验室 C

大空间试验室 C 南北长 44m，东西宽 26m，高 22m。在该实验室内主要进行了图像型火灾探测器的专项试验，见图 5-6。

3. 试验火源种类

本研究参考国家标准《点型感烟火灾探测器》GB 4715—2005 中有关标准试验火的设置方式，试验火源选用木材热解阴燃火、棉绳阴燃火、聚氨酯塑料火、正庚烷火等标准试验火或其整数倍，在第三阶段试验中同时进行了新闻纸阴燃火和酒精火的试验，现场试验时材料用量视情况确定。

（1）木材热解阴燃火

为观察木材火由阴燃到明燃阶段的变化过程，试验中未对电炉进行控温，木材在阴燃一段时间后将产生明火。

1）材料：10 根 75mm×25mm×20mm 的山毛榉木棍（含水量约等于 5%）。

2）布置：加热盘表面为一个圆盘，10 根山毛榉木棍不规则放置于加热功率为 2kW（额定功率），直径为 220mm 的加热盘上，如图 5-7 所示。

3）点火：给加热盘通电。

4）试验结束的判据：部分探测器报警或燃料耗尽。

（2）棉绳阴燃火

1）燃料：洁净，干燥的棉绳。

2）布置：将 90 根长为 80cm、重 3 克的洁净、干燥的棉绳固定在直径为 10cm 的金属圆环上，然后悬挂在支架上，见图 5-8。

3）点火：在棉绳下端点火，点燃后立即熄灭火焰，保持连续冒烟（棉绳被点燃即为试验开始）。

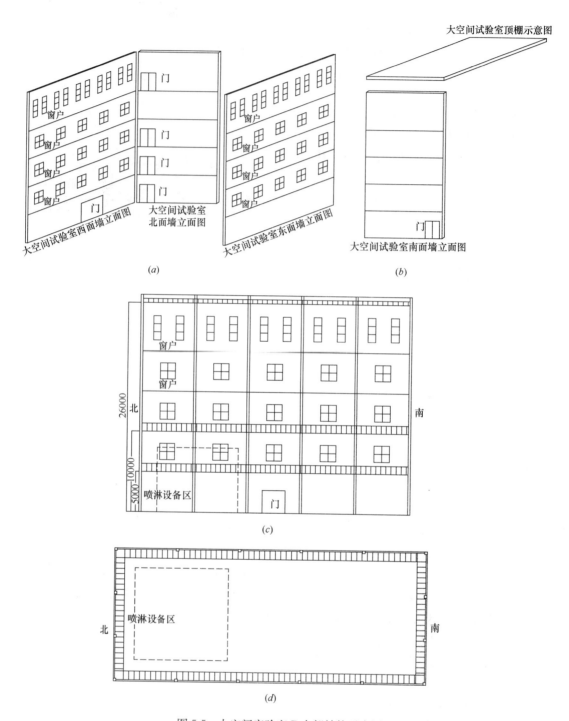

图 5-5　大空间实验室 B 内部结构示意图

（a）西面、北面和东面墙；（b）南墙；（c）实验室剖面图；（d）实验室平面图

图 5-6 大空间试验室 C

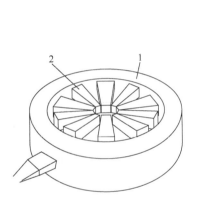

图 5-7 木材热解阴燃火示意图

1—加热盘；2—木棍

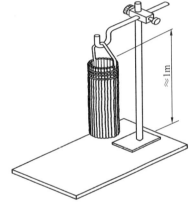

图 5-8 棉绳阴燃火

4）试验结束的判据：燃料耗尽。

（3）聚氨酯塑料火

1）燃料：质量密度约为 20kg/m³ 的无阻燃剂软聚氨酯泡沫塑料。

2）布置：将 3 块 50cm×50cm×2cm、质量密度约为 20kg/m³ 的无阻燃剂软聚氨酯泡沫塑料的垫块叠在一起，平放在略大于垫块的容器中，见图 5-9。

3）点火：在直径为 5cm 的盘中注入 5ml 甲苯置于容器的一角处，点燃使其引燃聚氨酯塑料泡沫。

4）试验结束的判据：燃料耗尽。

（4）正庚烷火

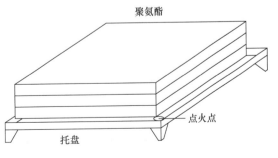

图 5-9 聚氨酯塑料泡沫火

187

1）燃料：正庚烷（纯度≥99％）加 3％的甲苯（纯度≥99％），按体积计算，925ml 正庚烷加 25ml 甲苯。

2）布置：将燃料放置于用 2mm 厚的钢板制成的底面积为 1100cm² （33cm×33cm），高为 5cm 的容器中。

3）点火：电火花直接引燃。

4）试验结束的判据：燃料耗尽。

（5）酒精火

1）燃料：工业乙醇（乙醇含量90％以上，含少量甲醇）。

2）布置：将燃料放置于用 2mm 厚的钢板制成的底面尺寸为 33cm×33cm、高为 5cm 的容器中。

3）点火：电火花直接引燃。

4）试验结束的判据：燃料耗尽。

4. 冬季试验设计

（1）火源功率及位置

试验均采用标准用量或其整数倍的标准试验火，以下火源规模用标准用量的整数倍表示。试验选用火源及规模见表 5-3。

试验火源及规模   表 5-3

试验编号	试验火	火源规模
1	木材	1 倍标准火（10 根）
2	聚氨酯	1 倍标准火
3	木材	2 倍标准火（20 根）
4	棉绳	2 倍标准火（180 根）
5	聚氨酯	2 倍标准火
6	正庚烷	2 倍标准火
7	正庚烷	1 倍标准火
8	棉绳火	1 倍标准火（90 根）

试验空间：实验室 B。

试验火源的放置位置具体见图 5-10。

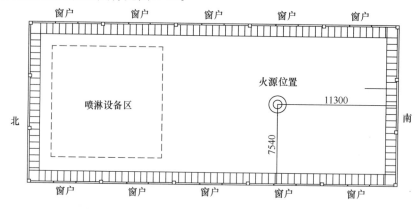

图 5-10　火源位置示意图

（2）通风条件

本次试验均模拟无干扰源大空间，试验过程中门、窗均保持关闭，无空调系统，排烟机关闭。

（3）试验设备及其设置

1）多点风速测试系统

试验采用多点风速仪采集烟气的温度、速度等参数，试验中使用4个风速探头，并分别固定在火源正上方的不同高度处，以观察烟气羽流的运动规律。

2）红外光束感烟探测器

试验选用反射式红外光束感烟火灾探测器，共有6组线性红外光束感烟火灾探测器安装在二层走廊的围栏上，安装高度为10.5m，安装间距3.5m，见图5-11。

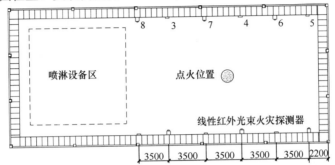

图5-11　线性红外光束感烟火灾探测器平面布置图

5. 夏季试验设计

（1）试验火源功率及位置

采用标准用量的试验火或标准试验火的倍数，为了解初期较小火源的发烟和报警情况，增加了部分火源0.5倍以及2/3倍规模的试验。

试验中主要考虑了三种类型的火源位置：中心区域、靠近一侧墙壁以及墙角，分别记为位置1（L1）、位置2（L2）、位置3（L3），试验火源的放置位置具体见图5-12。

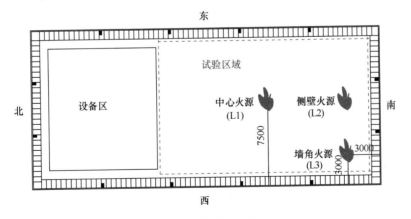

图5-12　火源位置示意

189

试验设计火源、规模及位置见表5-4。

试验设计火源、规模及位置一览表　　　　表 5-4

试验编号	试验火	火源规模	火源位置	干扰源
1	木材	1 倍标准火（10 根）	位置 1	—
2	木材	2 倍标准火（20 根）	位置 1	—
3	棉绳	1 倍标准火（90 根）	位置 1	—
4	棉绳	2 倍标准火（180 根）	位置 1	—
5	棉绳	2/3 倍标准火（60 根）	位置 1	—
6	正庚烷	1 倍标准火	位置 1	—
7	正庚烷	2 倍标准火	位置 1	—
8	聚氨酯	1 倍标准火	位置 1	—
9	聚氨酯	2 倍标准火	位置 1	—
10	酒精	1 倍标准火	位置 1	—
11	酒精	2 倍标准火	位置 1	—
12	木材	1 倍标准火（10 根）	位置 2	—
13	棉绳	0.5 倍标准火（45 根）	位置 2	—
14	棉绳	1 倍标准火（90 根）	位置 2	—
15	正庚烷	1 倍标准火	位置 2	—
16	聚氨酯	1 倍标准火	位置 2	—
17	木材	1 倍标准火（10 根）	位置 3	—
18	棉绳	0.5 倍标准火（45 根）	位置 3	—
19	棉绳	1 倍标准火（90 根）	位置 3	—
20	棉绳	2/3 倍标准火（60 根）	位置 3	—
21	正庚烷	1 倍标准火	位置 3	—
22	聚氨酯	1 倍标准火	位置 3	—
23	木材	1 倍标准火（10 根）	位置 1	西面 2 层窗户全开
24	棉绳	1 倍标准火（90 根）	位置 1	西面 2 层窗户全开
25	棉绳	1 倍标准火（90 根）	位置 1	西面 3 层窗户全开
26	棉绳	1 倍标准火（90 根）	位置 1	西门全开
27	棉绳	2 倍标准火（180 根）	位置 1	西门全开
28	正庚烷	1 倍标准火	位置 1	西面 2 层窗户全开
29	棉绳	1 倍标准火（90 根）	位置 2	西面 2 层窗户全开
30	棉绳	1 倍标准火（90 根）	位置 3	西面 2 层窗户全开

（2）通风条件

本次试验中除模拟无干扰源大空间环境外，还增加了开窗自然通风条件的试验，旨在研究不同高度自然通风对烟气运动以及探测器响应性能产生的影响。

无干扰源试验过程中门、窗均保持关闭，无空调系统，排烟机关闭。

（3）试验设备及其设置

1）温湿度记录仪

为观测实验室内温度变化情况，使用 4 个温湿度记录仪，分别安装在试验室的南侧 2 层、3 层、顶层围栏处以及顶层东侧的围栏上。

2）多点风速测试系统

夏季试验仍然使用多点风速测试系统，在冬季试验的基础上增加 2 个探头。

3）红外光束感烟探测器

安装两层红外光束感烟探测器，共 14 组，分别安装在东墙和西墙上距地面 7m 和 12m 的高度处，其中 7m 高度安装了 8 组，12m 高度安装 6 组，见图 5-13、图 5-14。

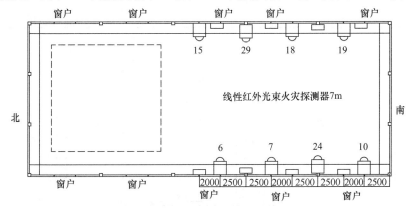

图 5-13 红外光束感烟探测器 7m 高度布置示意图

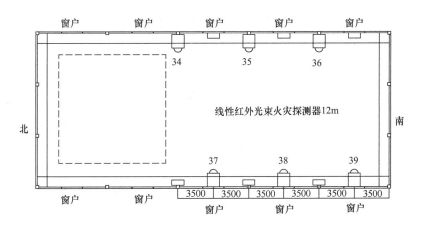

图 5-14 红外光束感烟探测器 12m 高度布置示意图

4）吸气式感烟火灾探测器

试验采用吸气式感烟火灾探测器，共安装两套系统，系统设计参数如表 5-5 所示。一套贴顶棚水平安装，水平采样管及探测器安装高度距地面 26m，距屋顶 1m 左右，如图 5-15 所示；另一套采样管贴东侧墙壁垂直安装，探测器安装距地面 25m，如图 5-16 所示。采样管路设计参数由 PipeCAD 软件进行测算，水平系统采样管末端帽距壁面 1m，垂直系统末端帽距地面 2m，采样孔间距 2m。

探测器可输出四级报警：辅警、预警、火警 1、火警 2。前三级报警浓度值由探测器自带 ClassiFire 人工智能技术，根据环境情况自动调整确定。

水平与垂直系统设计参数　　　　表 5-5

系统	水平	垂直
采样导管入口（个）	4	4
采样导管内径（mm）	20	20
孔直径（mm）	5.5、6.0、6.5	4.0、4.5、5.0
孔间距（m）	4	2
采样孔数量（个）	32	28
采样管总长度（m）	76	120
传输时间（s）	6.6～38.9	6.8～59.7
孔灵敏度（obs/m）	0.88%～1.06%	0.76%～0.92%
报警等级	4 级	4 级

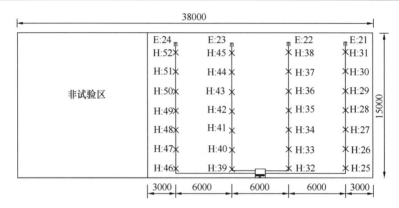

图 5-15　水平采样管安装示意图

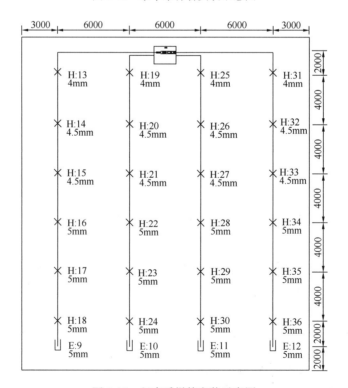

图 5-16　竖直采样管安装示意图

192

综上，夏季试验各类探测安装位置见图 5-17、图 5-18。

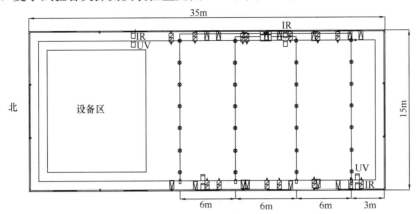

图 5-17 探测设备布置（平面）

▦▦▦▦ 安装高度为 7m 的线型红外光束感烟探测器
▦▦▦▦ 安装高度为 12m 的线型红外光束感烟探测器
⊗ 空气采样式感烟火灾探测器采样孔
▭ 空气采样式感烟火灾探测器报警主机

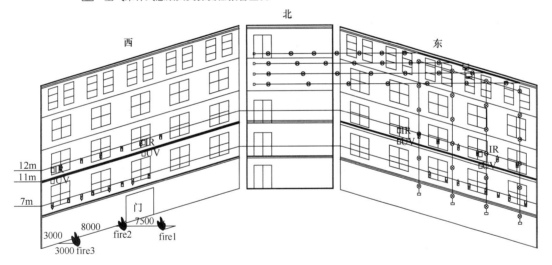

图 5-18 探测设备布置（立体）

三、高大空间烟气运动分析

1. 不同火源烟气羽流轴线温度变化特征

高大空间的突出特点为内部空间大、高度高，对于此类不受限空间，火源烟气运动的典型现象体现为自由上升的烟羽流，当火源靠近周围墙壁时，烟气流动即变为受限流动，运动情况发生变化。在此，重点对监测的火源上方烟气羽流的温度和速度进行分析，研究该类建筑中烟气的上升、蔓延过程，考虑到火灾发生的随机性，同时对靠近墙壁时（侧壁火源和墙角火源）受限燃烧的烟气运动情况一并进行了探讨。

试验过程中室内空气温度大约在 25～30℃，实验结果如下：

（1）木材火

木材火发展缓慢，加热 6min 左右开始出现烟气，初期阴燃产烟量小，探头测试温度未出现明显变化，约 15min 后突然变为明火燃烧，烟气羽流温度开始出现大幅波动，最高温度出现在 2.45m 高度处，约为 46℃，随高度增加烟气羽流温度逐渐减小，10m 高度基本无显著变化。

从图 5-19 中可知，木材火阴燃阶段烟羽流轴线温度无明显变化，随着高度增加，温度逐渐降低；明火后，烟羽流轴线处温升幅度较大，且随着高度的增加，温度逐渐减小；木材火发烟阶段，火源在位置 1 时，烟羽流轴线各高度处的温度高于位置 2 和位置 3。

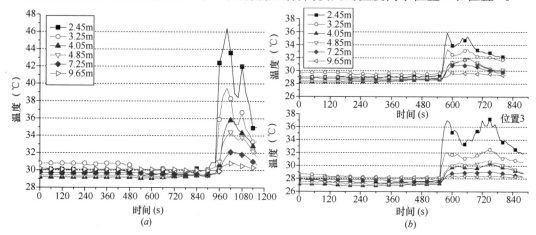

图 5-19　1 倍木材火各位置处烟气羽流轴线温度随时间变化曲线
（a）位置 1；（b）位置 2

（2）棉绳火

从图 5-20 可知，棉绳火发展较为平缓，烟气轴线温度整体波动幅度不大，增长不超过 8℃。点燃 3min 后，2.45m 处温度超出 3.25m 并始终保持最高的温度，最高达 38℃。5m 以上区域温度基本保持不变。

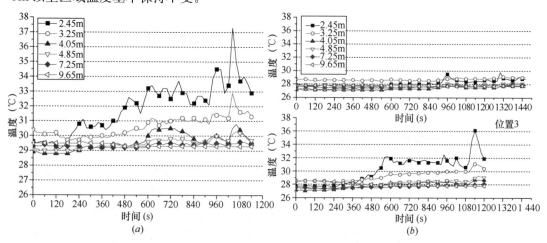

图 5-20　1 倍棉绳火烟气羽流轴线温度随时间变化曲线
（a）位置 1；（b）位置 2

位置 2 处烟羽流轴线温度无明显变化，其原因可能是温度探头与火源垂直轴线有一定偏差，导致温度变化不明显。

（3）聚氨酯火

由图 5-21，聚氨酯火一经引燃发展迅速，烟气羽流 1.5min 左右即可达到最高温度约 55℃左右，继而较为平缓的下降，随着高度增加，烟气羽流的轴线温度不断降低。

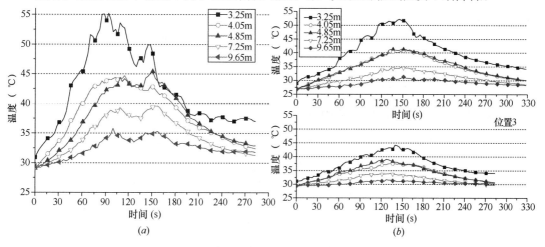

图 5-21　1 倍聚氨酯火烟气羽流轴线温度随时间变化曲线
（a）位置 1；（b）位置 2

（4）正庚烷火

由图 5-22，正庚烷火的烟气羽流温度变化趋势与聚氨酯火类似，有明显的峰值，一经引燃迅速发展，燃烧 2min 达到最高温度 90℃，之后开始较为平稳的下降。烟气羽流的轴线温度随着高度增加不断降低。

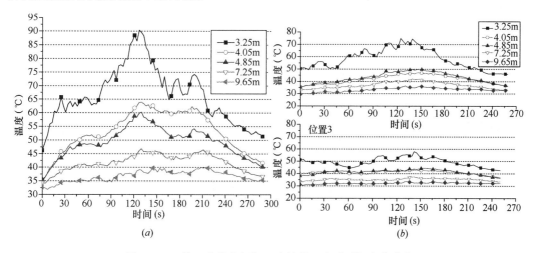

图 5-22　1 倍正庚烷火烟气羽流轴线温度随时间变化曲线
（a）位置 1；（b）位置 2

（5）小结

以上对试验采用 4 种试验火的烟气轴线温度变化情况进行了分析，总体上看，以木材火、棉绳火为代表的阴燃火源发展较为缓慢，以聚氨酯火、正庚烷火为代表的有烟明火发展迅速，烟气轴线温度变化从点燃时刻经历明显的先增大后减小的过程。

根据产生的烟气轴线最高温度，有烟明火明显高于阴燃火源，4种试验火的排序为正庚烷火＞聚氨酯火＞木材火＞棉绳火。产热量的差异导致各种火源影响温度变化的范围有所不同，有烟明火明显更高，棉绳阴燃火影响高度最小，但各图均显示，高度越向上温度变化越小，热量无法到达顶棚处，这也是在大空间中不宜使用感温型探测器的主要原因。

根据火源在不同位置处燃烧时烟气羽流的温度变化可知，非受限燃烧时火源燃烧产生的烟气羽流温度较高，而火源在一侧或两侧靠近墙壁燃烧时产生的烟气羽流温度则相对较低，靠墙角时最低，烟气上升运动减弱。

2. 环境温度对烟气运动的影响作用

烟羽流上升运动的主要驱动力是热烟气与周围环境空气之间的温差形成的浮力，同时环境冷空气亦不断被卷入羽流区发生热交换，带走部分烟羽流所携带的对流热。因此，环境温度高低将会对烟羽流的速度、温度以及最大上升高度产生一定的影响，从而导致探测器响应性能发生一定的变化。

以棉绳火和聚氨酯塑料火为例，分别代表阴燃类和有烟明火类火源。图5-23和图5-24分别反映了棉绳火和聚氨酯塑料火在不同环境温度下烟气羽流的轴线温度和上升速度变化情况。

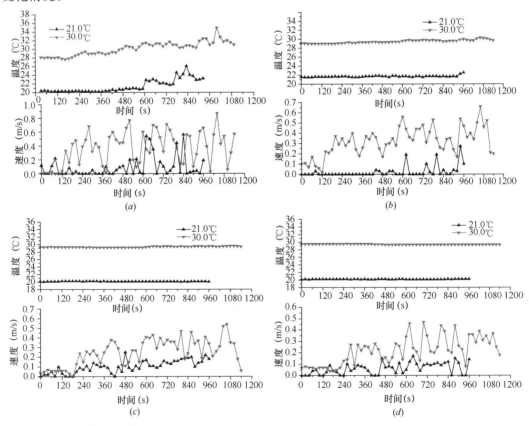

图5-23　不同环境温度下棉绳火烟羽流轴线温度、速度变化
(a) 2.5m；(b) 4.9m；(c) 7.2m；(d) 9.6m

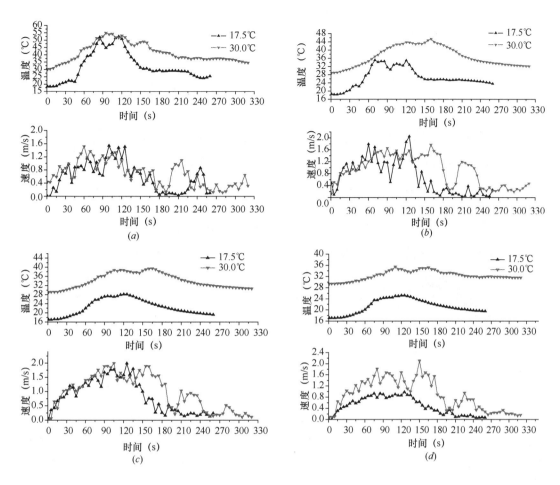

图 5-24　不同环境温度下聚氨酯火烟羽流轴线温度、速度变化

（*a*）2.5m；（*b*）4.9m；（*c*）7.2m；；（*d*）9.6m

棉绳火烟羽流轴线温度在环境温度较高（30.0℃）和较低（21.0℃）时具有类似的发展趋势，前期缓慢上升，后期出现明显的波动和突变。在较低环境温度下火源燃烧快，烟气轴线温度更快达到峰值，比初始温度高 6℃ 左右，在较高温环境下达到峰值时间相比滞后约 3min，变化幅度为 8℃ 左右。

两种温度环境下棉绳火烟羽流的上升速度均随高度升高而下降。高温度环境下的烟气上升速度在各个监测高度都明显快于低温度环境，变化幅度大，峰值高。从 10m 左右高度空间烟羽流的上升速度来看，低温环境下棉绳火烟羽流到达该高度时的上升势头已较为微弱，而高温环境下仍然具有一定的上升速度，反映出烟气最大上升高度的提高。

聚氨酯塑料火在低温环境下燃烧快，烟羽流轴线温度更快达到峰值。

低温环境下烟羽流在上升至 5~7m 高度时速度达到最大，随着高度继续上升开始下降，高温环境下烟羽流上升至 10m 高度时仍保持加速上升。在低于 7m 时，二者在燃烧前期的速度差异不大，燃烧后半期高温环境下烟气上升速度明显高于低温环境；高于 7m 时，高温环境下烟气表现出明显的速度优势。

3. 不同功率火源烟气运动情况

从对试验现象的观察，阴燃火源烟气热量较低无法上升至高大空间的顶部，1 倍标准棉绳火的烟气最高可上升至 12～13m。2 倍标准棉绳火烟气量明显增大，最高可达 20m 左右，在 10m 左右高度出现明显的烟气层，烟气浓度高，横向扩散范围广，见图 5-25。

（a）　　　　　　　　　　　　　　　　　　　（b）

图 5-25　棉绳火烟气上升及蔓延情况
（a）1 倍棉绳火；（b）2 倍棉绳火

图 5-26 为不同功率聚氨酯火烟羽流轴线温度的对比情况。聚氨酯火烟气量较小，但无论是 1 倍、2 倍火源，其烟气均能快速上升至顶棚处。2 倍聚氨酯火燃烧产生的烟羽流轴线处温度大幅高于 1 倍聚氨酯火相同位置处的温度，亦反映出随着火源功率的增大，烟气影响范围加大，上升高度升高。

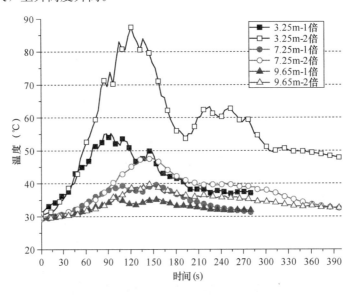

图 5-26　1 倍、2 倍聚氨酯火烟羽流轴线温度对比图（位置 1）

4. 通风条件对烟气运动的影响作用

燃烧所需空气的供应依赖于室内的通风条件，通风对燃烧过程有着重要的影响。试验中通过开窗或大门，以分析研究不同高度进行自然通风形成的气流流动对烟气运动及各类型火灾探测器响应性能的影响作用。

以下各图反映了不同通风干扰工况下各类型火源烟气羽流轴线温度的变化。

（1）同一通风干扰条件对不同类型火源的影响

以中心火源，7m 高度处西侧窗户打开自然通风为例。

由图 5-27，1 倍棉绳火在通风干扰时的表现与 1 倍木材火有较大差异，在开窗环境下由于增加了空气的补给棉绳的燃烧相比密闭环境剧烈，各个高度的烟气羽流轴线温度峰值均有大幅度提高，且在达到峰值前就已超越密闭环境下的温度，温升将导致烟气羽流的上升速度加快。

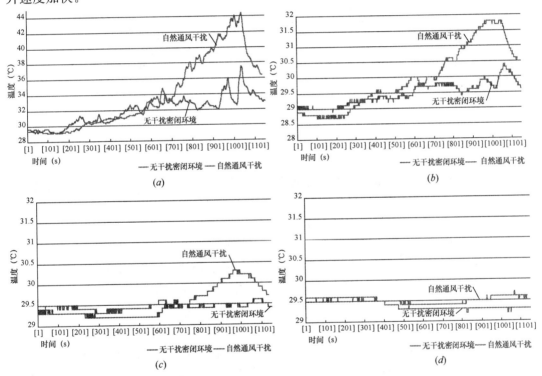

图 5-27　1 倍棉绳火烟气羽流轴线温度变化对比（密闭环境与 7m 开窗通风）
(*a*) 2.45m 高度；(*b*) 4.85m 高度；(*c*) 7.25m 高度；(*d*) 9.65m 高度

1 倍正庚烷火为有烟明火，由图 5-28 可以看出，开窗通风主要对空间下部即火源附近区域产生较大影响，正庚烷的燃烧更为剧烈，火源上方烟羽流温度峰值提高，但达到峰值的时间相比封闭环境滞后。对于通风位置上方区域，从温度变化上看，开窗通风基本未造成明显的影响。

根据上述分析可见，由于火源燃烧特性的差异，某一通风条件下火源烟气运动情况的变化也不尽相同，亦将可能造成探测器对不同火源响应性的差异。因此，在实际工程应用中，通风条件对感烟型火灾探测器的影响作用应结合空间内可燃物类型综合考虑。本研究

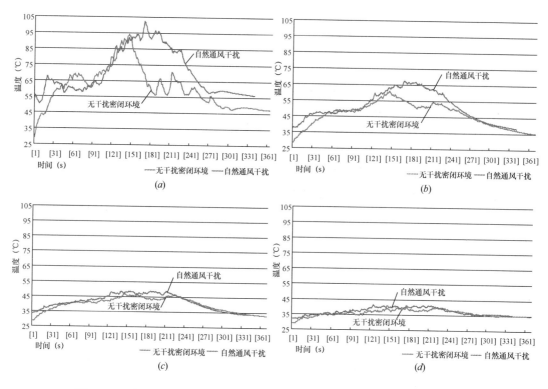

图 5-28 1 倍正庚烷火烟气羽流轴线温度变化对比（密闭环境与 7m 开窗通风）

(*a*) 2.45m 高度；(*b*) 4.85m 高度；(*c*) 7.25m 高度；(*d*) 9.65m 高度

中采用的上述试验火源，基本代表了常见的可燃物类型，其烟气运动特征变化可用以借鉴参考。

（2）不同高度通风干扰影响性比较

在本试验研究中，选择进行了 7m 开窗通风、12m 开窗通风和将首层大门打开通风三种干扰形式，下图为不同通风干扰源对 1 倍棉绳火烟气羽流轴线温度和速度的影响曲线。

图 5-29 反映出，在不同高度的开口自然通风对火源的发生发展有着不同的影响作用。

首层大门打开通风，风流较为正对火源，气流能够迅速带走燃烧生成的热量，使得火灾烟气羽流的上升运动受到扰动，温度大幅下降，上升速度减小。7m 高度通风未对棉绳火燃烧时间产生影响，但烟羽流轴线温度的峰值有大幅提高，且在达到峰值前就已超越密闭环境下的温度，温升导致烟气羽流的上升速度加快，越高位置处相比无干扰环境的增幅更为明显，表明烟气羽流将上升到更高的高度。

12m 高度是 1 倍棉绳火烟气上升最大高度，在此高度进行通风时，烟羽流在各个高度的轴线温度高于大门通风时，比无干扰环境略低，温度峰值降低，且达到峰值的时间滞后。

可见，对于以棉绳阴燃火为代表的具有一定发烟量的阴燃火源，在火源高度和烟气上升最大高度通风会减缓火源的燃烧，使得烟羽流轴线温度降低，烟气上升速度减小。对火源直接通风时对烟气羽流轴线温度影响十分显著，烟气上升最大高度处通风会使火源燃烧前半期的烟气上升速度减小；相反，若在一定垂直高度范围（火源上方、烟气最大上升高度下方）通风则可能促进燃烧，导致烟羽流轴线温度和上升速度提高，增大烟气最大上升高度。

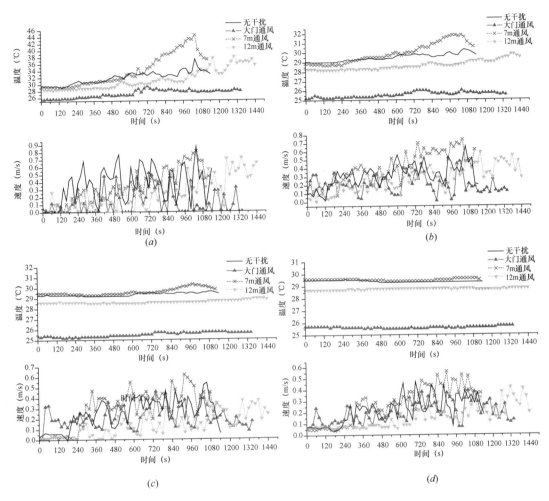

图 5-29　不同通风条件下棉绳阴燃火烟羽流轴线速度、温度变化（位置 1）

(a) 2.45m；(b) 4.85m；(c) 7.25m；(d) 9.65m

四、火灾探测试验结果与分析

1. 吸气式感烟探测器

（1）无干扰环境

根据图 5-30 可知，吸气式感烟探测器总体可靠性较高，在各组试验中均能报火警 1。其中，垂直系统对试验采用的全部阴燃火源和有烟有焰火均能正常报警，水平系统对靠近侧壁和墙角的火源有漏报现象，漏报 3 次。

比较空气采样烟雾探测水平系统和垂直系统的报警时间，在位置 1 的 8 组试验中，有 3 组试验数据（有烟明火试验）显示水平系统报警略快于垂直系统或基本相当，其余 5 组（阴燃火试验）均为垂直系统先行报警，最大可快约 48min；在位置 2 的 5 组试验中，垂直系统均能正常报警，水平系统对有烟明火和 1 倍木材火比垂直系统报警略快，在 0.5 倍棉绳火和 1 倍棉绳火中有不报警现象；在位置 3 的 6 组试验中，垂直系统亦均能正常报

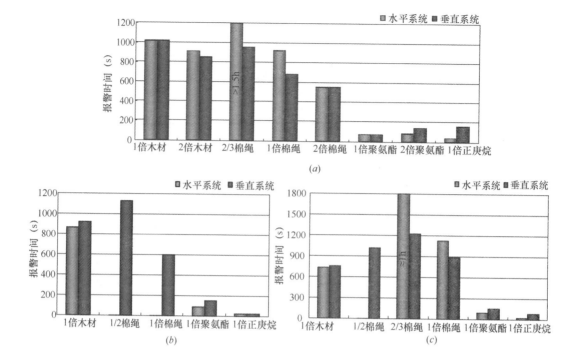

图 5-30　无干扰环境下水平和垂直系统对不同位置试验火的响应时间对比

（a）无干扰环境-中心火源；（b）无干扰环境-侧壁火源；（c）无干扰环境-墙角火源

（注：图中时间均为火警 1 报警时间）

警，水平系统对有烟明火和 1 倍木材火共 3 组试验更快报警，对 0.5 倍棉绳火漏报，其余试验中报警时间明显滞后于垂直系统。

可见，对于阴燃火源探测，吸气式感烟探测器垂直系统相比水平系统表现更为快速和稳定。垂直系统对各种位置、各种类型和各种功率的试验火均正常报警，其响应时间几乎均超前于水平系统。图 5-30 中三个火源位置的 1/2 棉绳阴燃火、2/3 棉绳阴燃火试验结果反映出垂直系统在探测小规模阴燃火时的显著优势，水平系统探测小规模阴燃火源的响应时间严重滞后或不能正常报警，在侧壁和墙角的棉绳阴燃火试验时都产生了漏报现象。这是由于小规模阴燃火产烟量较小，烟气热浮力较低，无法上升至顶棚或在顶棚高度浓度较低无法触发报警。因此，在高大空间建筑中，吸气式感烟探测器设置垂直采样管路，能够兼顾到发展初期以及靠近墙壁或墙角等特殊位置的火灾，更利于火灾早期快速探测。

而对于聚氨酯火和正庚烷火，两套系统无论在中心火源、侧壁火源和墙角火源的试验中均反应迅速，最大不超过 5min。相比较而言水平系统报警更为迅速，这与火源和烟气运动特性是密切相关的。聚氨酯塑料火和正庚烷火均为有烟明火，产生的热量促使羽流升速较快，能在短时间内到达顶棚，水平采样管能更快捕捉到烟雾粒子而发出报警信号。

在该大空间实验室内同样进行了 2 种规模酒精火试验，试验结果表明，吸气式感烟探测器无论水平布管还是垂直布管均无法实现正常的探测报警，甚至第一级别辅警亦不能输出。

综上分析，可得到以下基本结论：

1）在三种不同火源位置进行的试验结果反映出，火源位置的改变由于影响了烟气的运动特性而间接造成了吸气式感烟火灾探测器响应性能的差异，这种作用对阴燃火探测的影响较为显著。有烟明火的火源位置对于吸气式感烟火灾探测器的响应性能影响不大，报警时间差别很小。

2）高大空间建筑中，通过在顶棚处设置水平采样管可实现对有烟明火类火源的早期探测，若建筑内同时存在阴燃可燃物，应当同时设置垂直采样管。

3）酒精火产生烟气量极少，在高大空间建筑中不宜采用感烟型探测器实现对该类清洁型燃料的探测。

（2）气流干扰环境

高大空间建筑通常通过可开启外窗或空调系统对室内进行通风换气，造成空间内气流流动，火灾烟气运动发生一定的变化，从而导致感烟型火灾探测器的响应情况产生差异，因此研究气流干扰对烟气运动规律及探测器响应性的影响作用是十分重要也是十分必要的。

1）通风条件下对不同类型火源的响应性变化

图 5-31 为火源位置 1、西侧 2 层窗户全部打开（7m 通风）时，吸气式感烟探测器水平系统、垂直系统对 3 种火源的报警时间与无干扰密闭环境下的对比情况。

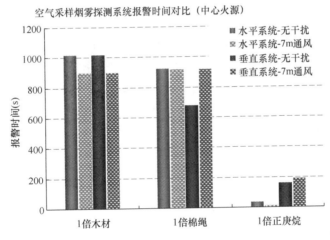

图 5-31　吸气式感烟探测器有无干扰源的报警时间对比（中心火源）

不同火源由于具有不同的燃烧特性，在相同气流干扰条件下响应性能变化亦不同。在西侧 7m 处自然通风条件下，1 倍木材火试验中吸气式感烟探测器的水平和垂直系统报警时间相比无干扰条件时均有小幅加快，两系统的报警时间基本相当；1 倍棉绳火试验中垂直系统的报警时间较无干扰条件产生滞后，水平与垂直系统的报警时间基本相当；1 倍正庚烷火试验中水平系统迅速报警，垂直系统有小幅滞后，水平系统显著快于垂直系统。

在 7m 高度进行自然通风时，1 倍木材火燃烧过程加快，造成水平与垂直系统报警时间均有所提前。1 倍棉绳火烟气的变化与 1 倍木材火有较大差异，水平系统在开窗条件下报警时间与无干扰环境相当，垂直系统报警时间有明显滞后，分析原因可能棉绳火发烟量大无干扰环境下可较快被垂直采样管采集，而通风条件下一定程度上对烟气造成了稀释，并影响了烟气的扩散方向和蔓延趋势。

正庚烷火烟气能量高，在空气补给增加时燃烧相比密闭环境更加剧烈，烟气羽流的上升速度加快，上升高度增加，因此水平系统的报警时间相比无干扰环境有所提前，垂直系统报警时间相比滞后。

2）不同气流干扰条件下的响应性变化

对于阴燃火，不同火源烟气的上升高度和蔓延情况有所差异，因此在不同高度通风将会对烟气运动产生不同的影响作用，从而造成吸气式感烟探测器的响应性随之发生变化。以1倍棉绳火为例，图5-32显示了在不同气流干扰条件下空气采样两个探测系统的报警情况。

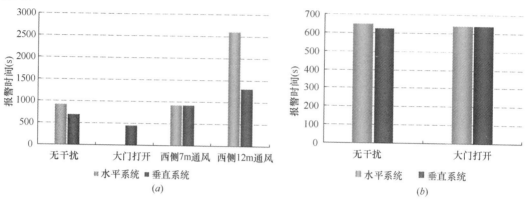

图5-32　吸气式感烟探测器有无干扰源的报警时间对比（中心火源）

(a) 1倍棉绳火（中心火源）；(b) 2倍棉绳火（中心火源）

试验室首层大门打开时，吹向火源的气流能够迅速带走燃烧生成的热量，使得烟气温度降低、火源燃烧减缓，致使烟气难以持续上升运动，造成贴顶棚水平安装的探测系统未能报警，而另一方面，水平气流加剧了烟气的横向扩散趋势，造成垂直系统更快报警。

12m高度通风使得水平系统和垂直系统的报警时间均有不同程度的滞后，1倍棉绳阴燃火的最大上升高度在12～13m，在此高度通风将对烟气的上升产生不利的影响，造成水平系统报警时间的显著变慢。

对比1倍棉绳火和2倍棉绳火在开大门条件的响应情况，2倍棉绳火烟气量大，两个系统报警时间受气流干扰影响微弱。

3）火源位置差异的影响

吸气式感烟探测器水平系统对于三种位置火源，在侧壁火源时有漏报现象，在墙角火源时报警时间相比垂直系统大幅滞后。图5-33表明在高大空间建筑中存在一定气流流动的条件下，火源靠近一侧或两侧墙壁时，相比其位于四周为开敞空间的位置时更易于被垂直布置的采样管发现。

由以上不同干扰源时的响应情况来看，对于处于相对开敞空间中心的火源，吸气式感烟探测器无论是水平系统还是垂直系统的报警时间受通风干扰相比其他感烟探测器小得多，这种影响有时快有时慢，视火源种类、通风高度和方式而定，但总体上看其影响差别并不显著。对于侧壁火源和墙角火源，通风干扰会小幅度加快垂直系统的报警时间，大幅度延缓水平系统的报警时间。其原因是开口引起的气流运动促进了烟气的水平运动和扩散，垂直采样管安装于开口对面方向的侧壁上，使得烟气更易于被垂直采样管采集；另一方面，由于火源处本身空气卷吸作用减弱已导致产烟量减小，加上气流运动加快了烟气的稀释，不利于烟雾上升累积而造成水平系统响应时间显著变慢。

（3）结论与建议

1）吸气式感烟探测器的水平设置方式和垂直设置方式在探测不同类型的火源时具有各自的优势。贴顶棚设置的水平系统对有烟明火类火源可快速报警，垂直系统对阴燃火源尤其小规模阴燃火具有更高的灵敏度。

2）不同的通风条件对不同的火源燃烧及烟气运动情况发生变化产生不同的影响作用，造成吸气式感烟探测器的响应情况的变化差异。总体上看垂直系统表现更为稳定，水平系统响应性受气流扰动变化相对较大，低位通风时可能产生漏报。气流对吸气式感烟探测器响应性能的影响作用随着火源规模增大而降低。对于有烟明火火源，无论是否有气流干扰，水平系统报警更为快速。在有气流影响的大空间建筑内，垂直采样管应安装在气流的下风向一侧壁面。

3）火灾发生位置的不同在特定条件下可能造成探测器报警时间的提前或延后，在探测靠近墙壁的火源时垂直采样管更为快速有效，水平采样管有一定的局限性，可能无法采集到烟气导致漏报警。

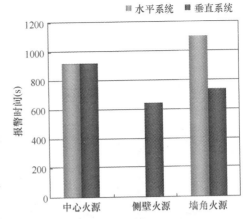

图 5-33　吸气式感烟探测器在有气流干扰条件下对不同位置火源的报警时间对比（1 倍棉绳火-西侧 7m 开窗通风）

2. 红外光束感烟探测器

（1）无干扰环境

1）红外光束感烟探测器对火源的适应性

图 5-34～图 5-37 反映了红外光束感烟探测器对试验火源的响应情况。报警比例为某高度安装的红外光束探测器报警数量占该高度红外光束探测器总数的比例。

由图 5-34 中心火源曲线可以看出，对于不同类型火源，红外光束感烟探测器表现出明显的差异，主要体现在报警时间和设置在不同高度的探测器的报警比例上，这与火源的产烟量和烟气上升高度相关。但总体上看，无论 7m 还是 12m 高度，均为靠近火源正上方位置的探测器最快反应，其次是两侧的位置，可见由于试验中探测器布置较为密集，阴燃火源即便是小规模火，其烟气也可触其羽流上升路径中的红外光束感烟探测器报警。

试验发现，红外光束感烟探测器对于发烟量较大的阴燃火源响应性较好，而对有烟明火的响应性能不尽理想，这主要因为明火烟气量较少、温度较高，羽流上升速度快，同样高度处的羽流半径相比阴燃火小，烟气宽度窄甚至不足以"切割"红外光束导致报警，随着烟气上升羽流半径随高度不断增大，并在到达顶棚后开始水平蔓延并沉降，从而触发探测器报警。

同一类型火源，在不同位置，红外光束感烟探测器的响应性并不相同。由试验分析发现，对于木材阴燃火和小规模棉绳阴燃火而言，7m 高度安装的探测器在三个火源位置基本都能保持有一定比例正常报警，但是 12m 高度处探测器在位置 2 多次发生漏报，在位

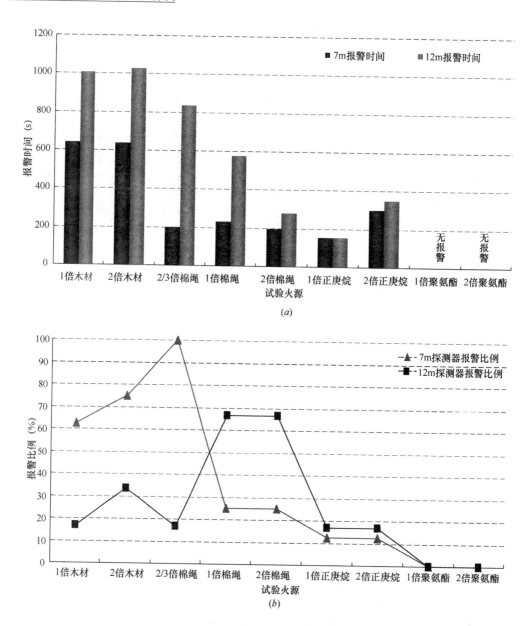

图 5-34　不同类型火源在位置 1 时探测器响应性对比（中心火源）

（a）报警时间；（b）报警比例

置 3 不能正常报警；12m 高度安装的探测器能够实现对不同位置 1 倍棉绳火较多数量的报警。对于明火燃烧的正庚烷火和聚氨酯火而言，只有正庚烷在位置 1 时，可以触发探测器报警，而其余位置均无法正常报警；聚氨酯明火在位置 2 时触发报警，其余位置处无响应。可见光束感烟探测器对于有烟明火火源的探测性能不够理想，对于发烟量较大的火源适应性较好，在设置高度合理的前提下能够发现位于靠近墙壁的阴燃火源。

火源功率不同，红外光束感烟探测器响应性不同。随着火源功率增大，增加了阴燃火源的发烟量，对于原本发烟量有限的木材火，使得无论 7m 高度还是 12m 高度的探测器报警数量都有所增加，报警时间无明显变化；对于发烟量较大的棉绳火，火源功率增大，烟

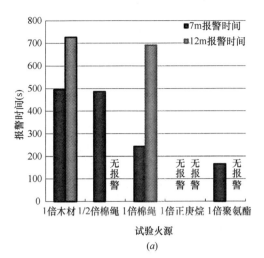
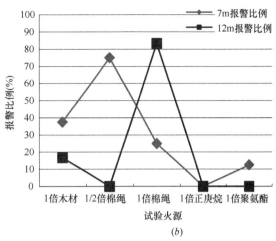

图 5-35 不同类型火源在位置 2 时探测响应性对比（侧壁火源）

（a）报警时间；（b）报警比例

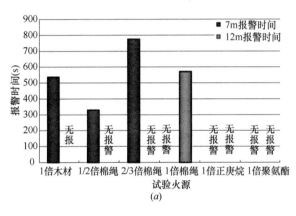
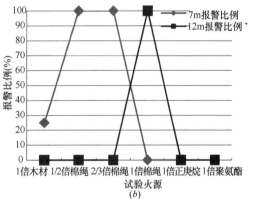

图 5-36 不同类型火源在位置 3 时探测器响应性对比（墙角火源）

（a）报警时间；（b）报警比例

羽流的上升浮力提高，烟气上升最大高度和扩散层高度均随之增加，致使低位安装探测器报警数量减少，高位安装的报警数量大幅增加，报警时间加快。

2）探测器安装高度对响应性的影响分析

根据试验结果，安装高度对红外光束感烟探测器的响应性能有较大的影响。从试验结果分析中可以发现，红外光束探测器的安装高度若恰好位于或接近烟气扩散层时，能够达到最为理想的探测效果。对于小规模火源，其烟气温度低，上升的最大高度和烟气扩散层高度相对较低，为达到有效探测，红外光束感烟探测器的设置高度不宜过高；随着火源功率增大，烟气上升高度随之升高，红外光束感烟探测器设置在较低高度时有可能无法正常报警，探测器在较高位置处设置较为合理。因此，考虑到火灾发生时，其火源位置、类型、功率等因素的不确定性，设置线型红外光束感烟探测器时应在经济条件允许的情况下进行多层安装。试验中采用的木材火和棉绳火对于阴燃火源具有一定的代表性，其采用功率均为小规模，相对高大空间场所而言能够代表火灾发展的最初期阶段。根据试验结果，

207

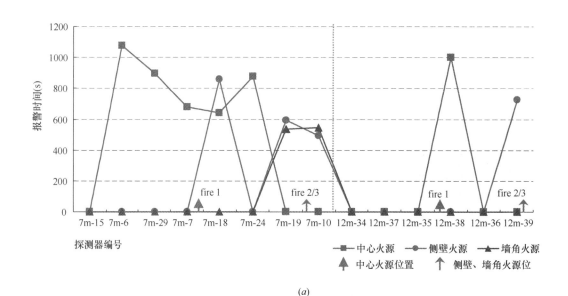

(a)

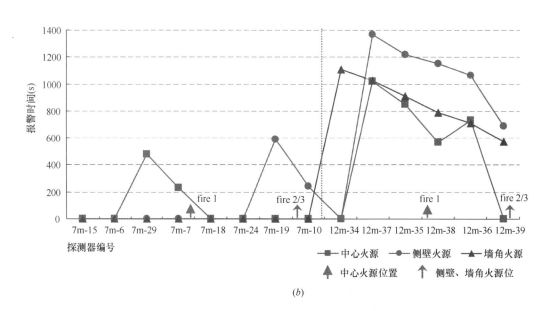

(b)

图 5-37　不同位置红外光束感烟探测器的报警时间对比

（a）1 倍木材火；（b）1 倍棉绳火

高大空间场所除按规范要求在距顶棚 0.3～1.0m 设置一层红外光束感烟探测器外，下部空间亦应加设探测器进行，以同时兼顾对不同类型和发烟能力火源的探测。

　　3）探测器的设置间距分析

　　图 5-38 反映了红外光束感烟探测器报警时间随探测距离（探测光束轴线与火源间的水平距离）增加的变化情况。

　　由图 5-38 可以看出，红外光束感烟探测器的光束轴线距离火源越近，探测到烟羽流的几率越高，报警时间越快（受室内气流影响烟气运动可能出现偏向导致个别探测器先于距离近的探测器报警），更远距离的探测器则需依赖于烟气的蔓延扩散运动。

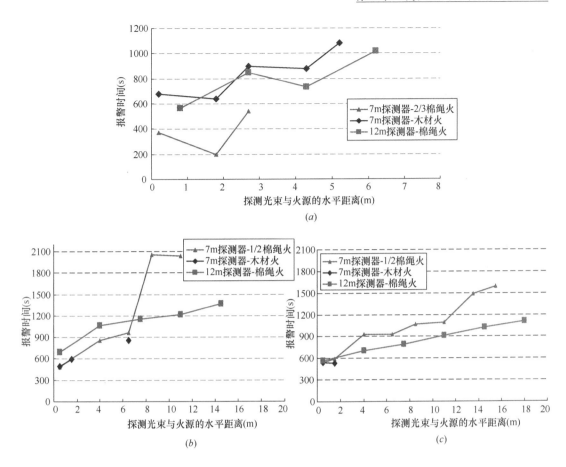

图 5-38　红外光束感烟探测器报警时间随探测距离
(a) 中心火源；(b) 侧壁火源；(c) 墙角火源

　　对于发展不受限的中心位置火源，7m 高度安装的探测器，能够对 2/3 棉绳火报警的探测器光束轴线距火源最远的距离小于 3m，对 1 倍木材火报警的最远距离为 5.5m，12m 高度安装的探测器能够对 1 倍棉绳火实现报警的最远距离约为 6.2m，上述数据的含义为：对于超过以上距离范围的火源，红外光束感烟探测器不能正常报警。试验所使用的火源相对大空间建筑而言是十分微小的火源，因此根据试验结果，目前国标要求两组探测器之间的安装间距不超过 14m，即红外光束感烟探测器的有效探测距离范围不超过 7m，在探测具备较大发烟能力的火源时是基本可行的，只是报警时间较为滞后。若建筑具有早期探测报警的迫切需要时，安装间距应适当缩小。

　　侧壁和墙角火源，由于烟气碰到壁面将形成回流，并反向扩散，红外光束探测器的响应情况与火源特性和烟气生成量以及火源与壁面的相对位置密切相关。如图 5-38 所示，当火源位于侧壁或墙角附近时，红外光束感烟探测器的探测距离变化因火源类型产生差异。对 1 倍木材火的探测距离范围减小，而对于 2 倍功率的棉绳火，探测距离范围随之增大，甚至超过 15m，报警时间亦有所加快。可见，墙壁对火源烟气的运动产生了显著的影响，因壁面造成烟气回流增强了烟气的横向扩散趋势，烟气沿墙壁反方向不断蔓延，造成远距离的探测器报警，木材火发烟量较小易于被冲散和稀释，同时壁面作用可能造成了对烟气上升高度的影响，7m 高度处探测器报警数量有所减少。

综合上述分析，红外光束感烟探测器的响应快慢与其距离火源的远近有直接关系，距离火源越近响应越快，但在一定范围内，报警时间并不会出现显著的差异。因此，在实际工程中，过分追求快速报警而大幅度减小安装间距进行密集设置的做法并没有太大的现实意义，亦不利于节约投资成本。根据现行规范要求，在设置高度合理的前提下，探测器按照间距 14m、距墙壁 7m 安装，基本能够满足一般的使用要求，若建筑具有早期探测报警的迫切需要时，安装间距应适当缩小，一般情况下探测器安装间距保持在 8～10m 较为经济合理。值得一提的是，当建筑物内可燃物种类较多时，探测器间距应在此基础上考虑减小。

（2）气流干扰环境

墙壁上的门窗等通风开口的空气流动对火灾发展的性状（包括可燃物的燃烧速度、热释放速率等）有着重要的影响作用。试验中分别开启了侧墙窗户和大门以观察非密闭通风环境下探测器的实际响应情况。

由图 5-39 知，对于 1 倍棉绳火，在密闭、西门开启、7m 自然通风条件下，随着自然通风高度升高，7m 高度处探测器响应时间略微滞后，12m 高度处探测器响应时间均略有加快，且 7m 高度探测器报警比例显著低于 12m 高度探测器报警比例，表明该 2 种通风条件并未对烟气上升高度产生不利的影响作用；12m 自然通风条件下，探测器响应性情况与前两种通风条件则完全不同，7m 高度处探测器报警时间加快，报警比例大幅增加，而 12m 高度处探测器报警时间相比前三种条件有所延后，这是由于在该高度形成的气流运动对烟气上升起到了一定的压制作用，烟气难以上升至此高度，并快速被气流所稀释，尤

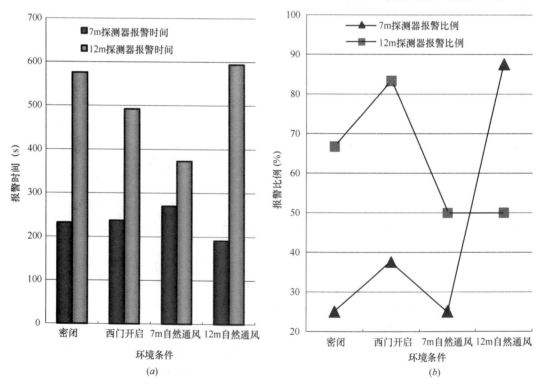

图 5-39　倍棉绳火在不同通风环境条件下探测器响应性对比（位置 1）

（a）报警时间；（b）报警比例

法达到探测器报警阈值，而通风高度以下部位受到上部自然通风影响，烟气受到压制，横向扩散趋势加强，在 7m 高度处烟气浓度迅速积累至探测器报警阈值，同时在水平方向扩散范围较大，从而触发探测器大面积报警。

图 5-40（本图书后有彩图）风条件下对不同位置火源的探测器报警时间和比例的对比情况。

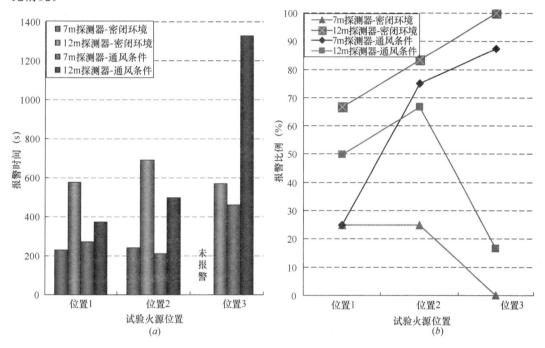

图 5-40　7m 自然通风条件下 1 倍棉绳火在不同位置时探测器响应性对比
（a）报警时间；（b）报警比例

图 5-40 反映出在同样通风条件下，红外光束探测器对不同位置火源的响应性变化情况亦有所不同。相对于中心位置火源，通风条件对侧壁火源和墙角火源的影响更为明显，尤其是对墙角火源，7m 处探测器报警比例大幅增加，12m 处探测器报警比例大幅减小，报警时间大幅滞后。造成该结果的原因固然与具体的通风条件直接相关，但我们可以推测，靠近墙壁或墙角处的火源，烟气运动范围相比不受限火灾空间与路径都受到限制，若该位置存在气流流动，将对烟气的上升和横向扩散产生明显的影响作用。因此，在有气流流动的大空间建筑内，可以考虑在靠近侧壁或墙角位置处适当地降低红外光束感烟探测器安装高度、减小安装间距，以提高红外光束探测器报警的可靠性。

（3）结论与建议

通过对木材、棉绳、正庚烷、聚氨酯等不同类型火源进行的燃烧试验，研究分析了红外光束感烟探测器对不同类型、不同位置、不同功率火源以及不同外界环境条件下的响应性及在高大空间场所进行火灾探测的适应性和可靠性。通过对试验数据的分析研究，得出以下几点结论：

1）红外光束感烟探测器适宜探测器发烟量较大的火源，如木材和棉绳阴燃火，对于明火燃烧的正庚烷和聚氨酯类的明火火源，探测器响应性较差。这是因为发烟量大的火源烟气扩散范围大，烟气浓度能在较快时间积累至探测器报警阈值，触发报警；对于明火燃烧的火源，由于发烟量小，且烟气温度较高，不易向四周扩散，烟气呈垂直上升趋势，不易遮挡探测器探测光束，若发生此类明火火灾时，较难快速的探知火情。

2）安装高度是影响红外光束感烟探测器响应性的重要因素。大空间环境有时存在热障效应，火灾初期烟气上升至顶棚空间较为困难，同时，尽管位于火源正上方附近的探测器报警较快，但是从火灾发生的随机性角度考虑，红外光束探测器的设置应尽可能覆盖烟气可能积聚的空间以保证报警的可靠性，因此，红外光束探测器设置在烟气能够产生一定程度横向扩散和积累的高度较为适宜。对于高度低于16m的高大空间场所，建议红外光束感烟探测器应至少在6~7m处加设一层；高度超过16m的场所，建议下部空间应至少设置两层，第一层高度建议在6~7m，第二层高度建议在9~12m。不同层探测器宜交错布置。

3）红外光束感烟探测器的响应快慢与其距离火源的远近有直接关系，距离火源越近响应越快，但在一定范围内，报警时间并不会出现显著的差异。因此，在实际工程中，过分追求快速报警而大幅度减小安装间距进行密集设置的做法并没有太大的现实意义，亦不利于节约投资成本。根据现行规范要求，在设置高度合理的前提下，探测器按照间距14m、距墙壁7m安装，基本能够满足一般的使用要求，若建筑具有早期探测报警的迫切需要时，安装间距应适当缩小。

4）存在通风和空调系统的高大空间场所，不应将探测器安装在有气流流动的高度。在烟气上升最大高度处存在气流流动的场所，应考虑适当降低探测器安装高度。

第六节　高大空间建筑火灾探测仿真计算

一、吸气式火灾探测器的仿真计算

采用CFD场模拟软件进行FDS仿真计算，对吸气式火灾探测器的响应时间进行预测，并通过大空间实验厅火灾报警试验对模拟计算进行验证，研究高大空间建筑中吸气式火灾探测器的响应特性。

图5-41　火灾试验厅

1. 火灾试验

（1）试验空间及试验火

试验空间同本章第五节大空间实验室A，如图5-41所示。

本试验选用0.3m×0.3m的汽油火，将汽油倒入用2mm厚的钢板制成的30cm×30cm×5cm的油盘内，电火花点燃。试验初始条件如下：气压：$1.038×10^5$ Pa；湿度：69%；大厅室温：1.7℃。试验现场及火源燃烧情况如图5-42所示。

（2）吸气式火灾探测器的设置

吸气式火灾探测器共安装两组，一组水平安

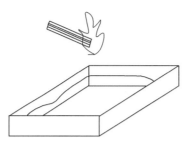

图 5-42　油盘火试验现场及火源燃烧情况

装，一组垂直安装。均采用高灵敏度吸气式火灾探测器。水平采样管安装在距地面 26.1m 处，距离顶棚 0.9m，水平采样管孔径均为 5.5mm；垂直采样管安装在侧墙上，并在 14m、15m、16m 分别开一个孔径为 6mm 的采样孔，如图 5-43 所示。试验前，测得背景浓度值 0.11～0.13，阈值设定：ALERT（0.20），ACTION（0.25），FIRE（0.30）。报警延时：警告 0 秒，行动 10 秒，火警 10 秒。

（3）试验结果

对 0.3m×0.3m 的汽油火，水平管主机、垂直管主机报警时间如下表所示：

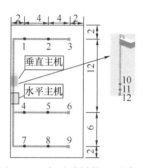

图 5-43　水平采样管和垂直采样管的示意图（单位：m）

吸气式火灾探测器主机报警时间表　　　　　　　　表 5-6

三级报警设置	ALERT（0.20）	ACTION（0.25）	FIRE（0.30）
水平管主机报警时间	0′48″	1′05″	1′10″
垂直管主机报警时间	1′05″	1′21″	1′30″

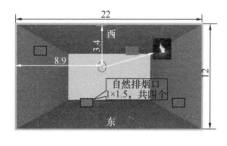

图 5-44　实验空间 FDS 模型（单位：m）

2. 仿真计算

（1）模型建立

根据 CAD 图纸及实测建筑内门窗尺寸，运用 FDS 的辅助建模工具 PyroSim 进行实体建模，建模时对空间顶棚进行隐藏，模型俯视图见图 5-44。

火源设置与布置：试验选用的汽油油盘火的火灾规模为 100kW，油盘尺寸为 30cm×30cm×5cm，汽油高度 3cm，火源位置如上图所示。仿真计算中的初始边界条件设置与实际试验一致。

（2）空气采样管网的布置

利用 ASPIRE2 软件设计管网，可得到含烟雾粒子的空气样本从采样孔传送到主机的时间（Transfer delay，简称 T）和经过各个采样孔的空气质量流量（Flowrate，简称 F），见表 5-7。因仿真计算中需要 T 和 F 两个参数，可以认为它们是各参数综合作用的表现。

ASPIRE2 计算所得的采样管及采样孔的参数　　　　表 5-7

主机	管段	采样孔编号	传送时间(s)	压力(Pa)	百分比气流量	流量(L/min)	流量(g/s)	孔径(mm)	管径(mm)	平衡性(%)
水平方向	1	1	8	71	33.9	10.3	0.206	5.5	21	84
		2	10	63	31.9	9.7	0.194	5.5	21	
		3	16	57	34.2	10.4	0.208	5.5	21	
	2	4	7	74	33.8	10.6	0.212	5.5	21	
		5	9	66	31.9	10.0	0.2	5.5	21	
		6	15	60	34.3	10.7	0.214	5.5	21	
	3	7	4	85	33.7	11.3	0.226	5.5	21	
		8	6	76	31.9	10.7	0.214	5.5	21	
		9	11	69	34.4	11.5	0.23	5.5	21	
垂直方向	1	10	5	164	32.6	18.6	0.372	6	21	90
		11	6	156	31.9	18.2	0.364	6	21	
		12	6	150	35.4	20.2	0.404	6	21	

水平采样管和垂直采样管如图 5-43 所示，各采样孔编号已在图中标出。

（3）数值计算方法

1）软件转换计算

将 ASPIRE2 生成的文件导入软件 AspireSDS（ASPIRE Smoke Detection Simulation（简称 AspireSDS））中，在 AspireSDS 中对部分探测器和采样孔的参数进行重新设置，对空间参数及火源进行设置，参数设置修改完成后，导出 FDS 文本文件，然后进行计算。计算流程如图 5-45 所示。

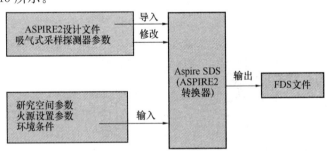

图 5-45　FDS 计算流程图

2）PyroSim 软件计算

烟雾探测系统中，吸气采样点和探测主机都是 PyroSim 软件中自带的模型，采用 PyroSim 软件进行烟雾探测器响应时间的预测时，含烟雾粒子的空气样本从采样孔传送到主机的时间 T，及经过各个采样孔的空气质量流量 F 要借助 Aspire2 软件得到，见表 5-7。在 PyroSim 软件中进行研究空间参数设置完成后，进行仿真计算。计算流程如图 5-46所示。

（4）结果分析

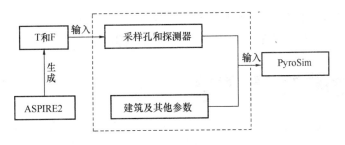

图 5-46　PyroSim 计算流程图

利用软件转换与利用 PyroSim 软件两种仿真计算方法，进行早期烟雾探测器响应时间的预测结果是不同的，如图 5-47、图 5-48 所示（这 2 个图书后有彩图）。得出如下结论：

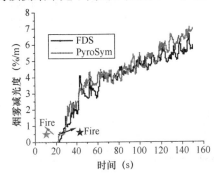

图 5-47　水平采样管探测器主机的烟雾减光度随时间的变化

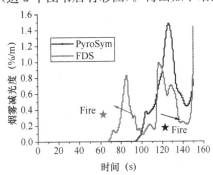

图 5-48　垂直采样管探测器主机的烟雾减光度随时间的变化

1）利用软件转换计算时，水平管探测器主机和垂直管探测器主机的报警时间分别为 25s 和 79s；利用 PyroSim 软件进行计算时，结果分别为 22s 和 103s。

2）与 PyroSim 软件计算相比，软件转换计算得到的结果，垂直采样管主机的报警时间和实际试验的结果更为接近，而水平采样管主机的报警时间与实际试验结果还有一定的偏差，边界条件的设置有待进一步改善。

3）试验测试了吸气采样式火灾探测系统的响应时间，水平管、垂直管主机的报警时间分别为 70s 和 90s，试验中火警延迟 10s 报警，两台主机烟雾减光度达到设定阈值的时间应分别为 60s 和 80s。水平管主机的模拟结果比实际试验响应快，烟气垂直上升运动比试验快；垂直管主机的模拟结果比实际试验响应慢，烟气水平扩散比试验慢。

4）该实验厅高 27m，属高大空间建筑，高灵敏度吸气式火灾探测器对油盆明火反应较快。水平采样管主机比垂直采样管主机响应快，且两套烟雾探测系统的响应时间都在 2min 内，达到了早期烟雾探测的效果。

二、红外光束感烟探测器的仿真计算

1. 仿真模型及参数设置

模型空间长 150m，高 20m，宽度与探测器的光路长度相等，即模型的宽度随着探测器发射器与接收器之间的距离改变而改变。火源位于空间的正中心，高度为 0.5m，长宽均为 1m。探测器光束轴线距离火源的水平距离为 7m，距离顶棚的垂直距离为 1m，图 5-49 为宽度为 60m 的大空间在 FDS 中的三维视图，图中隐藏了空间顶棚。各模型空间的网格尺寸均为 0.20m×0.20m×0.20m。

图 5-49　FDS 仿真模型

由于阴燃火火源功率较小，烟气热量低，在上升过程横向扩散范围广，无法上升至高大空间顶部，FDS 对此类火源的仿真计算尚有一定困难，因此仿真火源采用聚氨酯明火，产生的烟气能够到达顶棚，标准聚氨酯泡沫塑料的热参数及燃烧性能见表 5-8。对火源热释放速率的描述选用 t^2 增长模型，火源在 135s 时达到最大值 59kW 并稳定燃烧，仿真时间为 1200s。

标准聚氨酯泡沫材料热参数及燃烧性能　　　　表 5-8

材料类型	聚氨酯	材料类型	聚氨酯
分子式	$(C_{10}H_8N_2O_2 \cdot C_6H_{14}O_3)_x$	平均热释放速率（kW）	30
密度（kg/m³）	32	最大热释放速率（kW）	59
热导率［W/（m·K）］	0.02	CO 产率（g/g）	0.036
比热容［kJ/（kg·K）］	1.3	CO_2 产率（g/g）	1.43
平均燃烧热（kJ/g）	25.6	烟气产率（g/g）	0.054
平均质量损失率（g/s）	1.2	20℃时极限耗氧指数	17

2. FDS 仿真结果

图 5-50 为部分光路长度探测器减光率随时间变化曲线。

由于实际工程中应用的线型红外光束感烟探测器报警阈值一般设定在 25%～60% 的减光率之间，因此在模拟过程中重点分析探测器烟雾减光率从 20% 达到 65% 时的各时间点，模拟结果见表 5-9。

探测器达到各烟雾减光率时的时间　　　　表 5-9

光路长度	20%	25%	30%	35%	40%	45%	50%	55%	60%	65%
100	124	136	145	155	167	182	205	235	270	318
90	126	136	146	156	168	184	206	238	276	332
80	124	135	144	155	166	181	213	242	284	348
70	124	136	146	156	169	185	208	240	303	481
65	127	137	147	158	171	188	212	260	400	503
60	126	137	146	156	168	185	207	254	387	476
55	125	135	145	155	167	183	215	308	398	640
50	127	136	147	157	170	189	261	354	486	958
45	128	139	149	160	176	238	317	418	918	—

续表

光路长度	20%	25%	30%	35%	40%	45%	50%	55%	60%	65%
40	128	139	150	162	188	270	325	638	984	—
35	130	141	158	178	244	296	585	950	—	—
30	128	145	160	199	250	336	826	986	—	—
25	137	152	183	219	286	637	925	1197	—	—
20	146	172	198	252	672	884	—	—	—	—
15	160	186	239	706	955	—	—	—	—	—
10	174	273	705	940	1160	—	—	—	—	—

注：时间的单位为 s；光路长度的单位 m；"—"表示在模拟计算的 1200s 内没有达到此减光率。

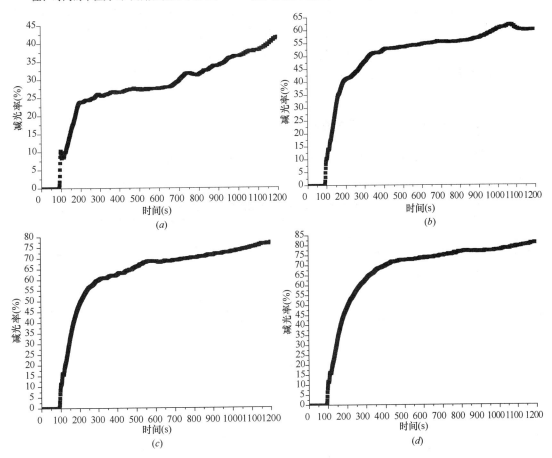

图 5-50　部分光路长度探测器减光率随时间变化曲线

(a) 10m；(b) 40m；(c) 70m；(d) 100m

3. 仿真结果可靠性分析

根据参考文献，线型红外光束感烟探测器报警时间计算公式如下：

$$t = \sqrt[3]{-\frac{3x_a \Delta H_c A (H-z) \lg(I/I_0)}{a D_m L}} \tag{5-1}$$

式中　　x_a——燃烧效率因子；

　　　ΔH_c——完全燃烧热（Btu/lb）；

　　　A——水平面积（ft²）；

　　　H——天花板高度（ft）；

　　　z——燃料顶部到烟层的高度（ft）；

　　　D_m——单位长度下的质量光密度（ft²/lb）；

　　　I/I_0——材料的穿透率；

　　　L——光学长度（ft）。聚氨酯 D_m 为 0.33m²/g（1611.192ft²/lb），x_a 取 0.8，火灾增长系数 α 取 0.04689（kW/s²）。

由于此公式是由 t^2 火的相关性质推导而来，因此可利用此公式验算火源的热释放速率在以 t^2 形式增加时探测器的报警时间。通过计算，光路长度为 30m 的探测器减光率达到 20% 时，所用的时间为 102s，与仿真结果相差 26s，光路长度为 70m 的探测器减光率达到 25% 时，所用的时间为 111s，与仿真结果相差 25s，由于模拟仿真与直接计算均存在一定程度的假设及误差，两者之间的差值处于可接受的范围内，这也从另一个方面验证了仿真结果的可靠性。

4. 探测器光路长度与减光率关系分析

从图 5-50 可以看出，不同光路长度的探测器能达到的最大烟雾减光度也不同，两者之间的关系如表 5-10 及图 5-51 所示。

不同光路长度的探测器能达到的最大烟雾减光率　　　　　　表 5-10

光路长度（m）	10	15	20	25	30	35	40	45	50	55	60	65	70	80	90	100
最大减光率（%）	42	44	49	55	56	58	62	64	69	73	74	75	77	80	80	81

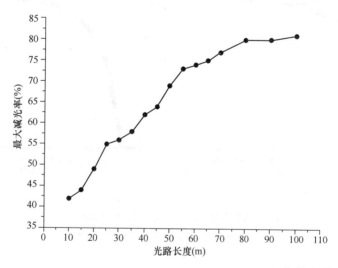

图 5-51　探测器光束轴线长度与最大烟雾减光度关系曲线

从图 5-51 可以看出，随着探测器发射器与接收器之间距离的不断减小，探测器所能达到的最大烟雾减光率也在不断减小，这从另一方面反映出对于同一火源功率，模拟空间虽然在减小，但是顶棚下方的烟雾浓度达到一定值时，便逐渐趋于稳定，不会再大幅增加。将探测器的烟雾减光率对时间求微分可得减光率增长速度曲线，图 5-52 为部分光路长度探测器减光率增长速度变化曲线。表 5-11 为各探测器烟雾减光率增长速度小于 0.08%/s 时的时间点。

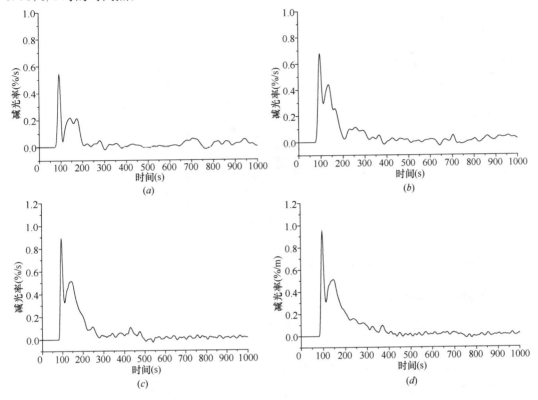

图 5-52　不同光路长度探测器减光率增长速度曲线

(*a*) 10m；(*b*) 35m；(*c*) 60m；(*d*) 90m

探测器减光度增长率小于 0.08%/s 时的时间　　　　表 5-11

光路长度（m）	10	15	20	25	30	35	40	45	50	55	60	65	70	80	90	100
时间（s）	192	210	220	253	278	304	326	360	395	427	483	489	494	393	378	402

从表 5-11 可以看出探测器烟雾减光率增长速度减小到某一值所用的时间随着光路长度的增加也在不断增加，即探测器减光率随着光路长度的增加逐渐趋于稳定的时间也越来越长，当空间宽度大于 70m 时，探测器减光率的变化趋于平缓，烟气回流对减光率的影响变小，探测器减光率趋于稳定的时间有所减小。

从图 5-53 可以看出，对于相同报警阈值不同光路长度的探测器，当光路长度小于一定值时，随着探测器发射器与接收器之间距离的不断减小，其报警时间不断增大，即随着光路长度的减小，探测器的报警时间具有明显的时间拐点，例如当报警阈值设定为 50% 的烟雾减光度时，当探测路径长度大于 55m 时，不同光路长度探测器的报警时间基本相同，当探测路径长度小于 55m 时，报警时间显著增加，当探测路径长度小于 40m 时，报警时间急剧增加。当报警阈值为 40% 的烟雾减光度时，探测路径长度小于 40m 时，报警时间会明显增加，当探测路径长度小于 25m 时，报警时间会急剧增加，而当探测器探测

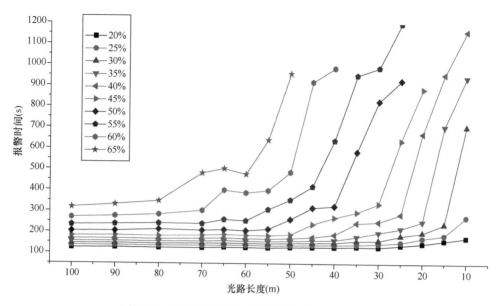

图 5-53　不同光束路径长度探测器的响应性能曲线

距离大于 40m 时，各探测器的报警时间基本相同。

5. 烟雾运动规律分析

从上面的仿真结果及分析来看，线型光束感烟探测器发射器与接收器之间的安装距离与探测器减光率有密切关系，其根本原因是空间宽度不同，烟雾运动规律也有所不同，图 5-54 和 5-55 是空间宽度为 60m 时的烟雾运动状况。

图 5-54 是与光束轴线垂直、距离火源中心 2m 处的光密度切片图，从仿真结果来看，当发生火灾之后，烟气首先到达顶棚，然后沿着顶棚向四周蔓延，经过大约 650s 的时间，烟气蔓延到空间两端，由于烟气受到墙壁的阻挡，开始产生壁面回流，大约在 1040s 时，回流的烟气到达光束感烟探测器的安装位置，当两端回流的烟气汇合之后，可以很明显地看到顶棚下方 2m 范围内的光密度明显增大，烟气层高度也在下降。

图 5-55 是与光束轴线重合与顶棚垂直的光密度切片图，从图中可以看出，当火灾发生后大约 220s 时，烟气蔓延到探测器光束轴线两端，之后烟气沿着墙壁下降，并且开始产生壁面回流，顶棚下方的烟雾浓度也在不断增加，在大约 520s 时，两端回流的烟气开始汇合，在之后的 500s 时间内，沿光束轴线方向的烟雾浓度只是缓慢的增加，在大约 1100s 时，与光束轴线垂直方向的回流烟气开始汇合，之后烟气在探测器下方的空间迅速累积，烟气层高度迅速下降。

通过对各个空间烟气运动的分析发现，探测器探测路径越短，沿光束轴线方向回流的烟气相遇的时间便越短，当回流烟气相遇之后，沿光束轴线方向上的烟雾浓度便逐渐趋于稳定，不再急剧增加，当与光束轴线垂直方向上的回流烟气汇合之后，烟气层高度开始迅速下降，空间的宽度越窄，探测器烟雾减光度达到稳定值的时间也越短。

6. 相关规范对线型光束感烟探测器的安装要求

国内相关规范没有明确线型光束感烟探测器在规定的保护范围内发射器与接收器之间

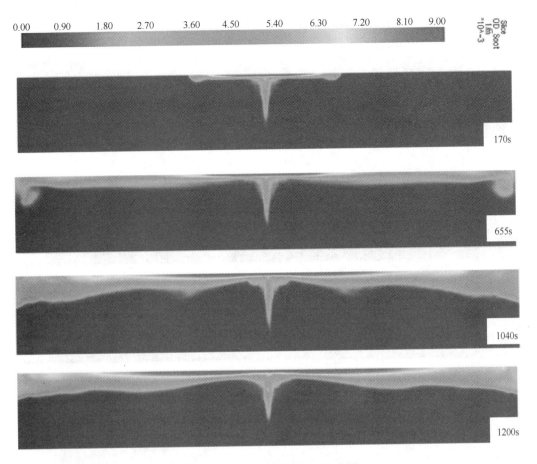

图 5-54　$y=77$ 处的光密度切片图

的合理安装距离。在国外美国保险商实验室颁布的 UL268，对线型光束感烟探测器灵敏度范围有如下阐述：

线型光束感烟探测器不能应用在沿光束路径方向上的减光率低于 0.2%/ft（0.65%/m）的场所，或光密度低于 0.00087/ft（0.0029/m）的场所，当使用场所发生火灾时，它的烟雾减光率应该满足以下要求：

（1）当光束长度小于等于 22ft（6.7m）时，减光率应小于等于 2%/ft（0.0092O. D/ft）；

（2）当光束长度大于 22ft（6.7m）小于等于 44ft（13.4m）时，总的减光率不应大于36%（光密度不应该大于 0.0387/ft）；

（3）当光束长度大于 44ft（13.4m）时，减光率应小于等于 1%/ft（0.004O. D /ft）。

每英尺（或每米）的减光率与光束长度之间的关系如下：

$$O_{u}=\left[1-\left(1-\frac{T_{s}}{T_{c}}\right)^{\frac{1}{d}}\right]100 \qquad (5-2)$$

式中　O_{u}——每英尺（或每米）的减光率百分比；

　　T_{s}/T_{c}——探测器总的减光率；

　　d——光束轴线长度（m 或 ft）。

根据式 5-2 及 UL268 对线型光束感烟探测器的安装要求，假设整个光束路径上的烟雾浓度一样，可将探测器在各灵敏度设置下总的烟雾减光率转换成每英尺（或每米）减光

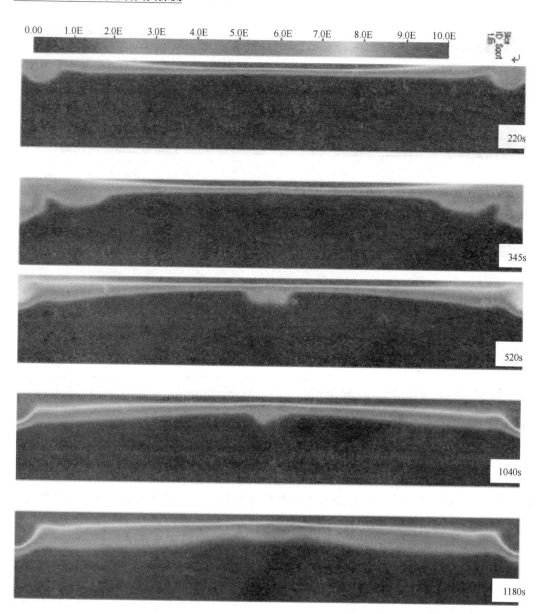

图 5-55　$x=81$ 处的光密度切片图

率百分比。它们之间的关系曲线如图 5-56 所示。表 5-12 是在各灵敏设置下探测器发射器与接收器之间的合理安装距离。

各灵敏度设置下探测器发射器与接收器之间的合理安装距离　　　　　表 5-12

减光率（%）	发射器与接收器合理的安装距离（m）	发射器与接收器合理的安装距离（ft）
20	5～32.3	16.4～106
25	5～43.9	16.4～144
30	5.5～54.3	18～178
35	6.7～65.5	22～215
40	13.4～77.7	44～255

续表

减光率（%）	发射器与接收器合理的安装距离（m）	发射器与接收器合理的安装距离（ft）
45	18.0～91.1	59～299
50	21～100	69～328
55	24～100	79～328
60	27.7～100	91～328

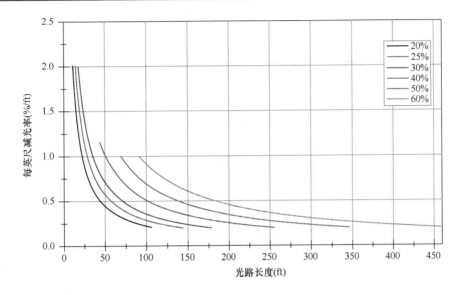

图 5-56　各灵敏度设置下光路长度与每英尺减光率关系曲线

由于线型光束感烟探测器的保护距离一般在 5～100m 之间，所以表中的最大保护距离为 100m，最小保护距离不小于 5m。从国外的标准来看当探测器的灵敏度较高时，其保护距离不能太大，当灵敏度较低时，探测器不能安装在相对狭小的空间。按照 UL268 的标准，当探测器光路上的减光率低于 0.2%/ft（0.65%/m）或光密度低于 0.00087/ft（0.0029/m）时，探测器不应该报警，在仿真过程中，各探测器光路上的光密度达到 0.0029/m 的时间如表 5-13 所示。

探测路径上光密度达到 0.0029/m 的时间　　表 5-13

光路长度（m）	10	15	20	25	30	35	40	45	50	55	60	65	70	80	90	100
时间（s）	112	113	127	137	139	141	146	152	156	158	161	161	171	173	181	189

那么根据表 5-13，可得各探测器的合理报警时间如表 5-14。

各探测路报警时间表　　表 5-14

光路长度 ＼ 减光率	20%	25%	30%	35%	40%	45%	50%	55%	60%	65%
100	—	—	—	—	—	—	205	235	270	318
90	—	—	—	—	—	184	206	238	276	332
80	—	—	—	—	—	181	213	242	284	348
70	—	—	—	—	—	185	208	240	303	481

续表

减光率 光路长度	20%	25%	30%	35%	40%	45%	50%	55%	60%	65%
65	—	—	—		171	188	212	260	400	503
60	—	—	—		168	185	207	254	387	476
55	—	—	—		167	183	215	308	398	640
50	—	—	—	157	170	189	261	354	486	958
45	—	—	—	160	176	238	317	418	918	—
40	—	—	150	162	188	270	325	638	984	—
35	—	141	158	178	244	296	585	950	—	—
30	—	145	160	199	250	336	826	986	—	—
25	—	152	183	219	286	637	925	1197	—	—
20	146	172	198	252	672	884	—	—	—	—
15	160	186	239	706	955	—	—	—	—	—
10	174	273	705	940	1160	—	—	—	—	—

注：时间单位为 s；探测路径长度单位 m；"—"表示在模拟计算的 1200s 内没有达到此减光度或光束路径上的光密度小于 0.0029/m 而不应该报警。

从表 5-14 可以看出，对于每一级别的灵敏度，都需要考虑探测器的保护路径长度，例如当灵敏度设置为 30% 时，探测器的保护距离不能大于 40m，当灵敏度设置为 50% 时，探测器的保护距离不能小于 25m，此仿真结果与 UL268 的要求基本吻合。结合 UL268 的标准及仿真结果可以对线型光束感烟探测器的保护距离及灵敏度设置提出参考意见，见表 5-15。

线型光束感烟探测器各灵敏度设置下的合理保护距离参考　　　　　表 5-15

减光率		发射器与接收器合理的安装距离	发射器与接收器合理的安装距离
(%)	(dB)	(m)	(ft)
25	1.25	10~35	32.8~114.8
30	1.55	10~40	32.8~131.2
35	1.87	10~50	32.8~164
40	2.22	15~65	49.2~213.2
45	2.60	20~90	65.6~295.2
50	3.01	25~100	82~328
55	3.47	25~100	82~328
60	3.98	40~100	131.2~328

7. 小结

（1）红外光束感烟探测器发射器与接收器之间的距离不同，探测器所能达到的最大减光度也不同，当探测器的保护距离减小时，探测器所能到达的最大减光度也在不断减小，因而当红外光束感烟探测器探测路径长度小于一定距离时，不宜选择低灵敏度。

（2）对于相同报警阈值不同探测路径长度的探测器，当光路长度小于一定值时，随着探测器发射器与接收器安装间距的不断减小，其报警时间不断增大，随着光路长度的减小，探测器的报警时间具有明显的时间拐点，这是因为顶棚下方的烟雾达到一定浓度时，便趋于稳定，不会再大幅增加，探测器减光率随着光路长度的减小达到稳定状态的时间也越来越短。

（3）线型红外光束感烟探测器发射器与接收器之间的距离要与其设置的减光率相匹配，要根据发射器与接收器之间的距离，合理设置探测器的灵敏度，才能使探测器在第一时间发现火灾并发出报警信号，使探测器的功能得到最大限度的发挥。

第七节　高大空间建筑火灾探测设计举例

一、设计前准备

1. 在进行设计前，应首先明确设计目的，主要包括：

（1）保护生命安全；
（2）保护财产安全。

2. 在进行设计前，应收集各方面资料，主要包括：

（1）建筑物特征和使用性质；
（2）火灾发生与发展特征；
（3）建筑物内人员特征；
（4）周围环境对该建筑的影响，及发生火灾时，救援情况等。

3. 在进行设计前应确定该系统应达到的目标，并根据此目标确定相应的系统构成与配置。主要目标包括：

（1）人员生命安全保证；
（2）财产损失的可承受性；
（3）对周围及环境的影响。

4. 在进行设计前应对保护对象的建筑特性和使用性质进行分析。主要包括：

（1）建筑结构：建筑高度、地面面积、横向与纵向尺寸、过梁、空间支架等；
（2）开窗与通风：高度、部位、气流速度和强度、日照范围等；
（3）建筑材料：可燃材料分布、建筑热特性与热屏障等；
（4）使用性质：人员密集程度、空间遮挡情况、可燃物类级及火灾荷载等；
（5）周围环境对该建筑的影响，及发生火灾时，救援情况等。

5. 设计前应对保护对象发生火灾的可能性进行分析。主要包括：

（1）可燃物分布与性质；

（2）重点可能发生火灾的部位；

（3）电气火灾发生部位。

二、某体育馆火灾探测设计

1. 工程概况

某体育馆由主馆、练习馆及裙房组成，总建筑面积 13832m²，总座位数 4439 座。其中主馆建筑面积 9670m²，练习馆建筑面积 1050m²。主馆檐高 23.4m，地上部分为比赛场地、看台及各类功能用房，地下一层主要为设备机房。

2. 火灾探测方式的选择

该体育馆主馆采用了中央空调系统，中央空调系统采用上送风下回风的循环方式。在空调系统运行期间，一旦发生火灾，由于气流的作用，烟雾难以上升至点型感烟探测器和红外光束感烟探测器的探测区域，如果选择点型感烟探测器和红外光束感烟探测器或标准采样方式的吸气式感烟探测报警系统，极易产生延迟报警或漏报现象，达不到火灾早期探测的目的，从而降低了消防安全的可靠性。

对该体育场馆主馆的火灾早期探测，首先且必须应考虑的是被保护区域内的气流运动方向。对气流运动方向影响最大的是中央空调系统的循环方式，在不同循环方式的作用下，空间中气流运动的方向各有不同，但有一点是不变的即最终进入回风管道。通过对进入回风管道的空气中烟雾粒子进行检测，便可掌握被保护区域内的火灾状况，是一种经济高效的火灾探测方法。基于此点考虑，加之吸气式感烟探测报警系统采样管路布置的灵活性，该体育馆主馆的火灾探测主要采用回风管道内采样的探测方法。考虑到体育馆主馆中央空调系统非24h 连续运转情况的发生，在安装了该系统的同时还加装了红外光束感烟探测器，用于中央空调系统不工作时段内对被保护区域的火灾探测。从场馆的运行情况来看，两套系统的配合使用是经济合理的。达到了对该体育馆主馆 24h 不间断火灾实时监测的要求。

3. 工程设计

体育馆主馆的回风管道位于看台下方，并排垂直安装（见图 5-57）。

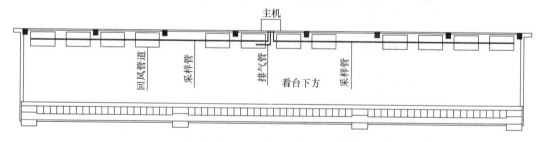

图 5-57　体育馆主馆回风管道采样管路示意图

从图 5-57 中可看出，采样管路安装在各回风支路管道内，而非安装在回风总管道内。由于回风总管道内的气流量很大，在高速流动时会形成不同的气流速率分布，导致管道内各采样孔处的气压存在较大差异，直接影响各采样孔样本采集量的平衡，最终导致灵敏度失调，产生误报或漏报。如在回风总管道内采样，则应在各采样孔处做稳压处理，使得经其进入采样管路的各处样本采集量基本平衡。但稳压措施的设计安装较为复杂，由于施工难度大，如安装不到位将导致探测效果的下降。另外，与回风总管道采样相比，回风支路管道采样，其采样孔的安装位置更靠近回风口，被保护区域内的空气到达采样孔的流程相对要小，有利于缩短样本采集时间。综合上述两点，故在该体育馆主馆回风管道采样的方案比较中选择了回风支路管道采样的方法。

通过该体育馆主馆回风管道采样的应用实践，对于回风支路管道采样的方法而言，因各回风支路管道内的气流量较小，气流速率分布的影响可忽略，且各回风支路管道内的气流速度基本一致，可将其近似的看作为一个标准采样环境，在采样管路的布置方式上可借鉴标准采样网络的一些作法。但对于回风管道采样方式而言，当烟雾进入回风管道内，其浓度将被稀释，延长样本传输时间。因此，对于回风管道采样方式，其样本传输时间的范围可采用 10～90s。为了缩短样本传输时间，回风管道采样的管路布置应尽可能地采用多管路布置方式。采用多管路布置方式的另一优点在于考虑到各回风支路管道内的气压波动可能导致各管道内的样本采集量失衡，产生负面作用，其影响程度与管路长度成正比。当采用多管路布置方式时，由于各管路长度较短，对于空气样本的采集主要是通过主机内部吸气泵的工作所产生的负压抽吸作用完成的。此种情况下，气压波动对样本采集量的影响可忽略，从而简化了设计，更有利于施工。对于双管路布置方式，建议其各管路长度不大于 30m，对于三管路或四管路布置方式，建议其各管路长度不大于 20m，且各管路应尽可能等长。该体育馆回风采样采用的是双管路等长布置，管路长度各为 18m，从最不利点回风口加烟测试的结果看，样本传输时间在 60s 左右，说明上述的回风管道采样方法对大空间的火灾探测是切实有效的。

在回风管道采样方式的应用中，采样孔开设在回风管道内的吸气管路上，采样孔的朝向应面对气流方向，以获取最佳的采样效果。其孔径一般情况下为 3mm，间距 100mm。排气管的末端必须安装在回风管道内，且排气口应背向气流方向，从而保证整个采样管路内气流的稳定性，这一点在工程应用中需加以重视。该体育馆主馆回风管道采样的具体设计安装见图 5-58。

该体育馆主馆红外光束感烟探测器的设置如图 5-59 所示。

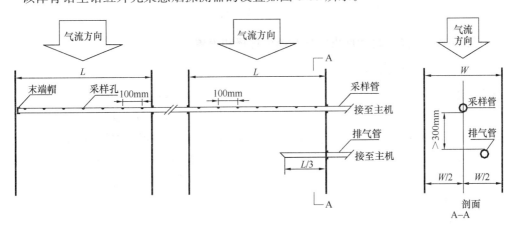

图 5-58　回风管道采样示意图

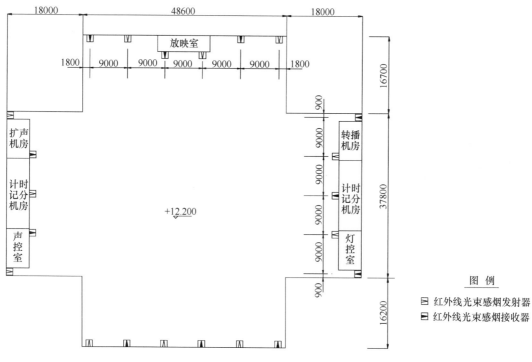

图 5-59　红外光束感烟探测器设置示意图

三、某会议中心火灾探测设计

1. 工程概况

某会议中心按五星级酒店内会议设施标准建造，建筑面积约 27000m²。功能定位为市委、市政府召开两会及其他政治、经济活动场所，并向社会开放租用，建筑功能为大中型会议论坛、剧场演出等。建筑结构形式为框架结构，设计使用年限为 50 年，抗震设防烈度为七度。防火设计的建筑分类为一类，其耐火等级为一级。地下 1 层，地上建筑大部分为二层，层高 6m，其中国际会议厅和多功能厅为一层，层高 12m；大会议厅具有剧场观演功能，层高 16.8m。建筑高度（檐口）：16.95m、12.75m、局部 25.95m。

2. 国际会议厅及多功能厅火灾探测器的选择和设置

（1）火灾探测器的选择

国际会议厅及多功能厅层高 12m，可以采用点型感烟火灾探测器探测火灾。

《火灾自动报警系统设计规范》GB 50116 中明确规定，对火灾初期有阴燃阶段，产生大量的烟和少量的热，很少或没有火焰辐射的场所，应选择感烟探测器；点型感烟探测器最大安装高度不超过 12m。但是红外光束感烟探测器与点型感烟探测器相比，它可以安装在建筑物两侧的墙上，其安装工作和日后的维修工作相对较容易。因此国际会议厅及多功能厅采用红外光束感烟探测器。

（2）国际会议厅火灾探测器设置

国际会议厅中心圆形镂空区域采用线型红外光束感烟探测器保护，距吊顶 1m 安装，共设置 4 组，间距为 6.6m，靠侧墙探测器光束轴线距侧墙距离为 3.3m，具体位置见图 5-60。

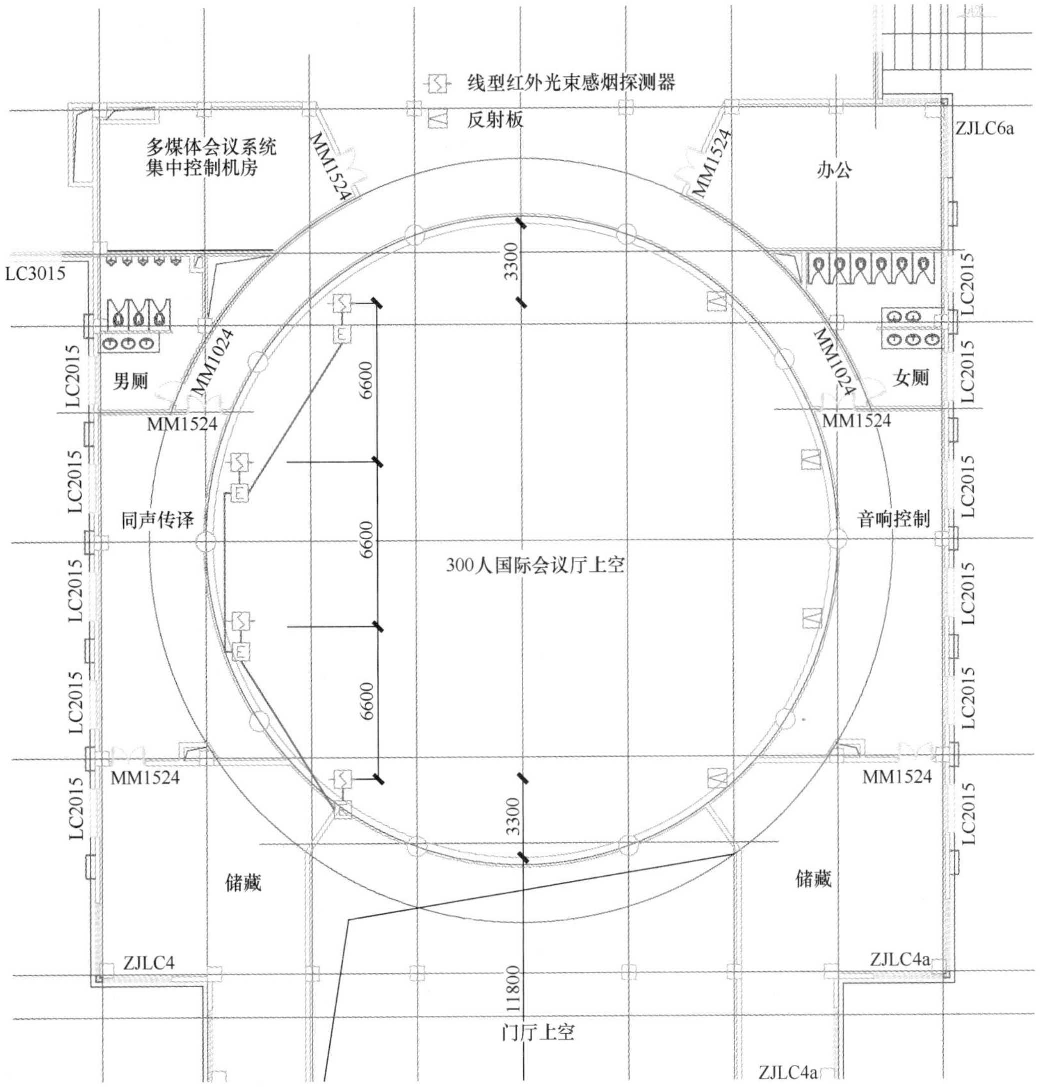

图 5-60　国际会议厅线型红外光束感烟探测器布置平面图

（3）多功能厅火灾探测器设置

多功能厅内部空间采用线型红外光束感烟探测器进行保护。探测器距吊顶 1m 安装，共设置 5 组，安装间距为 7m,靠侧墙探测器光束轴线距侧墙 4.1m。探测器安装位置见图 5-61。

3. 大会议厅火灾探测器的选择和设置

（1）剧场舞台火灾危险性分析

剧场舞台的火灾危险性主要体现在以下几个方面：

1）舞台需要布景，可燃物较多，目前一些布景使用高分子泡沫材料制作，更易燃烧且产生有毒气体。

2）电气设备多，用电量大，舞台上使用大量灯光，如果安装不良，或三相用电不平衡，

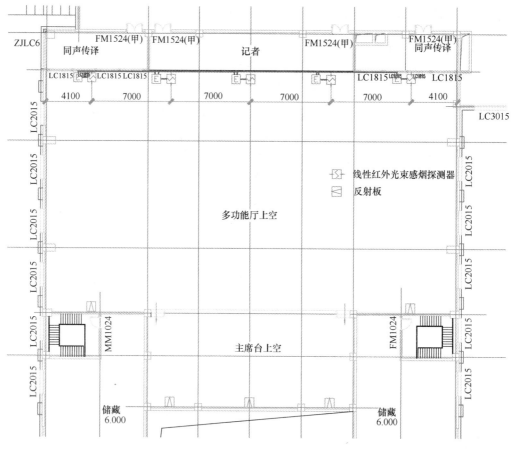

图 5-61　多功能厅线型红外光束感烟探测器布置平面图

可能造成局部过载，使电气线路发热，绝缘层加速老化损坏，发生漏电、短路引起火灾。

3）移动灯具插座，由于使用不当，接触不良，产生接触电阻过大而发热起火。

4）如有不慎，出现灯具与可燃物（幕布等）的距离过近，就会因灯泡功率大，温度过高而烤燃起火。

5）舞台上使用移动电线，经常在舞台上被碾轧、摩擦，可能破坏导线绝缘层而引起短路起火。

6）舞台上在演出过程中，使用明火效果时稍有不慎，就可能出现着火点，而引起火灾。

7）用火不慎。舞台上天桥、天幕架、幕布、舞台地板、地毯，尤其是舞台侧面上经常堆放大量布景、道具、服装箱子等可燃物，若后台演职员吸烟或剧中人在台上吸烟，乱扔烟头很可能引起火灾。

（2）剧场舞台火灾探测器的选择

通过上述对剧场舞台火灾危险性的分析可知，舞台的火灾成因存在多方面因素，且可燃物较多，火灾荷载大，一旦失火火势将有可能迅速蔓延，这给火灾的控制带来了很大的难度，因此预防火灾的发生，火灾的早期探测报警，对火灾的早期控制与扑救就显得尤为重要。所以对大会议厅剧场舞台消防设计应采取"预防为主、早期发现、快速灭火"技术路线。

建筑物的消防安全是一个综合性的工程范畴，科学设置早期的火灾探测系统和灭火系统是保证其消防安全的重要组成部分，此外还应同时针对火灾的成因对火源进行有效的管理，加强电气设备及线路的防火措施，杜绝电气火灾隐患，对必要的建筑构件和可燃材料进行阻燃处理，并强化建筑物的消防管理工作，只有将各种可能导致火灾的潜在风险因素均加以消除或消减，才能真正从整体上提高建筑物的消防安全水平。

《火灾自动报警系统设计规范》GB 50116—2013 规定，红外光束探测器的光束轴线至顶棚的垂直距离宜为0.3～1.0m，距地高度不宜超过20m；相邻两组探测器的水平距离不应大于14m，探测器至侧墙水平距离不应大于7m，且不应小于0.5m，探测器的发射器和接收器之间的距离不宜超过100m；

但通过上述分析，我们认为对于大会议厅剧场舞台区域而言，如果采用吸气采样烟雾探测系统进行火灾探测，水平采样管和垂直采样管立体防护，其火灾探测效果将优于线型红外光束感烟探测器。

（3）剧场舞台区域火灾探测器设置

舞台区域设置3套吸气采样烟雾探测系统，其中水平采样系统2套，垂直采样系统1套，每个主机连4根采样管。

每个水平采样系统保护半个舞台区域，使用4根采样管，贴近顶棚安装，每间隔4m设置一个采样孔，如图5-62所示。按照该种设置方式，最大单管长度约为31.2m，每套系统管路总长约112m。

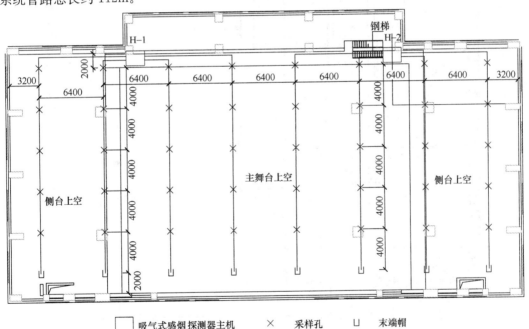

图5-62　舞台吸气式感烟探测器水平采样管布置平面图

垂直采样系统使用4根采样管，安装在剧场舞台后部墙面上，每间隔4m设置一个采样孔，最末端采样孔距地2m，见图5-63。按照该种设置方式，最大单管长度约为43m，管路总长约146.4m。

图中采样孔设置间距为示意，其实际大小、间距应由吸气采样烟雾探测系统的专用计算软件计算得到，并达到对传输时间等参数的要求。

（4）剧场观众厅火灾探测器的选择

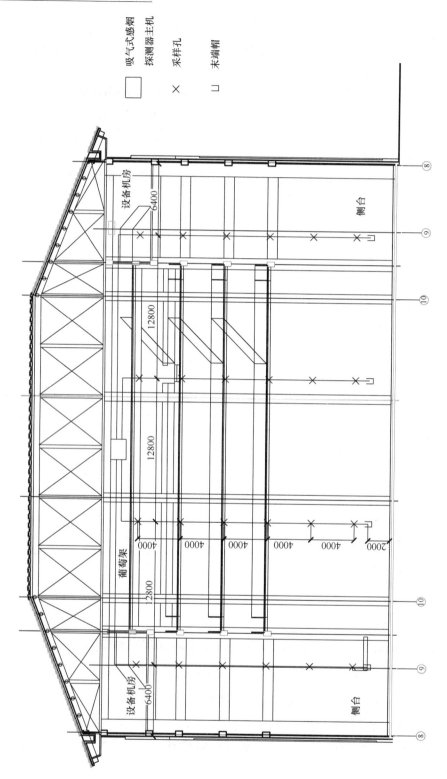

图 5-63　舞台吸气式感烟探测器垂直采样管布置平面图

　　大会议厅剧场观众厅属于人员密集的公共场所，大量使用了装修材料，火灾荷载大，绝大多数观众不了解建筑布局及周围环境，对场地疏散路线不熟悉。一旦发生火灾对人员的疏散以及控火、灭火是十分不利的。

　　剧场观众厅大量使用装修材料，可燃物种类繁多，人工合成产品等有烟有焰火源普遍存在，单独使用线型红外光束感烟探测器进行火灾探测带有很大的局限性。火焰探测器对有焰火反应灵敏，线型红外光束感烟探测器与火焰探测器组合使用，可发挥各自优势相互弥补不足，同时实现对阴燃火源和有焰火源的早期探测。

　　火焰探测器既可以安装在顶棚下，也可以安装在建筑物两侧的墙上，其视角应覆盖所有需要保护的区域。

　　对于大会议厅剧场观众厅而言，火灾探测采用线型红外光束感烟火灾探测器及火焰探测器组合防护，其火灾探测可靠性优于单独使用线型红外光束感烟探测器。

　　(5) 剧场观众厅火灾探测器设置

　　剧场观众厅的保护采用线型红外光束感烟探测器双层设置。

　　第一层线型红外光束感烟探测器用以保护首层观众席，其设置高度为6～8m（安装位置处距首层观众席地面的垂直高度）。探测器共设置4组，各组间距为7m，乐池上方探测器光束轴线距侧墙2m，靠近二层观众席探测器的光束轴线，距二层观众席边界最大距离约为4.4m。具体位置见图5-64中所示。

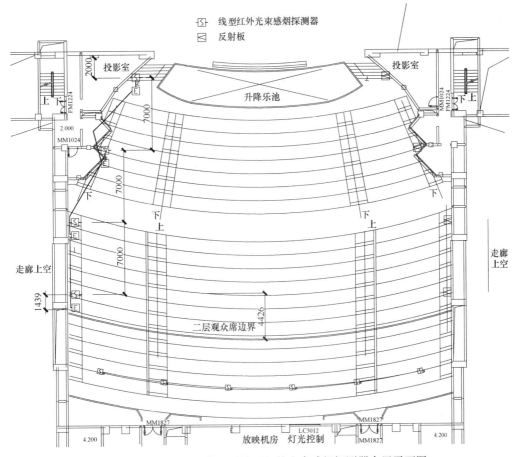

图5-64　剧场观众厅第一层线型红外光束感烟探测器布置平面图

第二层线型红外光束感烟探测器用以保护二层观众席和首层观众席。探测器共设置 5 组，各组间间距基本上为 7m，乐池上方探测器光束轴线距侧墙 5.5m，二层观众席上部靠近侧墙的探测器的光束轴线距侧墙 3.5m。保护二层观众席的探测器安装位置距二层观众席地面垂直高度为 4～6m，且应低于吊顶 1m 左右；保护首层观众席的探测器安装位置距首层观众席地面垂直高度为 12～14m。如图 5-65 所示。

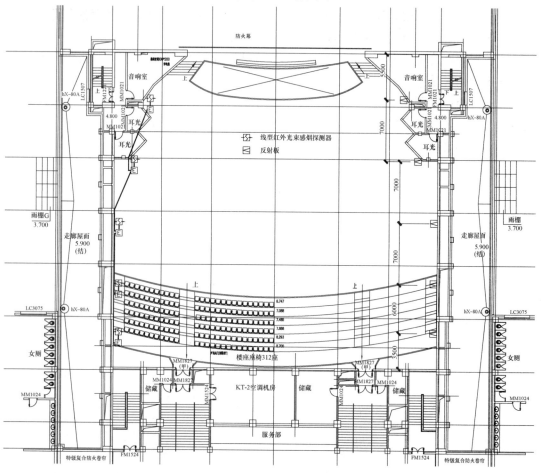

图 5-65 剧场观众厅第二层线型红外光束感烟探测器布置平面图

第六章　火灾自动报警系统在古建筑的应用

第一节　古建筑火灾风险

一、古建筑火灾

1984 年 6 月 17 日 23 时 30 分，布达拉宫的强巴佛殿发生火灾，拉萨市公安消防大队接到报警后，立即派出 9 辆消防车和 110 名干警赶赴火场。强巴佛殿位于布达拉宫之巅，消防车无法接近，消防员艰难地携水带奔上布达拉宫的顶层，向强巴佛殿射水救火。消防车的声声警报划破夜空，拉萨市的各个阶层为之震惊。西藏自治区的领导亲临现场指挥，拉萨市驻军和藏汉群众 3000 余人，争先恐后赶到现场参加救火，山上水源缺乏，人们自动排成长队，分列两旁，用水桶、面盆传水上山。幸好当天拉萨全市无风，经过两个多小时的扑救，及时将火灾扑灭。虽然仅烧毁佛殿建筑 64m²，但也烧毁了佛经 100 余部和铜质镏金佛像 8 尊。

这场火灾的起因，经过调查确认，是由于电器设备安装、使用不当造成。强巴佛殿没有专职电工，其安装、维修电气一类的工作由没有经过培训、不懂电气安装及使用安全知识的人临时处理。强巴佛殿里本来用 25W 的白炽灯，后都改用了 100～500W 的大功率灯泡。灯泡功率越大，表面温度就越高，随着耗电的增加，开关箱内的保险丝超过负荷而熔断，有人却用铜丝挂上去，代替保险丝。这就留下了重大的火灾隐患。

火灾现场勘查表明，强巴佛殿内的灯泡靠近佛像披的哈达和佛像旁边悬挂的帐幔、幡伞等丝棉织物，疑是灯泡烤着这些丝棉织物引起。殿内东北角的吊灯电源线有明显的短路痕迹，证明当天晚上殿内有电，下班时忘记切断电源，这种线路短路也可能是导致火灾的原因。当然也有可能是火灾发生后，烧毁电线绝缘后碰线打火形成。火灾发生后，布达拉宫被迫关闭了 20 多天，使一些远道而来的香客和中外游客大为扫兴，造成了不良影响。

2003 年 1 月 19 日晚，武当山上的一场大火，把世界文化遗产——武当山古建筑的重要宫庙之一——遇真宫主殿化为灰烬。遇真宫属武当山九宫之一，此宫周围高山环抱，溪流潺潺，大树参天。明代初期，著名道家张三丰在此修炼。永乐十年（1412 年），明成祖朱棣在此地敕建遇真宫，于永乐十五年（1417 年）竣工，共建殿堂、斋房等 97 间。并钦定遇真宫规制，御制张三丰铜铸鎏金像，身着道袍，头戴斗笠，脚穿草鞋，姿态飘逸，是一件极为珍贵的明代艺术品。到嘉靖年间，遇真宫已经扩大到 396 间，院落宽敞，环境优雅静穆。

遇真宫火灾原因经调查为电线老化所致。由于属世界文化遗产武当山古建筑群的一部分，遇真宫大火不仅震动了全国，而且震惊了世界。在 2004 年六七月间苏州举行的世界遗产大会上，世界遗产委员会就武当山存在的问题向中国提出质询，遇真宫被毁受到了前所未有的关注。

2014年1月11日1时10分许，云南省迪庆州香格里拉县独克宗古城发生火灾，烧毁房屋242栋（约59980.66m²），有1300年历史的古城核心区变成废墟，古城历史风貌严重破坏，直接损失8983.93万元（不含室内物品和装饰费用）。

经现场勘验、实验、物证鉴定，结合对相关人员的询问笔录，排除雷击、自燃、吸烟、放火等引发火灾因素．认定火灾事故直接原因为：2014年1月11日1时10分许，仓房社区池廊硕8号"如意客栈"经营者，在卧室内使用五面卤素取暖器不当，入睡前未关闭电源，五面卤素取暖器引燃可燃物引发火灾。另据媒体报道，独克宗古城发生火灾，造成严重破坏还有几点原因。

（1）消防专业队伍实施火灾扑救过程中，无法控制火势蔓延的主要原因是：独克宗古城2012年6月新建成的"独克宗古城消防系统改造工程"消防栓未正常出水，自备消防车用水不能满足救火需要，导致火势蔓延。

（2）独克宗古城内通道狭小，纵深距离长，大型消防车辆无法进入或通行，古城内建筑物多为木质，耐火等级低，大量酒吧、客栈、餐厅使用柴油、液化气等易燃易爆物品。市政消防给水管网压力不足，且在扑救火灾时，未能及时联动，提供加压保障。

2014年1月25日晚，贵州省镇远县报京乡报京侗寨发生火灾，100余栋房屋被烧毁。报京侗寨是黔东南北部地区最大的侗寨，曾是中国保持最完整的侗族村寨之一。报京侗寨距离镇远城南39km，居住着470余户、2000名侗族同胞，距今已有300多年历史。

2014年2月17日下午5时，中国第一古商城——洪江古商城的曾国藩兵服厂旁一栋古窨子屋民居突发大火，火势凶猛，消防官兵用了近3个小时才将大火完全扑灭，所幸无人员伤亡。

消防官兵赶到时，看到火灾现场浓烟滚滚，火势伴随着大风向四周的古窨子屋蔓延，并危及一墙之隔的国家历史文物保护建筑——潘家宅院。虽然下着小雨，但火借风势仍然不断扩大，这给灭火工作带来了一定难度。消防官兵分两路救援，一路正面灭火，另一路在侧面不断转换水枪阵地，防止大火蔓延至国宝建筑。经过近1个小时的扑救，火势得到有效控制。此次起火房屋为一般建筑，不在18栋全国重点文物保护单位和37栋历史建筑名单内。

晚上8时，大火已完全被扑灭，烧毁面积500m²以上。该古窨子屋民居共居住了四户居民，据知情人透露，洪江古商城一直以来非常注重消防安全，城内随处可见消防安全标语，景区员工在上班时和游客进入古商城内游览时都不允许吸烟，每天晚上会有三次打更，提醒居民防火防盗。全国重点文物保护单位今年1月起加强了人防措施，安排了文保安全员，每天24h值守，同时文保所和街道每周不少于三次巡查，节假日更是每天巡查。但由于古商城电路老化，在2012年3月，起火烧毁了一栋窨子屋，此次火灾可能也是电路老化所致。

洪江古商城坐落在沅水、巫水汇合处，曾是滇、黔、桂、湘、蜀五省地区的物资集散地、湘西南地区经济、文化、宗教中心，素有"湘西明珠"、"小南京"、"西南大都会"之美称。据专家考证，现仍保存完好的明、清古窨子屋，如寺院、镖局、钱庄、商号、洋行、作坊、店铺、客栈、青楼、报社、烟馆等共380多栋，总面积约30万平方米。

2014年3月31日，一场大火将距今千年的唐代古刹圆智寺千佛殿的屋顶几近烧毁，殿内壁画也有些许脱落，大火燃烧1个多小时才被当地消防部门熄灭。据山西省晋中市太谷县文物旅游局负责人介绍，起火原因系线路老化引起短路导致火灾发生。圆智寺始建于唐朝贞观年间，金天会九年（1132 年）重修，明清两代多次重修，现存建筑多为明清所建，是第七批全国重点文物保护单位。寺院占地约 9000 平方米，从南至北依次为山门、倒座天王殿、钟鼓楼、东西厢房、千佛殿、东西配殿、大觉殿及东西禅房。

2014 年 4 月，公安部、住房城乡建设部、国家文物局联合出台一份旨在加强历史文化名城名镇名村及文物建筑消防安全工作的指导意见。这是我国首个由多家职能部门联合制定的强化文物古建筑消防安全工作的规范性文件。

据统计，全国有 123 座历史文化名城、252 个名镇、276 个名村、8630 家文物保护单位、3744 个古村寨，基本都是木结构建筑。统计数据显示，2009 年以来，全国文物古建筑发生火灾 1343 起，生活用火不慎引发火灾居首位，占总数的 37％，电气原因占总数的 21％，其他原因依次为放火、玩火、吸烟、雷击。

指导意见要求，各级政府要将历史文化名城、名镇、名村及文物建筑的消防安全工作纳入国民经济和社会发展规划及社会管理综合治理、政府目标责任考评，并建立多部门消防工作协调机制，每年对有关部门履职情况进行监督检查，对失职渎职或发生重特大火灾事故的依法依纪追究相关人员责任。城乡规划建设部门要牵头编制消防规划，对名城、名镇、名村内消防审查不符合要求的新建、改建、扩建建设工程，不予核发建设工程规划许可证。文物部门要落实行业监管责任，将消防安全纳入文物保护工作重要内容，对文物建筑开展消防安全检查。公安消防部门要加强消防监督管理，组织火灾隐患排查整治、消防宣传教育培训和消防安全"四个能力"建设。

指导意见要求，城乡规划、文物部门要将消防规划纳入文物古建筑保护规划审批的必要条件，2017 年底前将消防内容纳入历史文化街区保护详细规程。用 3～5 年时间完成100 处全国重点文物保护单位为核心的古城、古村寨和古建筑群消防安全工程建设。

火是木质结构为主的古建筑的头号杀手，而得不到及时扑灭造成的巨大损失也反映出消防管理的不到位。我国古建筑多为砖木结构，主要构件是木材，这使得古建筑火灾危险性大大增加。其主要原因如下：

（1）木结构古建筑多采用含有大量可挥发树脂的松、柏、杉等树种，这些树脂起到了助燃效果，造成了"火上浇油"的危害。

（2）木结构古建筑大多规模宏大，基本都是空间高、跨度大、门窗多，供氧充足，加之内部陈设的各类物品，具备良好的燃烧和火焰传播条件。

木结构古建筑的火灾特点：

（1）火势发展蔓延速度快。木结构古建筑火灾发生时，高温烟气在室内升腾，沿垂直的木构件迅速蔓延，并在屋顶积聚，快速到达轰燃阶段，形成建筑的全面燃烧。

（2）燃烧猛烈易垮塌。木结构古建筑多采用松、柏等木材，火灾荷载大，加之建造年代久远，木构件极为干燥。发生火灾时，易形成猛烈的立体燃烧，造成建筑物垮塌。

（3）火灾扑救难度大。木结构古建筑建造特点及地理位置等客观因素，给火灾扑救增大了难度。木结构古建筑大多建造在高山深谷等偏僻地方，个别建造在建筑物密集、巷长路窄的建城区，加之消防水源缺乏、消防车通道不畅、防火间距不足等问题，导致火灾难以扑救。

（4）建筑及文物受损严重。木结构古建筑自身不仅拥有无法估量的价值，而且其内部通常珍藏有塑像、匾额等文物和珍贵的艺术品。发生火灾时，易造成建筑及文物的极大损失。

随着科学技术和生产的发展，古建筑内使用电线电器设备的越来越多，并采用了煤气、煤油、汽油等新的能源。古建筑的使用范围也有所变化，从供游览参观到宗教、居住、生产、教育等，应有尽有。因此，古建筑的火灾因素增加了，情况比以往复杂得多。

二、古建筑的火灾危险性

1. 耐火等级低，火灾荷载大

由于传统文化的影响，我国古建筑多为砖木结构，以木材为主要材料，采用的大多是木构架的结构形式，形成一种独特的风格。但古建筑经过多年的风吹日晒木制材料变得干燥，极易燃烧，特别是一些枯干的材料变的质地疏松。在炎热的夏季，遇到火星也会起火。大多采用含有大量可挥发树脂的松、柏、杉等树种，这些树脂起到了助燃效果。而古建筑大多规模宏大，基本都是空间高、跨度大、门窗多，供氧充足，加之内部陈设的各类物品，具备良好的燃烧和火焰传播条件。古建筑火灾发生时，高温烟气在室内升腾，沿垂直的木构件迅速蔓延，并在屋顶积聚，快速到达轰燃阶段，形成建筑的全面燃烧。加之建造年代久远，木构件极为干燥。发生火灾时，易形成猛烈的立体燃烧，造成建筑物垮塌。

如果按照现行的国家规范进行划分，大多数古建筑耐火等级为四级，甚至低于四级，稍有不慎就会引发火灾。由于我国的古建筑往往布局紧凑，有些建筑甚至紧密相连，既没有防火间距，又没有消防通道，加之复杂的庭院及房间布局，形成古建筑群，具有良好的燃烧蔓延条件，一旦发生火灾，火势将迅速蔓延。此外，现代建筑要求火灾负荷平均每平方米的木材用量 $0.03m^3$；在古建筑中，大体上每平方米需用木材 $1m^3$，古建筑的火灾负荷，大约为现代建筑的 30 倍左右。再者木材表面的油漆也是易于燃烧不利扑救的因素。分析木材的燃烧可以看到，木材在明火或者高温作用下，首先蒸发水分，然后分解出可燃气体，与空气混合后先在表面燃烧，逐步往里燃烧。木材燃烧和蔓延的速度同木材表面积与体积的比例有直接关系，表面积大的木材较之表面积小的木材火灾危险要大。而古建筑中，斗拱、藻井门窗等构件都因为构造和装饰要求而具有很大表面积，这些部件都容易燃烧而且燃烧速度很快。

2. 火灾扑救困难

我国古建筑一般都建造在高台基座之上，四面迎风，通风条件好，而火灾时却会风助火势，火情容易发展成灾；从局部构造上看，大屋顶是古建筑主要特征，一般由梁、枋、檩、椽、斗拱、望板、藻井等构件组成，是木材用量最多，火灾隐患最大的部位。大屋顶如同被架空的炉膛，火灾时火势容易扩大，另一方面由于本身非常坚实，火灾时容易造成散热不良，使室内温度升高很快，从而引起轰然。我国古建筑多采用院落式布局方式，形成独具一格的风格特色，然而从消防角度来看，这种布局方式有很大的隐患。首先是庭院中厅堂廊坊相互联通，缺少防火分隔和安全空间，火势容易通过直接延烧、热辐射、飞火等方式蔓延和扩大。其次大多建造在高山深谷等偏僻地方，消防水源缺乏，个别建造在建筑物密集、巷长路窄的城区，消防车通道不畅、防火间距不足等问题，另外庭院深深对外封闭的布局形式也不利于消防人员到达并进入火场进行扑救。而且不少古建筑不仅缺乏必要的灭火设施，没有专职的消防队，而且交通不便。由于难靠近，难攀登和缺乏水源等原因，给火灾扑救带来了极大的困难。

3. 无防火间距，容易出现"火烧连营"

目前，我国的古建筑格局，基本采用以各式各样的单体建筑为基础组成的庭院形式。在庭院布局中，单体建筑间本身的防火间距较小，通常还有很多木结构走廊将各单体连接，这种布局形式缺少防火分隔和安全空间，一旦某处起火，一时得不到有效控制，毗连的木结构建筑很快就会出现大面积燃烧，形成火烧连营的局面。

另外古建筑由于受当时诸多局限性的影响，建筑物之间不符合防火要求，有些建筑物紧密相连、院套院、门连门、台阶遍布、高低错落，无防火隔区，更没有消防通道。如：西藏拉萨三大寺庙之一的哲蚌寺，建筑物多，形成古建筑群。拉萨天气干燥，具有良好的燃烧条件，一旦发生火灾就会使古建筑火烧连营，造成无可挽回的损失。

4. 火源管理难度大

随着旅游业的不断发展，越来越多的古建筑被开发利用，逐渐成为人们旅游的主要景点。旅游业的开发为古建筑单位带来了一定的经济收入，在一定程度上为改善古建筑的现状创造了条件，但是，由于游人的大量涌入，也带来了相当多的不确定性火灾因素。其中最主要的就是吸烟现象和人为动火现象。在寺庙内通常居有宗教职业者，他们要解决食宿问题，就不免动用明火，存在很大的火灾隐患。一些地方利用古建筑开设旅馆、饭店等，火灾危险因素大量增多，火源管理不严，电线开关随意乱设，消防设施配备数量不足，消防水源缺乏。这些管理和使用方面存在的消防安全问题，给古建筑的消防安全带来了严重的威胁。

5. 无避雷措施易发生雷击火灾

我国古建筑遍及名山大川，经过千百年的发展，发现造成古建筑火灾的另一个主要原因，就是雷击火灾。在我国许多的古建筑没有有效的避雷措施，对防雷的工作做得不够完善，虽然古人知道雷电也能造成火灾，也设了远古的避雷措施，但效果不是很明显，太过于艺术化忽略了真正的用途。在一定程度上没有起到避雷防火的作用。

6. 用电问题突出

近几年，我国的经济和旅游业不断地发展，到古建筑旅游和参观的人越来越多，用电量也随之增加。但是，在我国古建筑，古寺庙的管理人员和僧侣，缺乏安全用电用火常识和消防安全防范的经验。而且古建筑内的电器设施设备管理不善，违章用电现象严重，电线敷设大多不符合消防安全要求，电线老化、绝缘层破损，存在乱拉乱接的现象。加上在一些古寺庙内的照明灯具功率较大，其表面温度高，经幡、幕布等易燃物靠近极易引起火灾。

7. 经营人员和居民消防意识淡薄，自防自救能力差

在偏远的古建筑，因受自然条件的制约，古建筑里的人员和周边的农民的文化知识普遍偏低其法律观念比较淡薄，消防常识缺乏。生产生活用火随意，在古建筑内设旅店、饭

馆、商店或职工宿舍且不履行消防管理手续，无防火安全措施。另外，各古建筑、古铺面、古民居及其他旅游点舍不得在消防上投资，消防器材配置严重不足，更不能满足扑救初期火灾的需要。在各铺面之间存在着许多隐患。铺面与铺面之间只有一层薄板或废弃的纸质包装材料作隔墙。还有做饭、睡觉、存货、经营等等都在一间狭小的房间里完成。而且这些人员没有经过消防培训，自防自救能力差，火灾发生的可能性大。

据调查，除国家重点保护的古建筑外，多数古建筑物组织机构或防火制度不健全，消防安全责任不明确，硬件建设不健全，没有把防火工作落实到实处，更没有建立以法人代表为责任人的防火安全领导小组或防火安全委员会督促检查消防安全工作。古建筑的管理人员大多都没接受过正规的消防培训，没有制定专门的管理制度，不熟悉消防工作和业务，没有签订防火责任书，防范意识差，员工的预防和抵御火灾的能力差。这些都对古建筑的防火很不利，一旦遇到火灾，后果不堪设想。

在某些地方人们对古建筑缺乏足够的认识，不重视消防安全管理，致使消防器材严重不足。设施不齐全，无任何专（兼）职消防队，灭火力量严重不足。在古建筑的管理人员中很多对防火都不够重视，一旦着了火又远离城镇消防队，严重阻碍了消防灭火的实施。

第二节　古建筑火灾探测试验

在北京顺义区的一个仿古建筑中，选用点型感烟探测器、红外光束感烟探测器、吸气式火灾探测器，进行火灾探测器的选型与设置试验。

对古建筑而言，火灾预防与早期监测是古建筑防火的最优选择，而火灾探测器可以对火灾有效地进行早期探测，从而可以提早采取有效灭火和疏散措施，避免或减少火灾所造成的损失。

一、试验场所

试验空间长 13m，宽 4.9m，高 5m，面积为 63.7m²。试验区域后墙 3.6m 高，前墙3.2m 高，两个尺寸为 5.0m×1.8m 的窗户对称分布于前墙上，窗户在实验中一直处于关闭状态，门的尺寸为 2.6m×2.7m，屋顶坡度 30.8°，如图 6-1 所示。

试验空间内部设有悬梁，如图 6-2 所示。

图 6-1　试验场所

图 6-2　内部梁的位置图

二、试验设计

1. 试验火源

选择古建筑内几种可能的可燃物作为试验火源。经分析，选择棉绳、聚氨酯、碎纸、木块作为试验的火源材料。木材火、油漆木材火、棉绳火及聚氨酯火布置、点火方式及试验结束的判据与第五章相同。碎纸火是将规格为 4cm×10cm 报纸，呈辐射状放置于加热功率为 2kW、直径为 220mm 的加热盘上面，如图 6-3 所示，接通电源，电炉直接加热开始试验。试验火源、规模及位置见表 6-1。试验中有两个不同的火源位置。位置 1：距东墙6.5m，距南墙 2.45m，即试验空间的中心位置；位置 2：距东墙 4m，距南墙 2.45m。

图 6-3 碎纸火

试验火源、规模及位置一览表 表 6-1

编号	试验火	火灾规模	火源位置	温度（℃）	湿度（%）	大气压（kPa）	备注
1	碎纸	160g	位置1	24.8	84.5	100.2	开门
2	碎纸	160g	位置1	25.2	82.6	100.2	关门
3	棉绳	90根	位置1	25.3	81.3	100.25	开门
4	聚氨酯	3块	位置1	25.1	80.5	100.3	开门
5	聚氨酯	6块	位置2	24.5	84.7	100.3	开门
6	棉绳	45根	位置2	28.7	73.4	100.1	关门
7	碎纸	320g	位置2	29.8	67.3	100.1	开门
8	油漆木材	10块	位置2	30	65.3	100	开门
9	油漆木材	10块	位置2	30	67.8	100	关门
10	油漆木材明火	20块	位置2	30	73.4	100	开门

2. 试验设备

（1）火灾探测器

点型感烟火灾探测器 2 只，点型感温火灾探测器 3 只、点型烟温复合探测器 5 只、红外光束感烟探测器 1 对、吸气感烟探测器 1 只，同种探测器型号相同。探测器设置高度如下：点型烟温复合探测器 4.85m；点型感烟、感温探测器 4.8m；线性红外光束感烟探测器 4.65m；吸气式感烟探测器 4.8m。各探测器安装平面图如图 6-4 所示。

（2）温湿度仪

温湿度记录仪内部由温度探头、湿度探头、可存储 200 万个温度值的存储器、大容量锂电池和功能电路组成，可以在设定的时间段内测量温度、湿度并自动保存在存储器内。试验中，在火源上方不同高度安装了温湿度记录仪，测量试验过程中烟气温度的变化。温湿度仪安装高度分别为 2.5m、3m、3.5m、4m。

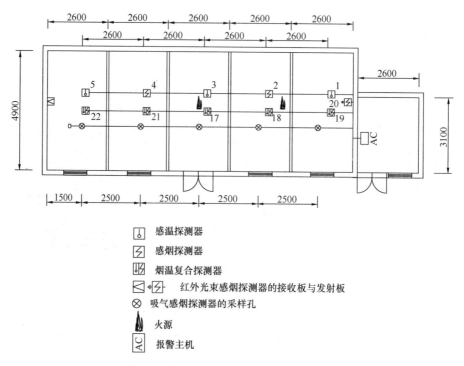

感温探测器

感烟探测器

烟温复合探测器

红外光束感烟探测器的接收板与发射板

吸气感烟探测器的采样孔

火源

AC　报警主机

图 6-4　火灾探测器安装、火源位置示意图

三、试验结果及分析

1. 烟气温度变化

（1）45 根棉绳烟气温度变化

如图 6-5 所示，由试验结果看出：初始时刻室内竖直方向温度分布不均，存在温度梯度，棉绳阴燃火烟气温度变化较平缓，各测量点处的烟气温度在 1440s 内基本不变，之后温度都有小幅度上升。试验进行到 2880s 后，各测量点处的烟气温度均大幅上升。图中，2880s 内，3.0～3.5m 高度范围内烟气的温度近似。

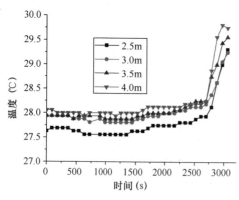

图 6-5　45 根棉绳阴燃火烟气温度变化

（2）320g 碎纸烟气温度变化

如图 6-6 所示，由试验结果看出：初始时刻室内竖直方向温度分布不均，存在温度梯度，碎纸阴燃火各测量点处的烟气温度差别较大，烟气温度在 720s 内基本不变，之后各测量点处的烟气温度都有小幅度上升，试验进行到 900s 后，各测量点处的烟气温度均大幅上升，并在 1080～1260s 之间产生波动。图中，1080s 内，3.0～3.5m 高度范围内烟气的温度近似。

（3）油漆木材（带批灰）烟气温度变化

如图 6-7 所示，由试验结果看出：初始时刻室内竖直方向温度分布不均，存在较小的温度梯度，油漆木材阴燃火各测量点处的烟气温度差别较小，烟气温度在600s内基本不变，可知3.0～4.0m高度范围内烟气的温度近似。试验开始900s后，各测量点处的烟气温度迅速升高。

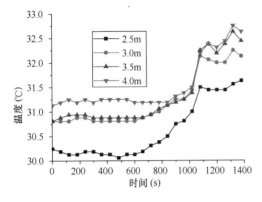

图6-6　320g碎纸阴燃火烟气温度变化

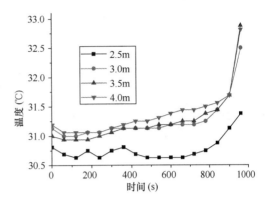

图6-7　油漆木材（带批灰）阴燃火烟气温度变化

（4）油漆木材烟气（不带批灰）温度变化

如图6-8所示，由试验结果看出：初始时刻室内竖直方向温度分布不均，存在温度梯度，油漆木材阴燃火各测量点处的烟气温度差别较小，烟气温度在780s内基本不变，3.0～3.5m高度范围内烟气的温度近似。试验开始900s时，各测量点处的烟气温度达到最大值，其后趋于平稳。

（5）油漆木材明火烟气温度变化

如图6-9所示，由试验结果看出：初始时刻室内竖直方向温度分布不均，存在较小的温度梯度，油漆木材明火各测量点处的烟气温度差别较大，在240s范围内，3.0～3.5m高度范围内烟气的温度近似。之后，烟气温度平缓上升，900s时达到最大值，且温度基本恒定。

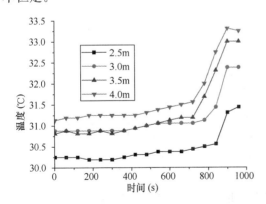

图6-8　油漆木材（不带批灰）阴燃火烟
气温度变化

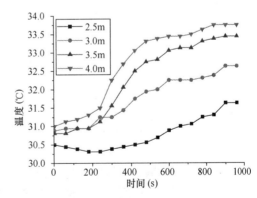

图6-9　油漆木材（不带批灰）明火烟
气温度变化

通过对以上分析，得到结论如下：试验中存在着温度分层现象，即空间垂直方向存在着温度梯度，随着试验的进行，有增大的趋势。试验前，不同高度温度相差不大，试验后期，烟气达到一定的积累后，温度会在短时间内急剧上升，且温度上升到一定数值后，温度曲线变化趋于平缓；

2. 报警结果及分析

1～5 号试验，火灾探测器报警情况如表 6-2 所示。6～10 号试验，火灾探测器报警情况如表 6-3 所示。

1～5 号试验火灾探测器试验结果　　　　表 6-2

探测器编号 ＼ 试验火源	碎纸 160g（开门）	碎纸 160g（关门）	棉绳 90 根（开门）	聚氨酯 3 块（开门）	聚氨酯 6 块（开门）
2 号（S）	—	18′09″	11′30″	—	2′
4 号（S）	—	18′29″	20′40″	—	2′26″
17 号（s&h）	—	18′09″	12′24″	—	2′43″
18 号（s&h）	—	17′46″	24′31″	—	2′03″
19 号（s&h）	—	—	27′48″	—	2′55″
20 号（B）	—	—	14′15″	2′	2′15″
11 号（A）	—	15′	4′10″	2′18″	3′02″
21 号（s&h）	—	—	27′22″	—	—
22 号（s&h）	—	—	27′14″	—	—

6～10 号试验火灾探测器试验结果　　　　表 6-3

探测器编号 ＼ 试验火源	棉绳 45 根（关门）	碎纸 320g（开门）	油漆木材 10 块（开门）	油漆木材 10 块（关门）	油漆木材明火 20 块（开门）
2 号（S）	29′56″	15′22″	8′56″	10′12″	2′
4 号（S）	—	—	—	—	2′26″
17 号（s&h）	—	—	—	—	2′43″
18 号（s&h）	33′34″	12′26″	9′46″	9′08″	2′03″
19 号（s&h）	—	—	—	—	2′55″
20 号（B）	—	—	—	—	2′15″
11 号（A）	4′01″	13′15″	8′35″	12′39″	3′02″
21 号（s&h）	—	—	—	—	—
22 号（s&h）	—	—	—	—	—

注：(S)：Smoke detector 点型感烟探测器；(s&h)：Smoke and heat detector 点型烟温复合探测器，(A)：Aspiration smoke detector 吸气式感烟探测器，(B)：Beam smoke detector 线型红外光束火灾探测器。

通过对火灾探测器报警结果进行分析，得到结论如下：

（1）吸气式火灾探测器，不论对阴燃火还是对明火都可以进行早期探测，探测性能优于其他几类探测器，吸气式火灾探测器可对普通建筑进行有效的火灾探测；点型感烟探测器与点型烟温复合探测器，对火灾的响应无明显差异，可在普通古建筑中无特殊要求的环境中安装使用；线型红外光束感烟探测器对聚氨酯类塑料火等具有一定发烟能力的火较为敏感，因此对存在塑料等燃烧产生烟雾的场所适宜选用此种探测器。

（2）门开启实验时，探测器报警效果均不理想。可知，存在通风干扰的环境，应考虑到开口位置对火灾发展和探测可能造成的影响，此时，使用吸气式感火灾探测器进行火灾探测的可靠性更高。

（3）由烟气运动规律知，火灾初期当烟气累积到一定量之后，温度急剧上升，且明火时烟气温度突升时间会大大提前。火灾发展存在着一个突变时间点。

第三节　布达拉宫火灾自动报警系统设计

一、工程概况

布达拉宫沿山势修建，几乎覆盖整个红山山顶。宫体主楼 13 层，高 119.17m，建筑面积约为 138025m²，占地 360000m²。东西长 420m，南北宽 300m，房屋近万间，有宫殿、灵塔、佛殿、经堂、僧舍、平台、庭院等。宫殿的梁、柱上布满了飞龙、彩凤、雄狮、花卉等浮雕。楼群高耸，气势雄伟。

布达拉宫建筑基本上是土、石、木混合结构，主要结构形式为"墙体承重结构"和"墙柱混合承重结构"，墙体较厚，多在 0.8m 以上。屋顶形式以藏式平顶为主，少数为汉式屋顶。

布达拉宫主体建筑为红宫和白宫。除红宫、白宫外，还包括夏金窑、僧官学校、德央夏、平措堆朗、玉阶窑、日出康、黄房子及强庆塔拉姆、德央奴、扎夏、约普西、杰布窑等建筑。

二、火灾危险性分析

（1）为了对布达拉宫内部的现场情况有更为深入的了解，设计人员先后两次赴西藏，会同有关部门对布达拉宫需要火灾防范的部位和场所进行了全面、细致的勘察，主要勘察内容如下：

1）了解各个建筑物现有文物藏品情况；

2）了解各个宫殿、房间的使用功能、空间大小、殿堂内酥油灯、藏香的点放情况及其他可燃物情况；

3）了解各个建筑物的具体分布情况、建筑物内顶棚、梁和墙体的情况以及现有室内管线的情况；

4）了解各个建筑物周边的交通状况和内部消防通道状况，防火隔离带、防火墙等防火分隔情况，安全出口、疏散通道数量及宽度、最远疏散距离，安全指示标志等情况；

5）了解消防队设备完善情况、多长时间能到达火点出水、消防扑救面、消防扑救场地，消防救援设施到达条件、消防道路净尺寸、通行状况等情况；

6）了解消防给水系统消防水源，平时管网供水压力、流量、管道埋深等，管材，室内外消火栓数量、栓口压力、使用完好度、水带、水枪、轻便消防水龙等完整情况；

7）了解已有火灾自动报警系统的报警控制器、探测器、手动报警按钮、消防广播、声光报警器等设备选型及设置是否合理、自动报警系统能否可靠工作、消防控制室位置与面积；

8）了解配电系统、消防电源可靠性，备用电源设置、消防配电线路选型及敷设、消防设备的控制或保护电器等是否满足规范要求、消防联动控制的设置是否可靠、整体消防配电系统情况；

9）了解应急照明、备用照明、疏散照明、疏散指示灯具或标识的设置情况、应急照明灯具自带电源的完好情况；

10）了解炊事明火、烟囱设置、可燃物堆放、燃气使用情况；

11）了解电气火灾隐患、配电箱材质及安装方式、配电线缆的敷设、配电系统绝缘、配电保护措施，终端用电设备是否满足电气火灾防范要求；

12）了解有无防直击雷保护装置、保护装置是否完整有效。

（2）根据现场勘察情况以及询问工作人员和僧人，首先进行了布达拉宫火灾危险性分析，认为布达拉宫火灾危险性主要体现在以下几个方面：

1）布达拉宫内的建筑物主要为土、石、木混合结构，耐火等级低；

2）布达拉宫内各建筑的木质梁、柱、椽、门、窗，室内外装饰布料以及朝佛者敬献的哈达均为可燃物，主要宫殿内又摆放有点燃的酥油灯及藏香且数量较多，火灾风险相当大；

3）布达拉宫内各建筑无防火分区及防火分隔，且建筑之间相互连接，一旦发生火灾，极易形成火烧连营的局面，加之布达拉宫位于山顶之上，扑救难度非常大；

4）布达拉宫的红宫和白宫建筑结构复杂，房间数量众多，且分布没有规律，各个单休建筑层与层之间的楼梯窄而且陡，非常不利于火灾时人员的疏散及灭火；

5）布达拉宫为旅游名胜，不仅有大量游客进入参观，而且有大量朝佛者，游人和朝佛者大量进入的同时带来了不确定的火灾隐患；

6）用电不慎引发火灾的可能性较大。

三、消防对策

由于布达拉宫建筑结构和建筑形式以及人文环境的现状，一旦失火火势将有可能迅速蔓延，这给火灾的控制带来了很大的难度，因此对火灾成因的控制和对火灾的早期探测从而进行早期补救就显得尤为重要。正是基于此种设计理念，我们对此次布达拉宫消防改造设计所确定的技术路线是"以防为主、防消结合"。

1. 以防为主

"以防为主"是一个综合性的防火对策，是采用预防起火、早期发现、初期灭火等措施，尽可能做到不失火成灾。采用此种防火对策可以有效地降低火灾发生的概率，减少火灾发生的次数，并能在初期进行有效扑救。主要措施包括：

（1）火灾预防

由于古建筑文物价值高，且在构造上与现代建筑差异很大，因此从文物保护的角度出发，对古建筑的防火保护应在合理设置消防系统的同时，充分发挥现有人防措施的作用，遵循技防和人防并重的原则。古建筑的消防安全是一个综合性的范畴，科学的设置火灾探测和灭火系统是保证其消防安全的重要组成部分，同时还应针对火灾的成因对火源进行有效的管理，加强电气线路的更新改造，设置漏电保护器，杜绝电气火灾隐患，合理设置防雷系统，避免因雷击引起的火灾隐患。雷击是引发火灾的重要原因之一，古建筑必须安装有效的防雷措施，并定期进行测试。建筑防雷要考虑防直击雷，雷电感应，以及雷电波侵入的措施。避雷针的接闪装置、引下线和接地装置，都要同建筑物的可燃构件保持足够的安全距离，以防止雷电时，避雷装置所产生的电弧引燃可燃构件。也就是说，"以防为主"的"防"是一个广义的概念，并非单指设置火灾探测报警系统，只有将各种可能导致火灾的潜在风险因素均加以消除或消减，才能真正从整体上提高古建筑的消防安全水平。布达拉宫公用设施改造设计已包含电力、防雷专项设计，设计中已充分考虑了对电气火灾，雷击起火的预防，并采取了必要的技术措施。这些技术措施的落实是布达拉宫消防系统设计的重要组成部分，体现了整个设计对"以防为主、防消结合"技术路线的全面理解和贯彻。

（2）火灾探测报警

火灾探测报警系统的设置要结合建筑物的特点合理选择探测器类型。目前，火灾探测方式一般可分为感烟方式、感温方式和感火焰方式。对于布达拉宫，通过可燃物分析及物质燃烧的发展规律，我们认为，一旦发生火灾，燃烧初期在氧化裂解反应的作用下，大部分场所的燃烧物处在阴燃阶段，此阶段的燃烧并没有产生火焰，只是产生烟雾粒子，随着烟雾粒子的增加会形成可见烟，在燃烧反应的持续作用下产生大量的热能进一步加速燃烧反应的速度，最终产生火焰达到充分燃烧阶段。显然，对于布达拉宫的大部分场所应采用感烟探测方式对火灾进行探测。

2. 防消结合

古建筑的价值就在于建筑本体的文物性，是不可复制的。古建筑的防火保护是古建筑作为文化载体进行保护的有机组成部分，最终目的在于其文化价值的传承，如果是因为设置消防设施而破坏了文物价值，自然也就背离了对其进行保护的初衷。因此古建筑消防系统的设置一定要因地制宜，充分结合古建筑的实际情况，不要一味地求全、求新。以下重点就主要型式的灭火系统对布达拉宫适用性的影响因素进行分析。

当前的灭火系统主要分为水系灭火系统和气体灭火系统。由于气体灭火系统中使用的灭火剂须达到必要的灭火浓度才能发挥正常的灭火效力，如采用气体灭火系统，为了使其灭火效力达到设计预期，对保护区域密封性的要求是较高的。但对于布达拉宫而言，由于年久失修且限于当时的建造工艺，其建筑的密封性难以达到气体灭火系统的使用要求（保护区域内的开口面积不宜大于其总内表面积的3%）。此外，布达拉宫内主要殿堂的构造型式多为高大空间，建筑规模较大，采用预制灭火系统是难以满足灭火所需的基本指标的（预制灭火系统适用于面积小于100m²，容积小于300m³的保护区域），因此如设置气体灭火系统必须采用管网灭火系统，该系统主要由储存容器、管网、喷嘴、驱动装置、控制装置等几部分组成。不同于现代建筑，布达拉宫在建造之时根本没有考虑到为各类设备的设置提供必要的条件，加之布达拉宫的布局极为复杂，房间错落交替，室内四周墙壁绘有大量珍贵壁画，这些不利因素对储存容器的安放带来了极大困难，如果强行分割出气体灭火系统的储瓶间或储瓶区域，将对文物本体风貌造成极大破坏。由于气体灭火系统的喷放压力很高（一般在0.7~2.5MPa间，有些系统型式的喷放压力可达5MPa以上），如此高的压力以及高压稳相流体流动所引起的管道受力和管道震动，在传导和谐振的作用下，会对固定这些管道的梁、顶、墙的结构强度产生破坏作用，对布达拉宫的整体结构强度也将产生负面影响。

水作为高效廉价的灭火剂，适用于扑救 A 类火灾。但考虑水渍对建筑本体的破坏作用，在采用水系灭火系统时，应先分析各类系统型式的适用性。自动喷水灭火系统主要是作用于室内扑救初期火灾的灭火设施，该系统的灭火效率和自动化程度较高，现已广泛应用于各类现代建筑中，但针对布达拉宫而言，如采用自动喷水灭火系统会产生诸多不利影响，主要表现在以下几个方面：

（1）消防灭火后产生大量水渍，对文物本体破坏严重；

（2）灭火过程中由于大量水的浸润，会对以土石结构为主的墙体产生严重影响；

（3）系统一旦发生误喷，将产生不可逆的破坏作用；

（4）系统安装不易隐藏，破坏建筑的原有风貌。

细水雾灭火系统主要分为泵组式和容器式两种系统型式。泵组式灭火系统的组成与自动喷水灭火系统类似，容器式灭火系统的组成与气体灭火系统类似。细水雾灭火系统的用水量一般为自动喷水灭火系统的 10% 左右，系统喷放时，水呈雾化状喷出，出水迅速被气化。与自动喷水灭火系统比较，该系统可有效降低水渍对文物本体的破坏作用。由于该系统与自动喷水和气体灭火系统的系统型式类似，因此该系统在设置上同样具有自动喷水和气体灭火系统设置上的不利因素，主要体现在以下几个方面：

（1）细水雾脱离喷头后冲量极小（一般情况下喷头安装高度不超过 4m），且主要殿堂空间高大，其弥散过程缓慢，应分层布置喷头，实现困难；

（2）系统的喷放压力高，导致管道受力和震动，对固定这些管道的梁、顶、墙的结构强度产生破坏作用；

（3）房屋密封性差且主要殿堂规模较大，如采用全淹没系统，难以达到灭火所需的基本技术指标；

（4）如采用局部应用系统保护特定区域（如佛龛等），水雾喷头须布置在佛龛周围，对文物风貌造成破坏；

（5）强行分割出系统储瓶间或储瓶区域，将对文物本体风貌造成极大破坏。

通过对上述几种系统型式适用性的分析可知，在布达拉宫室内设置固定式的灭火系统存在诸多困难和不利因素。但对于布达拉宫而言，其建筑体量巨大，耐火等级低，且火灾荷载远高于常规建筑，一旦失火，如果不设置灭火系统作为实施灭火的技术手段，显然是不妥的。从适用性的角度出发，室外设置消火栓系统结合室内配置移动式或便携式灭火设备是较为理想的选择。选择室外消火栓系统的原因主要从以下几个方面考虑：

（1）管路敷设在室外，可以最大程度的减小因管道破裂或渗漏造成的水渍对文物本体的破坏作用；

（2）管路不进入室内，避免因管路敷设、受力、震动对室内建筑结构和文物的不利影响，可保持室内文物的原有风貌；

（3）消火栓系统主要是以人工操作为主，误动作的可能性很小，受控性高；

（4）消火栓系统构成相对简单，施工和后期维护方便，从西藏地区目前情况看，消火栓系统的使用可靠性较其他灭火系统要高。从灭火效能的角度考虑，消火栓系统通过合理布置消火栓的位置，其各个消火栓的保护半径所组织起的作用面积基本可以覆盖布达拉宫。消火栓系统作为灭火的技术手段，主要起到隔火和灭火两个作用，对于扑灭 A 类火灾，消火栓系统是适用的，可有效控制火情和实施灭火。

此外应加强移动式灭火设备的配置。对于布达拉宫而言，移动式灭火设备的配置是不可忽视的，它与消火栓系统共同组成了消防灭火的保障手段。对火灾进行早期探测的目的是对其进行早期控制和扑救，将火灾损失控制在最小范围内。采用移动式灭火设备对布达拉宫进行火灾的早期补救是十分适合的，由于其移动灵活，易于靠近火源点，使的其具有更高的灭火效率，可将对文物本体的破坏作用控制在很小的范围内，同时其对文物风貌的影响也是最小的。移动式灭火设备与消火栓系统的结合，为不同燃烧阶段的火灾扑救和控制提供了必要的技术手段。布达拉宫移动式灭火设备的设置由两部分组成，其一是设置在主要殿堂处的便携式灭火设备（推车式和手提式灭火器，ABC超细干粉灭火剂），可用于普通人员和消防队员对就近初期火灾的扑救和控制。其二是专供消防队员配备使用的便携式灭火设备（AFT压缩空气泡沫＋超细水雾灭火枪），该装备直接配备给布达拉宫消防队，用于对初期火灾的扑救。

采用室外设置消火栓系统结合移动式灭火设备配置的灭火技术手段，另一个重要因素在于布达拉宫宫内常驻有消防队，同时宫内僧侣还组织有消防联防队。消防官兵和联防队员对宫内环境非常熟悉，日常进行消防安全巡查，排除明火隐患。消防队在宫内的驻守，使的消防队员可在第一时间达到火灾现场，为火灾初期扑救的实现提供了有力的人员保障。

四、布达拉宫火灾自动报警系统设计

布达拉宫火灾自动报警系统采用控制中心报警系统形式，控制中心设在德央夏南侧二层。火灾自动报警系统选用二总线制火灾自动报警系统，并根据建筑平面布局划分总线回路。火灾应急广播系统选用总线制火灾应急广播系统，消防通信系统选用总线制消防通信系统。

考虑到系统的扩充和维护，同时为了提高系统的可靠性，设计中将火灾自动报警系统共划分16个回路，预留2个回路，每个回路地址编码数不超过100个。

1. 火灾探测器的选择

布达拉宫内既有空间很大、层高很高的殿堂，又有空间较小的普通房间，而且藏式平顶建筑的屋顶通常又有天窗，因此火灾探测器的选择必须因地制宜，针对不同场所选用不同类型的火灾探测器。

（1）大空间

对于红宫中的五世达赖喇嘛灵塔殿、七世达赖喇嘛灵塔殿、八世达赖喇嘛灵塔殿、九世达赖喇嘛灵塔殿、十三世达赖喇嘛灵塔殿、圣观音殿、西大殿、世袭殿（冲热拉康）、持明殿（仁增拉康）、菩提道次第殿（明仁拉康）、长寿乐集殿（其美德丹吉），考虑到其内部空间较大，层高较高，因此设置吸气式感烟探测报警系统。白宫中的东大殿、东日光殿和西日光殿以及黄房子及强庆塔拉姆的郎杰扎仓大殿均占据两层空间，中间有天窗，因此设置吸气式感烟探测报警系统。吸气式感烟探测报警系统的最大允许烟雾传输时间不应大于90s。

吸气式感烟探测系统通过吸气泵实时将被保护区域的空气样本采集进来进行分析，一

且烟雾浓度超过报警阈值，探测器即向控制中心报警，同时将火灾情况和火灾部位信息传送至控制中心；吸气式感烟探测报警系统属于主动式感烟探测报警系统，该系统主动地将周围的空气吸入系统中进行检测。吸气式感烟探测报警系统与点型感烟探测器和红外光束感烟火灾探测器相比优点在于：

　　1）灵敏度高，其报警灵敏度调节范围可以达到0.005%～20%obs/m，而点型感烟探测器的灵敏度仅为3%～5%obs/m，这就意味着可以在火灾初起阶段便探测到火情，为灭火工作提供更多的时间，有利于火情的早期控制和扑救。

　　2）由于采用管网采样探测方式，使该系统具备安装方式灵活的特点，可以在不破坏建筑物原有风貌的前提下，对建筑物进行火情探测。

　　3）采用主动式空气样本采样方式，可减缓因空气流动及大空间区域对烟雾稀释作用所造成的响应滞后现象的发生。

　　为了更好地保护文物原貌，主干采样管沿顶棚梁上隐蔽的一侧敷设，通过管径更细的毛细采样管将采样孔延伸至顶棚的各个区域。图6-10为布达拉宫黄房子及强庆塔拉姆的郎杰扎仓大殿的吸气式感烟探测报警系统采样管布置示意图，该大殿东西长约长约20.1m，南北宽约13.9m，中间区域高两层，最高约7.0m。

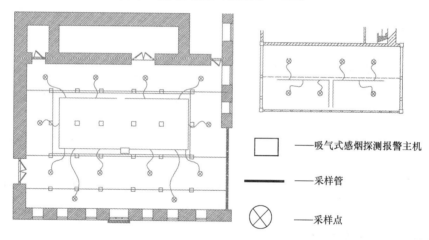

图6-10　朗杰扎仓大殿吸气感烟探测报警系统布置示意图
（左图采样管沿一层梁敷设，右图采样管沿二层梁敷设，采样管均出自一层的主机）

（2）普通场所

　　普通场所是指除了前面提到的大空间之外的其他房间，这些房间层高大多在3m左右，而且内部空间较小，基于经济、合理的原则，主要采用点型探测器。其中僧人居住房间采用点型烟温复合探测器，其余房间采用点型感烟探测器。点型烟温复合探测器为感烟、感温复合探测器，内置微处理器，可对烟、温的发展趋势进行分析比较，保护区域内的烟雾浓度或温度变化情况达到报警阈值时，探测器即向控制中心报警。在僧人居住房间采用烟温复合探测器主要考虑到僧人可能在房间内做饭，可能出现明火，此时温度变化是探测的主要对象。

（3）特殊场所

　　特殊场所是指殿堂内点放酥油灯的区域以及金顶、屋顶、天窗、天井、内部露天走道和环廊等非封闭区域。

对于殿堂内点放酥油灯的区域，除了依靠房间内设置的吸气式感烟探测报警系统或点型感烟探测器进行火灾的早期探测外，在酥油灯周围设置缆式线型感温探测器，对酥油灯周围进行火灾的早期探测，缆式线型感温探测器一般由模拟量缆式线型感温电缆、内置微处理器的编码接口模块及终端盒构成，当保护区域的温度达到报警阈值时，探测器即向控制中心报警，同时将火灾部位信息通过编码接口模块传送至控制中心。

对于红宫西大殿上方的环廊以及三、四层的环廊，白宫东大殿上方的环廊，考虑到点型探测器不适合此类非封闭场所，因此采用图像火灾探测器，以实现早期探测。

对于金顶、屋顶、天井及天窗区域，同样采用图像火灾探测器，以实现早期探测。

图像火灾探测器通过利用高性能计算机对摄像机采集到的视频图像进行分析，采用图像处理、特殊的干扰算法及已知误报现象的算法，对火灾影像进行分析，自动辨别多种火灾模式的不同特征，快速、准确的完成火灾检测，同时将火灾现场真实影像传送至控制中心。图像火灾探测系统所选摄像机必须保证夜间提供的画面也能够实现火灾探测，同时不影响探测可靠性。

（4）其他

白宫入口处门廊、僧官学校入口处门廊、黄房子及强庆塔拉姆门廊、平措堆朗门廊，以及各建筑正面的窗子上均挂有布料，对于这些地方，设置火灾探测器对文物外貌影响非常大，因此不设置火灾探测器，但要对这些布料做阻燃处理。

2. 火灾应急广播系统和消防通信系统

火灾应急广播系统由火灾应急广播主机和扬声器组成，火灾应急广播主机设置在控制中心，扬声器设置在走廊和公共活动场所。考虑到布达拉宫由分布在山体上不同位置的各个建筑组成，因此每个建筑为一个火灾应急广播分区，和其直接相连的建筑为邻近区。按照上述原则，布达拉宫火灾应急广播系统分为 14 个区：白宫、红宫、德央夏、僧官学校、平措堆朗、玉阶窑、夏金窑、夏金窑西侧僧舍区、扎夏、下扎夏、杰布窑、日出康、黄房子及强庆塔拉姆、德央奴和约普西。火灾时首先接通本区及邻近区的应急广播。

对于日常没有人员活动的场所，扬声器的设置适量减少，以最大限度的保护文物古迹。

消防通信系统由消防电话总机、电话插孔及电话分机组成，消防电话总机设置在控制中心，消防电话插孔设置在附近没有电话分机的手动报警按钮旁，电话分机设置在消防水泵房、变配电室以及有僧人值班的殿堂或僧人日常居住的房间等处。消防控制中心设置 119 专用报警电话。

第七章 地铁火灾监控

第一节 地 铁 火 灾

一、地铁发展的简史

1863 年，世界上第一条地铁在英国伦敦建成通车，它标志着城市快速轨道交通在世界上诞生。今天伦敦已建成总长超 410km 的地铁网，共有 12 条路线、273 个车站，每日载客量高达 400 万人。在伦敦市中心内，地铁车辆大部分是在地下运行的，而在郊区则在地面运行。

纽约地铁第一条线于 1907 年建成通车，现在已发展到 443.2km，共设 504 座车站，成为世界上地铁线路最多、里程最长的城市之一。纽约地铁一共有 24 条线，根据它们的大致走向又分为红、橙、黄、绿、青、蓝、紫、黑、灰、棕等十种颜色。可以根据某条线路在这站标注的色块是圆形还是菱形，是实心还是空心，来判断这条线在这一站是深夜不停、繁忙时段停还是偶尔停。

1927 年东京地铁第一条线路开通。而今，东京 2200km^2 的城区地下，遍布着 13 条线路，全长 312.6km，共 285 座车站，日平均客流量为 1100 万人次，是世界上客流量最大的地铁系统。

1969 年 10 月 1 日，北京地下铁道一期工程建成通车试运行。截至 2014 年 12 月 28 日，北京地铁共有 18 条运营线路，共设 268 座车站，总长约 527km，日均客流量超 1000 万人次。

截至 2013 年，我国已开通地铁的城市就有 17 个，合计 2074km。除北京以外，包括了上海、天津、重庆、广州、深圳、武汉、南京、沈阳、成都、西安、哈尔滨、苏州、郑州、昆明、杭州以及佛山。

地铁是缓解城市市内交通的主要手段，在发达国家，每年城市的轨道交通承担了城市旅客运输量的 60%～87%，目前，世界约 40 多个国家和地区的 132 个城市建成 5000km地铁和 3000 多千米轻轨铁路，每年运送旅客达 260 亿人次之多。

地铁是目前世界上能够解决大中型城市人们出行问题较为便捷、经济和高效的交通工具之一和交通系统的骨干，地铁是城市现代化程度的重要指标，对促进城市繁荣、实现城市经济和社会可持续发展起着举足轻重的作用。地铁具有运量大、速度快、无污染、准时、方便、舒适等诸多优点，它在交通上的独特优势使其发展迅速，成为各国政府投资的热点。

随着城市地铁的迅速发展，地铁灾害问题也越来越引起人们的重视。在轨道交通系统发生的灾害中，火灾占的比例最高，约占 30%。因而，在地铁建设与运营过程中，地铁火灾是不容忽视的问题。

二、中外地铁火灾案例

表 7-1 为 1913—2006 年世界范围内地铁火灾事故情况的统计。根据统计结果，各种地铁火灾原因所占比例见图 7-1。电气设备故障、线路短路是引起地铁火灾的重要原因，占了 1/3 以上，恐怖袭击、人为纵火次之。

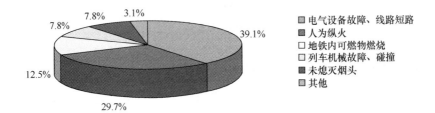

图 7-1　地铁火灾原因分布

世界历年地铁火灾事故一览　　　　　　　　　　　　表 7-1

序号	发生时间	国家	城市	燃烧物（起因）	死亡	受伤	财物损失	消防设施情况
1	1903.8	法国	巴黎	列车车厢起火	84	—		无应急照明
2	1918	美国	纽约	列车转弯出轨	97	>100		
3	1969.11	中国	北京	机车线路短路	3	>200（中毒）		照明不足，缺乏防烟滤毒设备，主要依靠灭火器灭火
4	1971.12	加拿大	蒙特利尔	电气线路短路，点燃座椅	1	—	36 辆车烧毁	
5	1972.10	德国	东柏林	列车车厢起火	8			
6	1972.11	瑞典	斯德哥尔摩	人员携带可燃物纵火	2	—		
7	1973.3	法国	巴黎	人员携带可燃物纵火	2	—		
8	1974.1	加拿大	蒙特利尔	电气线路短路，引燃废旧轮胎	6	17	9 辆车烧毁，300m 电缆烧坏	
9	1974.3	苏联	莫斯科	车站平台装修材料起火	15	3		
10	1975.7	美国	波士顿	隧道照明线路起火	7	24		
11	1976.5	葡萄牙	里斯本	列车牵引接头起火	—	22		
12	1976.10	加拿大	多伦多	人员携带可燃物纵火	—	5		

续表

序号	发生时间	国家	城市	燃烧物（起因）	死亡	受伤	财物损失	消防设施情况
13	1977.3	法国	巴黎	天花板坠落起火	2	43		
14	1977.11	苏联	莫斯科	爆炸物爆炸	21	51		
15	1978.10	德国	科隆	丢弃烟头起火	—	8		
16	1979.1	美国	旧金山	电路短路起火	1	56		
17	1979.3	法国	巴黎	电路短路起火	—	26		
18	1979.9	美国	费城	变压器起火爆炸	—	148		
19	1979.9	美国	纽约	丢弃烟头起火	—	4		
20	1980.4	德国	汉堡	车厢座位起火	—	4		
21	1981.6	英国	伦敦	丢弃烟头起火	1	—		
22	1981.6	苏联	莫斯科	电路起火	7	—		
23	1981.9	德国	波恩	人员操作失误起火	—	—		
24	1982.3	美国	纽约	传动装置故障起火	—	86		
25	1982.6	美国	纽约	电路起火	—	—		
26	1982.8	英国	伦敦	电路短路起火	—	15		
27	1983.8	日本	名古屋	变电所整流器短路起火	3	3	地铁停电4h，上下152辆列车停驶，13.7万人受惊	变电所无法实施水灭火，1h后喷射干粉灭火剂
28	1983.9	德国	慕尼黑	电路起火	—	7		
29	1984.9	德国	汉堡	列车座位起火	—	1		
30	1984.11	英国	伦敦	车站站台垃圾箱	—	—		
31	1987.6	比利时	布鲁塞尔	自助餐厅起火	—	—		
32	1987.11	英国	伦敦	烟头点燃扶梯起火（引燃物为扶梯运行导轨上的润滑油、碎屑、踏板背面油脂、扶梯下积聚的可燃性脏物）	31	100	2座自动扶梯和售票厅烧毁	消火栓年久失效，水喷雾灭火系统未启动
33	1991.4	瑞士	苏黎世	电路短路导致相撞起火	—	58		
34	1991.6	德国	柏林	电路短路起火	—	18		
35	1991.8	美国	纽约	列车脱轨起火	5	155		
36	1995.4	韩国	大邱	煤气管道爆炸	101	143		
37	1995.7	英国	伦敦	爆炸物爆炸	8	200		
38	1995.10	英国	伦敦	爆炸物爆炸	—	48		
39	1995.10	阿塞拜疆	巴库	电路老化短路	558	269		

续表

序号	发生时间	国家	城市	燃烧物（起因）	死亡	受伤	财物损失	消防设施情况
40	1996.6	俄罗斯	莫斯科	爆炸物爆炸	4	15		
41	1996.12	法国	巴黎	爆炸物爆炸	4	86		
42	1998.1	俄罗斯	莫斯科	爆炸物爆炸	—	3		
43	1999.6	俄罗斯	圣彼得堡	爆炸物爆炸	6	—		
44	1999.7	中国	广州	配电所电器设备故障	—	—	直接损失 20.6 万	火灾探测器报警后，启动隧道排烟设施
45	1999.10	韩国	汉城	电路起火	55	—		
46	2000.4	美国	华盛顿	电缆起火	—	10		
47	2000.8	俄罗斯	圣彼得堡	爆炸物爆炸	13	90		
48	2001.1	英国	伦敦	爆炸物爆炸	—	15		
49	2001.2	俄罗斯	莫斯科	爆炸物爆炸	—	15		
50	2001.8	巴西	圣保罗	电路起火	1	27		
51	2002.5	意大利	米兰	人为纵火（巨型燃气罐）	—	—		
52	2003.1	英国	伦敦	列车机械故障起火	—	30		
53	2003.2	韩国	大邱	人为纵火（汽油燃料），点燃座椅上的塑料物质和地板革	198	425	12 节车厢烧毁，地铁全面瘫痪，财产损失 47 亿韩元，恢复建设费预计 516 亿韩元	安全疏散引导系统存在缺陷，车站无防排烟系统，站台无喷水灭火装置
54	2004.1	中国	香港	人为纵火（液体燃料）	—	14	车厢内部分板材和灯罩损坏	
55	2004.2	俄罗斯	莫斯科	爆炸物爆炸（TNT）	39	134		
56	2004.7	韩国	汉城	电气供给线路起火				
57	2004.10	中国	香港	机车电气故障	—	1		
58	2005.1	美国	纽约	人为纵火（装着破衣和木材的购物车）	—	—	数百万美元损失	
59	2005.5	瑞典	斯德哥尔摩	电路起火	—	12		
60	2005.7	英国	伦敦	爆炸	56	700		
61	2005.8	法国	巴黎	电路起火	—	19		
62	2005.8	中国	北京	风扇电路短路	—	—		
63	2005.10	美国	纽约	地铁车站贮藏室起火	—	—		
64	2006.8	美国	纽约	站台木头	—	15	5 条地铁线路受到影响	

1903.8 至 2006.8 间共发生 64 起事故，共造成 1339 人死亡，3425 人受伤。

三、地铁火灾的特点

地铁通常有地下、地面和高架等多种形式，当地铁采用地面、高架形式时，火灾工况、疏散路径较为简单。而深埋地下的地铁车站和区间隧道是通过挖掘的方法获得的建筑空间，隧道外围是土壤和岩石，只有内部空间而没有外部空间，且仅有与地面连接的通道作为出入口，这种构造上的特殊性使其一旦发生火灾容易造成严重的后果。

1. 氧含量急剧下降

地铁火灾发生时，由于隧道的相对封闭性，大量的新鲜空气难以迅速补充，致使空气中氧气含量急剧下降。有研究表明，空气中氧含量降至15％时，人体肌肉活动能力下降；降至10％～14％时，人体四肢无力，判断能力低，易迷失方向；降至6％～10％时，人即会晕倒，失去逃生能力；当空气中含氧量降到5％以下时，人会立即晕倒或死亡。

2. 产生大量浓烟和有毒气体

火灾时产生的发烟量与可燃物的物理化学特性、燃烧状态、供气充足程度有关。地铁列车的车座、顶棚及其他装饰材料尽管不是可燃性材料，比如上海地铁的列车内部座椅、地板、装饰材料等，均采用玻璃钢、不锈钢及各种无毒不燃材料制成，车内的电气线路也采用耐火阻燃材料。但是一旦发生火灾，会产生不完全燃烧反应，导致一氧化碳（CO）等有毒有烟气体大量产生，导致受困人员中毒。

3. 排烟排热差

被土石包裹的地下车站和隧道，热交换十分困难。烟气聚集在内部空间，无法扩散，温度上升迅速，较早地出现"爆燃"；烟气形成的高温气流会对人体产生较大的损害。同时，这些流动性很强的烟和有毒气体，若不加以控制或及时排除，则会迅速蔓延扩散，短时间内充满整个地下空间，给现场遇险人员和救灾人员带来极大的生命威胁。

4. 能见度差

火灾产生的浓烟导致地下空间内能见度迅速降低。在韩国大邱地铁火灾事故调查时，发现很奇怪的一个现象：在站台一张桌子的周围死了很多人。经过专家分析，原来这是因为在火灾发生时，浓烈的烟雾使地铁里漆黑一团，在人正常的视野高度根本看不见地面。慌乱的人群失去辨别自身周边情况的能力，于是一张桌子就成了大家逃生路线上的障碍物，以至于很多人始终在围着桌子跑，最终中毒或窒息而亡。

5. 火情探测和扑救困难

地铁的火灾比地面建筑的火灾扑救要困难得多，其难度相当于扑救超高层建筑最顶层的火灾。当地面建筑发生火灾时，可以直接在建筑物外从产生的火光、烟雾判断火场位置和火势大小；而地铁发生火灾时无法直观判断起火部位，需要详细查询和研究地下工程图，分析可能发生火灾的部位和可能出现的情况，才能做出灭火方案。同时，由于地铁的出入口有限，而且出入口又经常是火灾时的冒烟口，消防人员不易接近着火点，扑救工作难以展开。再加上地下工程对通信设施的干扰较大,扑救人员与地面指挥人员通信、联络的困难,亦为消防扑救工作增加了障碍。

6. 人员疏散困难

地铁环境完全靠人工照明,火灾时正常电源被切断,人的视觉完全靠事故照明和疏散标志指示灯保证。此时如果事故照明不能很好地发挥作用,再加上浓烟,很难顺利逃生。火场中产生的一些刺激性气体也会使人睁不开眼睛,看不清逃离路线。其次,地铁发生火灾时只能向上疏散通过站台出口逃生,人员的逃生方向与烟气的自然扩散方向相同,若没有烟气控制措施,烟的扩散速度一般比人的行动快,给人员疏散带来很大的困难。再者,地铁内人员密集,而疏散距离远、路线狭长,都是不利于疏散的因素。

四、地铁火灾原因

地铁是十分复杂的交通运输系统,潜伏着很大的火灾危险性。如果出现电气设备故障,工作人员违规操作,用火用电不慎,乘客违反有关安全乘车规定,擅自携带易燃易爆物品乘车,在车站内吸烟用火,变电站的工作环境恶劣、潮湿、多粉尘、通风散热不良,电缆、电气设备因潮湿、鼠害、维修使用不当发生故障,镇流器污垢氧化导电性降低,以及接触不良等情况,都有可能引发火灾。

1. 根据近年来的地铁火灾数据统计,地铁火灾原因具体归纳起来有以下几种:

(1)电路、设备故障。地铁车站内设有大量的电器设备、电线电缆,工作人员违章操作、电线老化短路等可能引发电气故障导致火灾发生,机械设备如果存在质量问题或缺乏必要的维护保养也可能导致运行失常产生火灾。在我国就发生过多起因电气故障引发的火灾,例如,1969 年北京地铁万寿路站到五棵松站间隧道内发生的火灾事故就是因为电线短路引燃车厢内可燃物造成的;2005 年北京地铁在建国门至崇文门站区间隧道内发生电线短路事故,行至和平门站时短路点已形成明火。世界范围内,1995 年同样因电气故障引发的阿塞拜疆巴库地铁特大火灾震惊全世界。

(2)机械碰撞、摩擦引起的火花引燃易燃材料或其他化学药品。地铁施工维修中进行焊接、切割等作业以及列车运行时产生的电弧,都有可能成为引燃周边可燃物的源头。

(3)乘客吸烟时的火星或随便乱丢烟头,携带易燃、易爆物品,或用火不慎。

(4)人为故意纵火或恐怖袭击。例如,2003 年 2 月韩国大邱市的惨绝人寰的地铁纵火案,造成 198 人死亡。

(5)自然灾害,如地震和战争引发火灾。

2. 这些原因的综合结果使得地铁火灾容易演变成群死群伤的恶性事件,导致人员伤亡的直接原因主要有:

(1)吸入大量有毒气体导致中毒;

表 7-2 中为常见可燃物燃烧产生的有毒有害气体。

(2)浓烟造成窒息;

(3)高温环境的热辐射;

(4)能见度差、心理极度恐慌造成踩踏;

(5)空间结构破坏甚至坍塌、内部设备跌落。

常见可燃物燃烧产生的有毒有害气体　　　　　　　　　　　　　　表 7-2

可燃物名称	有毒有害气体
木材	CO_2
羊毛	CO_2、CO、H_2S、NH_3、HCl
棉花、人造纤维	CO_2、CO
聚四氯乙烯	CO_2、CO
聚苯乙烯	苯、甲苯
聚氟乙烯	氟化氢、CO_2、CO
尼龙	乙醛氨
酚树脂	氨、氰化物、CO
三聚氰胺－醛树脂	氨、氰化物、CO
环氧树脂	丙酮

美国消防协会（NFPA）对历年有毒烟气致死人数和受害者死亡地点的统计数据表明，每年由于烟气吸入中毒死亡的人数占火灾死亡人数的 2/3～3/4，如图 7-2 所示。截至目前，北京地铁火灾共造成 36 人死亡，全部都是由于吸入有毒烟气中毒窒息造成的。

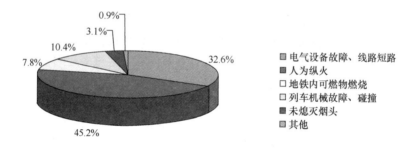

图 7-2　不同火灾原因伤亡人数分布

3. 通过对国内外发生的、产生重大影响的地铁火灾事故进行调查，得出了如下结论：

（1）对地铁火灾应加强早期监测监控。地铁火灾造成人员伤亡最主要原因是不完全燃烧产生的烟气，其主要成分 CO 使人中毒，而对火灾发生后烟气的控制又没有有效措施，所以应对地铁火灾加强早期监测监控，使用如火灾探测器等消防设施，将火灾发现在阴燃或更早阶段。

（2）地铁火灾造成人员伤亡的又一原因是消防设施不健全不完善。健全与完善的消防设施如能在发生火灾后正常工作，将会极大的降低人员伤亡和财产损失。

（3）从事故致因方面来看，人的不安全行为今后将对地铁安全性产生愈来愈重要影响。事故发生的直接原因是人的不安全行为和物的不安全状态，早期地铁存在大量可燃物（如 1903 年，巴黎地铁车厢是木质的），现在参考《地铁设计规范》GB 50157—2013，地铁各类设施由难燃或不燃材料制成，物的不安全状态降低了，但是从近期几起火灾如 2003 年大邱人为纵火，其后在莫斯科、伦敦、巴黎恐怖袭击来看，人的不安全行为对地铁安全性提出严峻挑战。因而，地铁的不安全因素由物的不安全状态向人的不安全行为转变。

随着法律法规健全、消防设施改善改进、安检管理加强，物的不安全状态和人的不安全行为正在一步步消除，相信地铁安全性将会在未来得到更大提高。

五、地铁车站可燃物分析

地铁中可燃物可分为两类，即固定荷载与移动荷载，固定荷载有地铁内各类设备，装饰材料等一些固定不动物体，而移动荷载主要指乘客的行李。

根据目前国内外关于建筑火灾的研究资料，主要认为火灾中的可燃物为两类物质：纤维类物质和聚合物。对于地铁火灾中的可燃物而言，在老式车厢中，木质装修材料和行李中的衣物等属于纤维类物质，而列车内表面装饰材料，座椅上的海绵以及广告牌等属于聚合物。虽然地铁设计中对材料的防火要求越来越严格，尽量避免采用易燃或可燃的物质，但在列车站台以及车体内部仍然不可避免地存在可燃物。

对于地铁列车，老式车辆内的可燃物主要为内部装饰材料，包括侧墙、地板、顶板、椅垫、坐垫、椅套等。如巴库地铁火灾中发生燃烧的车辆生产于 20 世纪 60 年代末，其地板为亚麻地板，座位由膨化的泡沫塑料和木头制成，墙和天花板由塑料压板制成。这样的老式车辆一旦发生火灾，火势将会迅速扩大，造成灾难性的后果。在新式车辆中已经不再使用木制板材，代之以高阻燃性能的玻璃钢、铝合金等材料，椅垫大多采用玻璃钢制成，坐垫、椅套等都进行了阻燃处理。车体内的装饰材料主要为可塑性 PVC、丙烯酸 PVC 以及 PU（PVC 是聚氯乙烯材料的简称，PU 是聚氨酯材料的简称）等。

在地铁车站内，可燃物相对集中的区域有站台内的书报亭、小商铺，站台内的垃圾桶以及站厅内的各种商业性店铺。车站内主要可燃物种类归纳见表 7-3。

地铁站内可燃物　　　　　　　　　　　　　　　　　　　　　　　表 7-3

类　别	可　燃　物
电力电气设施	各类电气设备中电线，电缆，低压蓄电池，整流器，支流变换器，逆变器，交流不间断电源，各类灯具的线路，镇流器，外壳材料，变压器，废旧管线等
通信设施	无线信号发射与接收组件，功率放大器，通信广播扬声器等
建筑装修材料	装修板材，吊顶，包裹材料，保温材料，广告灯箱，楼梯、电梯、传送带扶手等
生活辅助设施	座椅，垃圾桶，厕所内的纸张、洁具、空气清新剂、排风扇，站长室、票务室、修理间、工具间、设备房等其中的家具、纸张
通风设施	风管保温材料，风机线路，直燃式中央空调机组等
人员夹带可燃物	乘客违反乘车规定携带进站的易燃易爆物品，以及乘客随身携带的纸制品、塑料制品、化纤制品等

根据《地铁设计规范》GB 50157—2013、《建筑材料及制品燃烧性能分级》GB 8624—2012 中相关规定及要求，地铁内主要机电设备和线路线缆材料分级见表 7-4。

地铁机电设备、线路材料分级情况　　　　表 7-4

	产品或材料名称		产品要求	易燃材料	可燃材料	难燃材料	不燃材料
固定荷载	涂料防水层防水所选用的涂料（12.3.2）		无毒或低毒、难燃、低污染			√应	
	通风与空调系统的管材及保温材料、消声材料（13.1.13）		A 级不燃或 B1 级难燃			√可	√应
	室内重力流排水管道（14.4.17）		阻燃型硬聚氯乙烯排水管（宜）				
	（其他排水设施）重力流排水管（14.3.9）		阻燃型硬聚氯乙烯排水管（宜）				
	地下使用的电气设备及材料（15.1.23、24）		体积小、低损耗、低噪声、防潮、无自爆、低烟、无卤、阻燃或耐火的定型产品（应）				
	FAS 的信息传输线路、供电线路、控制线路、电力电缆与控制电缆（15.4.1）	地下敷设时	低烟无卤阻燃（应）				
		地上敷设时	低烟低卤阻燃（可）				
	为应急照明，消防设施供电的电缆，明敷时（15.4.1、2）		低烟无卤耐火铜芯电缆或矿物绝缘耐火铜芯电缆（应）				
	隧道内通信主干电缆，光缆（16.2.11）		无卤、低烟、阻燃、具有抗电气化干扰的防护层（应）				
	信号系统电线路电缆（15.4.1）	地下敷设时	低烟无卤阻燃（应）				
		地上敷设时	低烟低卤阻燃（可）				
	地铁车站自动扶梯传输设备主要包括梯级、梳齿板、扶手带、传动链、梯级链、内外装饰板、传动机构等（25.1.10）		阻燃（应）			√应	√应
	地下车站的行车值班室或车站控制室、变电所、配电室、通信及信号机房、通风和空调机房、消防泵房、灭火剂钢瓶室等重要设备用房的建筑吊顶（28.2.9）						√应
	车站的站台、站厅、出入口楼梯、疏散通道、封闭楼梯间等乘客集散部位，以及各设备、管理用房，其墙、地及顶面的装修材料，以及广告灯箱、座椅、电话亭和售、检票亭等所用材料（28.2.9）					√应	√应

六、地铁车站火灾危险性

地铁车站一般包括站台、站厅、出入口楼梯、设备管理用房，其可燃物可能包括装修材料、广告牌、电线电缆等。

地铁站的墙、地面、顶面的装饰一般采用不燃材料；广告灯箱、座椅、电话亭和售检票亭所用的材料一般也为不燃材料，火灾危险性低。

电缆敷设在站台板下或区间侧墙墙托架上，高低压、交直流、强弱电分开敷设。较长的电缆沟槽及进入机房的沟槽端口，进行防火分隔和隔热处理。照明电缆敷设在站台和站厅顶棚内，电缆穿钢管和线槽敷设。低压电缆和电线选用阻燃性低烟无卤耐火电缆和电线。火灾时仍需运行的设备配套阻燃耐火性电线、电缆。因此，电线电缆不会产生较为严重的火灾。若电气设备选用无油型设备，则电器也不会发生严重火灾。

现代地铁列车一般按照国家标准进行防火设计，所用的材料已经与从前列车所用的材料大不相同了，基本采用不燃或难燃材料制作，可减少有毒物质的产生，并使列车的整体耐火性能大大提高。车体材料采用轻型不锈钢材料，车体承载结构材料全部采用钢材。客室侧墙、墙端、内装饰板采用大型玻璃钢成型板材嵌装结构，材料具有良好的阻燃性。所有点线、电缆均采用难燃、阻燃型；地板采用在波纹钢板上面铺设陶粒砂和粘贴地板布的非木结构形式，地板布局有良好的抗拉强度、耐磨性、阻燃性和防化学腐蚀性。

列车内发生火灾概率较大的是乘客的行李燃烧，进而引起车厢内座位及车体材料的局部燃烧，根据香港地下铁路 LAR 线列车轰然的测试数据，最大的火灾规模为 5～10MW。

综合以上分析，若地铁消防设计满足相关消防规范，控制商业设施（特别是站厅乘客疏散区、站台以及疏散通道内等区域应禁止布置），则其常规的火灾危险性应主要来源于旅客随身携带的行李及由其引发的列车火灾。

由于地铁内是一个相对封闭的空间，一旦发生火灾，很容易形成烟毒危害，所以地铁内应采取可靠地防烟、排烟设施，通过设置挡烟垂壁、利用排风补风系统控制楼梯出口的防烟风速，保证人员安全；尤为重要的一点是在站台上设置防火屏蔽门系统，即在站台同轨道之间设置一道防烟的屏障，列车进站时，车门同屏蔽门同步开启，乘客登车后，车门同屏蔽门同步关闭。这样，当某轨行区列车发生火灾后，尽可能防止列车火灾影响站台及站台对向的火车。

地铁建筑位于城市地下，其空间相对封闭，而且地铁运营的客流量大，一旦发生火灾，人员疏散及消防救援较为复杂和困难，此时可靠且有效的消防、排烟系统则是人员安全疏散的有力保障。

第二节　地铁车站镂空吊顶公共区火灾烟气运动分析

地铁站内环境条件多种多样，空调通风系统随季节变化进行调整，一年中将分别根据室外和站内温度调整为空调季全新风、空调季小新风、冬季、过渡季等模式，导致站内空气温度与流动的差异，列车进出站产生的活塞风将使站内空气发生剧烈的扰动。送排风方式、风口风速、送风温度、风量及活塞风均是影响火灾初期烟气运动的重要影响因素，除此之外，车站设置的吊顶形式与孔隙率，亦会使得烟气运动规律改变，从而导致感烟型探测器的响应性能发生变化，影响探测效果。因此，分析研究地铁不同环境条件下火灾烟气运动规律，对于火灾探测器的选择与设置都具有重要的意义。

一、地铁车站常见镂空吊顶样式

随着社会文化和艺术的发展，公众审美意识的提高，地铁车站建筑已经不仅仅具备单一的交通功能，还成为展示一个城市文化的窗口，通过地铁车站建筑艺术的创作，可以表现、塑造城市的风格，各种各样的装修风格与艺术形态不断涌现。为了与车站整体装修风格相得益彰，同时遮挡上部管道及电线电缆达到美观的效果，新近修建的地铁线路普遍设置吊顶，吊顶形式亦呈现出多样化的发展趋势和风格。

1. 铝方通吊顶

铝方通吊顶（见图7-3~图7-5）视野开放，线条明快，层次分明，体现了简约明了的现代装饰风格，它不仅利于空气流通和散热，而且光线能够均匀分布，使整个空间宽敞明亮。吊顶的每条方通均可随意安装和拆卸，无需特别工具，维护和保养方便，常用于隐蔽工程多、人流密集的公共场所，如地铁、高铁车站，机场，大型购物中心，休闲娱乐场等场所。

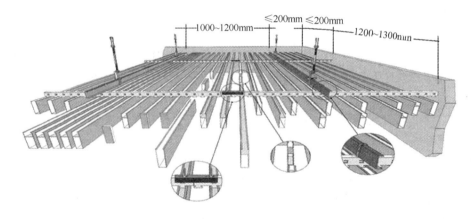

图7-3　铝方通吊顶基本构造示意图

图7-4　圆方通

图7-5　矩形方通

2. 格栅吊顶

格栅吊顶（见图7-6、图7-7）由单体构件有规律地排列组合而成，主副龙骨纵横分布、立体感强、防火耐温、通风良好，且冷气口、排气口、灯具等均可安装在吊顶内部，吊顶的单体构件多采用铝合金材料制作，形状有曲线型、多边形、正方形、三角形和圆形，造型新颖、大方美观，使吊装场所富有节奏、韵律，广泛应用于大型商场、候车室、机场、地铁车站等场所。

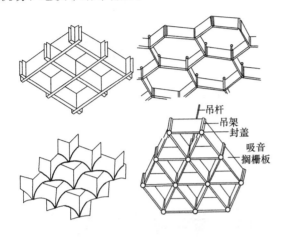

图7-6　格栅吊顶铝合金单体构件形状

图7-7　格栅吊顶应用实例

3. 冲孔吊顶

冲孔吊顶（见图7-9）是一种重要的镂空吊顶，按吊顶材质可以分为金属板吊顶、石膏板吊顶、矿物棉板吊顶。金属板冲孔吊顶由轻质金属板和配套的轻钢龙骨体系组合而成，金属板的材料有铝合金板、不锈钢板、钛合金板和压型薄钢板，吊顶具有质感独特、线条刚劲、色泽美观、构造简单、安装简便、重量轻等优点，吊顶的基本构造示意图如图7-8所示。

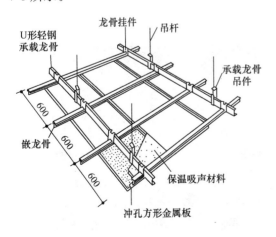

图7-8　悬空式金属板吊顶基本构造示意图

图7-9　金属板吊顶应用实例图

冲孔式吊顶的样式多种多样，十分美观，如图 7-10 所示。

图 7-10　特殊样式的冲孔吊顶

4. 特殊形式的吊顶

吊顶可根据声学和美观要求做成弧形、折线形、高低错落等形式，如图 7-11、图7-12 所示。

图 7-11　弧形吊顶

图 7-12　折线形吊顶

有些地铁车站虽然为水平吊顶，但为了使室内装潢设计显得美观优雅，提高品位，吊顶板各个组成部分往往形状各异，色彩丰富，图 7-13 为一些形式各异的水平吊顶。

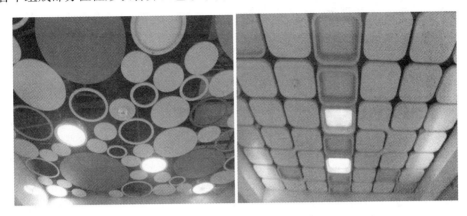

图 7-13　形式各样的水平吊顶

二、不同形式吊顶的镂空率

镂空率通常定义为吊顶镂空部分占整个吊顶面积的比率。

1. 方通吊顶的镂空率

目前应用的各种方通吊顶，底宽一般为 20～80mm，高度为 100～600mm，大多数情况下安装间距最小不小于方通底宽的一倍，最大不大于方通高度的一倍，方通端头保持 10mm 或 20mm 的距离。根据当前市场上供应的方通规格及安装要求，经计算可知方通吊顶的镂空率在一般在 50%～96% 之间，如果方通吊顶的镂空率太小，在一定程度上会影响吊顶的美观。

2. 正方形格栅吊顶的镂空率

常规铝格栅单体构件的底宽一般为 10～20mm，高度有 20mm、40mm、60mm 和 80mm 可供选择。正方形格栅吊顶的格子尺寸有 10mm×10mm、15mm×15mm、25mm×25mm、30mm×30mm、40mm×40mm、50mm×50mm、60mm×60mm、75mm×75mm、100mm×100mm，125mm×125mm、150mm×150mm、200mm×200mm 几种类型。经计算，最常见类型的格栅吊顶镂空率在 11.1%～90.7% 之间。

3. 冲孔吊顶的镂空率

冲孔式悬空吊顶的孔型有圆形、梅花形、图案形、五角星形、十字形、椭圆形等各种形状，目前应用较多的是圆形孔悬空吊顶，吊顶板单板尺寸多为 300mm×300mm 和 600mm×600mm 两种规格，孔径大小为 2～4mm，板厚一般为 0.3～10mm，吊顶镂空率的大小因孔径和图案的不同而有所不同，吊顶最小镂空率大约为 3%。

三、北京地铁车站公共区的吊顶设置情况

根据北京地铁新建线路的总体情况，除对站台装修外观有特殊要求的线路外（如机场

图 7-14　北京地铁某车站方通吊顶

线、奥运支线），其他线路大部分采用方通吊顶，多采用格栅间距与其宽度等宽的布置方式，车站站台层吊顶下高度应满足不小于 3m，站台层及站厅层吊顶内的高度一般为 1～1.5m，吊顶的厚度不小于 150mm。

图 7-14 为北京某地铁车站吊顶设置，全部设方通吊顶，其中两侧靠近轨区区域镂空率约为 50%，中间区域镂空率约为 67%。站台格栅吊顶至地面高度为 3.0m，吊顶上方空间高度约为 1.4m，内部设有空调风管、电缆桥架、通丝吊杆、电线电缆等，图 7-15 为试验区域火源上方格栅吊顶上部空间设施。该种吊顶形式、吊顶高度、顶棚空间高度和内部安装设备反映了北京地铁新建线路的普遍情况，本章后续对烟气运动的分析研究即基于该类方通吊顶车站。

图 7-15　格栅吊顶上部空间设施

四、地铁车站无干扰环境（夜间停运）烟气运动规律

在地铁中，夜间停止运营期间为比较典型的无干扰环境，公共区无空调通风。

火灾探测试验中使用的火源通常可归为两大类，碎纸火和棉绳火为代表的阴燃火源，聚氨酯为代表的有烟明火火源，发烟量相对较小。两类火源的燃烧和烟气运动有各自的特点。

图 7-16 为碎纸阴燃火和棉绳阴燃火发烟情况，可以直观地看到棉绳发烟量明显大于碎纸，且烟羽流垂直通过方通吊顶的缝隙，升至顶棚空间。

由图 7-17、图 7-18（这 2 个图书后有彩图），碎纸火热量积聚和发烟过程较为缓慢，棉绳点燃后即产生烟气，并较快进入燃烧较为稳定的阶段。火源正上方吊顶上、下均监测到气流速度和

(a)　　　　　(b)

图 7-16　阴燃火源发烟情况
(a) 碎纸阴燃火；(b) 棉绳阴燃火

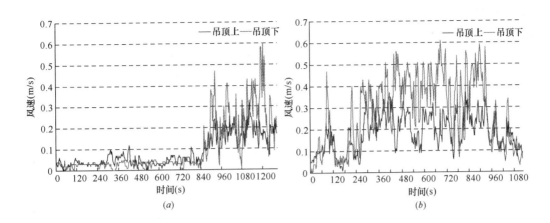

图 7-17 吊顶上下阴燃火源烟羽流垂直上升速度变化图

(a) 碎纸火；(b) 棉绳火

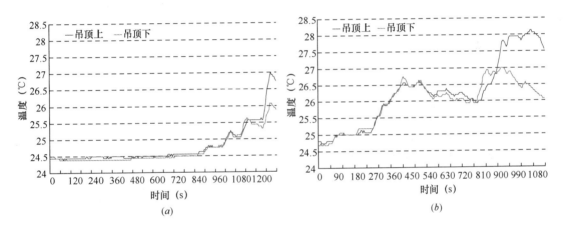

图 7-18 碎纸火和棉绳火火源上方吊顶上、下温度对比图

(a) 碎纸火；(b) 棉绳火

温度的大幅升高，表明火源烟羽流可快速通过格栅吊顶的空隙进入顶部空间，试验后期由于烟气在吊顶上部空间的不断积聚，使得吊顶上温度大幅高于吊顶处。

根据在火源附近对温度的监测数据，棉绳火发烟量较大，吊顶下温度基本无变化，吊顶上温度有明显的上升趋势，表明烟气由火源上方位置到达顶棚后形成射流向四周蔓延，该位置吊顶处则无烟气积聚。碎纸火发烟量相对较小，该位置处吊顶上、下温度均无明显变化。

图 7-19 可以看到聚氨酯为明火燃烧，发烟量小，烟气羽流垂直升至吊顶处。

聚氨酯火烟羽流轴线上升速度在吊顶下时显著高于吊顶上，吊顶上、下速度变化趋势基本相同，图 7-20 显示（本图在书后有彩图），烟羽流速度与温度显著高于阴燃火源。聚氨

图 7-19 聚氨酯火燃烧情况

酯火烟气的运动规律与阴燃火源基本一致，烟气可透过镂空格栅迅速升至顶棚，并沿顶棚形成射流向四周蔓延，吊顶处基本无烟气积聚。

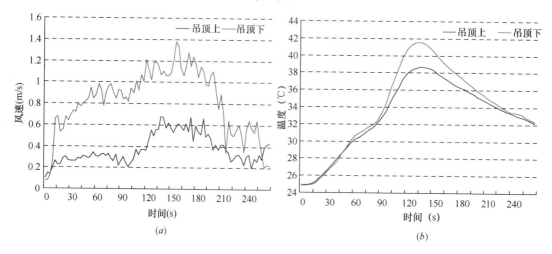

图 7-20　吊顶上下聚氨酯火烟羽流轴线上升速度和温度对比

（*a*）风速；（*b*）温度

五、通风空调系统运行对烟气运动的影响分析

地铁车站在不同的季节通过对风机与阀门控制，将采用不同的通风空调模式，送排风方式、风口风速、送风温度及风量均会对烟气运动产生一定的影响作用。

表 7-5 为在不同通风空调工况下测得的站台送风口数据。

各通风空调工况下火源正上方空调风口送风参数　　　　　　表 7-5

工　况	温　度 （℃）	湿　度 （%RH）	风　速 （m/s）
小新风	—	—	0.73
全新风	19.8	90.7	1.56
过渡季	22.1	85.0	1.88
冬季	23.2	91.3	1.38

从表中可知，全新风和过渡季两种工况送风口风速较大，而小新风和冬季工况相对较小。小新风和全新风为空调季，送风口送冷风，全新风时送风温度最低。

图 7-21 为相关监测点位置图。

1. 阴燃类火源烟气

从图 7-22、图 7-23（这 2 个图在书后有彩图）中可知在各通风空调工况下，棉绳火烟羽流吊顶处垂直上升速度始终高于吊顶上。通风空调的影响减缓了棉绳火的燃烧，使得同样质量的棉绳燃烧时间显著增长，烟气上升受风口送风的抑制作用明显，全新风和小新风

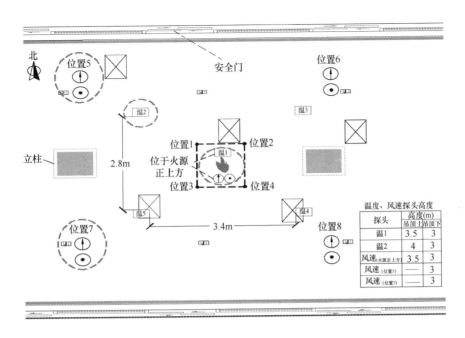

温度、风速探头高度		
探头	高度(m)	
	吊顶上	吊顶下
温1	3.5	3
温2	4	3
风速(火源正上方)	3.5	3
风速(位置5)	—	3
风速(位置7)	—	3

图 7-21　测点位置示意图

影响更为显著，风口向下吹出的冷风迅速与烟气进行热交换，降低了烟气的上升浮力，同时对烟气形成一定的冲击和稀释。

由图 7-24 可以看到，棉绳在送风口送风影响下，烟羽流被吹散或偏离，上升运动受到抑制，烟气向四周扩散趋势明显，其中风口送风量最大的全新风和过渡季工况最为明显。

由图 7-25，空调和通风对车站内环境温度的影响作用十分显著。在空调通风季吊顶上、下温度均比停运无干扰环境低。过渡季和冬季工况在试验后期吊顶上温度呈上升趋势，表明仍然有一定量的烟气进入了吊顶上部空间造成温度的升高，全新风工况时无论吊顶上、下温度均呈缓慢下降，反映出烟气难以上升至顶棚或仅有极小部分能够到达。

从图 7-26 可看出（图 7-26 书后有彩图），无干扰环境下站台气流水平运动速度整体小于各空调通风工况。通风空调系统运行使得站台内气流流动加强，吊顶高度处有水平气流运动，一定程度上将促进烟气的横向扩散。

2. 有烟明火类火源烟气

由图 7-27～图 7-29 可知，在各通风空调工况下，聚氨酯火烟气能够到达顶棚，造成吊顶上部气流速度的升高，温度峰值相比无干扰环境降低，到达温度峰值的时间略微滞后，整体规律受风口送风影响不算显著。

图 7-28 为聚氨酯火烟气在无干扰环境和各种通风空调工况下的运动情况。从图中可以清晰地看到虽然几种工况下站台送风口送风量各不相同，但是聚氨酯燃烧产生的烟羽流仍然能基本沿垂直方向上升至顶棚空间。

水平气流监测情况与阴燃火源试验时类似，试验区域内在有空调通风扰动的情况下，气流流动增强，其中过渡季和全新风送风量大，最为明显。

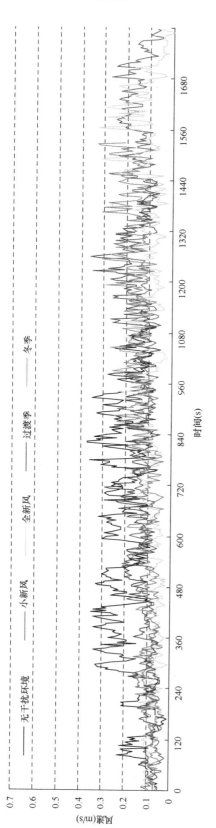

图 7-22 各通风空调工况棉绳火吊顶上方烟羽流轴线上升速度对比

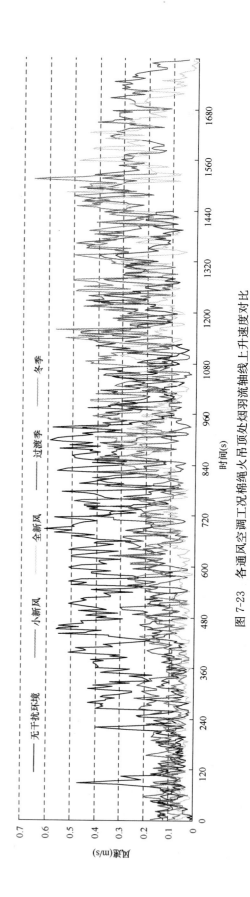

图 7-23 各通风空调工况棉绳火吊顶处烟羽流轴线上升速度对比

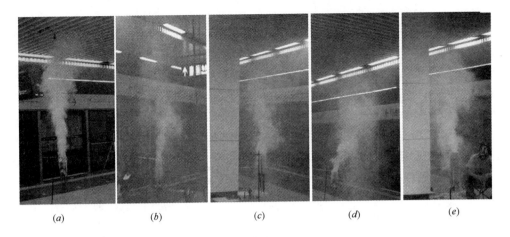

图 7-24 无干扰环境及各通风空调工况下棉绳烟气运动情况

（a）无干扰环境；（b）小新风；（c）全新风；（d）过渡季；（e）冬季

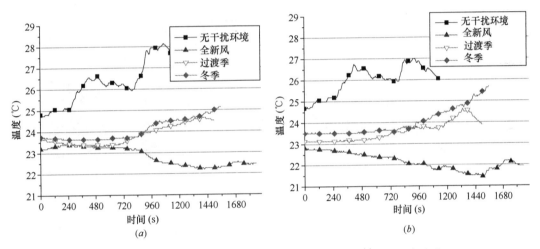

图 7-25 各通风空调工况棉绳火火源上方吊顶上和吊顶处温度变化

（a）吊顶上；（b）吊顶处

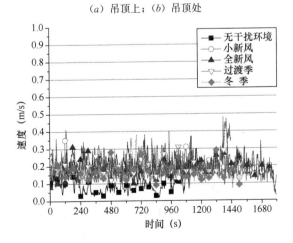

图 7-26 各通风空调工况棉绳火 5 号位置水平速度对比

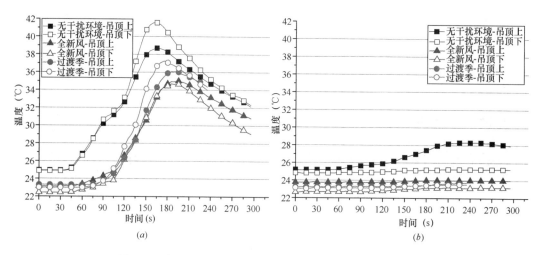

(a)　　　　　　　　　　　　　　　　　(b)

图 7-27　各通风空调工况聚氨酯火吊顶上、下温度变化对比
(a) 火源上方；(b) 2 号测温点

(a)　　　(b)　　　(c)　　　(d)　　　(e)

图 7-28　全新风和过渡季工况下聚氨酯火烟气运动情况
(a) 无干扰环境；(b) 小新风；(c) 全新风；(d) 过渡季；(e) 冬季

六、地铁列车活塞风对站台环境的影响作用

地铁主要由隧道和车站连接而成，除各车站的出入口和通风口与大气连通外，其他部分基本上与大气隔绝。当列车在隧道内行驶时，列车正面的空气受压，形成正压，列车后面的空气稀薄，形成负压，由此产生空气流动。由于隧道对空气的束缚作用以及空气与隧道壁面和列车表面的摩擦作用，原先占据着列车空间的空气形成一股特定方向的气流在隧道内穿行，即地铁活塞风。

为了更好地研究地铁活塞风对站台内火灾探测器响应性影响，对活塞风形成后，站台内不同位置，不同高度的气流运动情况进行分析。

列车运行情况如图 7-30，列车在站台北侧轨区往返运行。列车向东行驶与正常运营方向相同，站台安全门正常开启；向西行驶为逆向，列车通过站台不停车，安全门不开启。活塞风风速监测探头安装高度与格栅吊顶齐平，距地面 3m。

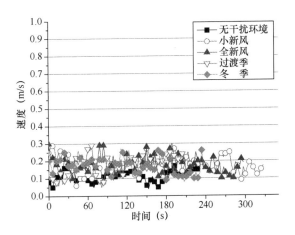

图 7-29　各通风空调工况聚氨酯火 7 号位置水平速度对比

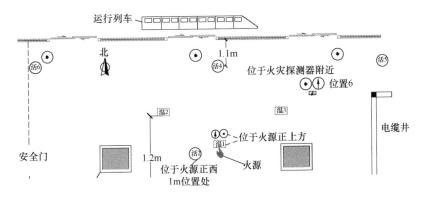

图 7-30　动车试验列车运行示意图

　　将列车正向进站、停靠、开安全门、关安全门、开动并出站的过程作为一个运行周期，对一个运行周期及列车驶出站后一段时间内的气流运动状态变化进行分析。

　　由图 7-31、图 7-32，进站活塞风使站台气流速度迅速增大，列车停靠等待过程，气

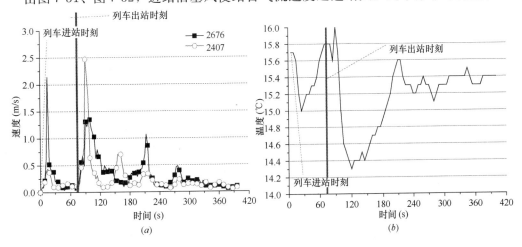

图 7-31　列车进、出站站台中部活塞风水平速度和温度变化图

(a) 站台南、北侧活塞风水平速度；(b) 北侧站台中部温度变化

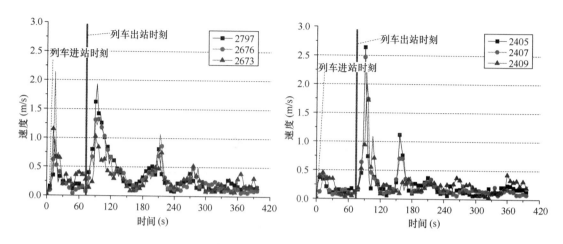

图 7-32　不同位置活塞风水平速度对比

流速度逐渐降低恢复至接近无车时状态，列车开动出站产生的活塞风导致站台气流速度再次急剧增大，列车驶出车站，活塞风的影响作用逐渐消失，站台气流速度渐渐稳定，列车出站后活塞风影响作用仍可持续近 4min 左右。列车自进站至出站用时需 1.5min，因此当列车行驶过站台，站台环境受到活塞风影响的时间大约为 5.5min。

出站时活塞风的影响作用相比进站时更为显著，进站活塞风对站台列车运行一侧影响较大，出站活塞风对站台无列车行驶一侧的影响较大。

七、列车运行对烟气运动的影响分析

对比两种情况进行分析。

1. 冬季工况

列车在同一侧轨行区往返行驶，正向行驶时以正常行驶速度进站、停站、开安全门、关安全门、启动、出站，逆向行驶时以正常速度从车站站台轨行区通过，不停站。正向进站的时间间隔约为 6min。

试验中列车正、反向进站间隔约为 3min，由于反向进站时速度较快，站台仍然受到反向活塞风的影响。

通过对比冬季工况停运与运营条件下气流运动速度（见图 7-33），不难发现列车运营条件下，棉绳火火源上方的垂直和水平气流速度均在活塞风影响下发生剧烈变化，随着列车不断的进站、出站，火源上方吊顶下和吊顶上方速度呈现周期性的变化趋势和峰值，不再随着火源燃烧而有缓慢上升，表明烟羽流已被活塞风吹散或偏移，吊顶上部空间充满了活塞风气流，监测得到的峰值速度远超过停运条件下烟羽流在热驱动力下的运动速度。在此情况下，烟气羽流上升以及沿顶棚形成射流都较难实现。

冬季工况，停运条件下吊顶上、下方温度随着火源燃烧逐渐上升，运营条件下列车进出站产生的活塞风使站台热量交换加强，温度曲线呈下降趋势，反映出烟气较难升至顶棚空间并积聚，从现场观察，活塞风使得烟羽流明显发生偏离和扩散，见图 7-34。

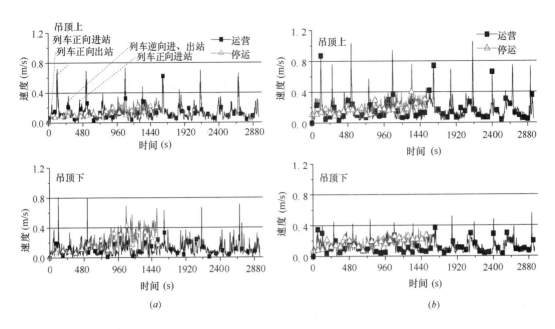

图 7-33　停运和运营条件下棉绳火源上方吊顶上、下垂直速度和水平速度对比图（冬季工况）

(a) 垂直速度图；(b) 水平速度图

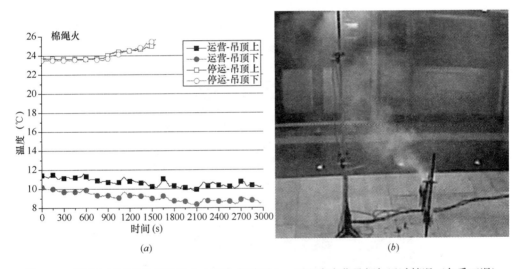

图 7-34　停运和运营条件下棉绳火火源上方吊顶上、下温度变化及烟气运动情况（冬季工况）

(a) 温度；(b) 棉绳火烟气运动情况

2. 过渡季工况

列车在同一侧轨行区往返行驶，正向行驶时以正常行驶速度进站、停站、开安全门、关安全门、启动、出站，逆向行驶时以极低的行驶速度从站台轨行区通过，不停站，以尽量减小逆向行驶活塞风。正向进站的时间间隔约为 10min。

本次试验中，由于逆向行驶时列车以极低的行驶速度通过车站，因此认为逆向活塞风影响可忽略，因此试验区域有接近 5min 的时间接近无车环境条件。

由图 7-35~图 7-38 可知，列车进出站的活塞风抑制了火源上方的气流上升，改变了烟气的运动规律，除列车进、出站时刻外，吊顶上气流上升速度整体上与停运过渡季时较为接近。吊顶上、下温度在列车进、出站时降低，列车出站后缓慢上升，反映出棉绳火烟气在站台环境逐渐恢复稳定后向顶部上升。聚氨酯火烟气的轴线上升速度同样受到了一定程度的抑制，但是仍然能够快速上升至顶棚并积聚。

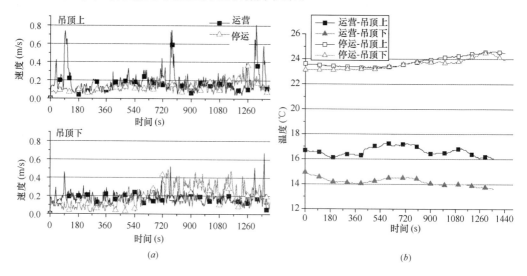

(a)   (b)

图 7-35 停运和运营条件下棉绳火源上方吊顶上、下垂直速度和温度对比（过渡季工况）

(a) 垂直速度；(b) 温度

(a)   (b)

图 7-36 棉绳火烟气不同时刻的运动情况

(a) 列车进站；(b) 列车出站后 5min

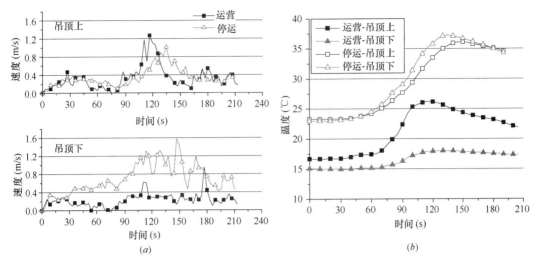

图 7-37　停运和运营条件下聚氨酯火源上方吊顶上、下垂直速度和温度对比（过渡季工况）
（a）垂直速度；（b）温度

（a）　　　　　　　　　　　　（b）

图 7-38　聚氨酯火烟气运动情况
（a）列车进站；（b）列车停站过程中

3. 分析结论

根据分析以及烟气运动情况观察，在冬季运营工况与过渡季运营工况，烟气的运动情况存在一定的差异。活塞风的影响频率对火源烟气的运动情况有着显著的影响作用，尤其是阴燃火源，当列车进出站较频繁时，站台环境受到的活塞风影响持续时间长，烟气的运动不断受到站内气流的扰动，上升趋势减弱，扩散趋势加强，烟气易于被卷吸入轨区，致使站台内烟气更为发散、浓度亦有所降低，当列车进站间隔较长时，活塞风的影响作用在列车出站后一定时间内渐渐消失，站台环境渐渐趋向于停运条件，烟气受到的干扰减小或消失，火源烟气的运动规律趋近于无列车环境。

第三节　地铁车站火灾探测技术试验研究

一、试验方案设计

1. 试验地点

试验车站为北京地铁某车站。该站为四跨三柱地下两层双岛式车站，采用明挖法施工。该站为直线车站，站台宽为 2m×10m，有效站台长为 120m。车站线路纵坡为由东向西 2‰的下坡，站位处地形平缓。车站总建筑面积为 18020.08m²，其中主体建筑面积为 16968.8m²，车站总长度为 229.40m，总宽度（最宽）37.20m。车站有效站台中心线处轨顶绝对标高为 36.800m，距地面 12.300m。车站中心里程 K0+379.00。车站起始里程为 K0+266.80，车站终点里程为 K0+497.20。

车站站厅层公共区划分为五个防烟分区，站台层公共区划分为四个防烟分区，每个防烟分区之间采用防烟垂壁分隔。站台层楼扶梯开口处周围设防烟垂壁。

车站站台层分为 2 个区域，每个区域向单方向行驶，各区域为岛式站台。站台两侧安全门之间间距为 9.5m。

该站站台层全部设方通吊顶，如图 7-39 所示，其中两侧靠近轨区区域镂空率约为 50%，中间区域镂空率近 67%。站台格栅吊顶至地面高度为 3.0m，吊顶上方空间高度约为 1.4m，内部设有空调风管、电缆桥架、通丝吊杆、电线电缆等，图 7-40 为试验区域火源上方吊顶上部空间的剖面图，图 7-41 为试验区域火源上方格栅吊顶上部空间设施。

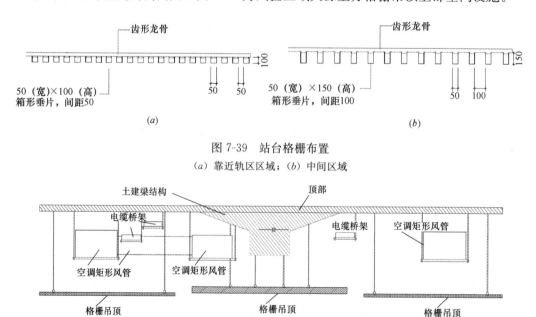

图 7-39　站台格栅布置

（a）靠近轨区区域；（b）中间区域

图 7-40　格栅吊顶上部空间剖面图

图 7-41　格栅吊顶上部空间设施

2. 火灾探测器

试验选用探测器涉及类型、数量见表 7-6。

火灾探测器清单

表 7-6

探测器类型	数　量	探测器类型	数　量
点型感烟探测器	24 只	A 型吸气式感烟探测器	2 套
烟温复合探测器	24 只	B 型吸气式感烟探测器	2 套
红外光束感烟探测器	2 对		

（1）点型感烟探测器和烟温复合探测器

点型感烟探测器和烟温复合探测器在同一个位置相邻安装，共安装两层，贴顶棚和格栅吊顶下分别安装，保护半径为 3.5m 左右，格栅吊顶上、下安装位置对应一致，见图 7-42、图 7-43。

（2）红外光束感烟探测器

安装两对反射式红外光束感烟探测器用以保护试验区域，探测器安装于东侧设备管理用房墙壁，反射板安装于楼梯口上方的吊顶外壁，安装高度 2.9m，见图 7-44、图 7-45，编号分别为 99 号、100 号。

图 7-42　贴顶棚安装

图 7-43　格栅吊顶下方

图 7-44　线性红外光束感烟探测器

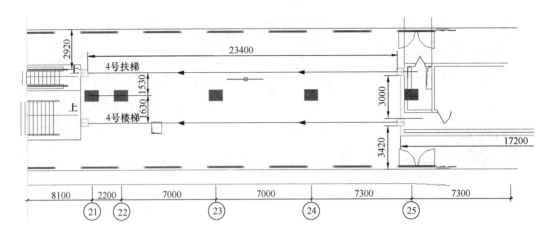

图 7-45　线性红外光束感烟探测器安装图

（3）吸气式感烟探测器

为区分报警区域，贴顶棚安装和贴格栅吊顶安装自成系统，分别设置采样管路和主机，见图 7-46、图 7-47，上、下系统的采样孔设置位置对应一致，图 7-48 为采样管路和采样孔的布置平面图。

图 7-46　贴格栅吊顶安装的采样管

图 7-47　贴顶棚安装的采样管

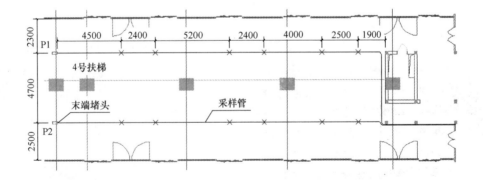

图 7-48　吸气式烟雾探测系统采样管路布置图

吸气式感烟探测器的布置方式涉及采样孔径大小、管间距、孔间距、管路长度、气流平衡等，这些参数直接关系着系统的运行状态和灵敏度，一般由厂家专门的计算软件根据现场环境进行设计并验算确保其达到需要的功能指标。

A型号的吸气式感烟探测器，系统工作参数由厂商根据对试验环境的巡检情况和产品特性进行设定，试验中设定阈值见表7-7，B型号的吸气式烟雾探测系统，其前三级别报警阈值由产品在试验环境中自巡检后自动获得。

阈　值　设　定　　　　　　　　　　　表7-7

探测器 类型	A型		B型	
报警因子	—		2	
报警阈值 （夜间）	预警	0.12%obs/m	辅警	自学习
	行动	0.14%obs/m	预警	自学习
	火警1	0.16%obs/m	火警1	自学习
	火警2	2%obs/m	火警2	2%obs/m

3. 试验火源

（1）火源种类

根据地铁车站可燃物分析及北京地铁目前对旅客携带物品的有关规定，易燃液体或固体不允许带入地铁，地铁车站公共区内主要可燃物为旅客的衣服、纸质资料、人工合成物品等。根据上述分析，为反映以上可燃物燃烧时的报警情况，试验研究火源采用棉绳阴燃火、碎纸阴燃火、聚氨酯塑料火。

1）棉绳阴燃火

将长80cm、重3g的棉绳固定在直径为10cm的金属圆环上，然后悬挂在支架上，见图7-49。

2）碎纸阴燃火

使用4cm×10cm的报纸纸条，将纸条分为8摞呈米字形码放于尺寸为25cm×25cm的方形铁质加热盘上加热，加热盘放置于2000W封闭电炉的炉体上，加热温度控制在450℃以下，一旦到达便断电，停止加热，见图7-50。

3）聚氨酯塑料火

将50cm×50cm×2cm的无阻燃剂软聚氨酯塑料垫块叠在一起。引燃材料选用甲基化

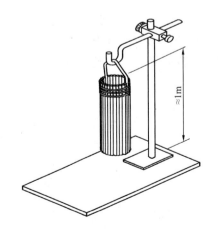

图7-49　棉绳阴燃火

酒精，在直径为 5cm 的盘中装入 5mL 甲基化酒精，见图 7-51。

图 7-50　碎纸阴燃火　　　　　　　图 7-51　聚氨酯塑料火

（2）火源大小与位置

试验采用火源均为标准试验火或其整数倍，以燃料耗尽作为试验结束的判据。火源基本放置在试验区域中心，即轴㉓至轴㉔中心、站台东西向轴线上，见图 7-52。

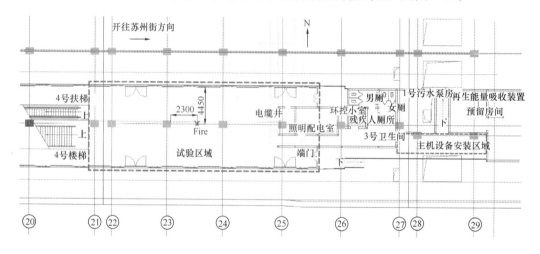

图 7-52　火源位置示意

4. 试验工况

为考察地铁内不同季节和不同时间段环境的火灾探测情况，试验中共模拟了 8 种工况，包括地铁车站公共区通风空调系统运行的 4 种工况、夜间停运状态以及存在列车活塞风的情况，见表 7-8。受篇幅所限，本书中仅对夜间停运工况及空调通风季工况下的试验结果进行简要介绍。

试验模拟工况　　　　　　　　　　　　　　　　表 7-8

序号	工　况
1	停运（夜间）状态
2	停运（夜间）状态，探测器报火警后联动防烟、排烟设备运转
3	空调季（小新风），列车不在站内
4	空调季（全新风），列车不在站内
5	过渡季，列车不在站内

续表

序号	工 况
6	冬季，列车不在站内
7	冬季，列车进站或出站运行
8	过渡季，列车进站或出站运行

二、试验结果分析

1. 无干扰环境下各类探测器响应性分析

（1）点型探测器、红外光束感烟探测器

图 7-53 为试验区域探测器设置位置示意图，位置编号对应于探测器地址码小数点后的数字，图中显示出同一位置相邻安装的 2 种类型点式探测器，左侧为点型烟温复合探测器，右侧为点型感烟探测器，贴顶棚和格栅下安装位置基本一致。

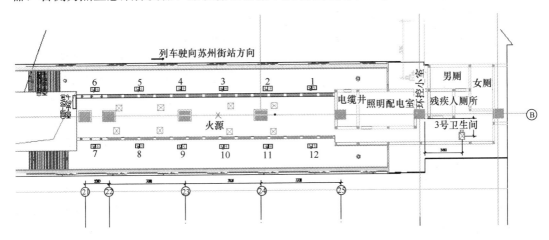

图 7-53 点型探测器设置位置示意图

夜间停运工况时，点型探测器对于不同试验火的报警数量统计见表 7-9、图 7-54～图 7-56。

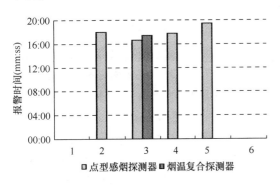

图 7-54 碎纸火试验两种类型点型探测器报警情况对比

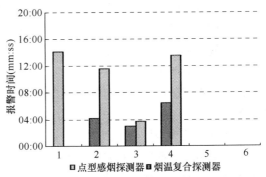

图 7-55 棉绳火试验两种类型点型探测器报警情况对比

夜间停运期间贴顶棚和格栅下安装点型探测器报警数量统计　　表 7-9

报警数量 \ 火源		320g 碎纸火	90 根棉绳火	聚氨酯火	45 根棉绳火
点型感烟	贴顶棚	7	8	8	0
	格栅下	0	3	0	0
烟温复合	贴顶棚	1	4	7	0
	格栅下	0	0	0	0
总计		8	15	15	0

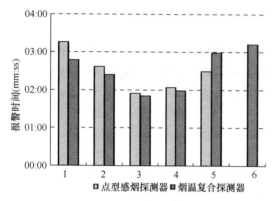

图 7-56　聚氨酯火试验两种类型点型探测器
报警情况对比

对于试验中采用的不同类型火源（除 45 根棉绳火外），贴顶棚安装的点式感烟探测器均可正常报警，数量较多。格栅下安装的点式感烟探测器在碎纸火和聚氨酯火试验中均无报警，在 90 根棉绳火中报警仅 3 个，其中距离火源较近的 4 号探测器响应较快，其余 2 个报警探测器为位于试验区域边缘的 1 号和 12 号，响应时间接近 20min，均比同位置贴顶棚安装的探测器滞后几分钟。所有点型感烟探测器和烟温复合探测器均未能对 45 根棉绳阴燃火告警。所有在格栅下安装的烟温复合探测器均未报警。

点型感烟探测器对不同火源的适应性优于烟温复合探测器，对于试验采用的火源，均能保持一定范围、一定数量的探测器报警。烟温复合探测器对试验碎纸火、棉绳火报警数量很少且用时较长，对聚氨酯火 6 个位置的烟温复合探测器全部报警，除 5 号位置外，其响应时间基本快于同位置的点型感烟探测器。

两对红外光束感烟探测器除对聚氨酯火 100 号红外光束感烟探测器没有报警，对其余火源的报警时间差别很小。

（2）吸气式烟雾探测系统响应性分析

在夜间停运状态下，吸气式烟雾探测系统对不同火源的响应情况见图 7-57。

吸气式烟雾探测系统的响应时间与火源种类、大小、阴燃火还是明火等因素相关。总体上来说，对明火的反应快于阴燃火，火源功率越大反应越迅速。棉绳阴燃火的产烟量较大，对于本试验中采用的标准棉绳阴燃火，吸气式烟雾探测系统可在几分钟内至少报到火警 1 级别。

对于试验采用的碎纸阴燃火和标准棉绳阴燃火，贴顶棚系统对 4 个报警级别均能正常告警，贴顶棚与贴格栅吊顶系统在前三个级别的响应时间差别并不大，对于火警 2 贴格栅系统响应时间明显滞后。当使用更小规模阴燃火源——45 根棉绳火时，贴顶棚系统可报至火警 1，贴格栅吊顶安装系统的响应时间明显慢于贴顶棚系统，报警级别低于贴顶棚系统。以上分析同时反映出阴燃火烟气在吊顶上方的积累快于、强于格栅下方。

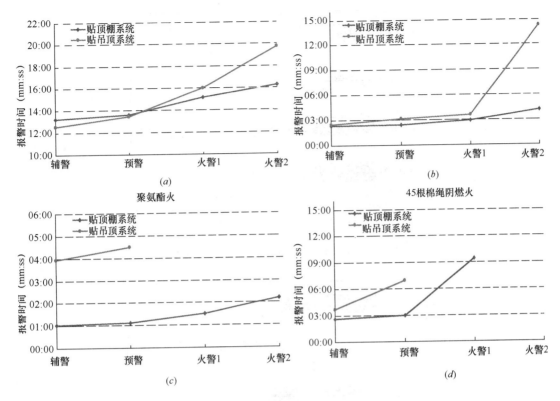

图 7-57　吸气式烟雾探测系统对不同火源的响应情况

（a）碎纸阴燃火；（b）90 根棉绳阴燃火；（c）聚氨酯火；（d）45 根棉绳阴燃火

对于标准聚氨酯火，贴顶棚系统与贴格栅吊顶系统的响应时间差异非常明显，贴顶棚系统大幅快于贴格栅系统，贴顶棚系统 4 个报警级别均正常报警，贴格栅系统对火警 1、火警 2 未能正常报警。

（3）各类型探测器对比

为比较不同探测技术在地铁车站的适应性，对试验中采用的各类型探测器的试验结果进行了横向对比。每种类型探测器提取两个报警时间用以比较，点型感烟探测器、烟温复合探测器使用贴顶棚安装的最先报警 2 个探测器的响应时间，吸气式烟雾探测系统以采用贴顶棚系统的第二和第三级别的响应时间。

试验中所安装的各类型探测设备，按响应顺序快慢均为聚氨酯火、棉绳火、碎纸火，这与火源性质与功率大小有关，见图 7-58~图 7-60。

总体上看，吸气式烟雾探测系统对不同试验火源的响应都较为灵敏，达到火警 1 级别的报警时间与

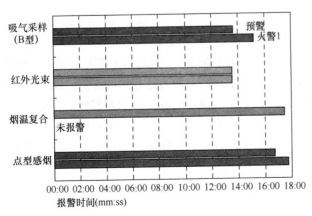

图 7-58　各类型探测器响应性对比—320g 碎纸火

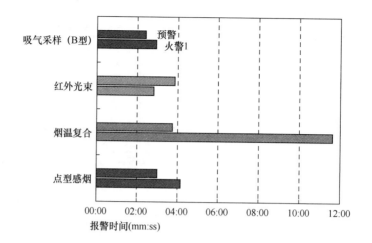

图 7-59　各类型探测器响应性对比—标准棉绳火

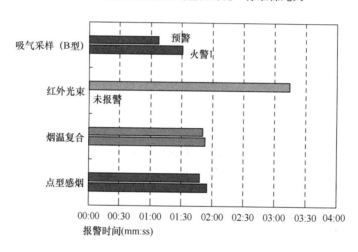

图 7-60　各类型探测器响应性对比—标准聚氨酯火

其他类型探测器相比仍然具有一定的领先优势。且在各组试验中均能快速正常告警至至少火警 1 级别。

红外光束感烟探测器对阴燃火源表现出良好的响应性，两组探测器均能稳定报警，在碎纸火试验中两组探测器的报警时间能够达到与吸气式烟雾探测系统的预警时间基本相当，领先于点型感烟探测器和烟温复合探测器。分析原因，碎纸火的烟气发展较为平缓，易于被稀释并扩散于周围环境中，对于其他感烟型探测器而言这是影响探测性能十分不利的因素，但是由于红外光束探测器线性探测的工作机理，能够反映出在其探测光路上烟气的积聚，因此相比其他类型探测器对于烟气相对发散的火源表现出一定的优势。对于聚氨酯火，由于产烟量相对较小、烟羽流上升速度快，只有一组探测器能够正常告警，且响应时间相比其他探测器明显滞后。

点型感烟探测器与烟温复合探测器的分析比较见前文，不再赘述。

（4）主要结论

根据以上对无干扰环境试验结果的分析，可得到以下基本结论：

1）无干扰环境下，试验火烟气能够快速通过格栅空隙上升至顶部空间，继而沿顶棚形成射流向四周蔓延。

2）无论是点型感烟探测器、烟温复合探测器，还是吸气式烟雾探测系统，在无干扰正常环境中，安装在靠近顶棚处的响应性情况明显优于格栅吊顶处。在无干扰环境条件下，点型感烟探测器和烟温复合探测器不适宜安装于格栅下方。两种类型的吸气式烟雾探测系统对试验所采用的火源，贴顶棚系统在报警时间和报警级别上均优于贴格栅系统，这种优势在探测有烟有焰火时异常显著。当在相同报警级别有报警信号输出时，贴顶棚系统比贴格栅吊顶系统响应时间快。

3）烟温复合探测器对阴燃火源的响应性不理想，对有烟有焰火在报警范围、报警数量和报警时间上与点型感烟探测器基本相当。

4）线性红外光束感烟探测器对探测阴燃火源具有良好的适应性，尤其对于发烟缓慢、烟气易于扩散的火源，其报警响应明显快于点型感烟探测器。但是对产烟量相对较小的有烟有焰火，响应情况不佳。

5）吸气式烟雾探测系统对小规模阴燃火仍然具有较稳定的响应性能。

2. 通风空调季各类探测器响应性分析

（1）点型探测器

从点型探测器报警数量的角度，在不同模拟工况下各种火源试验的情况见图 7-61。图 7-62～图 7-65（图 7-62、图 7-64 书后有彩图）为棉绳火试验和聚氨酯火试验中，不同通风空调季不同安装位置的不同类型点型探测器的报警数量和报警时间情况。

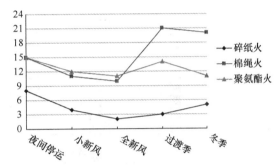

图 7-61　点式感烟探测器在各种模拟工况下对不同火源的报警数量图

不同火源因其性质的差异，受空调、通风系统的影响表现在报警情况上也有所不同。试验结果表明，空调季时站台层顶部送风口的冷风对烟气运动有一定的影响作用。风口出

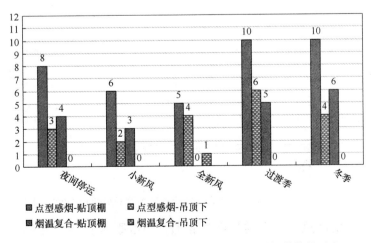

图 7-62　各模拟工况下棉绳火试验点型探测器报警数量对比

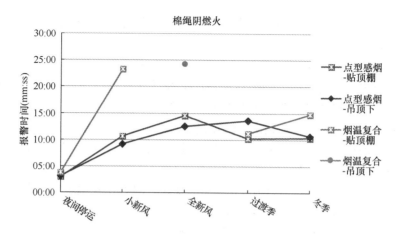

图 7-63　各模拟工况下棉绳火试验点型探测器最快报警时间对比

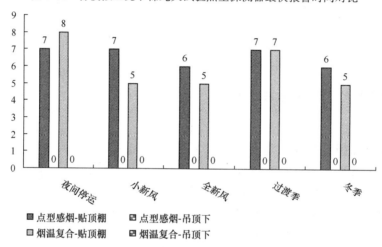

图 7-64　各模拟工况下聚氨酯火试验点型探测器报警数量对比

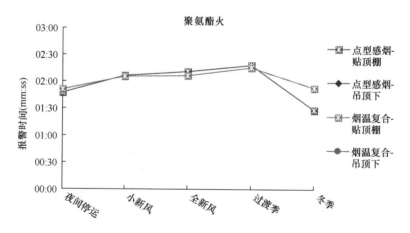

图 7-65　各模拟工况下聚氨酯火试验点型探测器最快报警时间对比

风方向向下，吹出的冷风与上升的热烟气相遇，冲击原本上升的烟羽流，同时迅速进行的热交换使得烟气热量降低，造成烟气无法继续上升或上升运动减弱，并在未达到顶棚的高度就开始蔓延扩散。全新风时送新风量大于小新风，对烟气的影响作用相比强于小新风。这种影响幅度随不同火源类型、功率而有所差异，对阴燃火较为显著，使得贴顶棚安装探测器的报警数量减少、响应时间滞后，格栅下方安装的探测器报警数量增加或响应时间加快。从各空调、通风模拟工况的报警情况综合来看，贴顶棚安装的点型探测器，无论是点型感烟探测器还是烟温复合探测器，对阴燃火源的探测优于在格栅下方安装。聚氨酯火为有烟有焰火，产烟量较小，烟气温度相比阴燃火高。试验结果表明，对于有烟明火探测，无论是点型感烟探测器还是烟温复合探测器，报警情况受空调通风系统的干扰作用并不明显，报警探测器全部为贴顶棚安装的探测器，只是数量有略微的减少，报警时间有略微的滞后。格栅下的烟温复合探测器和点型感烟探测器在各种通风、空调工况下均无报警。因此，探测明火类有烟火源，点型探测器安装在顶棚处比格栅下方具有显著的优势。

两种类型的点型探测器受空调、通风系统气流扰动的影响有所差异。在对阴燃火源探测时，烟温复合探测器受空调通风的影响作用大于点型感烟探测器，报警数量比无干扰环境明显减少，报警时间有明显滞后甚至未能报警，其中以全新风最为显著。无论是对火源的适应性、报警时间还是报警数量，对于阴燃火源的探测，点型感烟探测器的表现优于烟温复合探测器。

相比较而言，从报警数量上来看，烟温复合探测器探测有烟明火时受空调新风影响作用略大于点型感烟探测器，但这种影响并不显著；从报警时间上来看，贴顶棚安装的烟温复合探测器和点型感烟探测器在各模拟工况下对聚氨酯火的最快报警时间都较为接近，最大不超过 30s。

（2）红外光束感烟探测器

两组红外光束感烟探测器对碎纸火和棉绳火的响应时间差别不大。探测阴燃火源时，在不同空调、通风工况下，两组红外光束感烟探测器均能正常告警，但响应时间相比无干扰环境滞后，滞后时间约 5～15min。

红外光束感烟探测器对聚氨酯火响应不理想，在 4 个模拟通风空调工况中仅在过渡季有 1 对探测器输出报警信号。

（3）吸气式烟雾探测系统

棉绳火试验中，在无干扰环境下，贴顶棚系统与贴格栅吊顶系统的火警 1 报警时间极为接近，当有空调和通风影响时，无论贴顶棚系统还是贴格栅吊顶系统的报警时间均产生滞后。在全新风状态时报警显著变慢，贴顶棚系统较贴格栅系统更为明显，贴顶棚系统较格栅吊顶处系统报警时间滞后约 6min，在其余几个工况时贴顶棚系统比格栅吊顶处系统的火警 1 报警时间略慢，差别很小，见图 7-66。

在聚氨酯火试验中，贴顶棚系统的响应时间在各种工况下均基本持平，无明显波动，且响应时间较贴格栅系统快，表明贴顶棚安装的吸气式烟雾探测系统对于有烟明火的探测受空调风和通风的影响很小。贴格栅吊顶安装的系统在夜间停运时对聚氨酯火均未能报火警 1，在四种模拟通风、空调工况下均能正常告警，但用时均比贴顶棚系统要长，相差约 1～2.5min。可见吸气式烟雾探测系统的采样管贴格栅吊顶安装时，由于位于送风口下方，容易受到气流的影响，响应情况不如贴顶棚系统灵敏和稳定，见图 7-67。

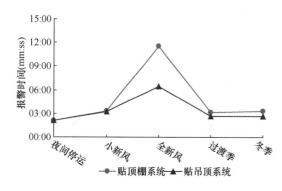

图 7-66 A 型吸气式烟雾探测系统在不同模拟
工况下对棉绳火的响应时间

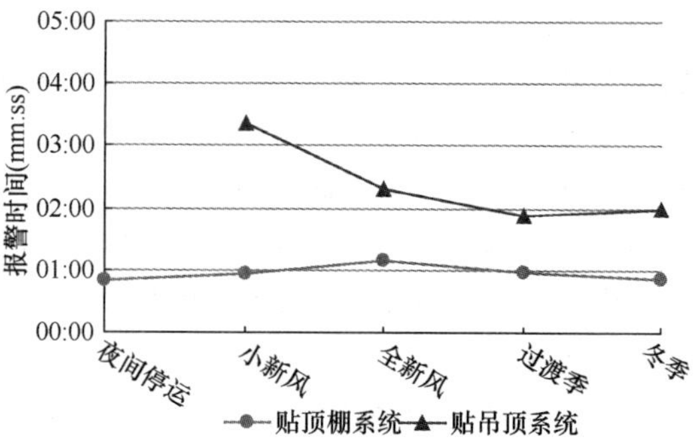

图 7-67 A 型吸气式烟雾探测系统在不同模拟
工况下对聚氨酯火的响应时间

（4）主要结论

1）通风空调系统对点型探测器响应性能的影响

对于阴燃火源探测，空调季（全新风、小新风）的冷风会造成贴顶棚点型感烟探测器报警数量减少，格栅下方点型感烟探测器报警数量增加，响应时间略微快于贴顶棚的探测器，全新风时影响最为显著；过渡季和冬季时影响作用不及空调季明显，贴顶棚点型感烟探测器报警时间相比无干扰环境滞后，冬季影响相比最小。对于明火火源，各通风空调工况对点型感烟探测器的报警情况影响较小。

烟温复合探测器对阴燃火源烟气温度变化较为敏感，受影响大小与送风风速和温度以及火源发烟量有关，空调季时报警数量迅速减少、响应时间变慢，甚至出现不报警，在全新风工况时最为显著。对于明火火源探测，贴顶棚安装的烟温复合探测器受通风空调的影响不显著，格栅下方烟温复合探测器不能正常报警。

2）点型感烟探测器的适应性及安装方式

贴顶棚安装的点型感烟探测器在各种模拟工况下对于阴燃火源和明火火源的探测均能保证一定数量正常报警。格栅下方点型感烟探测器探测阴燃火的表现与火源发烟量有关，个别可在空调季报警，总体上报警数量不多且有不报警现象发生；对于明火火源响应性能差，在所有工况下均未能正常报警。因此，从对不同火源和通风空调季的适应性方面综合考虑，贴顶棚安装的点型感烟探测器，其响应性明显优于安装在格栅下方。

3）点型烟温复合探测器的适应性及安装方式

格栅下方的烟温复合探测器在通风空调季几乎不能对阴燃火正常报警，贴顶棚安装的烟温复合探测器对阴燃火源的报警情况优于格栅下方，但报警数量在空调季减少甚至有不报警现象。

对于明火火源探测，格栅下方烟温复合探测器在所有通风空调季工况下均不能报警，贴顶棚安装的烟温复合探测器在报警时间和报警数量上都比较稳定，受通风空调的影响不显著。

4）两种点型探测器（贴顶棚安装）在通风空调季的响应性能比较

在探测阴燃火源时，烟温复合探测器受空调通风的影响大于点型感烟探测器，尤其是全新风和小新风工况，有不报警现象发生。点型感烟探测器的报警时间和报警数量均优于烟温复合探测器。

在探测明火火源时，各种空调通风工况对烟温复合探测器和点型感烟探测器的影响并不显著，贴顶棚安装的烟温复合探测器和点型感烟探测器在各模拟工况下最快报警时间都较为接近，最大差别不超过 30s。

5）红外光束感烟探测器的适应性

红外光束感烟探测器在探测阴燃火源时，受空调通风的影响响应时间会有不同程度的滞后，相比无干扰环境滞后约为 5～15min；红外光束感烟探测器在空调通风季几乎不能对有烟明火报警。

6）吸气式烟雾探测系统的适应性及安装方式

对于阴燃火源探测，吸气式烟雾探测系统在有空调和通风影响时，无论贴顶棚安装的系统还是贴格栅吊顶安装的系统，响应时间均较无干扰环境滞后。在全新风工况受影响作用显著，报警时间明显变慢；贴格栅吊顶安装的系统火警 1 报警时间整体快于贴顶棚系统，在全新风时快约 6min，其他几个工况时相差较小。

对于明火火源探测，贴顶棚系统基本不受通风空调的影响，表现灵敏和稳定。而贴格栅吊顶安装的系统由于送风对烟气产生的冷却稀释作用，无干扰环境下不能报火警 1 反而在通风空调季工况下正常报警，但响应时间相比贴顶棚系统慢。

三、主要试验结论

根据对各种工况条件下试验结果的分析，针对地铁站的现场实际环境，对各类型火灾探测器的响应性可作出以下基本结论：

（1）点型感烟探测器对各类有烟火源具有较好的适用性，无列车环境使用时应贴顶棚安装，运营环境时探测有烟明火应贴顶棚安装，探测阴燃火源的安装位置与列车进出站频率相关，当有列车频繁进出站时应装于格栅吊顶下方；

（2）烟温复合探测器探测阴燃火源的响应性能不及点型感烟探测器，可用于无列车环境（包括各通风空调季）或活塞风干扰较小的运营环境中有烟明火的探测，使用时应贴顶棚安装；

（3）线性红外光束感烟探测器适宜于探测阴燃火源，尤其在探测发烟缓慢、烟气易于扩散的火源时有一定的优势，但在各空调和通风工况时响应时间有明显滞后，同时受列车运行活塞风影响较大；红外光束感烟探测器对有烟明火的响应性能不理想；

（4）吸气式烟雾探测系统对阴燃火源和有烟明火的响应性能均较为理想，探测明火火源应当贴顶棚安装，探测阴燃火源的安装位置视站内环境条件而定，若对报警有更高要求，建议贴顶棚和贴格栅吊顶双层安装，以满足在空调季全新风工况和运营工况时能够实现对阴燃火源更快的响应；

（5）点型感烟探测器、吸气式烟雾探测系统对于阴燃火源和有烟明火均有较好的响应性能，可以单独设置，设置方式应综合考虑到地铁环境中不同工况和不同火源的适应性。若单独使用时，为保证各种条件下均实现较优的探测性能，应贴顶棚、贴格栅吊顶进行双层安装，在有仅允许单层设置的条件局限时，考虑到阴燃火源往往在内部聚积一定热量后变为明火燃烧，探测器应贴顶棚安装。

（6）烟温复合探测器和线性红外光束感烟探测器在火源和环境适用性上有一定的局限，建议与其他种类探测器联合使用，以互相弥补提高报警响应性。

第四节　地铁火灾自动报警系统设计

本节以某一条地铁线路为例，主要从设计方案、系统功能方面简要介绍地铁火灾自动报警系统设计。

一、总体设计思路

地铁是一个特殊的公共建筑物，多在地下，人流聚集，具有一定的政治意义，地铁工程的防救灾工作具有十分重要的意义。地铁 FAS 系统的设计思路可概括为：

（1）从国家法律法规出发，考虑系统设计方案的合法性、正确性和可行性。

（2）从建设角度出发，考虑系统设计方案的经济性、实用性和先进性。

（3）从运营角度出发，考虑系统的安全性、可靠性、可维护性。

（4）从工程实施的角度出发，考虑系统的接口简单性、可实施性、方便性。

要充分采用既有城市轨道交通成熟的设计经验，严格遵守国家规范、标准和地方法规，确定设计原则，并本着系统架构简捷、易于扩展、风险分散、功能实用的系统设计思路，本着接口全面、清晰、质量保证内控严密、各阶段重点目标突出及针对性强的项目实施思路，本着便于防灾指挥、运行、维护维修的运营保障思路，进行经济技术方案比较，以达到最佳的性能价格比。

二、主要设计原则

（1）火灾自动报警系统设计要贯彻国家"预防为主，防消结合"的消防工作方针，严格执行国家和行业有关规范和标准，同时针对地铁线路的工程特点，并要征得消防部门的同意。做到安全可靠、技术先进、经济合理。

（2）考虑可能发生的灾害种类及其危害程度，FAS 设计主要针对火灾。

（3）FAS 联动设计能力按全线同一时间内发生一次火灾考虑。

（4）FAS 实现中心、车站两级管理模式，中心、车站、就地三级控制方式。

（5）FAS 在车站级、中心级与 ISCS 互联。

（6）车辆基地的车辆停放和各类检修车库的停车线部位、燃油车库、可燃物品仓库、重要用房设火灾自动报警装置，其他一般单体建筑按规范设置火灾自动报警设备。

（7）每个车站管辖范围包括本车站及相关区间的消防设备。

（8）全线的防灾指挥中心设在控制指挥中心内，车站、车辆基地等各级防灾指挥中心分别设在车站控制室、车辆基地的消防值班室或运转值班室。

（9）车站的防排烟系统和送排风系统共用的通风空调系统设备，由环境与设备监控系统（BAS 系统）控制，发生火灾时，FAS 提供接口根据火灾情况向 BAS 发出启动火灾模式指令；BAS 接收到此指令后，根据指令内容，启动相关的火灾模式，实现对相关设备的火灾模式控制，同时反馈指令执行信号，显示在救灾指挥画面上，帮助救灾指挥的开展。

（10）消防水泵、防烟和排烟风机等消防专用设备除系统自动控制外，在消防控制室设置紧急手动直接控制装置。

（11）全线 FAS 系统网络采用光纤介质独立组网，光纤介质由通信传输系统提供。

（12）消防广播与广播系统合用，火灾时公共广播转入火灾应急广播状态，未设置广播系统的车辆基地的单体建筑系统应设置消防广播系统。

（13）与地铁车站出入口或通道相连的物业不纳入车站 FAS 系统，但车站 FAS 系统预留与物业 FAS 系统的接口。

三、设计依据

（1）《轨道交通××线设计合同文件》

（2）《轨道交通××线设计招标文件》

（3）《轨道交通××线工程可行性研究报告》

（4）总体设计专家评审意见

（5）总体组和相关专业提供的资料

（6）业主提供的其他基础资料

（7）《地铁设计规范》GB 50157

（8）《火灾自动报警系统设计规范》GB 50116

（9）《火灾自动报警系统施工及验收规范》GB 50166

（10）《建筑设计防火规范》GB 50016

（11）《人民防空工程设计防火规范》GB 50098

（12）《智能建筑设计标准》GB/T 50314

（13）《城市快速轨道交通工程项目建设标准》

（14）《城市消防远程监控系统技术规范》GB 26875

（15）《民用建筑电气设计规范》JGJ 16

（16）《建筑物防雷设计规范》GB 50057

四、系统方案

1. 系统总体设计方案

FAS 系统的监控管理模式为两级管理三级控制，整个 FAS 系统的架构由中心级、车站级以及各种现场设备和通信网络组成。

FAS 在中心级设置维护工作站，不仅能够实现对网络上的节点设备的管理、监视和控制，还可以通过图形和文字的方式对全线各站 FAS 的现场级设备进行实时监视和处理，并可以统计、查询、打印全线 FAS 设备的状态信息，对全线车站级火灾报警控制器进行远程软件下载、程序修改升级、软件维护、故障查询及处理等功能。

2. 系统工作站设置方案

FAS 系统中基础的设备是火灾报警控制器，在 FAS 系统中具有举足轻重的作用，但火灾报警控制器仅具有最基本的人机接口功能。为了向值班人员显示报警的详细信息，灾害发生时对灾情进行全面的监控、指挥，在各车站、车辆基地和控制中心设置了防灾工作站作为 FAS 运营管理设备。

目前防灾工作站的设置方案基本上有以下三种：

方案一：ISCS 综合设置 FAS 防灾工作站。

在控制中心调度大厅、各车站级控制室综合设置环调工作站（FAS 与 BAS 系统共用），FAS 系统监控软件安装在此工作站中。

火灾报警控制器采用冗余通信接口与 ISCS 的接口设备（FEP）连接，通过 ISSC 局域网实现与防灾工作站的数据交换。

方案二：ISCS 独立设置 FAS 防灾工作站。

在控制中心调度大厅、各车站级控制室，ISCS 除设置一台环调工作站外，还单独设置一台独立的防灾工作站，防灾工作站纳入 ISCS 局域网络。

火灾报警控制器采用冗余通信接口与 ISCS 系统接口设备（FEP）连接，通过 ISCS 系统局域网实现与防灾工作站的数据交换。

方案三：FAS 系统独立设置防灾工作站

FAS 系统在控制中心调度大厅、各车站级控制室设置独立的防灾工作站。防灾工作站通过冗余通信接口与火灾报警控制器直接连接。

火灾报警控制器采用冗余通信接口与 ISCS 接口设备（FEP）连接，实现数据交换。

FAS 独立设置工作站，对运行、维修、管理等方面创造方便，具备可实施性。火灾报警控制器与 ISCS 系统互联，报警信息、设备状态信息上送至 ISCS，实现设备的统一管理和警情的协调处理，不会因为独立设置工作站而带来本工程管理水平的下降。为了防止 FAS 系统独立设置防灾工作站带来运营调度人员的增加和运营成本的增加，在工程实施过程中，可以将防灾工作站和 ISCS 设置的环调工作站放置在一张调度台上，由 ISCS 设置的环调人员监管 FAS 防灾工作站，实现对警情的处理和监控操作。

综合考虑选择方案三，FAS 系统独立设置工作站。

3. 系统主干网方案

目前系统传输通道方案基本上有以下两种：

方案一：采用通信系统提供的逻辑上独立的专用通信通道

FAS 采用通信系统提供的冗余以太网通道进行数据传输。通信传输系统在控制中心、车辆基地、各个车站为 FAS 系统提供冗余的以太网接口，FAS 中央主机、车站、车辆基地控制器通过以太网接口与通信传输系统连接，组建全线 FAS 网络。采用通信通道的 FAS 系统网络，结构如图 7-68 所示：

目前，FAS 系统采用通信系统提供的以太网传输通道在技术上是可行且成熟的，在工程中也已有了相当多成熟的应用。但 FAS 原始数据需要依靠通信网络进行传输，这对整个系统的独立性有一定影响。

方案二：采用通信专业提供的光纤组建独立传输通道

通信专业提供独立单模光纤，采用光纤接口的方式。FAS 专业通过通信系统提供的光纤组建全线骨干网（光纤令牌环网）。

每台火灾报警控制器均作为一个网络节点，通过通信专业提供的光纤，以沿线跳接方式，构成一个对等式环形网络。每个网络节点在网络通信中都具有同等地位、每个节点都能独立完成所管辖区域内设备的控制与监视。

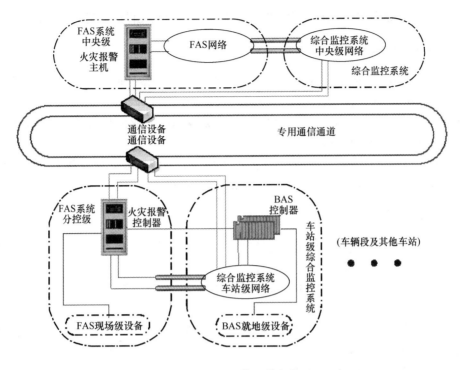

图 7-68 FAS 通信通道方案一

火灾报警控制器本身直接支持通过光纤组成火灾报警专用网络，在组网时不必过多配置其他的硬件设备，具备高可靠性，见图 7-69。

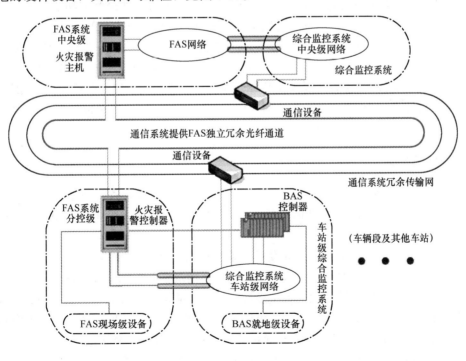

图 7-69 FAS 通信通道方案二

本设计 FAS 通信通道推荐采用方案二，利用通信专业提供的光纤独立组建光纤环网。

4. 控制中心级设备配置方案

控制中心机房内，配置 2 套互为备用的火灾报警控制器（网络型）、2 套互为冗余热备份的工业控制型 PC 机，作为中心级服务器及维护管理工作站。

控制中心中央控制室内，配置 2 台互为冗余热备份的工业控制型 PC 机，作为中心调度工作站，并配置 1 台打印机。

中心级火灾报警控制器（网络型）、图形工作站、打印机等必要设备构成中央级局域网络，完成机房、中央调度大厅与其他系统的信息共享。

5. 车站级方案

车站级火灾报警控制器，与车站管辖范围内火灾探测器、手动火灾报警按钮、各种输入输出模块等，组成车站级火灾自动报警系统。

各车站级控制室内，各配置 1 套火灾报警控制器（联动型）、1 台车站级防灾工作站、1 套消防电话主机等设备。

车辆基地的消防值班室内，配置 1 套火灾报警控制器（联动型）、1 台车站级工作站、1 套消防电话主机、联动盘、多套区域火灾报警控制器等设备，区域控制器与主控制器之间采用光纤进行连接。区域火灾报警控制器负责所管辖建筑单体火灾信息的监视和控制，并与车辆基地火灾报警控制器联网。

各车站的车站控制室内设置 IBP 盘，车辆基地消防控制室内设置消防联动控制盘。IBP 盘与消防联动控制盘完成与紧急情况下有关的消防设备手动控制的功能。其中，车站 IBP 盘面布置由 ISCS 完成，车辆基地消防联动控制盘盘面布置由 FAS 完成。

在车辆基地综合维修中心设置 1 套火灾报警控制器（网络型）、1 台维修监测中心工作站（PC 机）、1 台打印机和 1 套在线式 UPS 电源等，构成 FAS 全线维修中心设备维护管理系统。实现全线 FAS 的在线监视及查询功能，能够在线监视全线设备的故障等状态。

在机电维修工区中 FAS 专业在该房间内设置维修管理工作站实现对本工区内的 FAS 设备的监视及管理功能。

6. 现场级方案

在全线的 FAS 保护范围内的车站和区间配置各类就地级设备，包括各类探测器、警铃、各类输入输出模块、消防电话分机、手动火灾报警按钮（带电话插孔）、消火栓按钮等。

车站的站厅、站台、附属用房等设置感烟探测器、感温探测器，站台板下电缆通道、变电所电缆夹层设置缆式线型感温探测器；站厅层两端公共走廊设置警铃。

设自动报警的场所均设手动火灾报警按钮（带消防电话插孔）；出入口超过 60m 设感烟探测器和手动火灾报警按钮（带消防电话插孔）；出入口超过 30m 设置手动火灾报警按钮（带消防电话插孔）；车站内消火栓箱内设消火栓按钮并带启泵指示灯。

区间变电所内设感烟探测器、电缆夹层设置缆式线型感温探测器等。

模块采用集中与分散相结合的方式设在接受 FAS 监控的风机、风阀、水泵、非消防电源等设备附近，控制设备启、停和采集运行状态、故障等信号。模块箱主要设置在照明配电室、空调机房、消防泵房、变电所等位置。

车辆基地火灾自动报警系统设置：车辆停放和各类检修车库的停车部位、燃油车库、可燃物品仓库等设置感烟探测器、感温探测器、红外对射感烟探测器、防爆型可燃气体探测器、防爆型火焰探测器等、消防电话、消火栓按钮、手动火灾报警按钮（带电话插孔）、输入输出模块等设备。

五、系统功能

1. 中心级功能

中心级是全线 FAS 的调度、管理中心，对全线报警系统信息及消防设施有监视、控制及管理权，对车站级的防救灾工作有指挥权。通过全线防灾直通电话、闭路电视、列车无线电话等通信工具，组织指挥全线防救灾工作。具体功能主要有：

（1）编制、下达全线 FAS 运行模式，火灾时确定全线 FAS 系统的运行模式，监视运行工况。应能够完成对全线所有车站火灾报警控制器、防灾工作站的程序修改并通过网络远程下载。

（2）接收各车站级报送的火灾报警信息和 FAS 监控设备的运行状态及故障信息，并记录存档，按信息类别进行历史资料档案管理。

（3）接收控制中心 ATS 和列车无线电话报警，当列车在区间发生火灾事故时，对车站及时发布、实施灾害工况指令，将相应救灾设施转为按预定的灾害模式运行。

（4）当车站发生火灾时，若本站水源故障，通过中心级起动相邻站备用消防水系统。

（5）中心级 FAS 向 ISCS 提供火灾报警信息及消防设备的运行状态信息。

（6）接收、存储和处理各车站级报送的火灾信息，实现对全线网络节点上火灾报警控制器、工作站及车站、车辆基地火灾报警设备等设备的工作状态监视和管理，对系统骨干网络传输通道进行巡检。能够完成对全线所有车站火灾报警控制器、防灾工作站的程序修改。

（7）中心级负责与市防洪指挥部门、地震检测中心、消防局 119 火警通信，接收自然灾害预报信息，负责地铁工程防救灾工作对外界的联络。

（8）中心级预留与市公安消防局消防控制中心联网的功能。

（9）中心级完成与地铁一级母钟的同步对时，并同步全线系统网络节点的所有设备的时钟信息。

（10）中心级自动监测与相关系统的数字接口状态，及时报告接口故障和故障类型。

（11）中心级的火灾报警控制器、防灾工作站均为主备热备份配置，主、备机均在线工作，主、备机信息应保持同步。当主机失效时，备机应能不间断替代主机工作，并保持系统记录不间断，对系统无扰动。当主机恢复后，应能在保障系统正常运行的情况下自动完成主备机之间的数据同步。

2. 车站级功能

（1）报警、指挥、管理功能

车站级实现管辖范围内设备的自动监视与控制、重要设备的手动控制。车站级火灾控制器具有探测器故障、模块故障、回路故障、备用电源故障等报警功能。车站级能够接收所有车站的火灾报警信息，实现管辖范围内实时火灾的预期报警功能，监视管辖范围内的火情，并及时将报警信息报送控制中心。

车站级能够接收中心级指令或独立组织、管理、指挥管辖范围内防救灾工作。向本站ISCS、BAS发布确认的火灾信息，同时控制专用防排烟设备、消防泵等救灾设备进入救灾模式运行。火灾情况下，FAS作为消防联动控制的主导，BAS、ISCS均为FAS的联动系统，FAS具有优先权。管理火灾自动报警系统及防救灾设备，控制防救灾设施，显示运行状态，将所有信息上传至中心级。接收中心级的主时钟校核指令，使各设备系统时间与主时钟保持一致。

车站级基本监视功能包括但不限于：

1）监视车站管辖范围内灾情，采集火灾信息；

2）显示火灾报警点，防救灾设施运行状态及所在位置画面；

3）消防泵的启、停、故障状态信号、水泵吸水管的压力报警值、水泵扬水管的压力报警值、消防泵自巡检信号；

4）监视本系统供电电源的运行状态；

5）监视车站所有专用消防设备的工作状态。

（2）监控功能

对机电系统监视和控制的主要内容如表7-10～表7-13所示：

1）通风空调系统

通风空调系统的火灾专用设备进行监控　　表7-10

序号	设备名称	监视							控制	
		开启状态	开到位	关闭状态	关到位	手动/自动位置	故障报警	过载	开启控制	关闭控制
1	专用排烟风机	✓				✓		✓	✓	✓
2	补风机	✓		✓		✓	✓		✓	✓
3	电动防烟防火阀		✓		✓				✓	✓
4	电动排烟防火阀		✓		✓				✓	✓
5	防烟防火阀		✓		✓					
6	排烟防火阀		✓		✓					

2）给排水系统

给排水系统的消防专用设备监控　　表7-11

序号	设备名称	监视										控制			
		运行状态	停止状态	故障报警	手动/自动位置	巡检正常信号	巡检不正常信号	吸水管压力信号	扬水管压力信号	开启状态	关闭状态	起泵控制	停止控制	开启控制	关闭控制
1	消防水泵	✓	✓	✓	✓	✓	✓	✓	✓			✓	✓		
2	消防水管电动阀门			✓	✓					✓	✓			✓	✓

3）低压动力照明系统

非消防电源断开状态监控

表 7-12

序号	设备名称	监视		控制	
		开启状态	断开状态	开启控制	断开控制
1	一般照明		√		√
2	广告照明		√		√
3	设备附属用房照明		√		√
4	区间照明		√		√
5	区间维修电源		√		√
6	自动售检票		√		√
7	自动扶梯电源		√		√
8	变电所工作照明		√		√
9	变电所维修电源		√		√
10	商用电源		√		√
11	电梯电源		√		√
12	污水泵电源		√		√
13	三级负荷箱		√		√
14	EPS	√			

4）其他机电系统

其他机电系统监控

表 7-13

序号	设备名称	监视		控制	
		开启状态	关闭状态	开启控制	关闭控制
1	防火卷帘门		√		√
2	电动挡烟垂帘		√		√

（3）联动控制功能

1）设备控制功能

车站的被控对象是车站的专用消防设备。车站级系统将支持单点控制及模式控制功能，并且在车站操作员工作站可以选择设备的控制方式。

① 单点控制：车站级工作站的监控功能界面具有设备的远程控制功能，可对单个设备（区间设备）进行单设备控制。

② 模式控制：属于一种特定的设备组控制。模式的定义是根据工艺设计要求而形成，其触发可有两种方式：人为触发和自动触发。

2）专用消防设备控制功能

对于专用消防设备如消防排烟风机、消防泵等，除可自动控制外，紧急情况下能够在车站控制室内的 IBP 盘上的按钮直接手动控制。

3）消防泵控制

当火灾现场确认需要用消防水后，人工按下消火栓按钮，向 FAS 发出要求启动消防泵的信号，此时，若相关火灾联动程序尚未下发，则需值班人员通过火灾报警控制器上的可编程火灾确认按钮进行确认后启动消防泵，点亮启泵指示灯，告知消防泵已经启动（无论 FAS 系统处于手动还是自动模式）；若相关火灾联动程序已经下发，则系统立即自动启动消防泵，点亮启泵指示灯，告知消防泵已经启动（无论 FAS 系统处于手动还是自动模式）。

从 IBP 盘到消防泵控制柜设有手动硬线控制方式，可在车站控制室 IBP 盘直接手动操作启动消防泵，并显示泵的工作状态。

4）共用设备控制功能

当发生火灾时，FAS 向本站的 ISCS 和 BAS 发送经过确认的火灾信息，BAS 按预先编制的联动控制逻辑开启、关闭相应区域内的防烟、排烟设备等，关闭与消防无关的其他设备，被控设备将关闭信号返回 BAS。防烟、排烟系统与通风空调系统共用设备，由 BAS 进行监控；火灾情况下专用的消防设备，由 FAS 进行监控。火灾时，FAS 具有优先控制权。

5）电扶梯系统控制功能

当发生火灾时，FAS 接收到报警信息后，发指令给 BAS，由 BAS 联动电扶梯停在疏散层。

6）防烟、排烟控制功能

DC24V 防火阀工作状态由 FAS 采集，按火灾工况显示相应工况下的防火阀工作状态。对于与火灾工况没有直接关系的防火阀，FAS 在同一画面统一显示，火灾后由 FAS 巡检并恢复防火阀的正常工作状态，为阀门恢复正常使用创造条件。

火灾时，BAS 根据 FAS 指令按通风空调专业提供的火灾模式执行联动程序，并应满足执行联动程序过程中若再有火灾或其他报警信号不影响正在执行的联动程序，根据通风空调提供的防烟、排烟程序完成正确的联动，同时，满足在同一防火分区内不同防烟分区的联动功能。

7）防火卷帘门控制

对疏散通道上的，在其两侧设置感烟、感温探测器，火灾时，根据事先编制好的程序，向防火卷帘门控制器发出下降指令，使防火卷帘门自动下降。

8）非消防电源切除

非消防电源设两级切除，对各防火分区独立配电的，在变电所 400V 低压柜切除非消防电源（分励脱扣器），站厅、站台公共部分、出入口为一个防火分区，由多个配电回路供电，在本防火分区内局部发生火灾时，为不影响疏散，切除局部电源，在车站配电室相应配电回路切除非消防电源。

9）广播系统、闭路电视系统控制

发生火灾时，公共广播转换为火灾应急广播状态。运营管理人员可以通过闭路电视监视火情。

参 考 文 献

[1] 吴龙彪，方俊，谢启源. 火灾探测与信息处理. 化学工业出版社，2006.

[2] 陈南编著. 建筑火灾自动报警技术. 化学工业出版社，2006.

[3] 李引擎主编. 建筑防火工程. 化学工业出版社，2004.

[4] 吴龙标，袁宏永编著. 火灾探测与控制工程. 中国科学技术大学出版社，1999.

[5] 范维澄，王清安，姜冯辉等. 火灾学简明教程. 中国科学技术大学出版社，1995.

[6] 贾永红. 数字图像处理. 武汉大学出版社，2003.

[7] 谢添. 大空间建筑烟气控制与分析. 重庆大学，2006.

[8] 程远平，李增华. 消防工程学. 中国矿业大学出版社，2002.

[9] 李采芹，王铭珍. 中国古建筑与消防. 上海科学技术出版社，2009.

[10] 程远平，李增华. 消防工程学. 中国矿业大学出版社，2002.

[11] 朱立平. 消防工程师手册. 南京大学出版社，2005.

[12] 中国消防手册，第三卷，消防规划·公共消防设施·建筑防火设计.

[13] 《火灾自动报警系统施工及验收规范》GB 50166—2007.

[14] 《消防联动控制系统》GB 16806—2006.

[15] 《火灾自动报警系统设计规范》GB 50116—2013. 中华人民共和国公安部，2008.

[16] 《火灾自动报警系统设计规范》GB 50116—1998. 中国计划出版社，1997.

[17] 《点型感烟火灾探测器》GB 4715—2005.

[18] 《点型感温火灾探测器》GB 4716—2005.

[19] 《线型光束感烟火灾探测器》GB 14003—2005.

[20] 《点型紫外火焰探测器》GB 12791—2006.

[21] 《特种火灾探测器》GB 15631—2008.

[22] 《地铁设计规范》GB 50157—2003.

[23] 《城市轨道交通技术规范》GB 50490—2009.

[24] 《地铁车辆通用技术条件》GB/T 7928—2003.

[25] 《吸气式烟雾探测火灾报警系统设计、施工及验收规范》DBJ 01—622—2005. 北京市建筑设计标准化办公室，2005.

[26] R. W. Bukowski, Fire Hazard Assessment, NFPA Fire Protection Handbook, 18th ed., J. Linville, ed., NFPA Boston, MA, 1996.

[27] BCA 1996, The Building Code Australia, The Australian Building Codes Board, Canberra, Australia, 1996.

[28] International Fire Engineering Guidelines, 2005 edition, The Australian Building Codes Board, Canberra, Australia, 2005.

[29] NFPA 101, Life Safety Code, 2012 edition, National Fire Protection Association, Quincy, MA, 2012.

[30] ISO/TR 13387, Fire Safety Engineering, International Standards Organization, Geneva, 1999.

[31] SFPE, SFPE Engineering Guide to Performance-Based Fire Protection, 2nd edition, Society of Fire Protection Engineers, Bethesda, MD, 2007.

[32] SFPE, SFPE handbook of Fire Protection Engineering, 3rd edition, DiNenno ed. , Society of Fire Protection Engineers, Bethesda, MD, 2002.

[33] R. L. P. Custer and B. J. Meacham, SFPE Engineering Guide to Performance-Based Fire Protection Analysis and Design of Buildings, 2nd Edition, National Fire Protection Association, 2000.

[34] G. Heskestad, Similarity Relations for the Initial Convective Flow Generated by Fire, 72-WA/HT-17, American Society of Mechanical Engineers, 1972.

[35] R. Friedman, An International Survey of Computer Models for Fire and Smoke, SFPE Journal of Fire Protection Engineering, Vol 4 (3), p. 81-92, 1992.

[36] S. M. Olenick and D. J. Carpenter, An Updated International Survey of Computer Models for Fire and Smoke, SFPE Journal of Fire Protection Engineering, Vol13 (2), p. 87-110, 2003.

[37] SFPE, Guidelines for Substantiating a Fire Model for a Given Application, Engineering Guide, SFPE G. 06, Society of Fire Protection Engineers, Bethesda, MD, 2011.

[38] NFPA 72, National Fire Alarm and Signaling Code, 2010 edition, National Fire Protection Association, Quincy, MA, 2010.

[39] G. Heskestad and H. F. Smith, Investigation of a New Sprinkler Sensitivity Approval Test: The Plunge Test, Factory Mutual Research, FMRC Serial No. : 22485, RC67-T-50, 1976.

[40] G. Heskestad and M. A. Delichatsios, The Initial Convective Flow in Fire, 17th Symposium on Combustion, The Combustion Institute, Pittsburgh, Pennsylvania, p. 1113-1123, 1978.

[41] K. McGrattan, S. Hostikka, J. Floyd, H. Baum, R. Rehm, W. Mell and R. McDermott, Fire Dynamics Simulator (Version 5) Technical Reference Guide, NIST Special Publication 1018-5, National Institute of Standards and Technology, Gaithersburg, MD, 2010.

[42] G. Heskestad, Escape Potentials from Apartments Protected by Fire Detectors in High-Rise Buildings, FMRC Serial Number 21017, Factory Mutual Research Corp. , Norwood, MA, 1974.

[43] T. Cleary, A. Chrnovsky, W. Grosshandler and M. Anderson, Particulate Entry Lag in Spot-Type Smoke Detector, In Fire Safety Science-Proceedings of the 6th International Symposium, p. 779-790, IAFFS, 1999.

[44] UL 268, Smoke Detectors for Fire Protective Signaling Systems, Underwriters Laboratories, 2009.

[45] J. A. Geiman and D. T. Gottuk, Alarm Thresholds for Smoke Detector Modeling, Fire Safety Science-Proceedings of the 7th International Symposium, p. 197-208, 2003.

[46] G. P. Forney, R. W. Bukowski, and W. D. Davis, Field Modeling: Effects of Flat Beamed Ceilings on Detector and Sprinkler Response, Technical Report, Part I, NIST, 1993.

[47] D. J. O'Connor, E. Cui, M. J. Klaus, et al, Smoke Detector Performance For level Ceilings With Deep Beams And Deep Beam Pocket Configurations Research Project, An Analysis Using Computational Fluid Dynamics, The Fire Protection Research Foundation, Quincy, MA, 2006.

[48] Jun Fang and Hong-Yong Yuan. 2007. Experimental measurements, integral modeling and smoke detection of early fire in thermally stratified environments. Fire Safety Journal. 42: 11-24.

[49] R. Huo, W. K. Chow, X. H. Jin, Y. Z. Li, and N. K. Fong. 2005. Experimental studies on natural smoke filling in atrium due to a shop fire. Building and Environment. 40: 1185-1193.

[50] W. K. Chow, Y. Z. Li, E. Cui, and R. Huo. 2001. Natural smoke filling in atrium with liquid pool fires up to 1. 6MW. Building and Environment. 36: 121-127.

[51] ZHAO Sheng-ping and ZHENG Jie. 2003. Experimental Research on Smoke Exhaust System of Atrium. FIRE SAFETY SCIENCE. 12(3): 130-137.

[52] T. X. Qin, Y. C. Guo, C. K. Chan, and W. Y. Lin. 2006. Numerical investigation of smoke exhaust

mechanism in a gymnasium under fire scenarios. Building and Environment. 41：1203-1213.

［53］ X. G. Zhang，Y. C. Guo，C. K. Chan，and W. Y. Lin. 2007. Numerical simulations on fire spread and smoke movement in an underground car park. Building and Environment. 42：3466-3475.

［54］ C. L. Shi，W. Z. Lu，W. K. Chow，and R. Huo. 2007. An investigation on spill plume development and natural filling in large full-scale atrium under retail shop fire. International Journal of Heat and Mass Transfer. 50：513 – 529.

［55］ NFPA 92B. 2000. Guide for Smoke Management Systems in Mall，Atria，and Large Areas. National Fire Protection Association，U. S. A.

［56］ Morgan. H. P. 1986. The horizontal flow of buoyant gases toward an opening. Fire Safety Journal. 3：193-200.

［57］ Morgan. H. P. and J. P. Gardner. 1990. Design principles for smoke ventilation in enclosed shopping centers. Building Research Establishment Report，SFB 34(K23). 15-27.

［58］ Graham Atkinson. 1995. Smoke Movement Driven by a Fire Under a Ceiling. Fire Safety Journal. 25：261-275.

［59］ K. B. McGrattan，H. R. Baum and R. G. Rehm，1998. Large Eddy Simulations of Smoke Movement，Fire Safety Journal 30(1998)：161-178.

［60］ J. S. Rho，and H. S. Ryou. 1999. A numerical study of atrium fires using deterministic models. Fire Safety Journal. 33：213-229.

［61］ Akira Ohgai, Yoshimizu Gohnai, and Kojiro Watanabe. 2007. Cellular automata modeling of fire spread in built-up areas—A tool to aid community-based planning for disaster mitigation. Computers，Environment and Urban Systems. 31：441-460.

［62］ 吕卫斌. 多种网络通信技术在火灾自动报警系统中的应用. 消防技术与产品信息，2007（1）：36-39.

［63］ 王自朝，孙宇臣. 视频火灾探测报警系统. 火灾科学与消防工程.

［64］ 梅志斌等. 高大空间建筑火灾探测的集中设计. 火灾科学与消防工程.

［65］ 白羽. 高大空间早期火灾特性研究与火灾探测器选型. 北京科技大学，2008.

［66］ 任海峰. 多探测器协同探测通信机房火灾预警报警系统设计研究. 西安科技大学，2004.

［67］ 刘方. 中庭火灾烟气流动与烟气控制研究. 重庆大学，2002.

［68］ 马世杰. 地下商业建筑火灾烟气控制的模拟研究. 北京工业大学，2004.

［69］ 王聪. 城市地铁出入口规划与建筑设计研究. 天津大学，2006.

［70］ 李铭辉. 我国地铁运营安全评价体系的研究. 北京交通大学，2007.

［71］ 庄建. 新型无线火灾探测器的研制. 哈尔滨工业大学，2006.

［72］ 李兆文. 地铁站火灾烟气扩散及控制的研究. 南京工业大学，2005.

［73］ 郭光玲. 地铁通风系统与火灾研究. 北京工业大学，2004.

［74］ 刘彦君. 地铁通风系统火灾研究与疏导措施. 北京工业大学，2003.

［75］ 王坐中. 消防联动控制决策研究. 同济大学，2007.

［76］ 杨海波. 城市轨道交通火灾报警系统研究. 西南交通大学，2007.

［77］ 李凤举. 地铁综合监控系统研究. 西南交通大学，2008.

［78］ 白磊. 基于 CFD 数值模拟地铁火灾. 西安建筑科技大学，2007.

［79］ 钟委. 地铁站火灾烟气流动特性及控制方法的研究. 中国科学技术大学，2007.

［80］ 黄鹏. 地铁隧道及车站内流动特性的数值模拟研究. 北京交通大学，2007.

［81］ 白光. 地铁隧道火灾中回燃现象的模拟研究. 北京交通大学，2007.

［82］ 赵金亮. 地铁车站紧急通风系统模拟研究. 天津大学，2005.

[83]　谢添. 大空间建筑烟气控制与分析. 重庆大学, 2006.

[84]　张村峰, 霍然, 史聪灵等. 不同类型火源下烟气在大空间内的充填特性研究. 消防科学与技术, 2005 (02): 153-155.

[85]　汪琪, 华南. 火灾探测器你安装了吗. 中国西部科技, 2005(9): 50-55.

[86]　王鑫. 火灾探测器技术探析与应用研究. 智能建筑与城市信息, 2006(05): 113-115.

[87]　宋立巍, 黄军团. 大空间烟雾探测报警技术——红外光束线型感烟火灾探测器及高灵敏度吸气型感烟探测器. 消防技术与产品信息, 2004(09): 11-13.

[88]　宋珍, 翁立坚, 刘凯. 远距离线型红外光束感烟火灾探测技术研究. 中国科学技术协会, 2006 (4): 326-329.

[89]　肖泽南. 红外光束感烟探测器探测时间计算. 消防技术与产品信息, 2008(8): 16-18.

[90]　李友化. 火灾自动报警技术的应用现状及研究发展趋势. 现代商贸工业, 2007(07): 195-196.

[91]　石冀军. 火灾自动报警监控通讯及联网技术的应用与发展. 中国职业安全卫生管理体系认证, 2004(04): 67-70.

[92]　周敏丽. 大面积公共场所的排烟刍议. 上海消防, 1996(10): 32-33.

[93]　闫金花, 李慧民, 杨茂盛等. 大型公共建筑火灾研究与探讨. 建筑技术开发, 2004, 31(10): 103-105.

[94]　陈劲松. 大空间建筑早期火灾智能探测报警技术. 研究与探讨, 2004(3): 23-24.

[95]　袁宏永, 苏国锋, 李英. 高大空间火灾探测及灭火新技术. 消防技术与产品信息, 2003(10): 71-72.

[96]　钟茂华, 厉培德, 范维澄等. 大空间建筑室内火蔓延全尺寸实验设计. 火灾科学, 2001, 10(1): 16-19.

[97]　尤飞, 周建军等. 大空间建筑火灾中烟气层界面的一种判定. 火灾科学, 2000 (04): 58-65.

[98]　金旭辉, 霍然等. 大空间火灾烟气流动的动态显示研究. 中国安全科学学报, 1999 (02): 6-10.

[99]　袁宏永, 朱霁平等. 大空间室内火灾早期自动探测与定位研究. 自然灾害学报, 1995 (02): 104-108.

[100]　廖曙江, 付祥钊等. 中庭建筑分类及其火灾防治措施. 重庆建筑大学学报, 2001.(02): 7-11.

[101]　胡斌, 康侍民等. 中庭火灾模型围护结构热模拟. 重庆建筑大学学报, 1999(06): 130-135.

[102]　罗红. 会展建筑中的大空间排烟系统分析. 建筑科学, 2004(06): 14-17.

[103]　李国强, 黄珏倩. 双区域模拟大空间火灾烟气下降和升温规律的分析. 消防科学与技术, 2005 (05): 527-531.

[104]　秦挺鑫, 郭印诚等. 大型室内体育场馆火灾烟气充填及排烟措施研究. 工程热物理学报, 2005 (06): 1061-1064.

[105]　孙占辉, 杨锐等. 大空间中庭及周边房间烟气运动和消防设计. 清华大学学报(自然科学版), 2006(09): 1572-1576.

[106]　李国强, 杜咏. 实用大空间建筑火灾空气升温经验公式. 消防科学与技术, 2005(03): 283-287.

[107]　那艳玲等. 地铁车站火灾的烟气流动状况研究. 暖通空调, 2006(06): 24-28.

[108]　李烈, 孙建军等. 中庭火灾烟气流动的大涡模拟. 暖通空调, 2006(12): 5-8.

[109]　戴维, 杜翠凤等. FDS 和羽流模型在大空间建筑火灾中应用的研究. 消防技术与产品信息, 2007 (01): 24-26.

[110]　高俊霞, 史聪灵等. 地铁高架车站站厅火灾烟气流动与控制. 中国安全生产科学技术, 2007. (02): 49-54.

[111]　刘方, 胡斌, 付祥钊. 中庭烟气流动与烟气控制分析. 暖通空调, 2000(06): 42-47.

[112]　李和贵. 火灾探测器的干扰因素与抑制. 消防技术与产品信息, 2008(02): 25-28.

［113］ 霍然，李元洲等. 大空间建筑内火灾烟气充填的研究. 自然灾害学报，2000(01)：88-92.

［114］ 徐永亮. 高大空间火灾报警系统应用实例. 建筑电气，2006(05)：47-49.

［115］ 郑燕宇，陆明浩. 智能型极早期空气采样火灾探测技术探讨. 智能建筑与城市信息，2004(07)：44-47.

［116］ M. Thuillard. 基于火焰和模糊波最新研究成果的一种新型火焰探测器. 传感器世界，2002(11)：14-18.

［117］ 朱立忠，高涛. 用模糊算法实现双波段红外火焰探测器的信号处理. 辽宁工学院学报，2003(02)：51-52.

［118］ 黄普希，张昊. 国外视频烟雾探测技术简析. 智能建筑电气技术，2007(06)：13-16.

［119］ 史聪灵，霍然，李元洲等. 大空间火灾试验室中温度测量的误差分析. 火灾科学，2002(03)：157-163.

［120］ 黄晨，李美玲. 大空间建筑室内垂直温度分布的研究. 暖通空调，1999，29(5)：28-33.

［121］ 苏国锋. 大空间建筑内热分层现象对火灾探测系统设计的影响. 火灾科学与消防工程，2005.

［122］ 李友化. 火灾自动报警技术的应用现状及研究发展趋势［J/OL］. http：//wenku. baidu. com/link? url=iwYeGMCBDZEdPK9xB5UAZqQp4UE1ASGahgic3N6FA3IoT738kUF4J5zrb 91CRvbfdR2usc9FryULjZuUEFH9n17NoVc62IiD4fwd0DpIYB3，2010-11-01.

［123］ 火灾自动报警监控通讯及联网技术的应用与发展［J/OL］. http：//www. qianjia. c

［124］ om/html/2006-08/19509. html，2006-08-21.

［125］ 消防联动控制系统构造原理组成［J/OL］. http：//wenku. baidu. com/link? url＝nUK

［126］ PJCix9iEYSVDq1Olt5VQXuIH4lzRx6rKrvaL0KrOqS-mH3bNTFICAAhIz-5Jlg2TVyCW4ld＿uk1rjvh-eKYT2T＿fhRuQeVVH0nzdD-RC，2011-03-06.

［127］ 孙旋，刘文利. FDS高效建模方法研究与应用［J］. 消防技术与产品信息，2008(11)，3～5

［128］ 李引擎主编. 建筑防火性能化设计［M］. 北京：化学工业出版社，2005 李宏文，张昊，黄普希. 吸气式感烟探测器在高大空间应用的试验研究［J］. 建筑电气，2010，6：3～6

［129］ 王静，王恩元. 浅谈大空间火灾烟气运动规律的计算机模拟［J］. 消防科学与技术，2005，24：4～5

［130］ 周全会. 线型光束感烟火灾探测器在大空间建筑的应用［J］. 建筑电气. 2008，28(2)：52～54

［131］ 王建. 大空间建筑性能化防火设计探讨. 中国西部科技［J］. 2008，7(24)：10～13

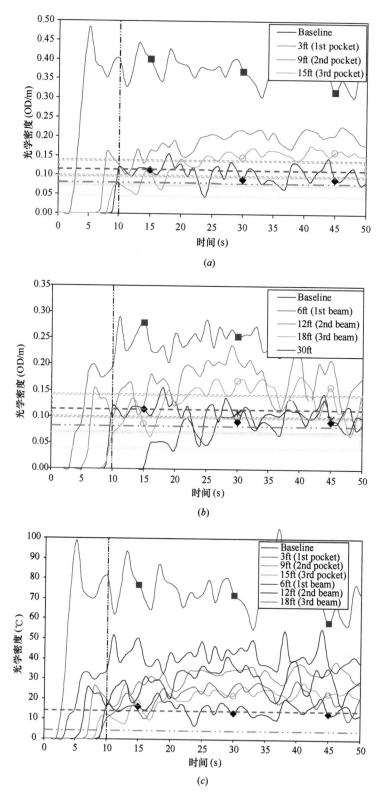

图 4-10　房间仿真结果

(a)深箱内烟雾光学密度；(b)梁下烟雾光学密度；(c)各点温升

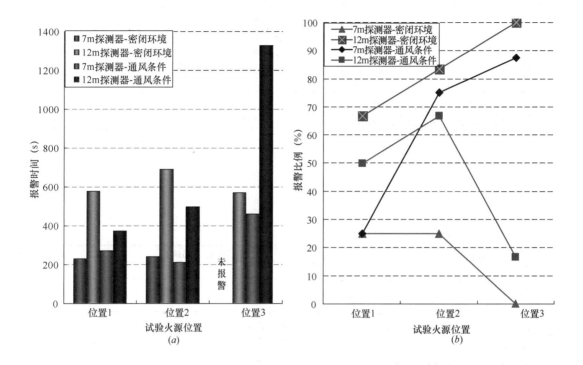

图 5-40　7m 自然通风条件下 1 倍棉绳火在不同位置时探测器响应性对比
(a)报警时间;(b)报警比例

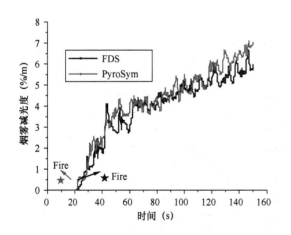

图 5-47　水平采样管探测器主机的
烟雾减光度随时间的变化

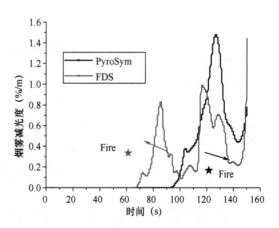

图 5-48　垂直采样管探测器主机的烟雾
减光度随时间的变化

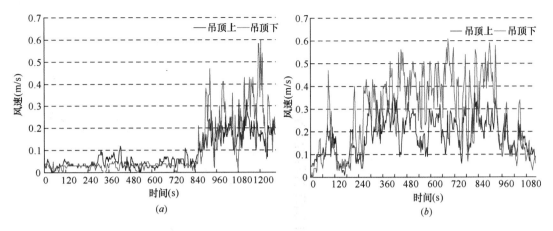

图 7-17　吊顶上下阴燃火源烟羽流垂直上升速度变化图

(a)碎纸火；(b)棉绳火

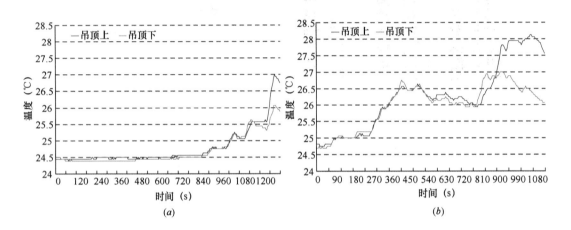

图 7-18　碎纸火和棉绳火火源上方吊顶上、下温度对比图

(a)碎纸火；(b)棉绳火

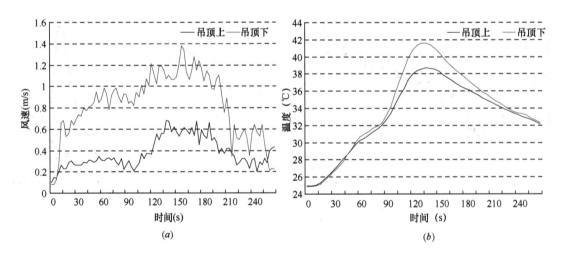

图 7-20　吊顶上下聚氨酯火烟羽流轴线上升速度和温度对比

(a)风速；(b)温度

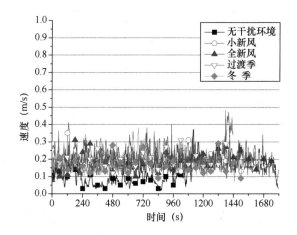

图 7-26　各通风空调工况棉绳火 5 号位置水平速度对比

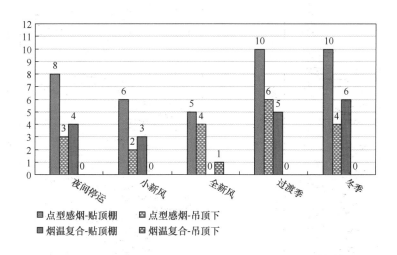

图 7-62　各模拟工况下棉绳火试验点型探测器报警数量对比

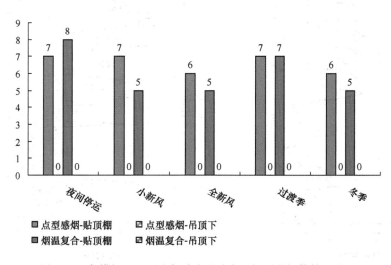

图 7-64　各模拟工况下聚氨酯火试验点型探测器报警数量对比

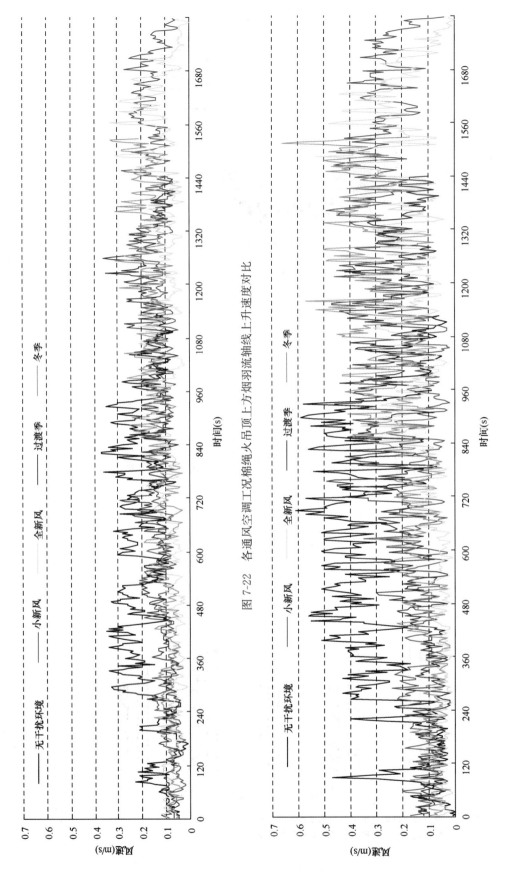

图 7-22　各通风空调工况棉绳火吊顶上方烟羽流轴线上升速度对比

图 7-23　各通风空调工况棉绳火吊顶处烟羽流轴线上升速度对比